煤化学理论基础

ТЕОРЕТИЧЕСКИЕ ОСНОВЫ
ХИМИИ УГЛЯ

（俄罗斯） A.M.久利马里耶夫　Г.С.戈洛温　Т.Г.格拉顿　著
А.М.ГЮЛЬМАЛИЕВ　Г.С.ГОЛОВИН　Т.Г.ГЛАДУН

聂书岭　马凤云　叶小伟　译

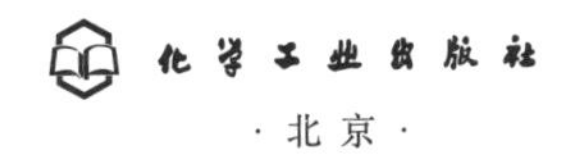

·北京·

本书利用量子化学、化工热力学和动力学方法，通过模型化合物以及煤的直接研究，提出煤炭结构与其特性构效关系的理论依据，为煤炭萃取、气化、焦化以及加氢液化奠定了理论基础，对了解俄罗斯现代煤化学原理具有重要借鉴意义。本书的主要特色是在分子层次上认识煤结构、了解几种重要的煤加工转化过程。

主要读者对象为煤化学专业的科研人员、研究生和大学生，以及高校教师。可作为能源化工专业师生教学参考书，也可供煤炭利用问题专家使用。

ТЕОРЕТИЧЕСКИЕ ОСНОВЫ ХИМИИ УГЛЯ/
А.М.ГЮЛЬМАЛИЕВ，Г.С.ГОЛОВИН，Т.Г.ГЛАДУН
ISBN 5-7418-0243-5

本书中文简体版由 A. M. ГЮЛЬМАЛИЕВ 授权化学工业出版社出版发行。

图书在版编目(CIP)数据

煤化学理论基础 / （俄罗斯）A.M.久利马里耶夫，（俄罗斯）G.S.戈洛温，（俄罗斯）T.G.格拉顿著；聂书岭，马凤云，叶小伟译. —北京：化学工业出版社，2020.2
ISBN 978-7-122-35721-2

Ⅰ. ①煤… Ⅱ. ①A…②G… ③T… ④聂… ⑤马… ⑥叶 Ⅲ. ①煤-应用化学 Ⅳ. ①TQ530

中国版本图书馆 CIP 数据核字（2019）第 250778 号

责任编辑：李晓红 张 欣　　文字编辑：向 东
责任校对：栾尚元　　装帧设计：李子姮

出版发行：化学工业出版社（北京市东城区青年湖南街 13 号 邮政编码 100011）
印　　装：三河市延风印装有限公司
710mm×1000mm 1/16 印张 22¼ 字数 426 千字 2020 年 7 月北京第 1 版第 1 次印刷

购书咨询：010-64518888　　售后服务：010-64518899
网　　址：http: // www. cip. com. cn
凡购买本书，如有缺损质量问题，本社销售中心负责调换。

定　　价：**128.00** 元

译者前言

中国新疆与俄罗斯及中亚诸国在能源和煤化工领域的科技合作具有得天独厚的地理优势和很强的互补性，是“一带一路”合作的重要方面。

俄罗斯国家科学院 A.M.久利马里耶夫教授等人合著的《煤化学理论基础》一书，利用量子化学、化学热力学和动力学等方法，通过对煤及其模型化合物从分子层面的研究，提出了煤炭结构与其特性间的构效关系，为煤的加氢液化、气化、焦化和溶剂提质等加工过程提供了重要的理论依据。另外，通过该书也能够了解俄罗斯现代煤化学理论的发展现状。

本书可作为能源化工专业师生教学和科学研究的参考书，也可供煤炭利用问题的专家们所用。

本书由新疆科技发展战略研究院资深翻译聂书岭、助理研究员叶小伟历经两年翻译完成，由新疆大学马凤云教授和赵新教授多次专业校对后，修改定稿。

在此，向完成本书审校工作并提出宝贵建议的马凤云教授和赵新教授表示感谢。对大力帮助本书图表制作的新疆大学刘景梅老师、莫文龙老师、马亚博士研究生和孙志强博士等表示感谢！

原著作者俄罗斯国家科学院石油化学合成研究所 A.M.久利马里耶夫教授和哈萨克斯坦卡拉干达国立大学 M.И.拜克诺夫教授对本书出版也给予了很大帮助，一并致谢！

由于时间仓促，水平有限，书中难免会有不足之处，敬请读者批评指正！

译者

2020 年 5 月

前　言

煤不仅是一种有机起源的载能体，还是一种化工原料。

煤的结构和性质千差万别，这就要求我们对燃料煤和非燃料煤的加工过程进行细致研究，以找到其最佳利用方式。任何一个加工环节都要有理论依据，无论是工艺过程本身，还是所用的原料，抑或是转化反应，都应如此。因此，理论研究的主要任务是确定煤炭结构与性质之间的关系，揭示煤炭在变质过程中的性质转变规律，以现代物质结构观念为基础科学地解释对分子结构和超分子结构的理化研究成果，创造新的化学术语，等等。我们认为，这对于煤化学的发展具有重大意义。

在世界煤炭结构理论和煤化学工艺研究领域，俄罗斯科学院可燃矿物研究所的科学家们做出了不可磨灭的贡献，他们中的佼佼者包括Г.Л.斯塔德尼科夫、Л.М.萨泼日尼科夫、Н.М.卡拉瓦耶夫、А.Б.切尔内舍夫、А.З.尤洛夫斯基、А.В.拉佐沃伊、В.И.卡萨托奇津、С.М.格里高利耶夫、Т.А.胡哈连科和И.В.叶列明等。

随着煤炭科学的不断发展和相关知识的日益丰富，无论是专著还是教科书，对煤化学这一学科的论述也在进步。但遗憾的是，至今还没有一个能从物质构造理论基础的角度全面解释煤化学理论及其加工工艺的专门学说。本书能部分填补这一领域的空白。

尽管笔者知道解决上述问题是很难的，但仍然希望本书能为煤化学研究者提供有益的指导。本书的目标读者为煤化学专业的科研人员、研究生和大学生以及高校教师。

在此，特向完成了本书审校工作并提出宝贵建议的А.А.克里奇科教授、М. Я.什皮尔特教授、С.Г.加加林化学副博士和Е.А.斯模棱斯基化学副博士表示感谢。

书中肯定会有一些不足之处，若能得到读者的批评指正，笔者将不胜感激。

目 录

第 1 章 煤的一般特性

1.1 煤的起源
1.2 煤作为一种分散体系
1.3 煤的化学分析
1.4 煤的工艺指标
1.5 煤的分类
参考文献

1.1 煤的起源

长期以来，煤、石油和天然气的起源问题一直受到研究者的关注。这不但因为它们是自然界客观存在的物质，而且还因为要建立其科学成因的理论。为此必须明确一些基本概念。截止到目前，有关可燃矿物起源的假说可分为两类，即无机起源说和有机起源说[1]。

无机起源说[1]认为，地下资源中的有机物是含碳无机物（金属碳化物、碳酸盐）与水在一定地球化学条件（温度、压力、pH 值及介质催化作用）下，经相互作用而形成。只要存在 CO_2、CO、H_2 等初始组分，在地球化学条件下，就可能合成有机物。而这些初始组分可以通过以下反应生成：

$$M_2(CO_3)_x = M_2O_x + xCO_2$$

$$M_2C_{2x} + xH_2O = M_2O_x + xC_2H_2$$

$$C_2H_2 = 2C + H_2$$

$$CO_2 + C = 2CO$$

式中　M——金属；

　　x——金属价位。

有关这方面的研究可参考文献[2]，其中介绍了生物质气化产物 CO_2、CO 和 H_2 合成不同烃的可能性，见表 1-1。液态烃的典型色谱图见图 1-1。

表 1-1　生物质气化产物合成烃类过程的主要指标

气体成分/%				烃的产率/(g/m^3)				液态烃的成分/%		
								烯烃	烷烃	
CO	H_2	CO_2	N_2	C_1	C_2～C_4	C_{5+}	总计		支链	直链
33	67	—	—	20	37	80	137	8	16	76
10	20	20	50	11/37	7/23	28/98	46/158	10	21	69
15	20	15	50	11/30	7/18	31/90	49/138	11	26	63
30	15	5	50	2/4	微量	19/64	21/68	16	26	58

注：1. p=0.1MPa，T=190～210℃，体积空速=100h^{-1}，催化剂为 32% Co-3% MgO-沸石。
2. 烃的产率部分，分数中分子指的是按逸出气体计算的产率，分母是按 CO+H_2 换算出的产率。

文献[3]介绍了在 200～300℃、压力≤10MPa 和摩尔比 H_2∶CO_2=(1～4)∶1 条件下，二氧化碳加氢合成甲醇的可能性。

此外，合成气（CO+H_2）通过费托合成生成甲烷的过程[4]或许也能支持可燃矿物的无机起源说。

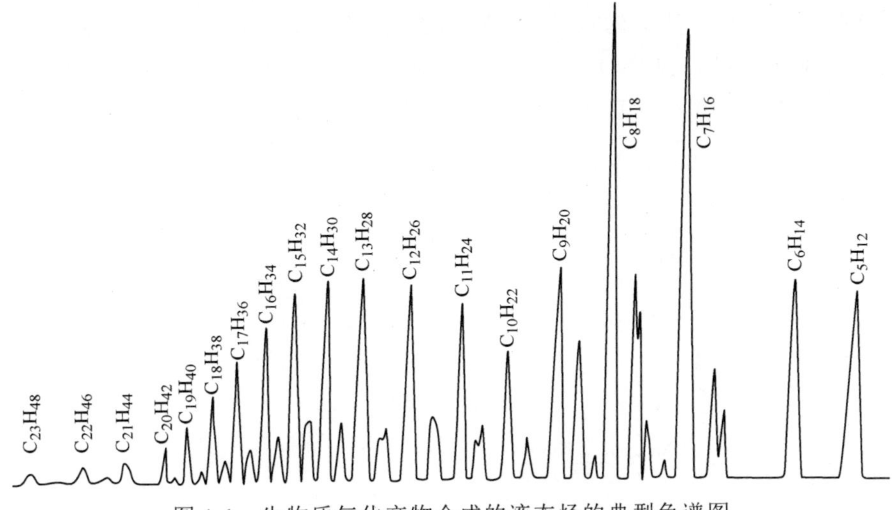

图 1-1　生物质气化产物合成的液态烃的典型色谱图

色谱条件：载气为氮气，毛细管的长度为 50m，液相 OV-101，20～220℃，8℃/min

由此可以假设，“最初的”有机化合物可能具有地球化学起源。可是，自地球上出现动植物后，就出现了天然有机化合物及其衍生物（可燃矿物）的不断堆积，有机起源说似乎更有可能。

现代观点通常认为，煤是死去的植物残骸中的有机质发生生物和地球化学作用的产物。

植物有机质堆积过程的基础是光合作用。绿色植物中都含有叶绿素[5]，在叶绿素的作用下，空气中的 CO_2 与 H_2O 发生光合作用，就形成了植物化合物$(CH_2O)_x$的“初级材料”：

叶绿素

$$x\mathrm{CO_2}+x\mathrm{H_2O}\xrightarrow{\varepsilon=h\nu}(\mathrm{CH_2O})_x+x\mathrm{O_2}$$

上面由两个热稳定性较好的分子（$\Delta H_{\mathrm{CO_2}}^{断}=-398.98\mathrm{kJ/mol}$，$\Delta H_{\mathrm{H_2O}}^{断}=-242.12\mathrm{kJ/mol}$）形成植物化合物的反应需要一定的能量（吸热过程）。因此，从

能量转化的观点看，所有的有机化合物都是能量储存器。这在图 1-2 上能明显看出。该图反映了 CO_2 和 H_2O 生成糖类构建砌块——甲醛的过程中能量变化情况。该反应是一个吸热过程，自发进行，其吉布斯自由能ΔG=514kJ/mol。

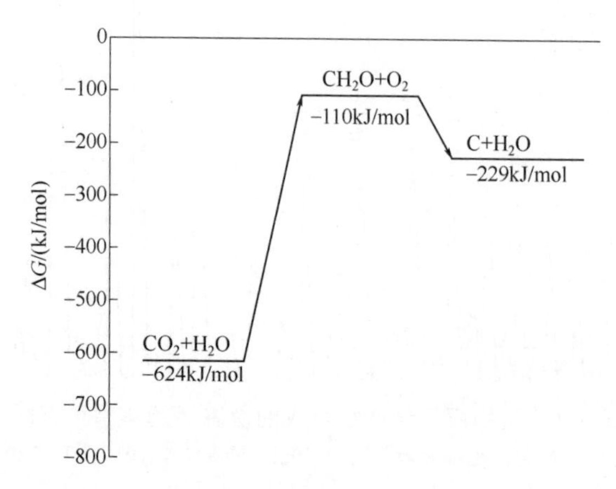

图 1-2 光合作用生成甲醛及其分解成 C 和 H_2O 过程中吉布斯自由能的变化

甲醛分解成碳（石墨）和水的反应（最能模拟煤的形成过程）是放热反应，其吉布斯自由能ΔG=−119kJ/mol。

图 1-3 显示了 T=298K 时单位质量模型化合物的热力学函数（吉布斯自由能ΔG、焓ΔH 及 $T\Delta S$，热力学定义$\Delta G=\Delta H-T\Delta S$）值与碳含量（$C$）的关系[6]。由图 1-3 可知，在 C=95%之前，随着碳含量的增加，ΔG 和ΔH 的值呈线性增长，而且，C>80%时的ΔG 值和 C>85%时的ΔH 值为正值。当 C=100%，即在理论上与石墨对应的点时，ΔG=0，ΔH=0。在 C=90%之前，$T\Delta S$ 值为负。

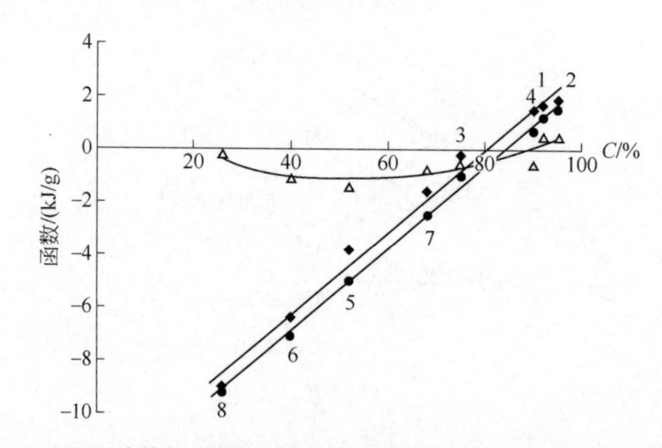

图 1-3 T=298K 时单位质量模型化合物的热力学函数值与碳含量的关系

1—苯；2—萘；3—酚；4—甲苯；5—乙醇；6—乙酸；7—苯甲酸；8—二氧化碳

函数：ΔG（◆）、ΔH（●）及 $T\Delta S$（△）

根据死亡动植物残骸[5,7]的成分来分析煤化机理是合理的。木材主要由纤维素（约占其干燥质量的 2/3）和木质素（约占 1/3）构成。纤维素[$C_6(H_2O)_5$]相当于植物的建筑材料（构成细胞壁），在天然有机物中存量最大。CO_2 在植物界以纤维素形式存在的数量，约为其在大气中（1.1×10^9t）的一半。纤维素的结构为：

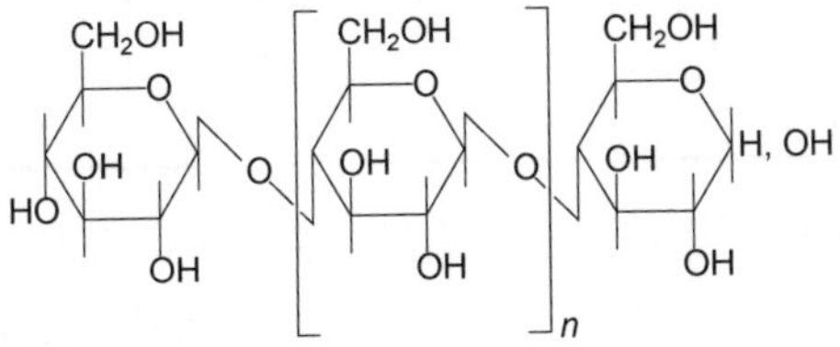

纤维素结构

木质素是构成植物细胞的芳香性物质，其平均结构（松醇减去 1.5 个氢原子[5]）为：

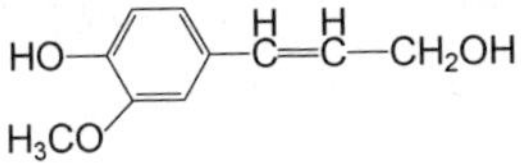

木质素结构

脂类是一些复杂物质的混合物，可以借助溶剂（CCl_4、丙酮、脂肪烃和芳香烃）将其从植物质中提取出来。脂肪、蜡和树脂都属于脂类。

脂肪是指甘油酯、含有偶数个碳原子的高级直链饱和酸酯和不饱和酸酯，结构为：

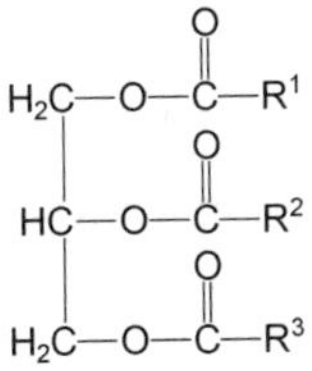

脂肪分子结构

式中，R^1、R^2 和 R^3 为正链自由基（C_nH_{2n+1}，其中的 n 为偶数）。

蜡也属于酯，是带脂肪链的高级一羧酸酯或高级一元醇酯，结构为：

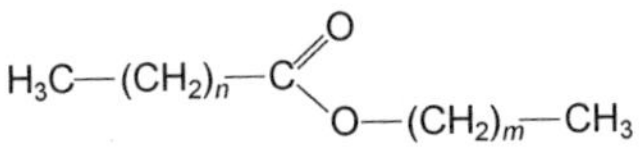

蜡的结构

除了上述主要成分外，植物中还包括糖类和植物胶质。植物主要成煤物质的元素成分见表 1-2[8]。

表 1-2　植物主要成煤物质的元素成分　　单位：%

物质	C	H	O	N	S
蛋白质	50.6～54.5	6.7～7.3	21.5～23.5	15.0～17.6	0.3～2.5
蜡	80～82	13～14	4.7	无	无

续表

物质	C	H	O	N	S
脂类	76～79	11～13	10～12	无	无
木质素	63.1	5.9	31.0	无	无
胶质	42.9～43.7	5.2～5.4	51.1～51.7	无	无
树脂	79	10	11	无	无
纤维素	44.4	6.2	49.4	无	无

现代观点认为，固体可燃矿物分为三类：腐殖煤、腐泥岩和油页岩。它们的化学成分各不相同，形成过程也不同。据推测，腐殖煤是地面高等植物氧化的产物，而腐泥岩是低等生物（海洋浮游生物、淤泥里的细菌）还原的产物。油页岩是海洋动植物在饱和氧的环境中，温度及压力不太高的条件下发生特殊转变的产物。

腐殖有机质分布在含碳沉积层中，可以发现有烃类气体储层，而没有石油储层[9]。这是因为腐殖有机质中有少量脂类物质，温度上升后会生成干燥的甲烷气体。

研究表明，在地下几千米深处，100～150℃的腐泥质含有大量脂类物质，包括油、焦油和沥青质等，它们容易形成石油中的烃[9]。

死亡植物残骸的煤形成过程分为两个阶段：第一阶段是在陆地上完成，沼泽地的有机质在氧气和细菌的影响下发生生化转化（即泥炭形成阶段）❶；第二阶段，有机质被覆盖后，在温度、压力和矿物质杂质的影响下经历了地球化学过程，包括各种复杂的合成和分解反应（即泥炭转化为褐煤的阶段）。随着进一步的煤化，褐煤变成烟煤和无烟煤。这个阶段的煤化被称为过程变质。

因此，腐殖煤的煤化过程通常可以用以下反应链表示：

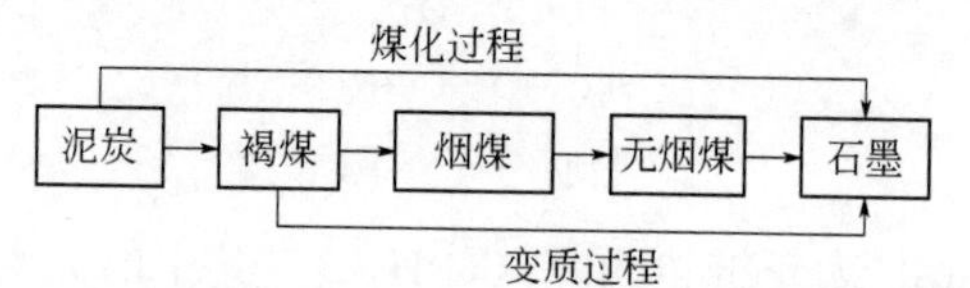

下面，以腐殖煤为例，将固体可燃矿物的特点总结如下：

泥炭处于成煤过程的低级阶段，是植物性材料——腐殖酸、沥青及死亡植物的木质素、纤维素、植物胶质和其他糖类的生物化学变化产物。

褐煤所处的成煤阶段比泥炭高，其特点是不含或含有少量未分解的植物残骸，但含有腐殖酸、沥青、腐殖质和残留煤。

烟煤基本不含未分解的植物残骸，含有少量可溶于有机溶剂的成分，但不含可溶于碱溶液的物质——腐殖酸（又称腐植酸）。而且，烟煤中还含有较复杂的中性分子——腐殖质和残留煤。烟煤被氧化后，会变得很接近褐煤——形成可溶于

❶ 众所周知，温度和压力的平均值随着深度 h 的增加而增大，并符合以下公式：t (℃)≈0.03h (m)，p (MPa)≈0.0265h (m)。

碱的腐殖酸。

腐泥煤是浮游生物有机质、植物孢子和花粉在湖泊、浅海厌氧条件下的转化产物[10]，其特点是氢含量较高（8%～12%），挥发分产率很高（50%～60%，有时达 90%）。腐泥煤的褐煤化阶段同藻煤的煤化阶段一样[11]。

文献中还有很多煤炭分类法，介绍了有机原料与成煤过程中固体可燃矿物类型间的关系。И.И.阿莫索夫绘制的煤分类图（参见图 1-4）就是其中一种分类法[14]。

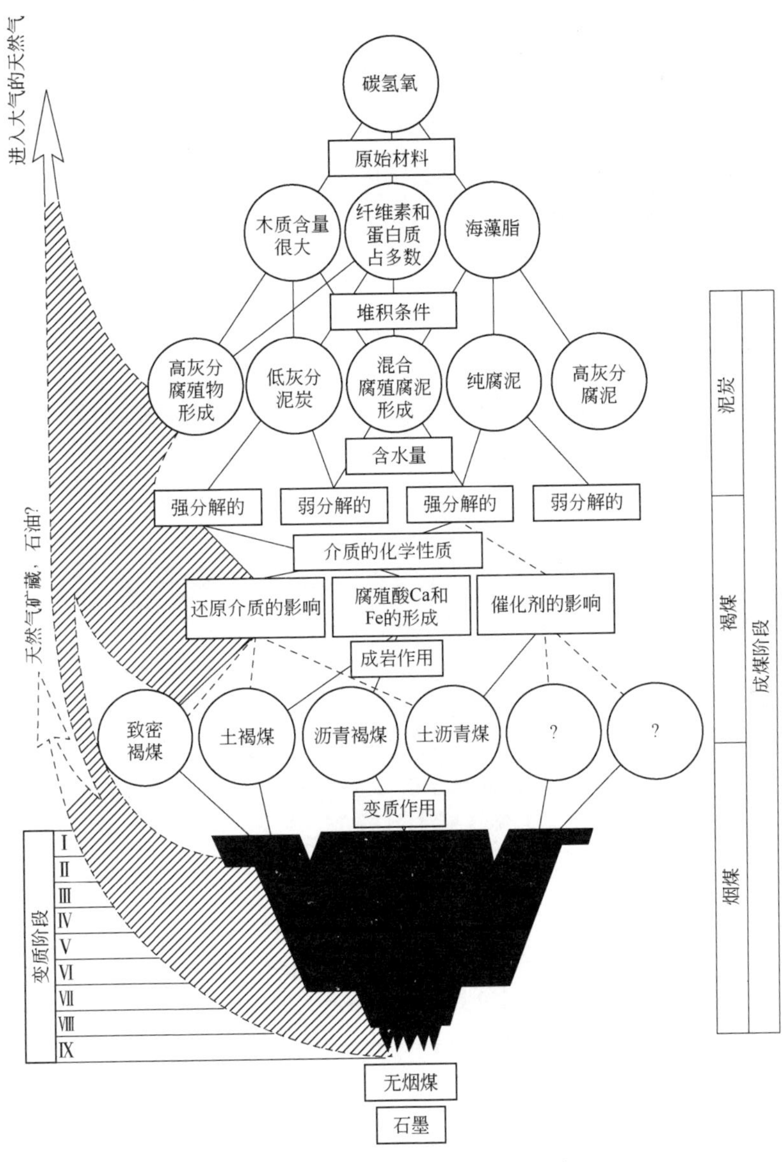

图 1-4　И.И.阿莫索夫煤分类图

1.2 煤作为一种分散体系

煤是多组分的岩石，由非均质煤炭有机质（org）、水分和各种矿物杂质构成。这些成分相互联系，形成了一种分散体系，决定了煤的一般理化性质和工艺特性，这正是煤化学的研究对象。

若从煤中各种成分的百分含量（水分为 $W_{总}$，矿物杂质为 M）看，则有：

$$[有机质]+W_{总}+M=100 \tag{1-1}$$

因直接测定矿物杂质含量比较困难，所以式（1-1）中的 M 用灰分 A 来代替，后者是煤样完全燃烧后剩余的残渣[11]。由此，当测定了煤中可燃物质的百分含量 $[有机质]^{\Gamma}$ 后，就有：

$$[有机质]^{\Gamma}+W_{总}+A=100 \tag{1-2}$$

可用以下经验公式计算 M：

$$M=1.10A+0.55S_{黄铁矿}+0.87(CO_2)_{碳酸盐}-0.10Fe_2O_3-2.75S_A+2.325S_{硫酸盐} \tag{1-3}$$

式中　M——煤中矿物杂质的含量，%；

A——煤的灰分，%；

$S_{黄铁矿}$——煤中黄铁矿硫的含量，%；

$CO_{2,碳酸盐}$——煤中碳酸盐二氧化碳的含量，%；

Fe_2O_3——煤灰中三氧化二铁的含量，%；

S_A——煤灰中硫的含量，%；

$S_{硫酸盐}$——煤中硫酸盐硫的含量，%。

根据式（1-1）～式（1-3），矿物杂质会显著影响煤炭元素成分测定的准确性。因为，煤炭灰化过程中，矿物组成会发生复杂的变化，会同有机质发生物质交换。例如，可能发生以下反应[11,15]：

$$CaCO_3 = CaO+CO_2$$

$$4FeS_2+11O_2 = 2Fe_2O_3+8SO_2$$

$$Al_2O_3\cdot 2SiO_2\cdot 2H_2O = Al_2O_3\cdot 2SiO_2+2H_2O$$

$$CaSO_4\cdot 2H_2O = CaSO_4+2H_2O$$

$$4FeO+O_2 = 2Fe_2O_3$$

$$2FeO+2SO_2+O_2 = 2FeSO_4$$

$$2CaO+2SO_2+O_2 = 2CaSO_4$$

而对于煤炭干物质 d 来说，则有：

$$[有机质]^d + M^d = 100$$

据测算[11]，$M^d > 1.12A^d$。如果取 $M^d = A^d$ 且将相对误差表示为 $\varepsilon_M = (M^d - A^d)/A^d$，则测算$[有机质]^d$时的允许误差 ε_0' 等于[17]：

$$\varepsilon_0' = \left| \frac{\varepsilon_M A^d}{(100 - A^d)(1 - \varepsilon_M)} \right| \tag{1-4}$$

1.2.1 水分

水分是煤的天然组分之一。不同煤的水分含量相差很大。通常，褐煤所含的水分比烟煤和无烟煤的大[8,15]。这是因为褐煤含有更多的极性官能团（—OH，—COOH 等），能够依靠供体-受体相互作用保持水分。

煤中既含有外在水分 $W^p_{外}$，又含有内在水分（吸湿水分）$W^p_{内}$。外在水分可通过自然蒸发去除，剩下的煤叫作干燥煤（在 t=20℃、空气相对湿度等于 65%的条件下）。风干煤中残留的水分（直径小于 0.2mm）（吸湿性水分）本质上是“实验室”或“分析性”水分 W^a，因此[8]：

$$W^p_{总} = W^p_{外} + W^a \tag{1-5}$$

根据赋存类型和强度，煤中的水分可以分为以下几种形式：

① 结合水，即以结晶水的形式存在（例如石膏 $CaSO_4 \cdot 3H_2O$）；

② 毛细管水，在表面能形成的渗透压影响下而存在的水分；

③ 吸附水，因供体-受体相互作用而赋存在孔隙和裂隙表面的水分；

④ 自由水，存在于吸附水层外面。

煤中的水分是一种附加物，影响着煤的表面特性和有机质的反应能力。

1.2.2 矿物杂质

受煤田地质环境的影响，煤中总是或多或少含有一些岩石和矿物杂质，包括 Al、Fe、Ca、Mg、Na 和 K 的硅酸盐，$CaCO_3$、$MgCO_3$、$FeCO_3$ 等碳酸盐，$CaSO_4$、$FeSO_4$、$Al_2(SO_4)_3$ 等硫酸盐，FeO、CaO 等氧化物，硫化物（FeS_2）及有机矿物杂质（腐殖酸盐）[11,15]。煤中还含有一些微量元素，它们在煤层中的含量有时会比其本底含量高出几百倍（如 Ge、W、Be、U、Se、Zn、Mo、Re、Ag、As、Sb、Pb 等）[17]。

煤中的矿物杂质可以分为三类[18]：第一类是粗混合物，可以用一般的分选法将这类矿物组分从煤中分离出来；第二类是微粒浸染型矿物组分，需要用特殊的分选法将其分离出来；第三类是通过化学键与有机质结合在一起的矿物组分，用特殊分选法也难以将其分离出来。

矿物组分对煤的理化性质影响很大，具体表现为：

① 促使煤炭有机质的结构在变质过程中发生改变的关键因素之一正是微量元素，它们可能起到了催化剂的作用；

② 煤炭燃烧和加氢液化、焦化、气化等反应的效率和产物品质都取决于煤中矿物组分的含量；

③ 矿物组分对化学和光谱研究结果有很大影响。

1.2.3 有机质

通常，煤不是均匀物质。在显微镜下观察可以看到，煤是由成分和性质各不相同的组分构成的。根据俄罗斯国家标准 ГОСТ 9414.3—93 (或 ISO 7404-3—84)，腐殖煤的显微组分（微观结构）主要分为三组：镜质组、壳质组和惰质组[12]。

镜质组 V_t：腐殖酸煤化产物，主要是由木质素和纤维素形成的。在大部分煤炭中，镜质组含有 50%～90%的有机质。同其他显微组分相比，镜质组所含的氧最多。

壳质组 L：含氢量较高的植物残骸（脂类、树脂、蜡）的煤化产物。

惰质组 I：退化木纤维煤化产物，约占有机质的 5%～40%，含碳较高。

在成煤过程中这些显微组分的性质有规律地变化，只是变化强度不同。

煤炭有机质是非均质的，可以根据其在不同溶剂中的溶解度进行分类。可溶于有机溶剂的物质被称作“沥青”，其成分包括蜡和树脂。可溶于碱和氨稀释水溶液的物质被称作“腐殖酸”，它们形成的盐被称作“腐殖酸盐”，腐殖酸盐可溶于水[13]。

我们再来介绍一下大分子平均分子量的概念，以及它对煤炭有机质和从煤炭有机质中分离出来的结构复杂物质的适用性。

分子量是物质主要物理参数之一。煤炭有机质是由分子量不同且结构不规则的大分子混合而成的。对于其大分子为线型结构或枝化结构的高分子化合物来说，需要研究的是“数均分子量”和“重均分子量”概念[20]。

数均分子量 M_n 等于：

$$M_n = \frac{\sum M_i N_i}{\sum N_i} \tag{1-6}$$

式中，N_i 为分子量为 M_i 的分子数量。

若通过 f_i 表示分子量为 M_i 的分子质量分数，则有：

$$f_i = \frac{M_i N_i}{\sum M_i N_i} \tag{1-7}$$

那么，由式（1-6）可得：

$$M_n = \frac{1}{\frac{\sum N_i}{\sum M_i N_i}} = \frac{1}{\sum\left(\frac{f_i}{M_i}\right)} \tag{1-8}$$

M_n可通过不同的实验法测定，包括渗透压法、冰点下降法、沸点升高法和蒸气压渗透法。

按照沸点升高法，如果溶剂的物质的量 n_B 不变，则溶液的沸点随着溶解物的物质的量 n_A 增加而成比例升高[21]：

$$\Delta T_b = \frac{R(T_b^0)^2}{n_B \Delta H_{vap}} n_A$$

或者

$$\Delta T_b = \frac{R(T_b^0)^2 M_B}{1000\Delta H_{vap}} n_A = K_b n_A \tag{1-9}$$

式中　$K_b = \frac{R(T_b^0)^2 M_B}{1000\Delta H_{vap}}$——溶剂的沸点升高常数；

M_B——溶剂的分子量；

ΔH_{vap}——溶剂的汽化热。

相应地，对于冰点变化则有：

$$\Delta T_m = \frac{R(T_m^0)^2 M_B}{1000\Delta H_{fus}} n_A = K_m n_A \tag{1-10}$$

式中　$K_m = \frac{R(T_m^0)^2 M_B}{1000\Delta H_{fus}}$——溶剂的冰点下降常数；

ΔH_{fus}——溶剂的熔化焓变。

例如，对于水来说，T_b=373K，T_m=273K，M_{H_2O}=18，ΔH_{vap}=40.705kJ/mol，ΔH_{fus}=6.014kJ/mol。按照这些数据，则有：K_m=0.516K；K_b=1.86K。

重均分子量 M_w 的计算公式为：

$$M_w = \frac{\sum M_i^2 N_i}{\sum M_i N_i} = \sum M_i f_i \tag{1-11}$$

M_w的值可用小角激光光散射法或者超速离心沉降速度法测定。

可以确定[21]，分子异质性越高，M_n和M_w的差距越大（通常 $M_w > M_n$）。

M_w/M_n的比值可以反映出分子的非均质性。M_w的值对高分子杂质的存在很敏感，而M_n的值对低分子杂质很敏感。

图 1-5 是以土壤黄腐酸为例的腐殖酸分子量分布曲线[22]。统计值（平均分子量和多分散性）为：M_n=5.4kDa；M_w=12.9kDa；M_w/M_n=2.4。

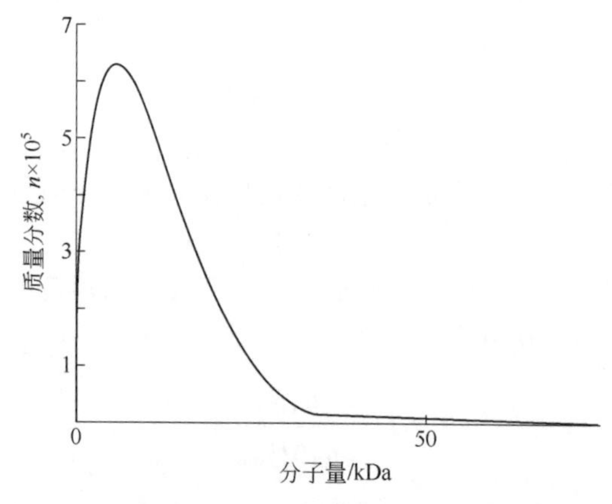

图 1-5　以土壤黄腐酸为例的腐殖酸分子量分布曲线

1.3　煤的化学分析

煤的工业利用，需要研究其有机质的特性，包括它的元素组成，即主要元素 C、H、N、O、S 等的原子百分含量。按照定义，对于煤炭有机质的各种组分来说，有：

$$C(\%)+H(\%)+N(\%)+O(\%)+S(\%)=100\% \tag{1-12}$$

将 i 元素的原子百分含量 A_i 除以其原子质量 m_i，便得到其物质的量 n_i（n_i=A_i/m_i）。然后，换用代表式 x=n_C、y=n_H、z=n_N、t=n_O 及 q=n_S，那么 100g 煤炭有机质的分子式就可以写成 $C_xH_yN_zO_tS_q$。如果知道煤炭有机质的分子量（M_{org}），那么：

$$M_{org}=\Omega(C_xH_yN_zO_tS_q)=C_{\Omega x}H_{\Omega y}N_{\Omega z}O_{\Omega t}S_{\Omega q} \tag{1-13}$$

就可以找到数字系数Ω并确定分子式 $C_{\Omega x}H_{\Omega y}N_{\Omega z}O_{\Omega t}S_{\Omega q}$。

不过，按照式（1-13），原子比与物质的量无关，例如，$H/C=\Omega y/\Omega x=y/x$。因此，在研究煤的理化性质时通常用原子比值（H/C、O/C、N/C、S/C）代替原子百分含量，而原子比值通常用式（1-14）计算：

$$\frac{n_i}{n_j}=\frac{A_i/A_j}{m_i/m_j} \tag{1-14}$$

表 1-3 是不同变质程度镜质组的化学组成，包括碳的百分含量及原子比 H/C、O/C、N/C。该表中的数据表明，在变质过程中，随着碳含量（%）的增长，原子

比值 H/C、O/C 及 N/C 在减小。因此，煤炭有机质中的碳含量（%）经常被用作变质参数[23]。

表 1-3　不同变质程度镜质组的化学组成[19]

C 含量/%	H/C	O/C	N/C
70.5	0.862	0.247	0.012
75.5	0.789	0.181	0.012
81.5	0.753	0.108	0.013
85.0	0.757	0.071	0.013
87.0	0.732	0.051	0.013
89.0	0.683	0.034	0.013
90.0	0.655	0.027	0.013
91.2	0.594	0.021	0.011
92.5	0.509	0.016	0.013
93.4	0.440	0.013	0.011
94.2	0.379	0.011	0.009
95.0	0.307	0.009	0.010
96.0	0.223	0.007	0.006

1.4　煤的工艺指标

1.4.1　反射率

煤的反射率是其主要工艺指标之一，既能反映煤在变质过程中的理化特性，又可用于确定其合理利用方向。

往往只测定镜质组的反射率，因为它是煤的主要组分。测定煤中镜质组方法的原理：当波长为λ、强度为$I_{入射}$的单色入射光以角度φ_1照射到介质分界面上时，一部分光束以相同的角度发生反射，其强度为$I_{反射}$；另一部分光束则以角度φ_3和强度$I_{折射}$发生了折射（见图 1-6）。此时，介质Ⅱ的折射率n_2（介质Ⅰ是空气且n_1=1）等于：

$$n_2=\frac{\sin\varphi_1}{\sin\varphi_3}=\frac{v_{\mathrm{II}}}{v_{\mathrm{I}}} \tag{1-15}$$

式中，v_{I}和v_{II}分别为光在介质Ⅰ和介质Ⅱ中的速度。

入射光、反射光和折射光的强度之间存在下列关系：

$$I_{入射}=I_{反射}+I_{折射} \quad (1\text{-}16)$$

此外，根据布格-朗伯（Bouguer-Lambert）定律[16]，则有：

$$I_{反射}^{(\lambda)}=I_{入射}^{(\lambda)}\cdot \mathrm{e}^{-\kappa(\lambda)l} \quad (1\text{-}17)$$

式中 λ——波长；

$\kappa(\lambda)$——吸收系数；

l——层厚。

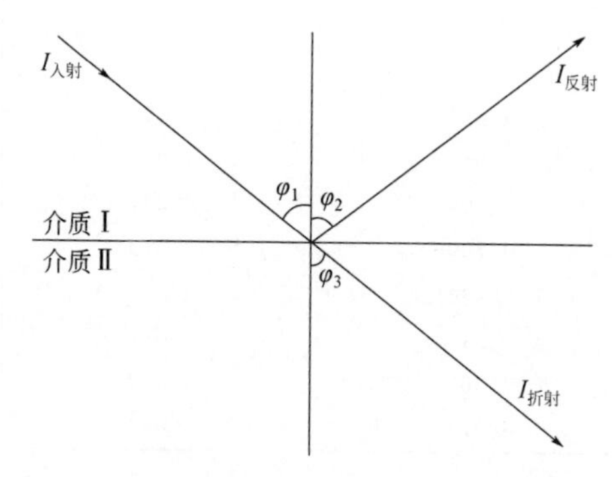

图 1-6 光在两种介质分界面的反射和折射

如果光仅被介质Ⅱ吸收，那么反射系数 r 可用以下公式计算[23-25]：

$$r=\frac{(n_2-n_1)^2+n_2\kappa_2^2}{(n_2+n_1)+n_1\kappa_2^2} \quad (1\text{-}18)$$

式中 n_1，n_2——介质Ⅰ和介质Ⅱ的折射率；

κ_2——介质Ⅱ的吸收系数。

如果介质Ⅰ为空气，则 $n_1=1$；如果介质Ⅰ为雪松油，则 $n_1=1.519$。使用的是波长 $\lambda=5460$Å❶的单色光。

反射率 R（%）的计算公式：

$$R=r\times100 \quad (1\text{-}19)$$

一些文献中还采用这样的符号：R_o 为雪松油中的反射率；R_a 为空气中的反射率。

对于均匀介质，反射率 R 同光的入射方向无关；对于不均匀介质，反射率 R 同光的入射方向有关，且会有两个值——R_{max} 和 R_{min}。R 平均值的计算公式为[26]：

$$\overline{R}=\frac{1}{3}(2R_{max}+R_{min}) \quad (1\text{-}20)$$

❶ 1Å=0.1nm。由于世界许多国家的研究者都采用 Å 这一单位，本书作者认为可以保留该单位。

表 1-4 是波长为 5460Å（546nm）时不同变质程度镜质组的光学常数[19]。从该表可以看出，R_{max} 和 R_{min} 的值取决于介质 I（空气或雪松油）的特性。而且，随着镜质组中碳含量的增加，其非均质性 Δ（$\Delta=R_{max}-R_{min}$）也在增强，即发生了超分子水平的整合（更具结晶性）。

表 1-4　波长为 5460Å 时不同变质程度镜质组的光学常数[19]

碳含量/%	雪松油中的反射率/%		空气中的反射率/%		折射率 n		吸收系数 κ	
	max	min	max	min	max	min	max	min
58.0	0.26	0.26	6.40	6.40	1.680	1.680	0.01	0.01
70.5	0.32	0.32	6.70	6.70	1.700	1.700	0.011	0.011
75.5	0.48	0.48	7.21	7.21	1.732	1.732	0.027	0.027
81.5	0.74	0.71	8.00	7.93	1.781	1.777	0.048	0.048
83.0	0.83	0.78	8.25	8.12	1.795	1.788	0.054	0.054
84.0	0.90	0.83	8.41	8.26	1.806	1.796	0.059	0.059
85.0	0.96	0.89	8.60	8.40	1.816	1.805	0.063	0.063
86.0	1.04	0.95	8.81	8.57	1.828	1.815	0.070	0.068
87.0	1.13	1.02	9.01	8.80	1.843	1.825	0.077	0.073
88.0	1.25	1.11	9.28	8.92	1.859	1.837	0.084	0.080
89.0	1.40	1.22	9.61	9.13	1.881	1.851	0.093	0.088
90.0	1.60	1.35	10.09	9.44	1.907	1.869	0.104	0.097
91.2	2.00	1.56	10.80	9.90	1.940	1.890	0.130	0.111
92.5	2.81	1.97	12.12	10.62	1.977	1.911	0.186	0.140
93.4	3.61	2.32	13.2	11.13	2.005	1.923	0.227	0.166
94.2	4.24	2.66	14.18	11.60	2.025	1.933	0.265	0.191
95.0	5.03	3.02	15.21	12.10	2.043	1.942	0.301	0.217
96.0	6.09	3.47	16.55	12.73	2.058	1.950	0.351	0.249

图 1-7（根据表 1-4 的数据绘制）是在雪松油中和空气中测定的 $\Delta=R_{max}-R_{min}$ 值（分别为 Δ_o 和 Δ_a）的对比。可以看出，当镜质组表现出非均质性时，Δ_o 和 Δ_a 之间存在线性相关。

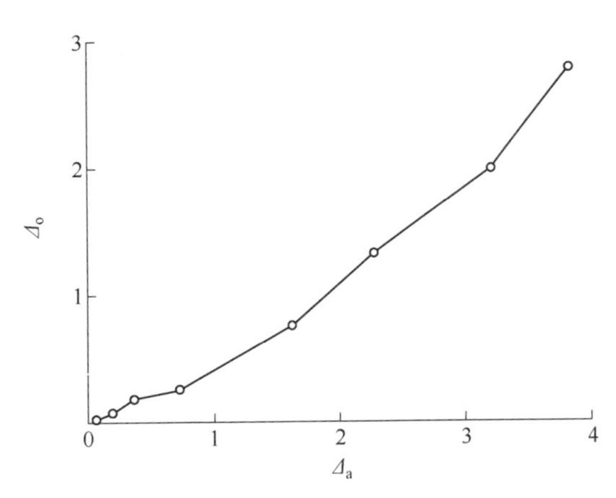

图 1-7　在雪松油中和空气中测定的镜质组非均质性之间的关系

在实践中，通常只测定镜质组的反射率，因为煤炭有机质中镜质组的含量要超过壳质组和惰性组。

1.4.2 挥发分产率

测定挥发分产率 V^a 时，要将质量为 m_0 的煤样放在闭口坩埚中，在 840～860℃温度下，隔绝空气加热 7min，然后称取样品质量 m_t。这样，就可以用以下公式[27]计算 V^a：

$$V^a = \frac{m_0 - m_t}{m_0} \times 100 - W^a \tag{1-21}$$

式中，W^a 为煤样的化验水分。

挥发分主要包括 H_2、CH_4、CO、CO_2、CS_2 和 COS 等气体。

图 1-8 表现的是煤显微组分（镜质组、壳质组和惰性组）挥发分产率同镜质组反射率的关系[28]。对于变质过程中所有的煤炭显微组分来说，随着 R_o 的增加，挥发分的产率都在下降，只不过下降速率（$\Delta V/\Delta R_o$）不同，并存在以下不等式：

$$V^{daf}(褐煤) > V^{daf}(烟煤) > V^{daf}(无烟煤)$$

因此，在煤化学中挥发分产率也用作变质程度参数。不过，还应该指出，挥发分产率也能间接反映煤炭有机质的结构（饱和氢的官能团结构比含稠环芳烃结构更易分解），但对煤炭进行理化研究时不能把它用作严格的变质参数。

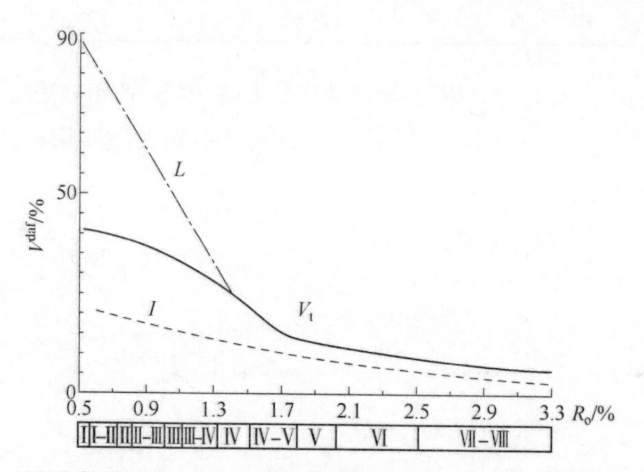

图 1-8 不同变质阶段（Ⅰ～Ⅷ）镜质组 V_t、壳质组 I 和惰性组 L 的挥发分产率同镜质组反射率的关系

1.4.3 燃烧热值

煤的单位燃烧热值（kJ/kg）分为高位燃烧热值 Q_s 和低位燃烧热值 Q_j。可以

借助实验室内用量热器测定的煤样燃烧热值计算出其高位燃烧热值：

$$Q_s^a = Q_o^a - \alpha Q_o^a + \beta Q_o^a \quad (1\text{-}22)$$

式中　Q_o^a——量热器测定的燃烧热值；

α，β——系数；

αQ_o^a，βQ_o^a——对硝酸和硫酸生成热和溶解热的修正数[15]。

利用 Q_s^a 计算低位燃烧热值时，需要减去煤燃烧过程中生成的水的蒸发热和将其从室温加热到量热器筒内温度的耗热量，即

$$Q_j = Q_s^a - [(T_o - T_{rt})c_{p,H_2O} + L_{H_2O}]\left[W^a(\%) + \frac{M_{H_2O}}{M_{H_2}}H(\%)\right] \quad (1\text{-}23)$$

式中　T_o 和 T_{rt}——筒内温度和室温；

c_{p,H_2O}——水的比热容；

L_{H_2O}——水的汽化热；

M——分子量。

计算出常数值后，由式（1-23）得低位燃烧热值（kJ/kg）：

$$Q_i = Q_s - 24.42[W^a(\%) + 8.94H(\%)] \quad (1\text{-}24)$$

1.5　煤的分类

在现代工业中，煤既可用作燃料，又可用作非燃料（见图 1-9），这就要求研究制定科学的煤分类法，以确保煤得到合理利用。

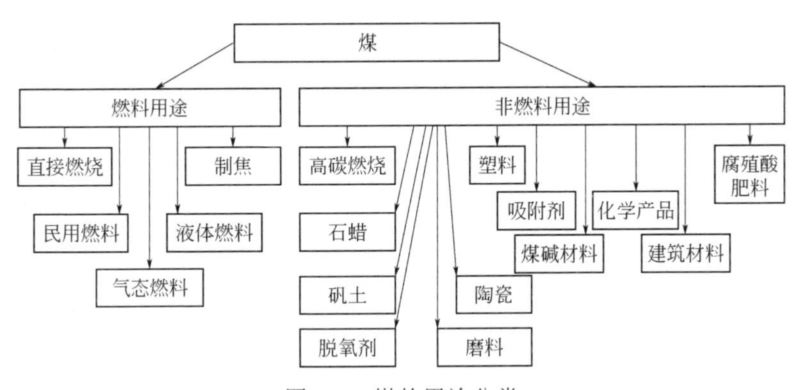

图 1-9　煤的用途分类

为了准确评定煤的特性，俄罗斯制定了煤的分类法（ГОСТ 25543—82）。按照该方法，煤被分成不同的等级、类别、型号和亚型。每种具体的煤都可以用一个七位数的代码来表示。代码的结构为：

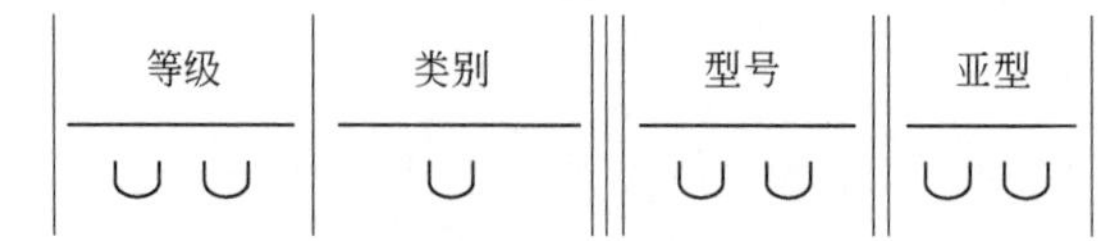

代码的结构是由以下指标决定的：

① 等级：镜质组最小反射率乘以 10（min10×R_o，%）。

② 类别：丝炭化组分总数（ОК）最小值除以 10（$\min\sum ОК/10$，%）。

③ 型号：褐煤，无灰基含水量的最小值（W_{max}^{daf}，%）；烟煤，干燥无灰基挥发分产率的最小值（V^{daf}，%）；无烟煤，干燥无灰基体积挥发分的最小值除以 10（$V^{daf}/10$，cm^3/g）。

④ 亚型：褐煤，干燥无灰基低温焦油产率最小值（T_{SR}^{daf}，%）；烟煤，胶质层厚度的绝对值（y，mm）；无烟煤，镜质组反射非均质性的最小值（$\Delta R_o=R_{max}-R_{min}$，%）。

按照该分类法，褐煤、烟煤和无烟煤可以分成许多组（表 1-5）。

表 1-5　褐煤、烟煤和无烟煤的组别及分级

种类	组别	级别
褐煤	1Б——一等褐煤	02～03
R_o≤0.60%	2Б——二等褐煤	02～04
Q_s^{daf} <24MJ/kg	3Б——三等褐煤	03～05
烟煤 R_o=0.40%～2.59% Q_s^{daf} ≥24MJ/kg V^{daf}≥8%	Д——长焰煤	04～07
	ДГ——长焰气煤	05～07
	Г——气煤	05～09
	ГЖО——贫气肥煤	06～09
	ГЖ——气肥煤	05～09
	Ж——肥煤	08～11
	КЖ——肥主焦煤	09～12
	К——主焦煤	10～16
	КО——贫主焦煤	08～13
	КСН——变质程度低的弱黏结主焦煤	08～10
	КС——弱黏结主焦煤	11～16
	ОС——贫黏结煤	13～17
	ТС——瘦黏结煤	14～19
	СС——弱黏结煤	07～17
	Т——瘦煤	15～55

续表

种类	组别	级别
无烟煤	1A——一等无烟煤	22～35
R_o≥2.20%	2A——二等无烟煤	36～44
V^{daf}<8%	3A——三等无烟煤	45及以上

参考文献

[1] Пиковский Ю.И. // Журнал Всесоюзного химического общества им. Д. И. Менделеева, 1986, 31(5): 489.

[2] Паушкин Я.М., Головин Г.С., Лапидус А.Л., Крылова А.Ю., Горлов Е.Г., Ковач В.С. // Химия твердого топлива, 1994(3): 62.

[3]Курдюмов С.С, Брун-Цеховой А.Р., Розовский А.Я., Лин Г.И. // Журнал физической химии, 1993, 67(5): 889.

[4] Fisher F., Tropsch H. // Ber. Deutsch. Chem. Ges, 1926(59): 830.

[5] Каррер П. Кур с органической химии. Л. : Гос. науч.-техн. изд-во химической ли т-р ы, 1962: 1216.

[6] Стали Д., Верстрам Э., Зинке Г. Химическая термодинамика органических соединений.М: Мир, 1971: 807.

[7] Никитин Н.И. Химия древесины и целлюлозы. М.: Гослестехиздат, 1935: 883.

[8] Русчев Д. Д. Химия твердого топлива. Л.: Химия, 1976: 256.

[9] Богомолов А.И., Гайле А.А. и др. Химия нефти и газа. Спб.: Химия, 1995: 448.

[10] Бодоев Н. В. Сапропелитовые угли. Новосибирск, Наука, Сиб. отделение, 1991: 120.

[11] Аронов С. Г., Нестеренко Л. Л. Химия твердых горючих ископа емы х. Харьков, иэд-во Харьковского университета, 1960: 371.

[12] Каменева А.Н., Платонов В.В. Теоретические основы химической технологии горючих ископаемых. М.: Химия, 1990: 288.

[13] Кухаренко Т. А. Химия и генезис ископаемых углей. М.: Госгортехиздат, 1960: 327.

[14] Химия и генезис тверды х горючих ископаемых / Под ред. А. В. Чернышева. М.: Изд-в о АН СССР, 1953: 26.

[15] Авгушевич И. В., Броновец Т. М., Еремин И. В. и др. Аналитическая химия и технический анализ угля. М.: Недра, 1987: 336.

[16] Крым В.С. Химия твердого топлива. 2-е изд. Харьков Киев, ГОНТИ Украины, 1936: 286.

[17] Шпирт М., Клер В.Р., Перциков ИЗ. Неорганические компоненты твердых топлив.М.: Химия, 1990: 240.

[18] Липович В.Г., Калабин Г.А., Калечиц И. В. и др. Химия и переработка углей. М.: Химия, 1983: 336.

[19] Штах Э., Маковски М. Т., Тейхмюллер М. И др. Петрология углей. М.: Мир, 1978: 554.

[20] Рафиков С. Р., Будтов В. П., Монаков Ю.Б. Введение в физико-химию растворов полимеров. М.: Наука, 1978: 327.

[21] Угай Я. А. Общая химия. М.: Высшая школа, 1977: 407.

[22] Перминова И. В. Анализ, классификация и прогноз свойств гумусовых кислот: Автореф. дисс. на соис. учен. степ, д-ра хим. наук. М.: изд-во М ГУ, 2000: 50.

[23] Ван-Кревепен Д. В., Шуер Ж. Наука об угле. М.: Гос. науч.-техн. изд-во лит-р ы по горному делу,

1960: 302.

[24] Агроскин А. А. Физика угля. М.: Недра, 1965: 350.

[25] Оптика и атомная физика / Под ред. Р. И. Солоухина. Новосибирск, Наука, 1976: 454.

[26] Rouzaud J. N., Oberlin A. // Carbon, 1989, 27(4): 517.

[27] Камнева А. И., Королев Ю.Г., Житов Б.Н. Лабораторный практикум по химии горючих ископаемых.М.: изд. МХТИ, 1974: 100.

[28] Еремин И. В., Лебедев В. В., Цикарев Д. А. Петрография и физические свойства углей. М : Недра, 1980: 261.

第2章 煤结构的光谱分析

2.1 总则

任何光谱的产生都是由于分子吸收（或者辐射）电磁波的量子态间的跃迁。

红外光谱（IR）、电子顺磁共振（EPR）、核磁共振（NMR）和X射线衍射分析等光谱学分析方法是获取煤炭有机质分子结构和超分子结构可靠信息的强有力工具。所有光谱都是分子中量子跃迁的结果，由一组量子数定义，是解释光谱产生本质的必备知识。鉴于这个目的，在第2章中首先列举了煤炭研究中光谱学方法的一些应用结果，并且简要介绍了这些方法的理论基础。

2.1.1 量子数

根据量子力学，原子中的微观状态（单电子的位置）是由四个量子数确定的：主量子数 n、角量子数 l、磁量子数 m_l 和自旋量子数 s。量子数的物理意义如下[1]:

n——确定核内电子的总能量，取整数值（在光谱学中采用字母代号）:

$$n=1, 2, 3, 4, 5,\cdots \qquad (2\text{-}1)$$

K N L M O

l——确定原子中电子轨道角动量的量子数。

m_l——电子轨道角动量在所选取坐标轴（Z 轴）上的可能投影（图2-1）。

$$m_l=0, \pm1, \pm2,\cdots, \pm l \text{（}m_l\text{共有 }2l+1\text{ 个取值）} \qquad (2\text{-}2)$$

s——决定电子自旋角动量的量子数。

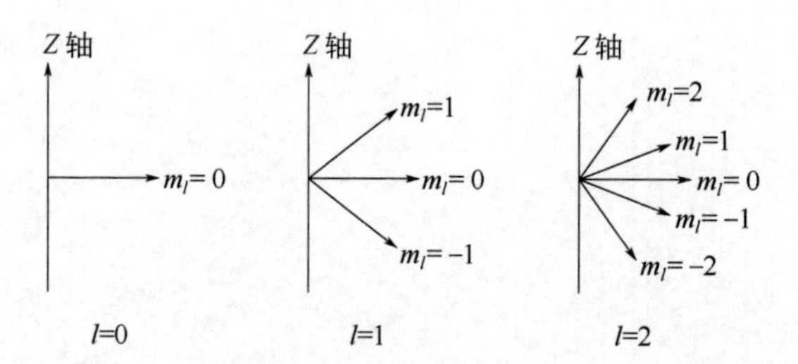

图2-1 电子轨道角动量在 Z 轴上的可能投影（l=0、l=1 和 l=2 的情况）

如果把一个多电子原子近似看作一个单电子，那么，可以假设，如果原子中的每一个电子都在某些活跃中心对称场中运动，这个对称场是由一个核和其他所有电子构成的，那么该单电子态（被考察电子所在的原子轨道）可由数字 n、l、m 来表征。在这种情况下，由原子轨道构建的多电子原子的总波函数Ψ，就变成了运算平方的本征函数——总轨道角动量 $\hat{L}^2$ ❶、总自旋角动量 $\hat{S}^2$ 和总电子角动量 $\hat{J}^2$（$\hat{J}^2=\hat{L}^2+\hat{S}^2$），而这些角动量在任意量化轴（$Z$ 轴）上的投影算符为 $\hat{L}_Z$、$\hat{S}_Z$、$\hat{J}_Z$。它们的量子化学记录见文献[1]。

（1）总角动量

$$\hat{L}^2\Psi = L(L+1)\hbar^2\Psi，\text{其中}\hbar = \frac{h}{2\pi} \tag{2-3}$$

$$\overline{L}^2 = L(L+1)\hbar^2 \tag{2-4}$$

式中，L 为总轨道角动量量子数（在光谱学中采用字母符号）。

$$L = \sum_i l_i = 0, 1, 2, 3, 4, 5, \cdots \tag{2-5}$$

S P D F G H

总轨道角动量在 Z 轴上的投影：

$$\hat{L}_Z\Psi = M_L\hbar\Psi \tag{2-6}$$

$$\overline{L}_Z = M_L\hbar \tag{2-7}$$

式中，M_L 为总磁量子数。

$$M_L = \sum_i m_i = L, L-1, \cdots, -L+1, -L \tag{2-8}$$

（M_L 取 $2L+1$ 个值）

（2）总自旋角动量

$$\hat{S}^2\Psi = S(S+1)\hbar^2\Psi \tag{2-9}$$

$$\overline{S}^2 = S(S+1)\hbar^2 \tag{2-10}$$

式中，S 为总自旋角动量量子数。

总自旋角动量在 Z 轴上的投影：

$$\hat{S}_Z\Psi = M_S\hbar\Psi \tag{2-11}$$

$$\overline{S}_Z = M_S\hbar \tag{2-12}$$

式中，M_S 为总自旋角动量。M_S 取 $2S+1$ 个值。

---

❶ $\hat{L}$ ——运算符；$\overline{L}$ ——本征值。

$$M_S=\sum_i S_i=S, S-1, \cdots, -S+1, -S \tag{2-13}$$

（3）总电子角动量

$$\hat{J}^2\Psi=J(J+1)\hbar^2\Psi \tag{2-14}$$

$$\bar{J}^2=J(J+1)\hbar^2 \tag{2-15}$$

式中，J 为角动量量子数，J=0, 1, 2, …

总角动量在 Z 轴上的投影：

$$\bar{J}_Z\Psi=M_J\hbar\Psi \tag{2-16}$$

$$\bar{J}_Z=M_J\hbar$$

式中，M_J 为总电子角动量。M_J 取 2J+1 个值。

$$M_J=M_L+M_S=J, J-I, \cdots, -J+1, -J \tag{2-17}$$

2.1.2 原子光谱项

由于电子在原子轨道上的排列不同，所以原子具有不同的能量状态，描述原子的状态使用原子光谱项。原子光谱项能量是由量子数确定的：L 为总轨道角动量量子数；S 为总自旋角动量量子数；J 为总角动量量子数。即：

$$L=\sum_i l_i; S=\sum_i S_i; J=L+S \tag{2-18}$$

光谱支项记作 $^{(2S+1)}L_J$，自旋多重度由 2S+1 值来确定。

总自旋	自旋简并度	光谱项名称
S=0	2S+1=1	单重态
$S=\frac{1}{2}$	2S+1=2	双重态
S=1	2S+1=3	三重态
$S=\frac{3}{2}$	2S+1=4	四重态

由量子数 S、L 和 J 确定的原子能级的总和被称作能态多重性。

以氢原子的多能级为例。取填充满的 $1s^2$ 和 $2s^2$ 壳层，考察在 2p 壳层的 2 个电子——$2p^2$。对这些电子来说，$l_1=l_2=1$，相应地：

L_{max} =1+1=2，那么 L=0, 1, 2；

$S_{max}=\frac{1}{2}+\frac{1}{2}=1$，那么 S=0, 1。

L 值有三个状态：S（L=0），P（L=1），D（L=2）。每一态具有两个能态多重性（当 S=0 和 S=1 时）：^{1}S，^{3}S；^{1}P，^{3}P；^{1}D，^{3}D。

依据泡利原理 ^{3}S、^{1}P 和 ^{3}D 态是不可能存在的，该原理认为：原子中的任意两个电子的四个量子数是不可能完全相同的。因此，这六个状态中不违反泡利原理的只有三个：^{1}S、^{3}P 和 ^{1}D。

依据泡利原理，光谱项 ^{1}S、^{1}D 和 ^{3}P 的形成如下所示：

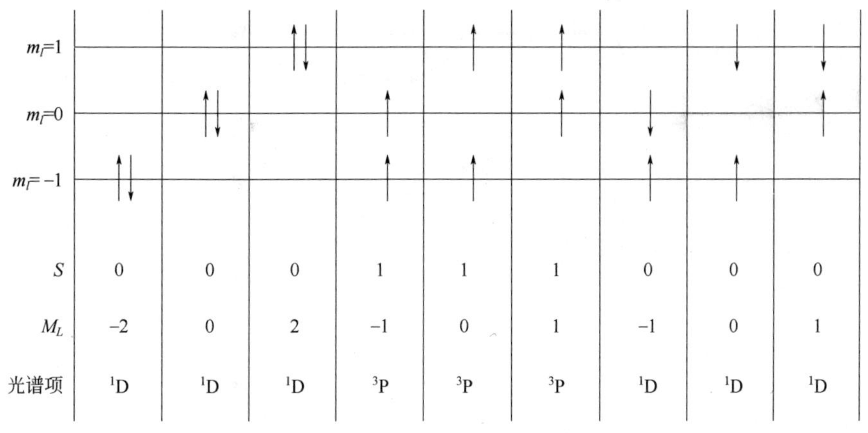

为了回答这些状态中哪个是基态（具有最小能量❶）的问题，需要考虑电子间的相互关系，而对于轻原子（位于元素周期表初始的元素）可以利用泡利原理的以下几条规则：

① 第一条规则，基态光谱项始终具有最大自旋多重度。

② 第二条规则，自旋多重度相同的两个态中通常是 L 值较大的那个态更稳定，由此，氢原子基态的光谱项为 ^{3}P。

③ 第三条规则，与最小 J 值相对应的谱项最稳定。

$$J=L+S=1+1=2;\ J=0, 1, 2$$

相应地：

$$^3P \rightarrow {}^3P_0、{}^3P_1 和 {}^3P_2$$

$$^3P_0 > {}^3P_1 > {}^3P_2$$

图 2-2 为各种相互作用下碳原子 $2P_2$ 组态能级分裂图[2]，表明了原子的不同能量状态是由一组量子数来确定的。

在光谱学中线型分子的电子状态也可以像光谱项一样进行分类。因此，将连接原子核和分子光谱项的直线作为轴线，记为$^{(2S+1)}|M_L|$。在光谱学中采用以下字母符号标记 M_L[4]：

❶ 相同电荷的粒子的相互作用能量是正的，不同的则是负的；在一般情况下，量子力学系统的最稳定状态是能量最负的状态。

$$M_L=0, \pm 1, \pm 2, \pm 3, \cdots \qquad (2\text{-}19)$$

$$\Sigma \quad \Pi \quad \Delta \quad \Phi$$

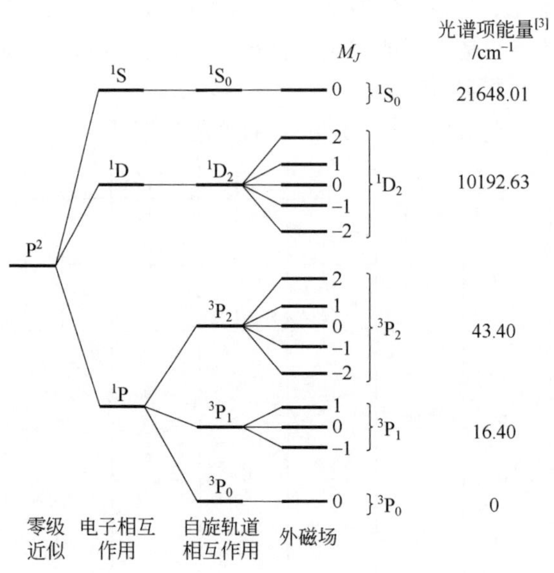

图 2-2 碳原子 $2P_2$ 组态能级分裂图

2.1.3 测量单位和命名

基本的物理常数值见表 2-1。根据这些数据计算得到：

表 2-1 基本的物理常数值[5]

常数	数值
基本电荷 e^0/esu	4.80298×10^{-10}
基本电荷 e^0/C	1.60217×10^{-19}
普朗克常数 $\hbar$/erg · s	6.62559×10^{-27}
光在真空中的速度 c/(cm/s)	2.997925×10^{-10}
电子的静止质量 m_e/g	9.10908×10^{-28}
质子的静止质量 m_p/g	1.67252×10^{-24}
玻尔半径 a_0(氢原子半径)/cm	5.29167×10^{-9}
气体常数 R/[J/(mol · K)]	8.31434×10^{7}
玻尔兹曼常数 k/(J/K)	1.38054×10^{-16}

① 阿伏伽德罗常量

$$N_A=\frac{R}{k}=6.02252\times10^{23}\,\text{mol}^{-1}$$

② 原子质量单位（amu）

$$1\text{amu}=\frac{1\,\text{g/mol}}{N_A}=1.66043\times10^{-24}\,\text{g}$$

分子吸收（释放）量子后从 ε_1 能态转换到 ε_2 能态。因此，硼原子辐射吸收频率 ν 与被吸收的能量 $\Delta\varepsilon=\varepsilon_2-\varepsilon_1$ 的关系是：

$$\nu=\frac{\Delta\varepsilon}{h} \tag{2-20}$$

式中，一个分子吸收的能量：

$$\Delta\varepsilon=h\nu=hc\frac{1}{\lambda}=hc\omega \tag{2-21}$$

式中 h——普朗克常数；

c——光速；

λ——辐射波长；

ω——波数。

实际上，为了方便起见（$\nu=c/\lambda$表示频率）可以使用波数，它是用 cm^{-1} 来测量的。在图 2-3 中绘出了电磁辐射的所有光谱。

$$\Delta\varepsilon=1.23981\times10^{-4}\times\omega，\text{eV/分子}$$

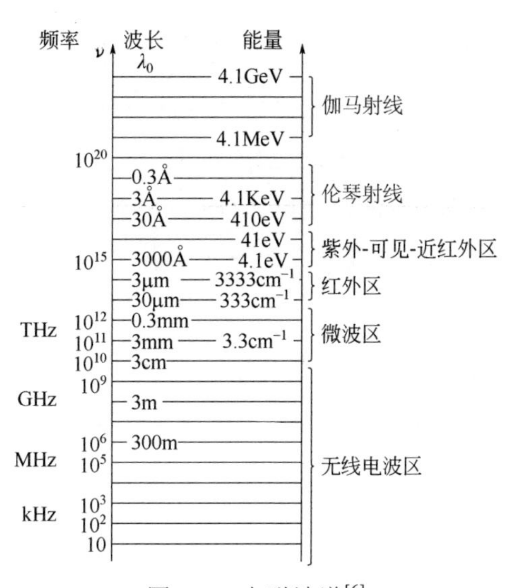

图 2-3 电磁波谱[6]

$c=\nu=3.00\times10^8\text{m/s}$；$1\text{Å}=10^{-8}\text{cm}$；$1\mu\text{m}=10^{-4}\text{cm}=10^4\text{Å}$；$1\text{cm}^{-1}=1.24\times10^{-4}\text{eV}$

$\Delta\varepsilon=1.98629\times10^{-16}\omega$，erg/分子；

$\Delta\varepsilon=1.98629\times10^{-23}\omega$，J/分子。

对 1mol 物质，$\Delta E=N_A\Delta\varepsilon$，那么相应地，1kcal=$4.1840\times10^{10}$erg，得到：

$\Delta E=2.85912\times10^{-3}\omega$，kcal/mol。

能量单位之间的关系见表 2-2。构成有机化合物成分的原子物理性质见表 2-3。

表 2-2 能量单位之间的换算关系

	erg	amu	eV	cm^{-1}	kcal/mol
erg	1	2.29388×10^{10}	6.24181×10^{11}	5.03447×10^{15}	$1.439\ 2\times10^{13}$
amu	4.35942×10^{-11}	1	27.2107	2.19474×10^{5}	6.27506×10^{2}
eV	1.60210×10^{-12}	3.67502×10^{-2}	1	8.06573×10^{3}	23.061
cm^{-1}	1.98631×10^{-16}	4.55635×10^{-6}	1.23981×10^{-4}	1	2.85913×10^{-3}
kcal/mol	6.94724×10^{-14}	1.59361×10^{-3}	4.33633×10^{-2}	3.49757×10^{2}	1

表 2-3 构成有机化合物成分的原子物理性质

原子	电荷	轨道电子组态	基态光谱项	电离势[4]/eV	电子亲和势[4]/eV	鲍林电负性[4]
H	1	1s	^2S	13.595	0.747	2.20
C	6	$[He]2s^22p^2$	^3P	11.264	1.25	2.55
N	7	$[He]2s^22p^3$	^4S	14.54	−0.1	3.04
O	8	$[He]2s^22p^4$	^3P	13.614	1.47	3.44
S	16	$[He]2s^22p^2$	^3P	10.357	2.07	2.58

根据定义，原子 A 的电离势是从原子中移走一个电子所需的能量值 I_A。

$$A+I_A \longrightarrow A^++e^-$$

原子 A 的电子亲和势是反应热（能）Q。

$$A+e^- \longrightarrow A^-+Q$$

2.2 红外光谱

2.2.1 方法介绍

由 N 个原子组成的分子具有 $3N$ 个自由度，其中 3 个是平动自由度，其余是振动自由度和转动自由度。

事实上，双原子分子以及线型分子都有 2 个转动自由度，这是因为旋转的第三轴线与该分子的对称轴线重合。因此对于线型分子，振动自由度的数量为：

$$\lambda = 3N - 5 \tag{2-22}$$

而对于非线型分子，振动自由度的数量为：

$$\lambda = 3N - 6 \tag{2-23}$$

事实上，对于双原子分子来说，总是具有 3 个平动自由度、1 个振动自由度和 2 个转动自由度。

在近谐振子处双原子分子的振动能级能量由下列公式确定：

$$\varepsilon = h\nu\left(\frac{1}{2} + \upsilon\right) \tag{2-24}$$

式中，υ 为振动量子数，等于 0, 1, 2,⋯

谐振子相邻能级之间的差相等，根据下列公式：

$$\Delta\varepsilon = h\nu(\upsilon_{j+1} + \upsilon_j) \tag{2-25}$$

振动基频 ν_0 与力常数 k 相关，根据下列方程：

$$\nu_0 = \frac{1}{2\pi}\sqrt{\frac{k}{\mu}} \tag{2-26}$$

或者，考虑到 $\nu = c\omega$（c 为光速），则：

$$\omega(\mathrm{cm}^{-1}) = \frac{1}{2\pi c}\sqrt{\frac{k}{\mu}} \tag{2-27}$$

式中，μ 为振动原子的约化质量。

$$\frac{1}{\mu} = \frac{1}{m_1} + \frac{1}{m_2} \tag{2-28}$$

它是用原子质量单位表示的（$\mu = \mu_0 \times 1.66043 \times 10^{-24}\mathrm{g}$）。

力常数为 $n \times 10^5\mathrm{dyn/cm}$（$k = k_0 \times 10^5\mathrm{dyn/cm}$）。

从式（2-27）中可以得到：

$$\omega(\mathrm{cm}^{-1}) = 1302.9\sqrt{\frac{k_0}{\mu_0}} \tag{2-29}$$

或者

$$k_0 = \left(\frac{\omega}{1302.9}\right)^2 \mu_0 \tag{2-30}$$

对于某些双原子分子，μ_0 和 k_0 值见表 2-4。

表 2-4　双原子分子的光谱特性[3]

分子	r/Å	D_0/eV①	D_e/eV②	ω/cm^{-1}	$\mu_0/1.6604\times10^{-24}$	$k_0/(10^5 n\ \text{dyn/cm})$
H_2	0.7412	4.478	4.75	4401	0.504	5.75
C_2	1.242	6.2	6.14	1855	6.0055	12.2
N_2	1.098	9.76	9.91	2359	7.003	22.94
O_2	1.207	5.12	5.21	1580	8.00	11.8
S_2	1.889	4.4	4.41	704	16.98	4.96

① D_0 为键能。

② D_e 为零点振动能的键能。

借助于非谐莫尔斯势可以更准确地计算出双原子分子的振动能级。莫尔斯势的特性如下❶：

$$U(r) = D_e[e^{-2\alpha(r-r_0)} - 2e^{-\alpha(r-r_0)}] \tag{2-31}$$

式中　D_e——势阱深度（键能），eV；

r_0——最小位置（平衡位置），Å；

α——控制阱深的参数，Å^{-1}。

$U(r)$的一阶和二阶导数：

$$\frac{dU(r)}{dr} = D_e[-2\alpha e^{-2\alpha(r-r_0)} + 2\alpha e^{-\alpha(r-r_0)}] \tag{2-32}$$

$$\frac{d^2U(r)}{dr^2} = D_e[4\alpha^2 e^{-2\alpha(r-r_0)} - 2\alpha^2 e^{-\alpha(r-r_0)}] \tag{2-33}$$

按照定义

$$\frac{dU(r)}{dr} = -F \tag{2-34}$$

式中，F 为恢复到平衡的力。

$$\left.\frac{d^2U(r)}{dr^2}\right|_{r=r_0} = k \tag{2-35}$$

式中，k 为力常数。

根据方程（2-33），当 $r=r_0$ 时：

$$k = 2\alpha^2 D_e = 4\pi^2\nu^2\mu \tag{2-36}$$

从这里，可得到：

❶ 需要强调的是，当 $r\to0$ 时，$U(0) = D_e(e^{2\alpha r_0} - 2e^{\alpha r_0})$，代替 $U(0)=\infty$。

$$\alpha=\sqrt{\frac{k}{2D_e}}=1.76661\sqrt{\frac{k_0}{D_e}}\ \text{Å}^{-1} \tag{2-37}$$

比如，对于分子 H_2 来说，当 k=5.61×10^{5}dyn/cm 和 D_e=4.75eV 时，参数 α = 1.92Å^{-1}。

如果利用莫尔斯势，那么双原子分子的振动能级可以得到如下表达式[7]：

$$\varepsilon(\nu)=\left(\nu+\frac{1}{2}\right)h\nu-\frac{(h\nu)^2}{4D_e}\left(\nu+\frac{1}{2}\right)^2 \tag{2-38}$$

或者

$$\varepsilon(\nu)=\left(\nu+\frac{1}{2}\right)h\nu-x_c\left(\nu+\frac{1}{2}\right)^2 h\nu$$

式中，x_c 为非谐参数；$x_c=\dfrac{h\nu}{4D_e}$。

需要强调莫尔斯势的另一个特性，它可以看作是势和动力 K 组分的总和：

$$U(r)=K(r)+\Pi(r) \tag{2-39}$$

式中，$K(r)=-U(r)-r\dfrac{\mathrm{d}U(r)}{\mathrm{d}r}$，$\Pi(r)=2U(r)+r\dfrac{\mathrm{d}U(r)}{\mathrm{d}r}$。

在平衡距离内 $(r=r_0)$，$\dfrac{\mathrm{d}U(r)}{\mathrm{d}r}=0$，相应地，$K=-U$ 和 $\Pi=2U$，即 $K=-\dfrac{\Pi}{2}$[6]。

数学描述多原子分子的振动运动是比较困难的。为了更好地理解它，可以做如下描述。

令一个分子由 N 个原子构成，质量为 m_i，那么离开平衡位置的小位移的势能和动能系统将由下列方程分别确定：

$$\Pi=\frac{1}{2}\sum_{ij}k_{ij}q_iq_j;K=\frac{1}{2}\sum_{ij}k_{ij}\dot{q}_i\dot{q}_j \tag{2-40}$$

式中 q_i——位移的直角坐标（对于非线型分子，这些坐标为 3N−6 个，线型分子为 3N−5 个）；

k_{ij}——力常数；

b_{ij}——由原子质量值和分子的几何参数 q_i（q_i=dq_i/dt，t 为时间）决定的常数；

q_i 坐标可以被表示为线性组合，称作正交坐标 ξ_i：

$$q_i=\sum_i c_i\xi_i \tag{2-41}$$

之所以选择这种形式的 ξ_i，是为了使公式（2-40）可以表示为平方之和：

$$\Pi = \frac{1}{2}\sum_i \lambda_i \xi_i^2 \tag{2-42}$$

$$K = \frac{1}{2}\sum_i \xi_i^2 \tag{2-43}$$

在这种情况下，分子的内部运动可以被看作是 $3N-6$ 个或 $3N-5$ 个独立谐运动的结果：

$$\xi_i = \xi_i^0 = (2\pi \nu t + \varphi_i) \tag{2-44}$$

分子中原子的简谐振动频率 ν_i 与参数 λ_i 有关：

$$\lambda_i = 4\pi^2 \nu_i^2 \tag{2-45}$$

参数 λ_i 是久期方程的解：

$$\begin{vmatrix} k_{11}-b_{11}\lambda & k_{12}-b_{12}\lambda & k_{13}-b_{13}\lambda & \cdots \\ k_{21}-b_{21}\lambda & k_{22}-b_{22}\lambda & k_{23}-b_{23}\lambda & \cdots \\ k_{31}-b_{31}\lambda & k_{32}-b_{32}\lambda & k_{33}-b_{33}\lambda & \cdots \\ \vdots & \vdots & \vdots & \vdots \\ \cdots & \cdots & \cdots & \cdots \\ \cdots & \cdots & \cdots & \cdots \end{vmatrix} = 0 \tag{2-46}$$

试看一个三原子线型分子 CO_2（$\lambda=3N-5=4$）：

$$\mathrm{O} \underset{r}{=\!=} \mathrm{C} \underset{r}{=\!=} \mathrm{O}$$

$$m_\mathrm{O}\ m_\mathrm{C}\ m_\mathrm{O}$$

从式（2-46）可得：

$$\lambda_1 = 4\pi^2 \nu_1^2 = \frac{k_1}{m_\mathrm{O}}$$

$$\lambda_{2,3} = 4\pi^2 \nu_{2,3}^2 = \frac{2}{m_\mathrm{O}}\left(1+\frac{2m_\mathrm{O}}{m_\mathrm{C}}\right)\frac{k_\delta}{r^2} \tag{2-47}$$

$$\lambda_4 = 4\pi^2 \nu_4^2 = \frac{2}{m_\mathrm{O}}\left(1+\frac{2m_\mathrm{O}}{m_\mathrm{C}}\right)$$

式中 k_1——C—O 键力常数；

k_δ/r^2——变形振动力常数。

从公式（2-47）中可以看出，振动频率 ν_1、$\nu_{2,3}$、ν_4 取决于原子质量和分子的几何参数。

以 CO_2 的四个独立振动模式为例[10]：

对称伸缩振动❶　←O—C—O→　ν_1=1340cm^{-1}=14.14kJ/mol

简并变形振动

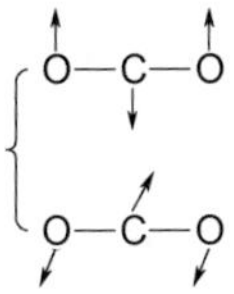

O—C—O　ν_2=667cm^{-1}=7.99kJ/mol

O—C—O　ν_3=667cm^{-1}=7.99kJ/mol

反对称伸缩振动　O→←C—O→　ν_4=2349cm^{-1}=28.12kJ/mol

如果在振动时分子的偶极矩发生变化，那么对应于该振动的跃迁在红外光谱中表现活跃，也就是说，在光谱中可以观察到相应的带。因此，在红外光谱中 CO_2 的频率为 ν_1，与对称振动相对应，在光谱中分子的偶极矩不变的情况下，该频率将不存在。它将在拉曼光谱中显现[6]。频率 ν_2 和 ν_3 简并，且与伴随该分子偶极矩变化的弯曲振动相对应，因此，将会在红外光谱中活跃。频率 ν_4 与反对称伸缩振动相对应，也在红外光谱中活跃。

分子的复杂振动运动总是可以被表示为相对简单构成的总和，被称为正则振动，正则振动的每一种类型都有特定频率。分子中正则振动的数量、类型和对称性各异。

引入价力坐标，分子振动可分为伸缩振动和变形振动。伸缩振动是改变特定频率的键长，变形振动是改变键角和二面角的值。

问题是，如何给分子红外光谱中各种类型的振动分配频率？这可以根据下列表述：

① 如果分子中的原子数已知，那么在分子光谱中基频数量可知。

② 如果分子结构已知，那么可以知道在哪种光谱中这些频率活跃——在红外光谱中或者在拉曼光谱中，或者同时在二者中，或者一个都没有。

③ 通常情况下，变形振动的频率低于伸缩振动的频率。

对于结构未知的分子来说，则可以使用特征频率表（见表 2-5）。

根据经典电动力学，原子系统与偶极矩变化有关的任何运动都会导致放射和吸收能量。

与偶极矩改变有关且在红外光谱中表现出来的正则振动被称为红外活性振动。在非对称分子中，任何正则振动都与偶极矩的变化有关，也就是说，这些分子的所有正则振动都是活性的。只有对称分子可发生振动，且其偶极矩变化正好等于零，因此，它们在红外光谱中表现为非活性。

---

❶ 如果谱线强度依赖于入射光束的偏振，那么谱线被称为极化谱线，并且对应于全对称振动；如果不依赖，那么谱线被称为去极化谱线，并且对应于非完全对称振动[10]。

表 2-5 伸缩振动和变形振动的特征频率[9]

官能团	特征频率/cm^{-1}	官能团	特征频率/cm^{-1}
C—H	2800～3300	C═C	约 1600
N—H	3300	C≡C	约 2100
O—H	3350～3450	R^1 C═O R^2	1710
R—S—H	2573		
C H H	1300～1450	C_{Al}—C_{Al}①	990
C C H	800～1200	C_{Al}—OH	1030
C C C	300～400	C_{Al}—NH_2	1030
C—C	800～1200	C_{Al}—SH	2570～2575

① C_{Al} 为饱和烃中的碳原子。

为了确定是容许跃迁或者禁戒跃迁，则需要满足选择规则，其通常是由分子的对称性来确定的。

处在基态的分子的两个振动能级之间跃迁时红外光谱中可观察到吸收光谱。当分子被不能吸收的 ω 频率单色光照射时，分子发光频率为 ω 和 $\omega \pm \omega_i$（式中，ω_i 为分子的振动频率）。这种情况被称为拉曼散射。

对于谐振子来说，符合 $\Delta \upsilon = \pm 1$ 条件的所有跃迁都是可以进行的。从能级 $\upsilon=0$ 跃迁到 $\upsilon=1$ 的频率被称作基频。

键的振动频率对其在分子中的环境非常敏感，特别是当周围环境中有极性基团的时候。形成这种键的原子还可以进入供体-受体的分子间键中，芳环具有一个或多个取代基团（特别是极性取代基团）。因此在特征频率表（表 2-5）中，不是只有一个值表示吸收带的边界。

我们以 C—C 键为例。在有机分子中 C—C 键长的变化范围很宽，这取决于它的多样性和环境。

在文献[8]中，得到了 C—C 键力常数 k_0(C—C)与原子间距离 r_{C-C} 之间的关系：

$$k_0(r_{C-C}) = -31.76 r_{C-C}^{-2} + 131.91 r_{C-C}^{-4} - 71.90 r_{C-C}^{-6} \tag{2-48}$$

利用公式（2-29），当 $\mu_0 = m_C/2 = 6.0055$，得到：

$$\omega_{C-C} = 531.66\sqrt{k_0(\mathrm{C-C})} \tag{2-49}$$

ω_{C-C} 与 k_0 和 r_{C-C} 之间的关系见图 2-4。

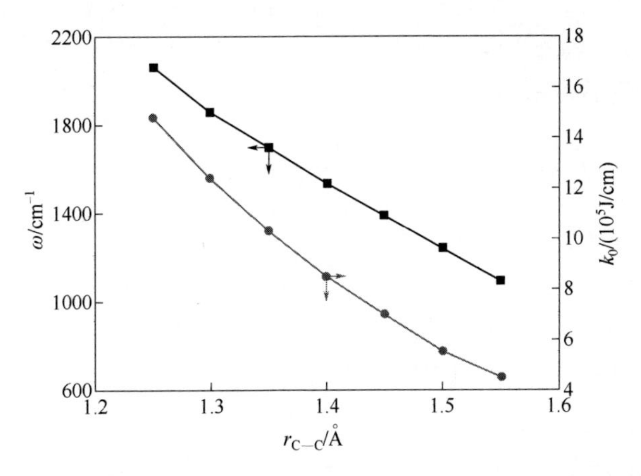

图 2-4 伸缩振动频率ω和 C—C 键力常数 k_0 与 r_{C-C} 之间的关系

2.2.2 煤炭的红外光谱

在讨论煤及其加工产品的红外光谱之前，首先让我们讨论一些与光谱解析相关的方法问题。

根据布格-朗伯定律，在单位厚度物质层中吸收的光的比例不取决于入射辐射的强度。

$$I_\nu = I_\nu^0 e^{-k_\nu l} \tag{2-50}$$

式中 I_ν^0——频率为ν的入射辐射强度；

I_ν——透过厚度为 l 的物质层的辐射强度；

k_ν——布格吸收系数。

将公式（2-50）转化为对数形式，得到:

$$\ln\frac{I_\nu^0}{I_\nu} = k_\nu l = D \tag{2-51}$$

式中，D 为光密度。

在实际当中使用不同的吸收指数[10]：

① 摩尔吸收系数 ε，m^2/mol。

$$\varepsilon = \frac{\lg(I_0/I)}{cl} \tag{2-52}$$

② 质量浓度吸收系数 K，m^2/kg。

$$K = \frac{\lg(I_0/I)}{c'l} \tag{2-53}$$

式中，c'为浓度，g/L。

③ 分子吸收系数σ，m^2/分子。

$$\sigma=\frac{\lg(I_0/I)}{Nl} \tag{2-54}$$

式中，N为单位体积光吸收物质的分子个数。

频谱以频率-强度坐标绘制。吸收（透射）峰的总强度（曲线下的面积）与具有与该峰相对应的振动频率ω的振荡器的数量成正比。

为了解析光谱，可以使用不同类型的键、原子和官能团的伸缩振动和变形振动特征频率的公开数据（表 2-5）。

为了方便解析煤炭及其加工产品的红外光谱，通过利用一些公开数据，制成了特征频率类型的标度，见图 2-5。并记录了在煤炭有机质、水分（H_2O）和矿物包裹体中可观察到的原子团的重要特征频率。

在标度范围内键 X—H（X=C, N, O）的伸缩振动特征频率位于 2700～3300cm^{-1}的范围内，而它们的变形振动频率则在 650～1150cm^{-1}的范围内。

正如在 2.2.1 节中所强调的，有机化合物中的 C—C 键长在较宽范围内变化，这取决于碳原子的杂化态以及它在具体分子中的环境，由此，伸缩振动的特征频率 ω_{C-C}和力常数值也发生变化。

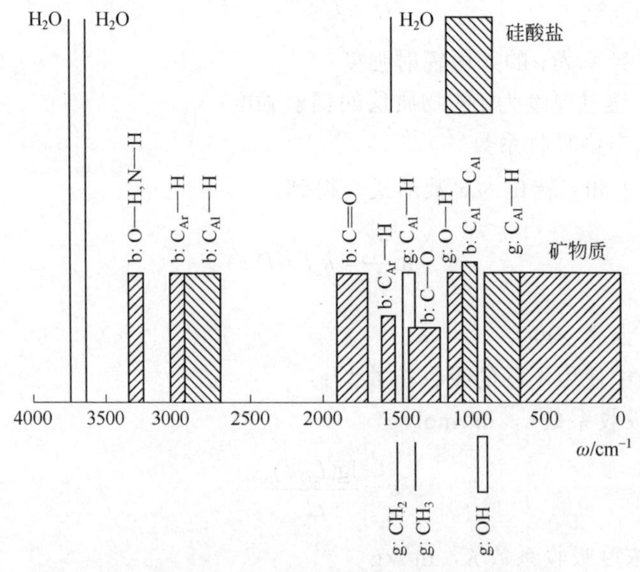

图 2-5　煤炭及其加工产品中振动特征频率的标度

b—伸缩振动；g—变形振动；C_{Ar}—芸香碳；C_{Al}—烷基碳

根据式（2-48）和式（2-49）得到：

① $r_{C\equiv C}$=1.204Å（三键），k_0=17.26×10^5dyn/cm，ω=2209cm^{-1}；

② $r_{C=C}$=1.337Å（双键），k_0=10.93×10^5dyn/cm，ω=1757cm^{-1}；

③ r_{C-C}=1.54Å（单键），k_0=4.67×10^5dyn/cm，ω=1149cm^{-1}；

④ r_{C-C}=1.397Å（芳香键），k_0=8.69×10^5dyn/cm，ω=1567cm^{-1}。

稠合芳环的振动光谱解析非常复杂。在这些系统中 C—C 键长（伸缩振动和变形振动的特征频率）取决于稠合类型，并且在红外光谱中表现出宽谱带。

下面以芳香族化合物最具代表性的苯为例来分析其红外光谱。

苯的光谱振动频率详细分析见文献[11]。光谱由 20 个基本频率构成，其中 10 个基本频率不简并 ω_a ,10 个双倍简并 ω_e 。具体数据参见表 2-6。

表 2-6　苯分子在红外光谱中的活性振动基本频率

振动类型	不可约表示①	频率/cm^{-1}
$\omega_{H变形振动}$	a_{2u}	671
$\omega_{H变形振动}$	e_{1u}	1037
ω_{C-C}	e_{1u}	1485
$\omega_{谐波}$	e_{1u}	3045
ω_{C-H}	e_{1u}	3099

① u 表示反对称振动（红外活性光谱），并且根据 D_{6h} 分子群对称性的不可约表示性质确定。

表 2-6 的数据表明，即使是一个不复杂的分子，要想识别它在红外光谱中的频率也并非易事。在识别煤炭红外光谱时必须考虑到水分和矿物成分的影响。

从文献中已知，在去除煤炭水分时，当ω=1600cm^{-1}时吸收强度明显下降[17]。H_2O 分子有三个振动频率[17]：ω_1=3652cm^{-1}，ω_2=1595cm^{-1}，ω_3=3756cm^{-1}。这些频率记录到图 2-5 的频率标度中。矿物包裹体对红外光谱的影响一般处在低频内，它们对应变形振动（见表 2-5）。

煤炭镜质体的红外光谱系统研究[13,14]获得的光谱见图 2-6。从图 2-6 和图 2-5 中不仅可以发现煤炭有机质中存在独立片段，也可以发现变质结构变化的总过程。图 2-6 揭示了光谱上光密度最大值与独立结构片段振动特征频率值的比值。

图 2-7 呈现了藻煤系列的红外光谱[16,17]。吸收频率ω=2840cm^{-1}和ω=2874cm^{-1}归属为 C—H 键的伸缩振动；吸收频率ω=1464～1695cm^{-1}和ω=1382cm^{-1}归属为它们的变形振动；吸收频率在ω=1695～1725cm^{-1} 范围内归属为羰基（$\rangle$C═O）；较弱的吸收频率在ω=719cm^{-1} 范围内归属为—$(CH_2)_n$—基团的变形振动；吸收频率ω=1600cm^{-1}时归属为芳香结构 C—C 键的振动。

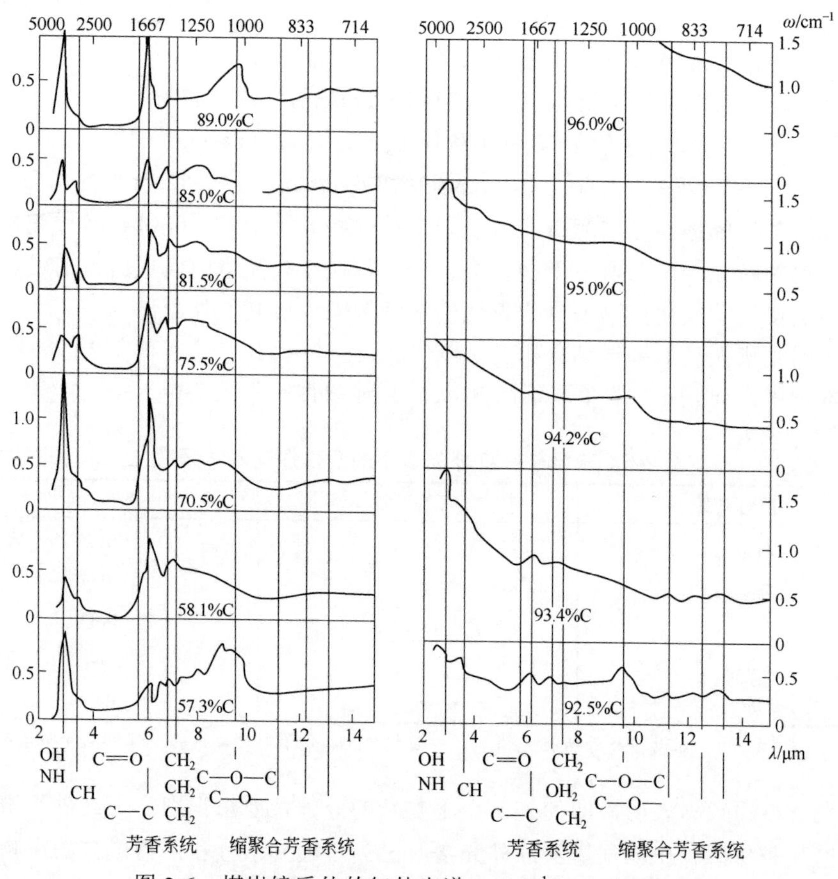

图 2-6 煤炭镜质体的红外光谱[$\omega(cm^{-1})=10000/\lambda(\mu m)$]

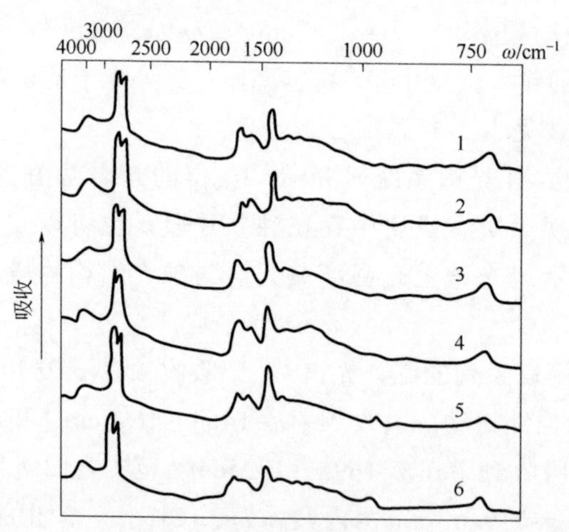

图 2-7 南非（1）、法国（5）脱矿质藻煤以及苏格兰藻蚀煤（2～4）和塔伊梅尔斯克藻煤（6）的红外光谱（2.5%KBr 溶液）[16]

从图 2-7 中可以看出，随着煤化程度加强，ω=1470cm^{-1}、2800～3000cm^{-1}的脂族基团谱带的强度降低。

红外光谱仪广泛用于研究煤炭加工中煤结构的变化。

坎斯克-阿钦斯克煤田及库兹巴斯煤田的煤炭样品特征见表 2-7。

表 2-7 坎斯克-阿钦斯克煤田（样品 1 和 2）及库兹巴斯煤田（样品 3～5）的煤炭样品特征

样品序号	煤炭牌号	元素组成/%				萃取率/%
		C	H	N	O	
1	$Б_2$	69.74	4.60	1.00	24.30	41.2
2	$Б_2$	70.51	4.51	1.16	23.08	48.2
3	Д	78.84	5.36	2.66	12.88	19.4
4	Д	80.82	5.97	2.30	10.39	44.3
5	Ж	86.87	5.45	3.06	2.24	3.9

图 2-8 反映了坎斯克-阿钦斯克煤田褐煤不可溶于和可溶于二甲基甲酰胺馏分的红外光谱。从光谱图中可以看出，在可溶馏分中含有 H—X 键（X=C, N, O），伸缩振动的特征频率在ω_1=2860～3400cm^{-1}的范围内，而 >C═O 基团在ω=1700～1725cm^{-1}的范围。

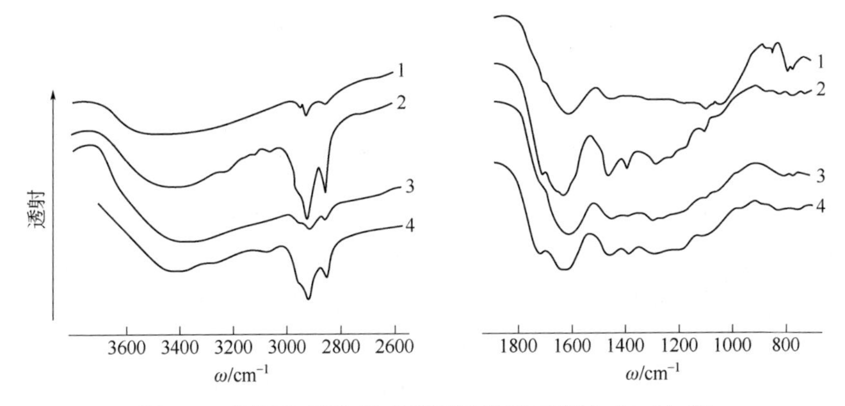

图 2-8 坎斯克-阿钦斯克煤田褐煤不可溶于（1, 3）和可溶于（2, 4）二甲基甲酰胺馏分的红外光谱

曲线 1,2—2 号样品；曲线 3,4—1 号样品

在文献[20]中研究了二甲基甲酰胺作为溶剂萃取煤炭。

利用红外光谱学方法[21]研究了在不同温度条件下，对气煤和肥煤的镜质体浓缩物连续加热从而获得热降解产物。

在图 2-9 中呈现了在不同加热温度下，从顿涅茨克煤田气煤中获得的镜质体浓缩物样品的气态产物各馏分的红外吸收光谱。这些气煤的特征为：W^a=0.9%；

A^d=2.6%；S_t^d=2.78%；V^{daf}=39.4%；C^{daf}=84.2%；H^{daf}=5.7%；N^{daf}=1.7%；S^{daf}=2.3%；O^{daf}=6.1%。

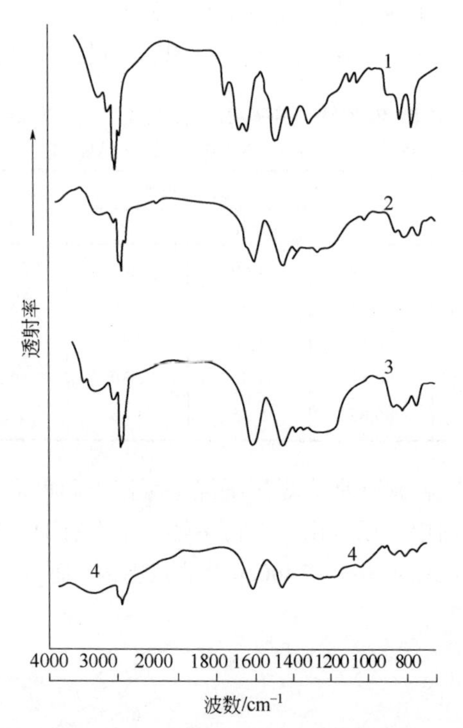

图 2-9 在不同温度范围内采样的气煤镜质体浓缩物蒸馏馏分的红外吸收光谱

1—20～280℃；2—380～400℃；3—430～450℃；4—原煤

比较不同沸点的馏分光谱和原煤光谱中的吸收强度表明：在 2860～3400cm^{-1}（H—X 键吸收，这里 X=C, N, O）和 800～1800cm^{-1}（C_{Al}—C_{Al}，C_{Ar}—C_{Ar}，C_{Al}—C_{Ar}，>C═O 键和变形振动的吸收）具有显著差异。

煤炭及其加工产品的红外光谱数据可用于结构识别中。然而，从上述实例分析可以看出，这些研究结果从煤化学角度来说更具有定性意义，但不能满足定量测定某一结构碎片的要求。事实上，碳材料结构并不均匀，并且由多个结构、水分和矿物包裹体数量不同的有机化合物构成，这些化合物之间具有复杂的相互作用。因此，与简单的化合物不同的是，碳材料的光谱是由漫散射光带构成，其中包括多个频率和分配给具体特征频率的频率。

在文献中曾尝试通过利用“最可靠”的光谱频率 ω=1380cm^{-1}（CH_3 基团），ω=605～910cm^{-1}（C_{Ar}—H 键）和 ω=1540～1640cm^{-1}（>C═O 基团），计算煤的结构参数[19]。目的是更深入地了解煤炭有机质的结构和性质之间的关系。

2.3 核磁共振波谱

2.3.1 方法介绍

核磁共振波谱方法对确定化合物的结构提供了很大的帮助。

核磁共振波谱方法的研究可以划分为三种类型：高分辨核磁共振波谱；低分辨核磁共振波谱；自旋回波法。高分辨核磁共振适用于液体和部分气体，谱线宽度不小于外加恒定磁场的 0.1%。低分辨核磁共振适用于固体，有时也可用于液体研究。谱线宽度为外加恒定磁场的 1%～10%。

原子核是由质子 p 和中子 n 构成的。质子在核中的数量是由电荷数 Z（或者元素周期表中的元素序数）确定的。中子数等于 $A-Z$，在这里，A 为核的质量数(取整数值)。在核化学中通常核表示为 ${}_{Z}^{A}\mathrm{N}$。式中，N 表示元素；A 为原子的质量数；Z 为元素序数)。比如，${}_{1}^{2}\mathrm{H}$ 表示氘核。

原子核有自旋特征，它是基本粒子自旋分量的组合。在一般情况下，遵循下列规则：

① 如果 A 为奇数，自旋为半整数。

② 如果 A 为偶数，但 Z 为奇数，那么自旋为整数。

③ 如果 A 为偶数，Z 为偶数，那么自旋等于零。

一般情况下核不是球对称的，因此围绕选定的轴旋转中示出的角动量 P，它的值由如下公式[1]确定：

$$P = \hbar\sqrt{I(I+1)} \tag{2-55}$$

式中，I 为核自旋。

在表 2-8 中列出了稳定同位素 C、H、N、O、S 的参数。

因此，核具有自旋 I 和角动量 P，那么，进入该磁场后它们获得一个磁矩 μ：

$$\mu = g_{\mathrm{N}} \frac{e}{2m_{\mathrm{p}}c} P \tag{2-56}$$

式中 g_{N}——核 g 因子（无量纲量）；

m_{p}❶——质子质量；

❶ 质子质量 $m_{\mathrm{p}}\approx1836m_{\mathrm{e}}$（$m_{\mathrm{e}}$ 为电子质量），因此 $\mu_{\mathrm{N}}=\frac{\mu_{\mathrm{B}}}{1836}$（$\mu_{\mathrm{B}}$ 为玻尔磁子）。

c——光速；

e——核电荷。

表 2-8　稳定同位素 C、H、N、O、S 的参数

同位素	分布/%	核自旋	磁矩 μ_N[①]，核磁子单位
^{1}H	99.985	1/2	2.79285
^{2}H	0.015	1	0.85744
^{12}C	98.9	0	0
^{13}C	1.1	1/2	0.7024
^{14}N	99.63	1	0.40376
^{15}N	0.37	1/2	−0.2832
^{16}O	99.76	0	0
^{17}O	0.04	5/2	−1.8938
^{18}O	0.20	0	0
^{32}S	95.0	0	0
^{33}S	0.75	3/2	0.644
^{34}S	4.21	0	0

① $\mu_N = 5.0504\times10^{-24}\text{erg/Hz}$。

核磁矩μ是一个矢量，在核磁子单位μ_N中测量得到。

$$\mu_N = \frac{e\hbar}{2m_p c} = 5.0504\times10^{-24} \tag{2-57}$$

$\boldsymbol{\mu}$ 的值通常不能由核磁子μ_N 的整数来表达。在恒定张力的外磁场 $\boldsymbol{H}_0$ 中，核磁矩矢量 $\boldsymbol{\mu}$ 取向量子化，用核磁量子数 m_l 来表征：

$$m_l = 0, \pm1, \pm2, \cdots, \pm l \tag{2-58}$$

因此，所有取向数量为 $2l+1$。

磁矩 $\boldsymbol{\mu}$ 在外磁场 $\boldsymbol{H}_0$ 方向上的构成为：

$$\mu_{H_0} = g_N \mu_N m_l \tag{2-59}$$

在外磁场建立核势能与磁矩 μ 的平衡时使用以下公式：

$$E = \mu H_0 \cos\varphi \tag{2-60}$$

式中，φ 为矢量 $\boldsymbol{\mu}$ 和 $\boldsymbol{H}_0$ 之间的夹角。

为简单起见，我们以质子为例（质子磁共振）。

对于质子，$l=\frac{1}{2}$。因此，磁量子数 m_l 有两个取值：$m_l=+\frac{1}{2}$ 和 $m_l=-\frac{1}{2}$。质子核磁矩在外磁场中的两个可能取向见图 2-10，从这里可以得到：

$$\cos\varphi = \frac{\mu_{H_0}}{\mu}$$

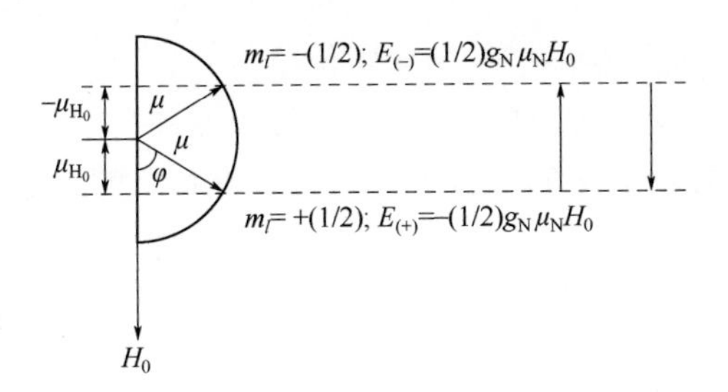

图 2-10　质子核磁矩在外磁场中的取向

质子从 $E_{(+)}$能级向 $E_{(-)}$能级跃迁的能量（吸收能量）：

$$\Delta E = E_{(-)} - E_{(+)} = g_N \mu_N H_0 \tag{2-61}$$

ΔE 的值为共振能量，因为 $\Delta E=h\nu$，而ν为共振频率。例如，当 H_0=10000eV，共振频率值进入 1～50MHz 的区域。

在现实情况下，当分子含有非等价质子（不同化学环境），那么这些质子的共振频率能够在不同范围内表现出来。问题是，在外磁场 $\boldsymbol{H}_0$ 的作用下，分子中将会诱导电子流，这些电子流可以构建与外磁场 $\boldsymbol{H}_0$ 相反的局部磁场。因此在分子中的非等价原子具有不同的电子密度，它们是由分子的化学结构决定的，即质子磁共振波谱中的共振频率值带有分子结构的信息,见文献[22]。

$$H_{有效磁场}=H_0-H \tag{2-62}$$

式中，$H=\sigma H_0$。

$$H_{有效磁场}=H_0-\sigma H_0=H_0(1-\sigma) \tag{2-63}$$

σ 值被称为屏蔽常数。

原则上讲，核磁共振波谱可以在研究其他核的磁活性时得到。一些稳定同位素的参数见表 2-9。

表 2-9　稳定同位素 H、C、N、O 的谐振频率和 *g* 因子

同位素	15kHz 时的谐振频率	*g* 因子
^{1}H	63.8656	5.585
^{2}H	9.8040	—
^{12}C	—	0
^{13}C	16.0575	1.405
^{14}N	4.6140	0.404
^{15}N	6.4725	−0.566
^{16}O	—	0
^{17}O	8.6580	5.256
^{18}O	—	—

在有张力的恒定磁场 H_0 中，共振条件是通过改变无线电波的频率 ν 来实现的，或者相反，用恒定频率的无线电波照射样品，从而改变磁场的张力。

不同共振频率之间的距离被称为化学位移。

在实际当中，化学位移是通过基准物质的核磁共振谱线来测量的，由于分子的对称性(质子磁共振的质子等价位置),这些基准物质的光谱是由一条线构成的，比如下列分子：

水　　苯　　环己烷　　四甲基硅烷

核磁共振波谱实验装置图见图 2-11。

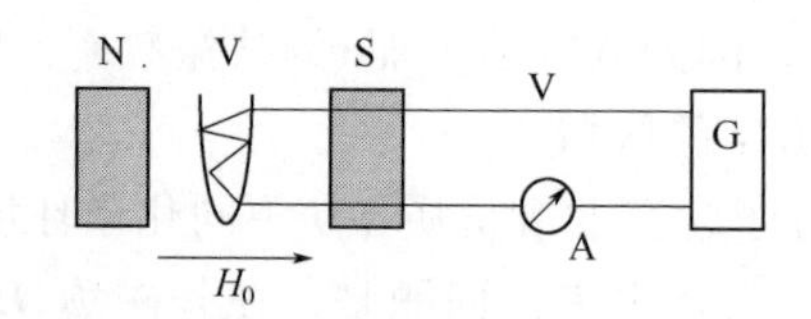

图 2-11　核磁共振波谱实验装置图

N,S—磁极（北极和南极）；V—样品；A—电表；G—频率为ν的射频辐射发生器；H_0—磁场强度（发生器频率变化范围为 60～300MHz，磁场强度为 14000～70000G）

沿基准物质谱线的化学位移值可以通过下列公式计算：

$$\delta = \frac{H_{样品} - H_{基准物}}{H_{基准物}} \times 10^6 = \frac{\Delta H}{H_0} \times 10^6 \tag{2-64}$$

式中，δ是一个无量纲量，按外加磁场 H_0 的百万比例（10^6 或者 10^{-6}）测得。

在核磁共振波谱学中一般使用四甲基硅烷（TMS）作为基准物质，把四甲基硅烷添加到被研究的溶液当中。TMS 产生一条远离其他信号的单一谱线，并且不与其他分子在有机溶剂中形成缔合物。

在图 2-12 中标明了分子 C_6H_6、H_2O、C_6H_{12} 相对于四甲基硅烷的质子化学位移信号。

还有文献使用了τ来表示，在这里四甲基硅烷的化学位移等于 10。δ和τ之间的关系根据下列公式计算得出：

$$\delta = 10 - \tau \tag{2-65}$$

质子磁共振波谱分析表明，化学位移值δ各有不同。在表 2-10 中列出了不同基团构成的质子化学位移值。

共振曲线下的面积与等价质子数成正比。以乙醇（CH_3CH_2OH）低分辨核磁共振波谱为例，它有 3 个信号，这些信号的面积比为 1∶2∶3（见图 2-13)。

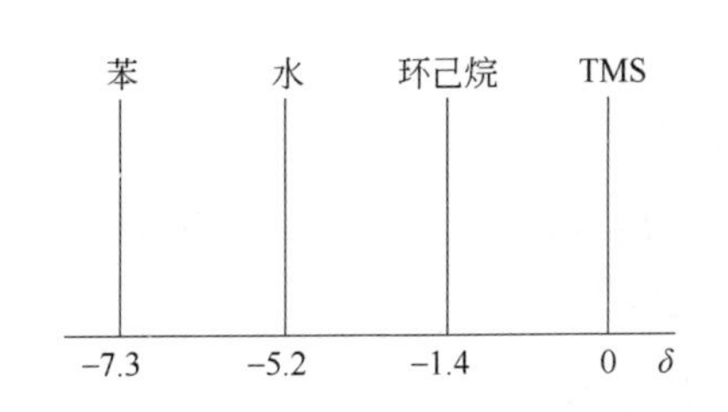

图 2-12　苯、水、环己烷相对于四甲基硅烷（TMS）的化学位移（δ值相对于TMS通常取0）

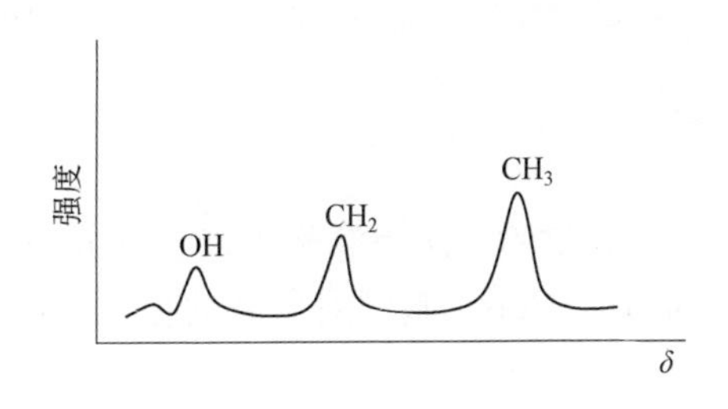

图 2-13　乙醇分子的 ^{1}H NMR 谱[23]

表 2-10　质子化学位移区间[22]

含质子基团	化学位移δ
$-CH_3$	0.8～4.0
$-CH_2-$	1.1～4.5
—CH—	1.4～6.3
═CH—	4.0～6.5
≡CH	2.3～2.9
ArH(单取代苯衍生物)	6.5～8.3
ArH(杂芳香族化合物)	6.0～10.2
—C(=O)—H (醛)	9.0～10.5
—OH(醇)	2.0～4.5
—OH(酚)	4.5～9.0
—OH(羧酸)	9.0～14.6
>NH(胺)	1.0～2.4
>NH(酰胺)	5.0～8.0
—SH(硫化物)	1.2～4.7

如果核磁共振波谱中可见不止一条直线，那么它就有两个不同参数：化学位移δ和自旋-自旋耦合作用常数J。从高分辨核磁共振波谱中可以确定这两个参数。

如果在分子中有n个磁等价核，那么相邻核的共振信号由于自旋-自旋耦合作用分割成$2nS+1$条线（当质子磁共振时，$S=\frac{1}{2}$）。

以异丙苯分子为例：

$$H_3C-CH(CH_3)-C_6H_5$$

在这里，两个等价甲基包含 6 个（n=6）等价质子，而 $\rangle$CH— 基团有 1 个质子（n=1）。$\rangle$CH— 基团对甲基共振信号的影响如下[23]：

$$2nS+1=2\times1\times\frac{1}{2}+1=2$$

即甲基信号发生二重峰分裂。

评价两个甲基对来自 $\rangle$CH— 基团的信号影响，可见：

$$2nS+1=26+1=7$$

即 $\rangle$CH— 基团信号发生六重峰分裂。

由于质子在两个甲基中的总自旋为：

$$S=6\times\frac{1}{2}=3$$

即 $\rangle$CH— 基团信号六重峰分裂与磁量子数的值相符：

$$m_s=3, 2, 1, 0, -1, -2, -3$$

这 7 条谱线当中每条谱线的强度都正比于它们的统计权重，由下列公式确定[22]：

$$g_{m_i}=\frac{n!}{\left(\frac{n}{2}-m_s\right)!\left(\frac{n}{2}+m_s\right)!}$$

当 m_s=3 时，$g_3=\frac{1\times2\times3\times4\times5\times6}{0!\times1\times2\times3\times4\times5\times6}=1$；$m_s=2$ 时，$g_2=6$；$m_s=1$ 时，$g_1=15$；$m_s=0$ 时，$g_0=20$；$m_s=-1$ 时，$g_{-1}=15$；$m_s=-2$ 时，$g_{-2}=6$；$m_s=-3$ 时，$g_{-3}=1$。

2.3.2 煤炭的核磁共振波谱

核磁共振波谱方法的显著特点是，获得波谱不受聚集态、元素组成、分散性、分子质量分布和其他特性的干扰[26]。光谱中各个信号的积分强度（面积）与产生信号的原子核数量成正比。

构成煤炭有机质的所有 5 个原子（C、H、N、O、S）都具有核磁共振信号同位素（表 2-9）。但是，在分析固体煤炭时暂时只是利用核磁共振波谱仪分析了 ^{1}H 和 ^{13}C。

利用核磁共振波谱分析仪对固态煤炭分析，是利用核磁共振技术对 ^{13}C❶原子

---

❶ ЯМР^{13}CCP/MAS—The cross-polarization(CP)/magic-angle spinning(MAS)^{13}Cn.m.r.。

核以及采用特殊方法利用核磁共振技术对固态 ^{1}H 原子核[28]研究发展之后才有可能进行的。

正如强调过的，核磁共振波谱方法分成两大类：宽谱线核磁共振和高分辨核磁共振。宽谱线核磁共振波谱可用于计算煤炭有机质的平均结构参数[27]。

对强磁场的 ^{1}H 原子核，傅里叶变换以及样品在魔角作用下的旋转利用核磁共振方法可以获得物质碎片中氢原子 H_{Al}、H_{Ar}、H_{COOH}、H_{OH}、CH_3、OCH_3 等的分布数据。根据化学位移值把信号归属为不同类型的碎片。

在复杂的系统结构研究当中，^{13}C 比 ^{1}H 的核磁共振波谱效果更加明显。问题在于，^{13}C 的核磁共振波谱的化学位移值位于更加宽的范围内，因此，信号变宽对它们的影响较小。此外，^{13}C 的核磁共振可以确定不含氢原子的原子基团，比如说，季碳原子。目前，高分辨 ^{13}C 核磁共振使得有可能根据化学环境来区分脂肪族和芳香族碳原子，这对于结构研究非常重要。

在魔角旋转作用下，固态所具有的角位移各向异性几乎减小到 0❶。

利用高分辨 ^{13}C 核磁共振方法（与交叉极化、偶极去耦和魔角旋转）使得可以直接确定煤炭有机物质的芳香性。

高分辨 ^{13}C 核磁共振波谱中，根据化学位移值能够很容易识别官能团，质子化和非质子化芳香烃原子，脂族 $CH_3—$、$—CH_2—$、$>CH—$、$>C<$，以及由各种官能团组成的碳原子。

在图 2-14 中列出了一些由含氧原子构成的分子化合物[30]的 ^{13}C 核磁共振波谱中含碳基团的化学位移值。从谱图中可以看出，信号位置是由两个因素决定的：碳原子的杂化状态和它在分子中的化学环境。图 2-14 中的数据可以在解析煤炭的 ^{13}C 核磁共振波谱时用来作为化学位移的尺度。

在图 2-15 中进行了褐煤的 ^{13}C 核磁共振波谱的技术分析（%）：W=18.2；A=1.0；V=43.2；C^{daf}=66.2；H^{daf}=3.9；N^{daf}=0.5；O=29.4。从光谱图可以看出，来自芳香烃的信号位于 93～171 范围内，而由官能团组成的碳原子的信号则更强（δ=171）。在波谱中标明了由各种官能团组成的碳原子发出的识别信号。

在表 2-11 中列出了取决于不同化学环境的各种杂化态中的碳原子的特征位移值 δ，以及根据信号强度计算出的碳原子的含量。表中同时列出了由不同结构基团构成的氧原子的含量。上述列举的例子表明了 ^{13}C 核磁共振方法在定量分析煤炭的结构-基团组成研究中具有非常重要的意义。这些数据对解释煤炭结构和性质之间的关系，以及在煤炭加工过程中它们的反应能力参数都是非常必要的。

---

❶ 魔角自旋值是由 $3\cos^2\theta-1=0$（θ为矢量 $\boldsymbol{H}$ 和连接核的直线之间的夹角）[67,81]确定的；$\cos\theta=1/\sqrt{3}$，且 $\theta=54°44'$。

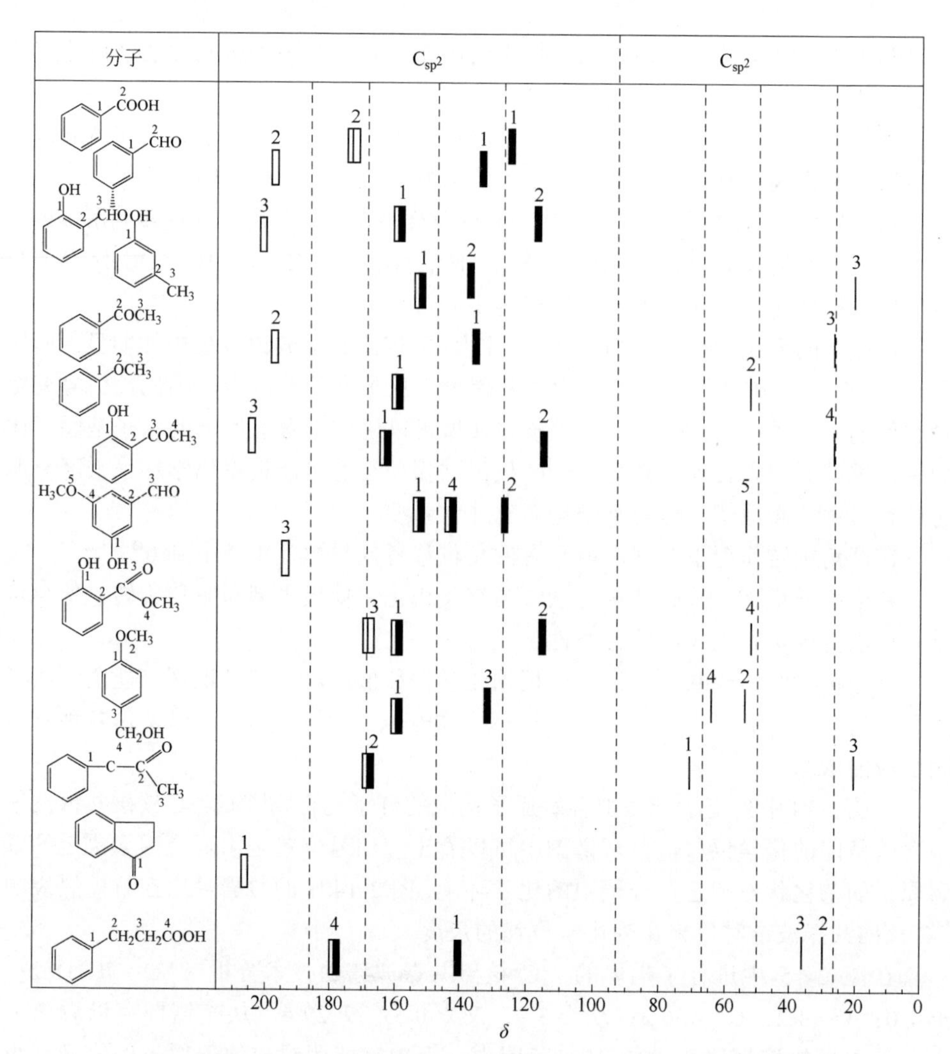

图 2-14　模型化合物[30]的 ^{13}C 核磁共振波谱中含碳基团的化学位移值

利用各种显影盘和 75MHz 频率对 ^{13}C 核进行研究，可以更好地提高固态煤光谱的分辨率。在图 2-16 中呈现了 Ялурн 煤矿（澳大利亚）、坎斯克-阿钦斯克煤田巴拉津斯克煤矿（俄罗斯）褐煤的波谱[36]。对于变质程度较高的烟煤来说，其 ^{13}C 核磁共振波谱，由于其中官能团的松弛或减少而导致不太明显的精细结构。因此，构成脂族和芳香族结构碎片的两类碳原子的特征更加明显。

在表 2-12 中包含了各个结构基团结构的碳原子分布的计算结果，它是由图 2-16（a）的波谱处理后得到的。这些结果证明，即使在煤化的褐煤阶段仍然存在煤炭有机质的芳香性，这是由于芳香性程度 f_a 是由芳香碎片中的碳原子数量 C_{Ar} 与总的碳原子数量 C 的比值决定的，对澳大利亚褐煤来说，f_a=0.53；而对于坎斯

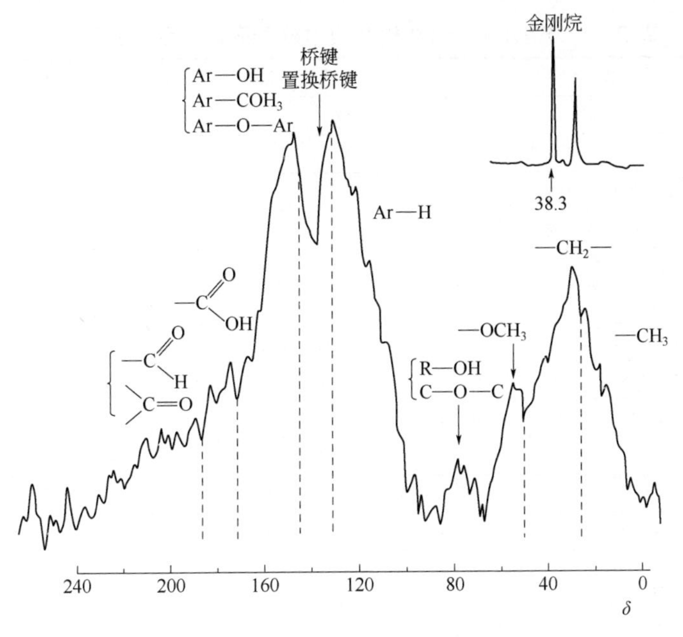

图 2-15 Ялурн 褐煤的 ^{13}C 核磁共振波谱

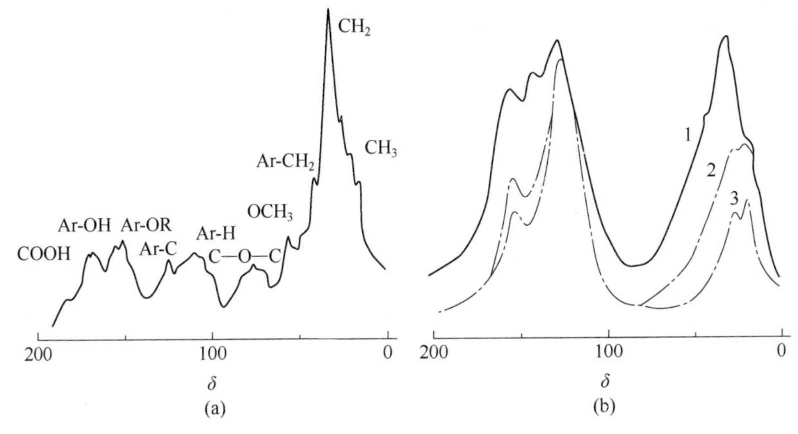

图 2-16 Ялурн 煤矿（a）、坎斯克-阿钦斯克煤田巴拉津斯克煤矿（b）褐煤的高分辨 ^{13}C NMR 谱

1—煤炭；2—液化得到的沥青质；3—固体残渣

克-阿钦斯克煤田巴拉津斯克煤矿的褐煤来说，f_a=0.71。在文献[37]中指出，褐煤和低变质烟煤的 f_a 与 H/C 和 O/C 原子比之间的关系是：

$$\frac{C_{Ar}}{C} = f_a = 1.007 - 0.3857(H/C) - 0.3725(O/C) \qquad (2\text{-}66)$$

利用 ^{13}C 核磁共振波谱方法获得的实验数据 f_a，标准偏差为 σ=0.05。

表 2-11　Ялурн 褐煤结构基团中碳原子和氧原子的分布[30]

结构基团	化学位移值 δ	原子含量/%
碳		
脂肪族		
CH_3，在烷基链的末端	0～25	6
CH_3，芳环中的 α-位置		
CH_2，基团	25～51	15
CH_2，桥键		
OCH_3，基团	51～67	5
C—O—C	67～93	2
R—OH		
芳香族		
Ar—H	93～129	15
Ar—C	129～148	17
Ar—OH	148～171	25
Ar—OCH_3		
Ar—O—Ar		
COOH，基团	171～187	5
C═O，在—CHO 基中	187～235	10
氧		
—OCH_3	—	12
R—OH	—	4
C—O—C		
—OH	约 29	38
Ar—O—Ar	约 9	
—COOH	—	23
—CHO	—	23
＞C═O		

表 2-12　根据 ^{13}C 核磁共振波谱数据褐煤中碳原子的分布

基团结构	基团含量①/%
脂肪族	
CH_3	5
OCH_3	2
CH_2	30
Ar—CH_2—R	7
Ar—CH_2—Ar	4
CH_2—O	1
CH_2—OH	4

续表

基团结构	基团含量①/%
芳香族	
Ar—H	26
Ar—C	12
Ar—O	2
Ar—OH	3
羧基 COOH	2
羰基 C═O	2

① 核磁共振光谱的所有结构基团的含量。

在图 2-17 中呈现了 Хеншоу 煤矿的煤炭微观组分宽谱线 ^{13}C 核磁共振波谱：丝质体和镜质体。根据核磁共振波谱可知，含丝质体成分的碳主要是由芳香碳（δ=127）构成。

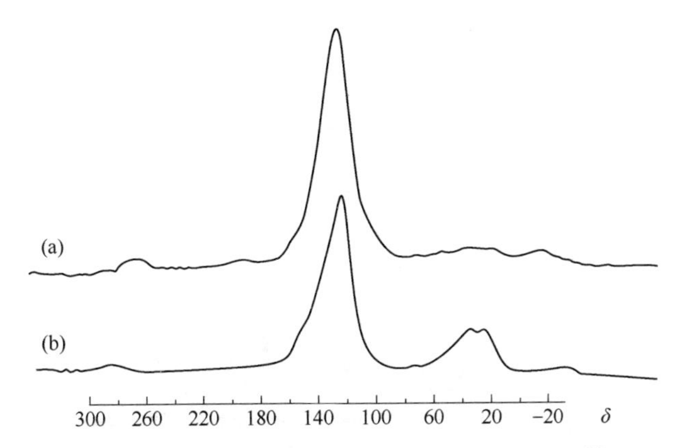

图 2-17　Хеншоу 煤矿的煤炭丝质体（a）和镜质体（b）^{13}C NMR 谱[30]

来自取代芳香碳原子的信号在化学位移值 δ=149～155 时显现出来。在镜质体中对应于芳香碳的谱线强度低于丝质体中的强度，但是与脂族碳相对应的部分碳原子在 δ=18～30 时显现出来。

图 2-18 中呈现了 Б、Д、ГЖ、Т 牌号变质阶腐泥煤的 ^{13}C 核磁共振波谱。从谱图中可以看出，随着变质阶的增加，煤炭有机质中芳香性（$\delta \approx 130$）比例增加，而脂族碳（$\delta \approx 40$）比例则减少。

在结构研究中，对比应用 ^{13}C NMR 和 ^{1}H NMR 方法是非常有效的。在图 2-19 中，上游泥炭的腐殖酸有两个波谱，其特征表现为宽吸收带且大量信号重叠。由于强烈的重叠，信号的分配只能“间隔”进行——根据化学环境相似的原子共振位置，这在表 2-13[31]中有所反映。核磁共振波谱方法在发展煤炭结构的解释中发挥了巨大的作用。

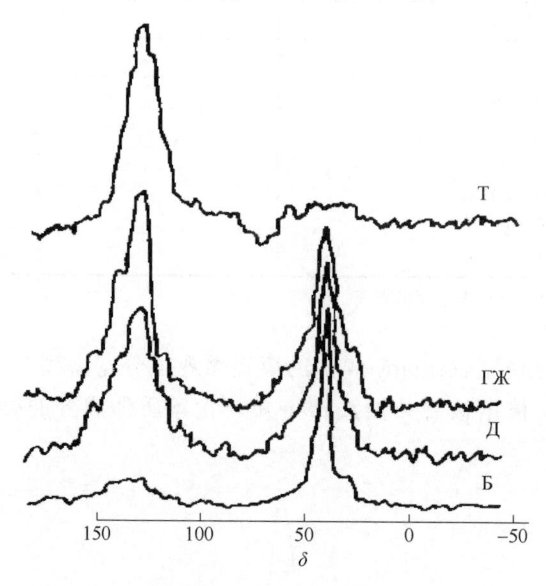

图 2-18 不同牌号腐泥煤的 ^{13}C NMR 谱[35]

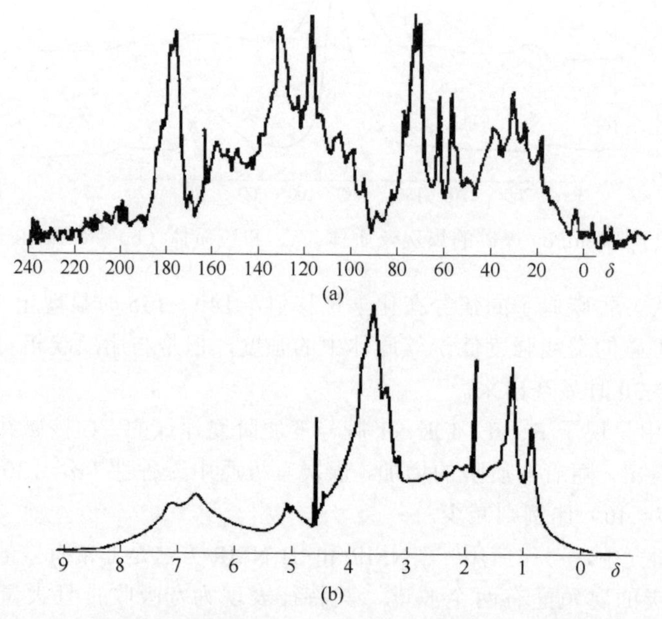

图 2-19 上游泥炭[31]腐殖酸的 ^{13}C NMR（a）和 ^{1}H NMR 谱（b）

表 2-13 腐殖酸（0.1mol/L NaOD）的 ^{13}C NMR 和 ^{1}H NMR 谱中的信号分配

碎片	间隔		描述
	^{1}H NMR	^{13}C NMR	
CH—H,C	0.5～1.95	5～50	*C*-、*H*-取代脂族碎片
α—CH	1.95～3.1		在相对于带负电基团或芳香环的α-位的脂族碎片
CH_3—O	3.1～4.7	50～58	甲氧基碎片
CH_2—O,N		58～64	*O*-、*N*-取代脂族碎片（糖类）
CH—O,N		64～90	
O—CH—O,N	4.7～6.0	90～108	双异质取代的脂族碎片（异头片段）
Ar—H,C	6.0～10.0	108～145	*H*-、*C*-取代芳香碎片
Ar—O,N	—	145～165	*O*-、*N*-取代芳香碎片
COO—H,C	—	165～187	羧基和它们的衍生物
C═O	—	187～220	酮和醌组

在文献[34]中，利用 ^{13}C 核磁共振波谱仪的现代手段，研究了从褐煤到低挥发性烟煤的八种煤。结果表明，随着煤炭的变质程度，芳香值 C_{Ar}/C 从褐煤中的54%增加到低挥发性烟煤中的 86%。因此，在多环中的碳原子数量增加最快。脂族碳原子的含量从褐煤中的 39%降低到低挥发性烟煤中的 14%。在这里需要强调的是，甲基中碳原子的含量和季碳原子的含量实际上没有变化。

在文献[28]中，根据多环中的碳原子含量计算出了芳香碳原子的平均值，即芳香性团簇的平均尺寸。根据获得的数据，褐煤的平均芳香单元由 9 个碳原子构成（芳环数量≈2）。在烟煤中平均芳香单元由 14～20 个碳原子构成（芳环数量分别等于 3 和 5），这完全与伦琴结构分析数据相吻合。

在煤化学中核磁共振方法被广泛应用于煤炭自身化学结构的研究中，同时也用于煤炭加工产品的结构研究中。图 2-20 表明了世界各地煤矿的烟煤受吡啶的影响，在烷基 CH、CH_2、CH_3 中碳原子的比例（根据 ^{13}C NMR 和红外光谱[38]的数据确定）与吡啶萃取物萃取率之间的相互关系。吡啶萃取物的萃取率增加与 C 在脂肪族结构 C_{Al} 中的比例成正比，因此萃取率越高，就表明煤炭的 C^{daf} 指数在 85%～87%，它们的 C_{Al}>30%。

在文献[39]中，利用 ^{13}C 核磁共振方法研究温度、催化剂和气相含量对 Лидел 氢化后煤炭固态残渣结构特征的影响。从图 2-21 波谱中可以看出，所有谱图都是由两种基本信号构成的：芳香族（δ值较大）和脂肪族（δ值较小）碳原子。在原煤中脂肪族碳比芳香族碳更多，但是氢化后在固体残渣中它们的比例是由过程条件所决定的。

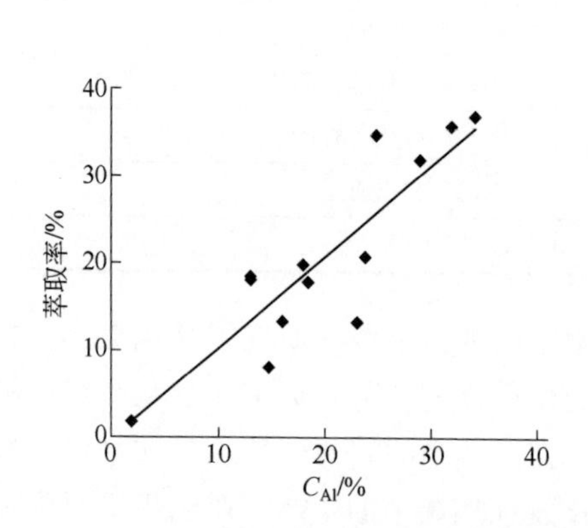

图 2-20　煤炭烷基中吡啶萃取物萃取率和 C_{Al} 比例之间的关系

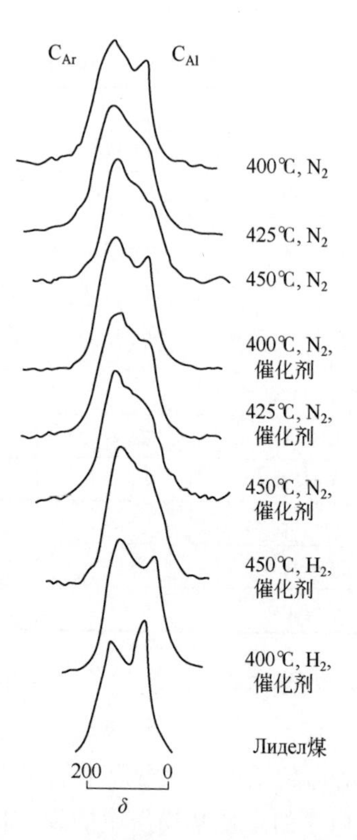

图 2-21　在各种温度下 Лидел 煤炭氢化后煤炭固态残渣的 ^{13}C 核磁共振波谱

2.4　电子顺磁共振

2.4.1　方法介绍

电子顺磁共振（EPR）可以通过实验记录，系统必须具有一个或多个未配对电子。在封闭的电子层系统中，即所有的电子配对（单重态），则观察不到电子顺磁共振信号。

电子具有与自旋相关的自旋角动量，其表达式为 $\hbar=\dfrac{h}{2\pi}$。所选取方向上电子角动量最大自旋矢量值等于 $m_s\hbar$。式中，m_s 为电子自旋量子数，只能取两个值：$\pm\dfrac{1}{2}$。

因为电子有电荷，所以磁矩μ和电子自旋角动量 S 有关[23]。

$$\mu = -g\frac{e}{2mc}S\hbar \tag{2-67}$$

式中　e——电荷；

m——电荷质量；

c——光速；

g——常数，被称为 g 因子（对自由电子，g=2.0023）；

“–”——磁矩方向与角动量方向相反。

$\beta = \frac{e\hbar}{2mc}$ 叫作玻尔磁子。公式（2-67）可以表示为下列形式：

$$\mu = -g\beta S \tag{2-68}$$

如果电子被放置在一个均匀的磁场 H 中，那么电子的能量只能取两个值（见图 2-22）：

$$E_{\left(m_s=+\frac{1}{2}\right)} = \frac{1}{2}g\beta H, E_{\left(m_s=-\frac{1}{2}\right)} = -\frac{1}{2}g\beta H$$

这时，电子从低能级向高能级跃迁能量等于：

$$h\nu = \Delta E = g\beta H \tag{2-69}$$

式中，ν为共振频率，$m \cdot s^{-1}$，它在恒磁场 H 中与无量纲量 g❶（g 因子）成正比。当能级增加［见公式（2-69），随着ν或者 H 变化］发生能量的共振吸收，并且在电子顺磁共振光谱中表现出。

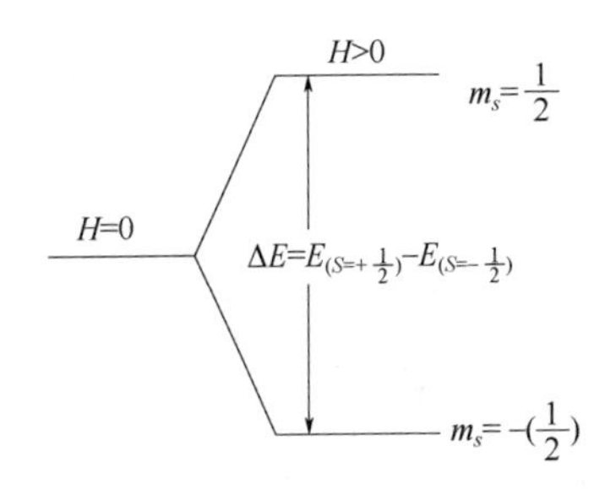

图 2-22　磁场中电子能级的分布

电子顺磁共振吸收谱线具有有限的宽度［见图 2-23（a）］，因此为了提高测量的准确性，现代仪器记录了第一和第二衍生吸收曲线［图 2-23（b）和（c）］，根据衍生吸收曲线确定谱线宽度 ΔH［cm，见图 2-23（b）］。

如果在分子中有核，且核自旋不等于 0，那么这些核与不配对电子的相互作用下，最后一个能级分裂，导致在电子顺磁共振中出现超精细结构。

以一个顺磁分子中有一个带核自旋 $I=S$ 的核的例子来说明。在这种情况下，电子能级分裂过程见图 2-24。在没有带核自旋 $I\neq0$ 的核时，在含有一个不配对电子的顺磁分子的电子顺磁分子谱中出现一条谱线，其共振频率为ν_0。如果分子含有一个带自旋 $I=S$ 的核，那么在电子顺磁共振谱中（图 2-24）将会出现不是一条，

❶ 如果分子在液相中，则 g 因子的各向异性（取决于角度取向）由于分子运动被消除。而在固相中可以观察到 g 因子的各向异性。[25]

而是两条谱线，它们的频率分别为ν_1和ν_2，因为只有满足跃迁条件$\Delta m_1=0$才会允许跃迁[23]。需要重点强调的是，光谱中谱线之间的距离不取决于磁场H的值，而是由电子和核自旋相互作用的特征决定的，这就导致电子顺磁共振光谱中超精细结构的出现：

$$\Delta\nu=\nu_1-\nu_2=\frac{\alpha}{h} \tag{2-70}$$

式中，α为相互作用常数。

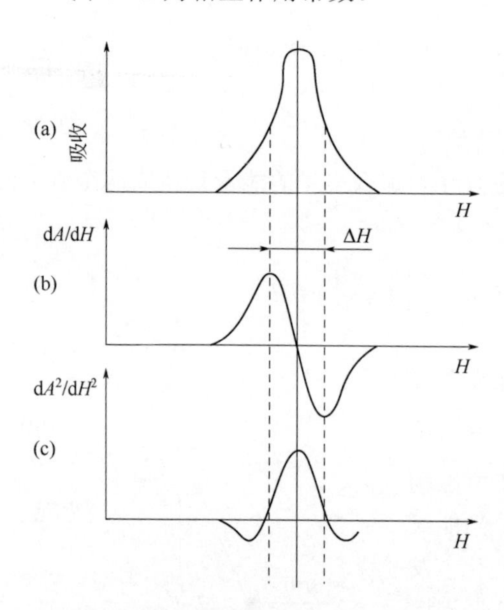

图 2-23　电子顺磁共振吸收曲线（a）、第一衍生吸收曲线（b）和第二衍生吸收曲线（c）

ΔH—谱线宽度

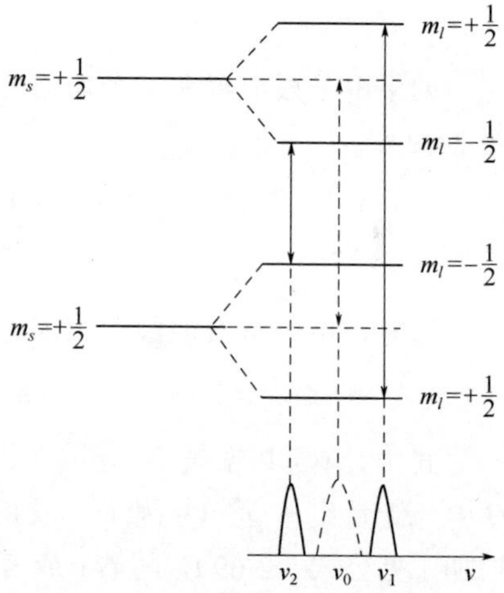

图 2-24　核自旋相互作用下的电子能级分裂图

如果分子中有若干个非零自旋的核，那么电子顺磁共振超精细结构由于增加N条吸收谱线而变得复杂。对于一些特殊情况，例如，分子中含有n个自旋值I相等的核，如果在这种情况下，分子中这些核的位置不同（常数α_n取不同值），那么吸收谱线数量[23]：

$$N=(2I+1)^n$$

而如果所有的核等价（α_i彼此相等），那么，

$$N=2nI+1 \tag{2-71}$$

如果$I=\dfrac{1}{2}$，那么，

$$N=n+1$$

那么 N 条谱线的相对强度 ξ_N 由下列公式确定：

$$\xi_N = \frac{n!}{k!(n-k)!};\ k = 0,1,2,\cdots,n \tag{2-72}$$

作为一个例子，图 2-25 中示出了萘负离子自由基的理论光谱和观测光谱。由于萘分子中 α 和 β 的位置有四个等价质子，电子顺磁共振谱线的数量等于[23]：

$$N = (2n_\alpha I + 1)(2n_\beta I + 1) \tag{2-73}$$

因此，$I=\frac{1}{2}$，$n_\alpha=n_\beta=4$，那么 $N=25$。

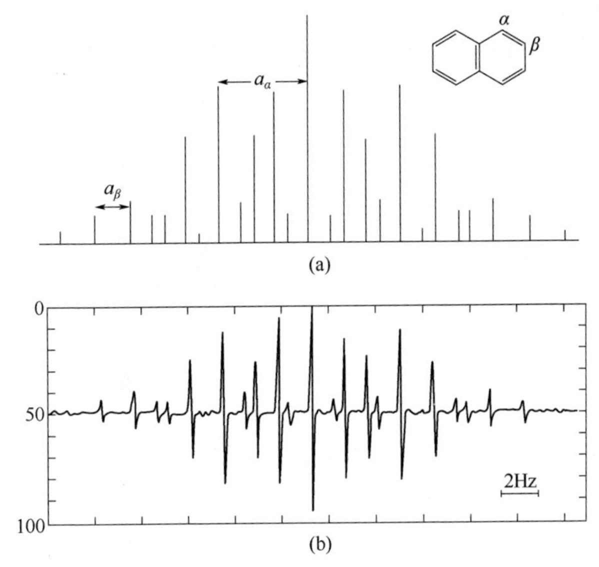

图 2-25　萘负离子自由基的理论光谱（a）和观测光谱（b）[24]

2.4.2　煤炭中的顺磁性

电子顺磁共振方法是光谱学方法中最敏感的一种。但是，它具有应用的局限性，这是因为它只能记录物质具有顺磁性的那一部分的信息（存在未配对电子）。

煤炭研究中使用电子顺磁共振方法，一方面来说，有利于更加深入地研究变质过程中结构化学变化的性质；另一方面，可以得到煤炭构成、结构和性质的完整信息。

煤炭中顺磁中心存在的根源：

① 在化学键断裂时形成稳定的有机自由基；

② 存在形成电荷转移配合物的结构；

③ 存在未填充满 d 壳层的过渡金属离子。

通过紫外线照射和机械降解（打破，磨碎），煤炭中顺磁中心的浓度将极大地增加[40]。在低于煤炭软化温度时自由基发生重组，动力学曲线则常常表现出一系列典型的阶梯形区域。在给定温度条件下，自由基浓度降低急剧减缓，并且在一定的时间间隔后停止。

固体中自由基的消亡常常不是一个双分子过程[23]，因为在刚性介质中，自由基扩散受到抑制，它们不能直接重组。

在谈论煤炭顺磁中心之前，有必要从简单反应去考虑电子顺磁共振中活性化学物质的形成和破坏的机制。

（1）化学键断裂

以甲烷分子中靠近价键的 C—H 键的断裂途径为例来说明。

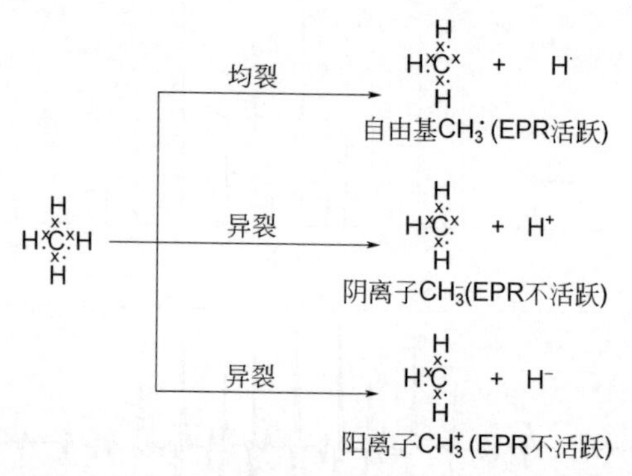

因此，只有在化学键均裂时才会形成活性化学物质自由基的电子顺磁共振。

在自由基的还原反应（电子加成反应）时形成非活性化学物质——阴离子的电子顺磁共振。

$$R^{*}+e \longrightarrow R^{-}（阴离子）$$

甚至在自由基的氧化反应（电子脱离反应）时形成非活性化学物质——阳离子的电子顺磁共振。

$$R^{*} \longrightarrow R^{+}（阳离子）+ e$$

（2）电荷转移配合物

在一定条件下芳香族化合物既可以作为电子给体，也可以作为电子受体。例如，根据文献[41]可知，醌分子配合物与对苯二胺在结晶状态下电子顺磁共振活跃，而在溶液中则不活跃。

在芳香族化合物的还原反应中形成活性阴离子-自由基的电子顺磁共振：

而在氧化反应中，则形成活性阳离子-自由基的电子顺磁共振：

芳香族化合物在其与碱金属相互作用下发生还原反应[23]。

（3）未填充满 d 壳层的过渡金属

在大多数情况下，过渡金属 M 的阳离子配合物中被配位体 X（阴离子或者分子）包围。我们考虑以下情况，即当配位体被放置在八面体顶点，形成结晶结构 MX_3 的情况：

引用基团理论表明，由配位体构建的晶体场中，过渡金属的 s、p、d 轨道行为各异，表现为：球对称 s 轨道不变；p 轨道受到屏蔽作用（具有三个相同的能级）；金属 d 轨道（五重简并轨道），比如八面体场分裂成两个——三重简并 t_{2g} 态和二重简并 e_g 态（图 2-26）[42]。

第一行的二价过渡金属 $\varDelta\approx12000\text{cm}^{-1}$，三价过渡金属 $\varDelta\approx20000\text{cm}^{-1}$，而第二行和第三行过渡金属离子的 $\varDelta$ 值更高。

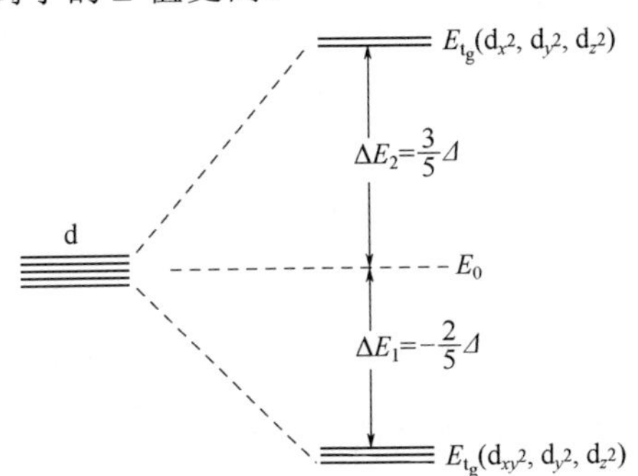

图 2-26　八面体晶体场中过渡金属原子 d 级放大

过渡金属配合物的很多物理化学性质都可以用 $\varDelta$ 值来解释。如果 $\varDelta$ 值相对不大，那么由配位体构建的晶体场被称作弱场；反之，则被称作强场。过渡金属离子的 d 轨道在弱磁场和强磁场中的分布特点不同。在弱磁场中 d 轨道能量几乎完全简并（$\varDelta$ 值不大）且它们按照洪特规则填充满（多样性应该是最大的），而在强磁场中（$\varDelta$ 值大）首先被 $E=-\frac{2}{5}\varDelta$ 能级填充满，然后被 $E=\frac{3}{5}\varDelta$ 能级填充满。因此在每种情况下过渡金属原子的离子在 d 轨道上的未配对电子的数量（系统的多重性）各不相同。在图 2-27 中清楚地显示了在弱磁场和强磁场中过渡金属的原子的未配对电子取决于 d 轨道的电子数量。

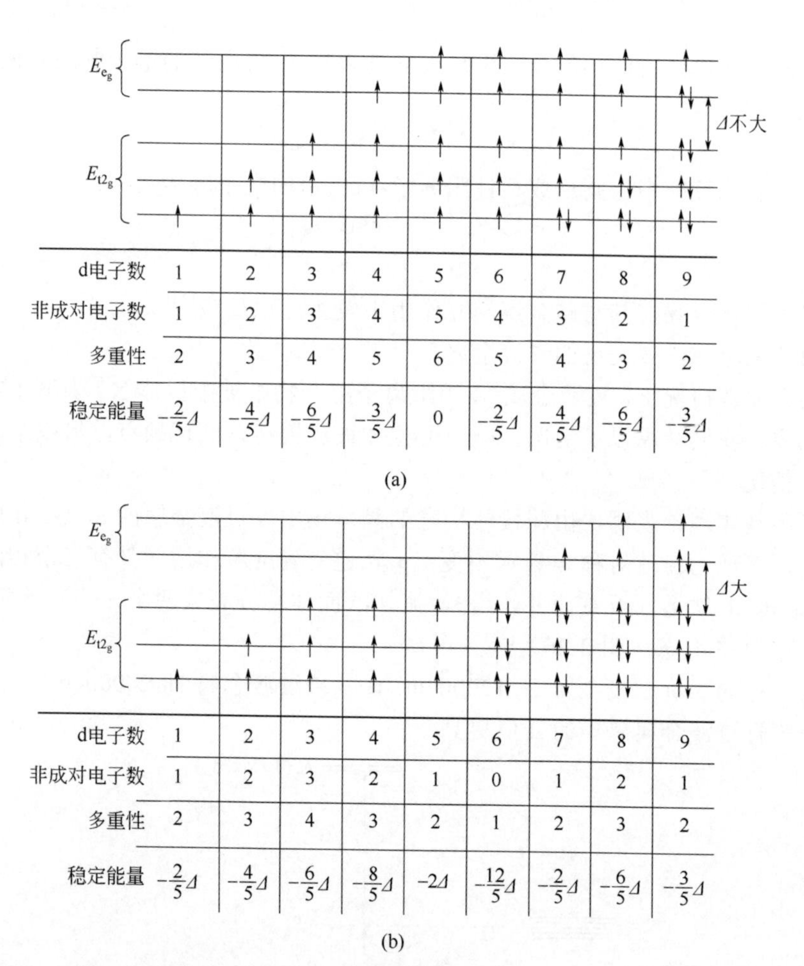

图 2-27 八面体配合物中弱磁场（a）和强磁场（b）的过渡金属原子的 d 轨道分布

铁、钴和镍具有特殊的顺磁性（铁磁性）。Fe^{3+}有 5 个 3d 轨道电子，而根据洪特规则，每个 d 轨道都由一个电子占据，因此所有电子的自旋都是平行的，而 Fe^{2+}有 6 个 3d 轨道电子，即：

Fe^{3+}：| ↑ | ↑ | ↑ | ↑ | ↑ |

Fe^{2+}：| ↑↓ | ↑ | ↑ | ↑ | ↑ |

这里必须要强调的是，一些中性分子由于电子层的特殊性而顺磁，例如 O_2（分子的最高占据轨道双重简并）、NO_x（氮原子的电子数为奇数）等。

解析这种复杂结构的电子顺磁光谱，如解析煤炭的顺磁光谱是一件非常艰巨的任务。电子顺磁光谱的信号主要特征取决于未配对电子体系的特性。

在外磁场 H 中未配对电子的完整哈密顿算符描述如下：

$$\hat{H} = \hat{H}_{SH} + \hat{H}_{SL} + \hat{H}_{SI} + \hat{H}_{Q} + \hat{H}_{SS} \tag{2-74}$$

式中　$\hat{H}_{SH}$——确定未配对电子的自旋 S 与外磁场 H 之间的相互作用；

$\hat{H}_{SL}$——未配对电子的自旋 S 与它们的轨道角动量 L 之间的相互作用，它对应 g 因子与自由电子的 g 因子的偏差（g_e=2.0023）；

$\hat{H}_{SI}$——未配对电子的自旋 S 与导致电子顺磁共振谱中超精细分裂的核磁矩 I 之间的相互作用，由此可以确定，未配对电子与哪些核及多少核发生相互作用（即精确确定分子中未配对电子的位置定位）；

$\hat{H}_{Q}$——四极矩（电荷未对称分布的情况）与导致谱线变宽的分子的内在能量场之间的相互作用；

$\hat{H}_{SS}$——属于不同分子的未配对电子的自旋之间的相互作用，它导致谱线变宽（自旋-自旋变宽可以通过在溶剂中稀释样品而大幅减小）。

为了表征煤炭的电子顺磁共振光谱，通常设立三个参数：单位质量煤炭的顺磁中心数量 N_s（自旋/g）、g 因子（无量纲量）和线宽 ΔH（Hz）。

N_s 值与吸收曲线下的面积成正比［图 2-23（a）］。线宽被限定在吸收曲线的中间高度（$\Delta H_{1/2}$）或者根据它的第一个衍生物极值之间的距离（图 2-23）。$g_{样品}$因子数值是由基准物质来确定的，这个基准物通常取 α,α-二苯基-β-苦基肼（DPPH）（在溶液中 DPPH 自由基在数个小时内稳定[23]）：

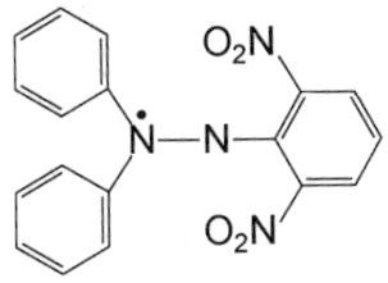

$$g_{样品}=g_{基准物}\frac{H_{基准物}}{H_{样品}} \tag{2-75}$$

式中　$H_{基准物}$，$H_{样品}$——基准物和样品的吸收磁场强度；

$g_{基准物}$——基准物的 g 因子。

文献[43-59]中对煤炭顺磁性的各个方面进行了深入的研究。在文献[53]中研究了从广泛变质的一个地层中取出的煤样品的顺磁性。根据被研究煤炭的 X 衍射分析数据：确定面间距 d_{002}；根据沃伦公式计算有序填料的大小 L_c；得到碳层的平均直径 L_a；计算出煤炭有机质中原子——碳 C_a、氢 H_a 和氧 O_a 的比例（表 2-14）。在图 2-28 中展示了顺磁中心浓度 N_s 与煤炭有机质中碳原子的含量之间的关系。

假设，煤炭电子顺磁共振宽信号上对应的顺磁中心是煤炭结构无定形区域的大分子基团，且顺磁中心的未配对电子被定位在外围对应原子，那么可以确定 H_a/C_a、L_a 和 N_s 的值将会相应改变，甚至可以确定 g 因子的最大值（20030～20040）。烟煤中电子顺磁共振窄信号是由共轭体积系统构成的结构的有序（晶体）部分的顺磁中心形成的。

表 2-14 煤炭的结构表征[53]

C^{daf}/%	H_a/C_a	$N_1\times10^{-18}$/(顺磁中心/g)	ΔH_1/(A/m)	ΔH_2/(A/m)	d_{002}/Å	L_a/Å	L_c/Å
82.8	0.79	10	382	175	3.54	3.6	14.0
82.9	0.74	7	286	119	—	4.0	—
83.4	0.75	10	326	119	3.64	3.9	16.0
86.0	0.77	18	366	119	3.58	3.8	17.2
86.8	0.71	14	286	135	—	4.2	—
87.0	0.74	14	294	119	—	4.0	—
87.4	0.69	8	247	80	—	4.4	—
87.4	0.71	12	278	119	—	4.2	—
87.6	0.76	13	278	103	3.55	3.9	17.0
89.1	0.67	14	310	143	—	4.6	—
89.2	0.64	20	382	143	3.52	4.9	17.0
90.2	0.62	19	326	159	3.48	5.2	19.5
90.4	0.59	23	326	135	3.45	5.5	22.2
90.7	0.59	33	445	183	—	5.5	—
90.8	0.58	35	342	103	—	5.6	—
91.8	0.63	32	350	127	3.52	5.1	24.5
92.8	0.45	35	406	119	3.45	7.8	23.0
94.1	0.26	14	454	119	3.48	15.0	14.0
94.4	0.27	30	533	80	3.42	14.0	17.0
95.0	0.23	7	525	72	3.45	14.0	13.0
95.3	0.25	13	581	64	—	15.0	—
95.4	0.26	18	538	88	3.49	15.0	15.0
95.8	0.26	11	621	95	—	15.0	—
96.3	0.11	—	—	88	3.48	38.0	12.2

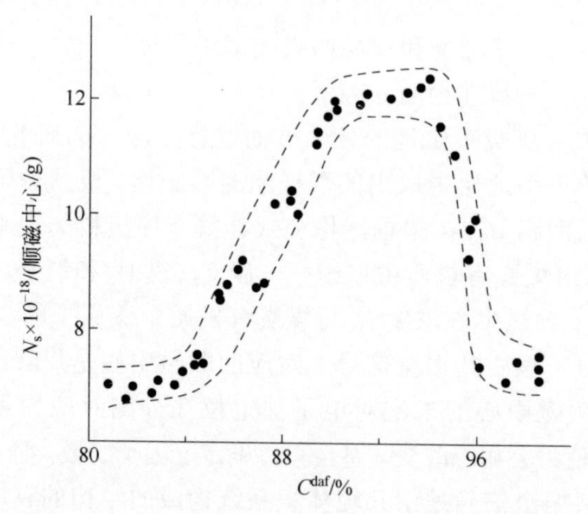

图 2-28 变质过程中顺磁中心浓度平均间隔值变化

因为煤炭的岩相构成具有不同的结构化学指数，可以预见，它们的电子顺磁共振谱特征也是各异的。在文献[43]中研究了库兹巴斯煤田的基名（Зиминка）矿山的烟煤，该烟煤中含58%的镜质体和33%的丝质体。电子顺磁共振波谱是在3cm范围内且100kHz射频条件下获得的。在空气中和真空中（10^{-4}mm pt. ct.）记录光谱，测量温度分别为300K和77K。所有样品的g因子接近自由电子的g因子。顺磁中心浓度值见下列不等式：

$$N_s（原煤）>N_s（镜质体）>N_s（丝质体），$$

而谱宽值：

$$\Delta H（原煤）= \Delta H（镜质体）= 8.5\text{Hz}$$

在抽真空的条件下原煤的光谱划分为两条线：宽谱（ΔH=8.5Hz），对应镜质体的光谱；窄谱（ΔH=1.5Hz）。光谱可以划分成各种谱线，这是与系统中存在各种类型顺磁中心有关，且这些顺磁中心的g因子值各不相同。

实验数据表明，在室温条件下煤炭的顺磁中心浓度在真空中比在空气中高[43]。正如已经强调过的，氧分子具有顺磁性，且被碳吸附的氧在空气中顺磁中心的浓度好像应该会增加。为解释这一初看似乎矛盾的问题，我们可以首先看图2-29。在氧分子中占据最高轨道的能量双重简并，根据洪特规则，当每条轨道被一个电子占据，分子的基态应当与组态对应，因此它们的自旋也应该是平行的。当O_2在煤炭表面上吸附（这里更容易找到顺磁中心），它们的电子结构将会获得某种摄动，在O_2最高占据分子轨道上的简并将会减少，分子具有抗磁性［图2-29（a）］。

在这种情况下，空气中的氧气应不会影响煤炭的顺磁中心浓度。煤炭的顺磁中心浓度在空气中降低，很明显，这是因为氧分子同时在两个顺磁中心被吸附［图2-29（b）］，且得到的配合物是抗磁性的。正是因为这种机理证明了这样一个实验事实，即顺磁中心在真空中增加、在空气中减少是一个可逆过程。

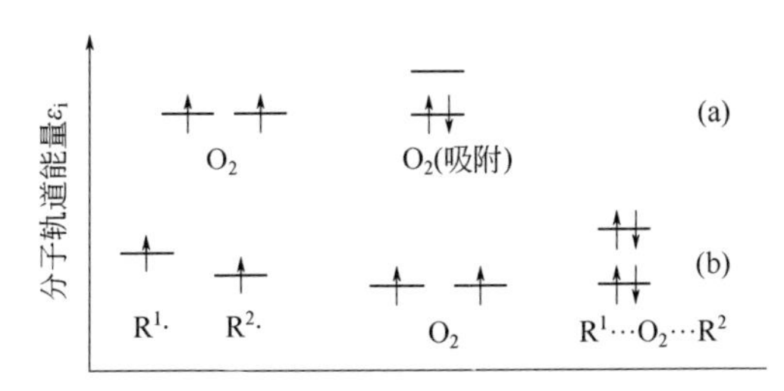

图2-29　煤炭顺磁中心浓度在空气中降低的机理示意图

氧与所研究的顺磁中心的相互作用，使得可以预见在弛豫过程中谱线宽度和形态的变化。这些变化取决于靠近所研究顺磁中心的氧分子的运动。随着温度的降低，吸附氧的密度增加，而它的运动能力降低，这可能导致吸收谱线变宽。

实验数据表明，煤炭氧化降解的深度与顺磁中心浓度 N_s 相关。在文献[43]中研究了三种情况下烟煤在空气中氧化降解的深度：①原煤；②用乙醇和苯的混合物（1∶1）处理后；③用 5%的 HCl 处理后。结果见图 2-30（a）。随着温度的增加，在所有情况下降解深度增加，且 10min 后可以观察到下列不等式：

$$\alpha_{乙醇\text{-}苯处理后} > \alpha_{原煤} > \alpha_{HCl处理后}$$

有趣的是，在这种相同条件下测试的顺磁中心浓度也具有类似上述的不等式［图 2-30（b）］，这证明了 α 与 N_s 值之间的直接关系。同时，用乙醇和苯的混合物（1∶1）处理后煤炭的顺磁中心数量增加，而用 5%的 HCl 处理后顺磁中心数量却减少，这表明了煤炭顺磁中心出现的复杂性。可以假定，煤炭中顺磁中心的存在很大程度上取决于沥青和有机矿物质化合物的存在。

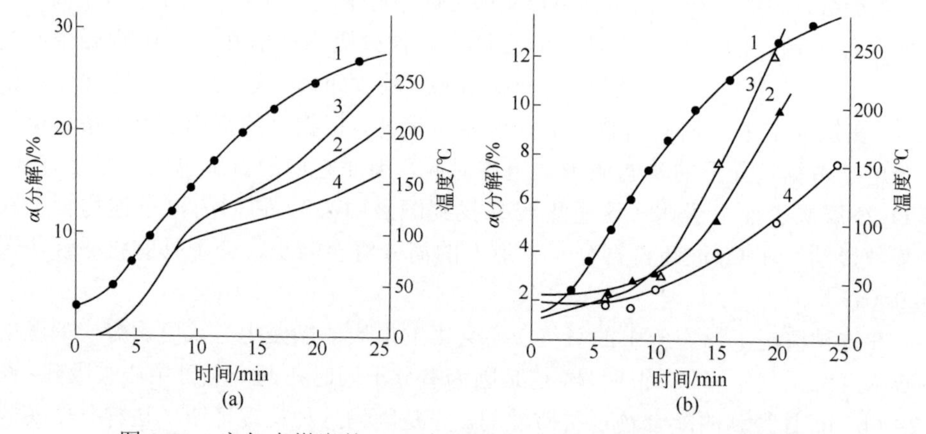

图 2-30　空气中煤炭的（a）氧化降解和（b）顺磁中心的形成[43]

1—温度变化；2—原煤；3—乙醇和苯混合物（1∶1）处理后；4—5%的 HCl 处理后

实验数据表明，在引入氢供体后煤炭顺磁中心的浓度降低，并且随着作用时间的增加达到平衡水平。在相同的预热时间和温度变化条件下，观察到低温最大值（200～250℃），随后急剧升高至 400℃[44]。

在文献[46]中，煤炭有机质中顺磁中心芳香碎片稳定，它们是在变质过程中发生反应而形成的。事实上，随着煤炭变质程度的增加，煤炭有机质中顺磁中心的浓度也会增加。

在文献[45]中表明了 N_s 与芳香程度的关系：

$$N_s = 1.02 f_a + 3.64 f_a^2 \tag{2-76}$$

式中　N_s——顺磁中心浓度（10^{-19} 自旋/g）；

f_a——芳香程度，根据 ^{13}C 核磁共振数据，f_a=0.3～0.95。

煤炭顺磁中心与氧化降解之间有定量关系[43]。以 $ZnCl_2$ 作为催化剂实质上是随着温度的升高增加了顺磁中心的累积。

利用热高稳定性金属配合物作为自旋探头，可以拓宽电子顺磁共振方法研究热作用下煤材料的结构组织和旋转结构的可能性[50]。

建议对含共轭键的天然化合物的顺磁中心的形成构建模型。假定顺磁中心形成的必要条件是：①在多共轭体系中存在低激发态；②促进高分子物质模型中顺磁中心稳定性的分子吸附[50,51]。

文献[18]中对腐殖煤和腐泥煤进行了电子顺磁共振数据的比较分析。相同的变质程度，腐殖煤顺磁中心的浓度比腐泥煤的浓度要高（见图 2-31 和图 2-32），这主要是和煤炭的岩相组成有关。在光谱中存在窄信号是与多共轭系统的未配对电子有关，而宽信号则是与饱和结构的自由基有关[57]。

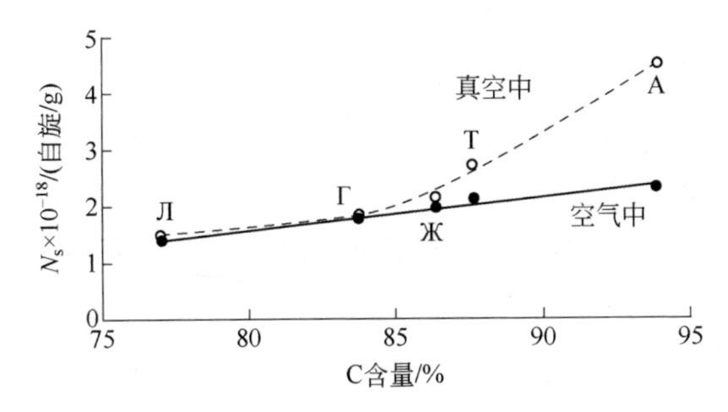

图 2-31　腐殖煤中顺磁中心的浓度与煤炭有机质中碳含量之间的关系

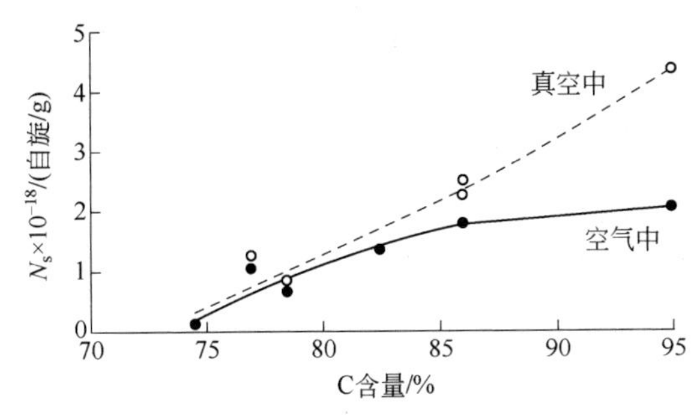

图 2-32　腐泥煤中顺磁中心的浓度和煤炭有机质中碳含量之间的关系

根据文献[58,59]中的数据，在真空中无烟煤的电子顺磁共振吸收光谱半峰宽谱线明显比其他煤的小（图 2-33）。在空气中测得的半峰宽谱线要比真空中大，特别是对烟煤来说。

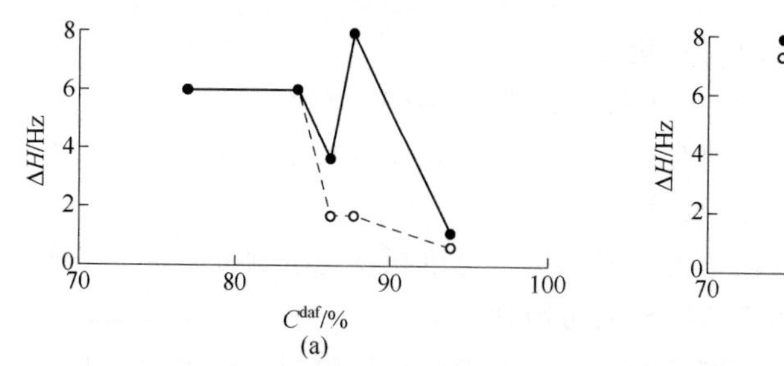

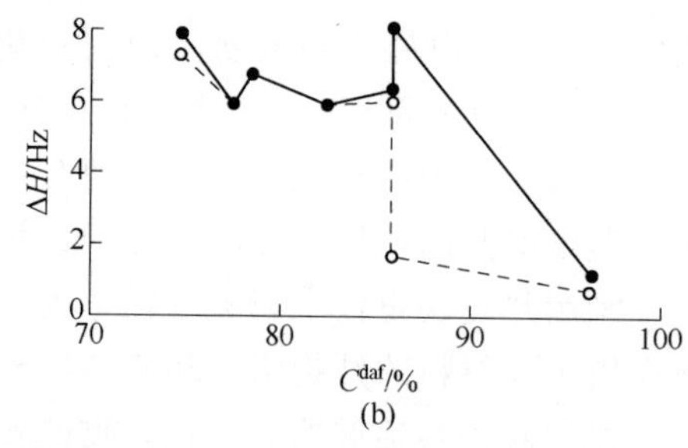

图 2-33 电子顺磁共振信号宽度 ΔH 在（a）腐殖煤和（b）腐泥煤变质作用中的变化

—— 空气中；----- 真空中

2.5 X 射线衍射

2.5.1 方法介绍

X 射线衍射被广泛用于研究分子的几何形状和结构。这种方法还可以用于研究气体、液体和固体[60,61]。

X 射线是当任意元素的原子与电子碰撞时产生的。具有高动能的电子在与元素靶的原子碰撞时撞出原子的内层电子（例如 K 轨道，见图 2-34），于是内层形成一个空穴。电子从最高占据的 L、M、N 轨道向低空穴 K 轨道跃迁，以 X 射线的 $\Delta E = h\nu_{\mathrm{K}} = hc\left(\dfrac{1}{\lambda_{\mathrm{K}}}\right)$ 形式释放出能量 $\Delta E=E_{\mathrm{L}}-E_{\mathrm{K}}$（图 2-35）。在这种情况下，发射不同波长（$\lambda$）的光束。然后这些光束被过滤掉且释放出具备所需波长的单色光束。

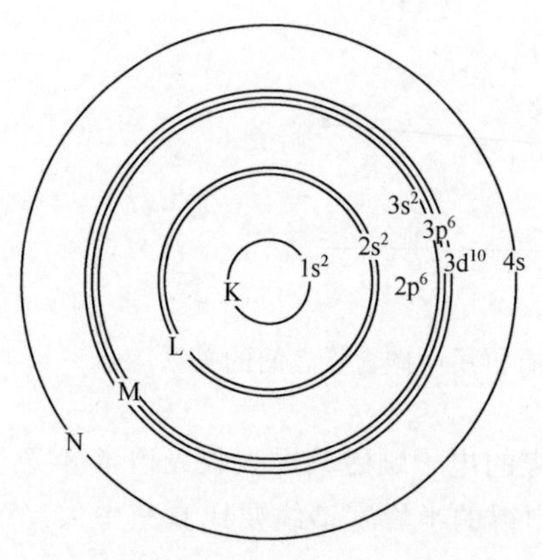

图 2-34 原子 Cu 的电子轨道示意图

图 2-35 标明元素 X 射线光谱原点的 Cu 原子系统

通常在实际中，获得 X 射线一般是利用 K_α谱线的铜（$\lambda_{K_\alpha,Cu}$=1.544Å）或者 K_β 谱线 Ni、Co 和 Fe 的电子（$\lambda_{K_\beta,Ni}$=1.497Å，$\lambda_{K_\beta,Co}$=1.617Å，$\lambda_{K_\beta,Fe}$=1.75Å）[62]。

为了解释X射线与物质晶体结构之间相互作用的结果，有必要使用通常的晶体坐标定义。

需要强调的是，平面（边缘）、方向（棱）和节点位置在晶轴上设定的参数单位为 a、b、c。比如说，如果平面以 OA、OB、OC 的距离切坐标轴（图 2-36），以轴参数为单位：

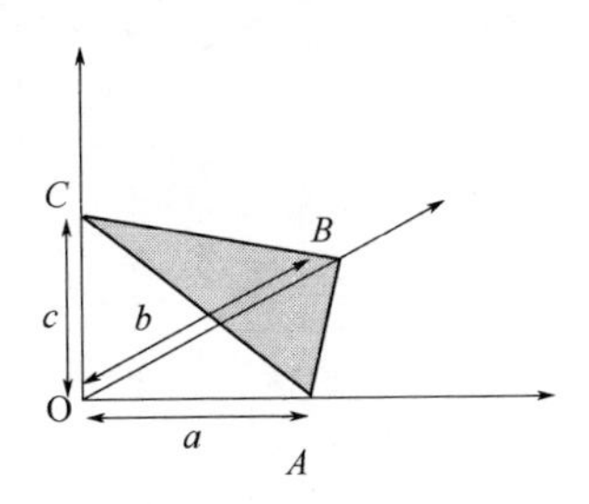

图 2-36　晶轴上的单一平面坐标（111）

$$\frac{OA}{a}:\frac{OB}{b}:\frac{OC}{c}=U:V:W$$

式中，U、V、W 为整数。

U、V、W 的倒数被称作米勒指数。

$$\frac{1}{U}:\frac{1}{V}:\frac{1}{W}=h:k:l \tag{2-77}$$

式中，h、k、l 为整数。

轴平面由信号定义（hkl）。例如，如果平面与第一个轴平行，那么信号定义为（okl），等等。

等效平面组，例如立方体的六个面，信号为（100）、（$\bar{1}00$）、（010）、（$0\bar{1}0$）、（001）和（$00\bar{1}$），表示同一个信号{100}。

为了描述晶格中原子的位置，晶胞的棱长 a、b、c 采用单位间隙，相对坐标为：

$$U=\frac{x}{a};\quad V=\frac{y}{b};\quad W=\frac{z}{c} \tag{2-78}$$

式中，x、y、z 为相应轴的原子坐标。

X 射线与晶格之间的相互作用见图 2-37。波长为 λ 的单色光以 θ 角照射到晶面上，并以相同的角度反射到晶面间距为 d 的位置，如果反射光的光程差为波长的整数倍（反射光加强的必要条件），则可以在屏幕中观察到干扰现象：

$$n\lambda=2d\sin\theta \tag{2-79}$$

式中，n=1, 2,⋯

式（2-79）被称作布拉格方程。

接下来，选取 d_{hkl} 对应 θ_{hkl} 的距离，在式（2-79）中可以省略 n：

$$\lambda=2d_{hkl}\sin\theta_{hkl} \tag{2-80}$$

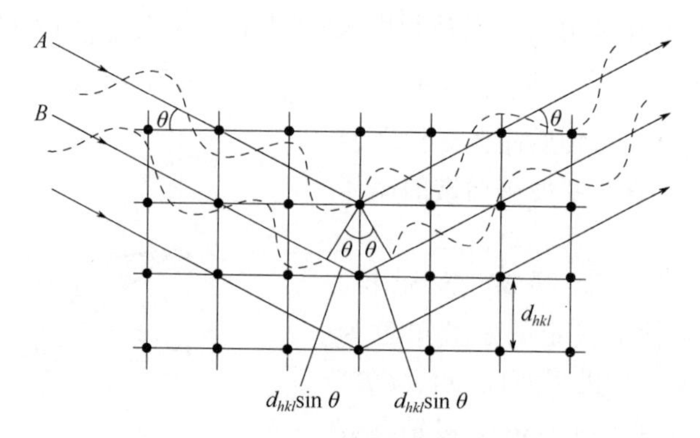

图 2-37　X 射线从等距晶格平面的反射

从这里得：

$$\sin\theta_{hkl}=\frac{\lambda/2}{d_{hkl}}$$

结果，当相邻平面之间的距离 d 小于 $\lambda/2$ 时，在任意 θ 值时都不能满足布拉格方程的条件。

X 射线的强度取决于反射平面单位面积原子的数量，以及这种形式原子的散射能力。

布拉格反射强度与结构因子的平方成正比[63]❶：

$$F(h,k,l)=\sum_j f_j(h,k,l)T_j(h,k,l)\exp\left[2\pi i\left(hx_j+ky_j+lz_j\right)\right] \tag{2-81}$$

式（2-81）中的总和取自晶体晶胞中的所有原子 j，它们中的每个原子自己的散射振幅 f_j 和位置都不同，且这个位置是由 x_j、y_j、z_j 坐标和描述原子运动的德拜-沃勒因子 T_j 确定的。

结构振幅等于：

$$F(hkl)=\sum_{j=1}^{N} f_i \exp[i2\pi(hx_j+ky_j+lz_j)] \tag{2-82}$$

式中　N——晶胞中的原子总数量；

f_j——原子 j 的散射能力；

x_j、y_j、z_j——原子 j 的坐标。

f 和 $\sin\theta$ 之间的关系被称作原子散射能力，它对所有元素都是已知的。对于原子 H、C、N、O、S 来说，f_j 和 $\sin\theta/\lambda$（$Å^{-1}$）值之间的关系见图 2-38。

❶ $|F_{hkl}|^2$ 可以评价这种反射是否将会具有 $|F_{hkl}|^2>0$，或者它将会被吸收（$|F_{hkl}|^2=0$）。

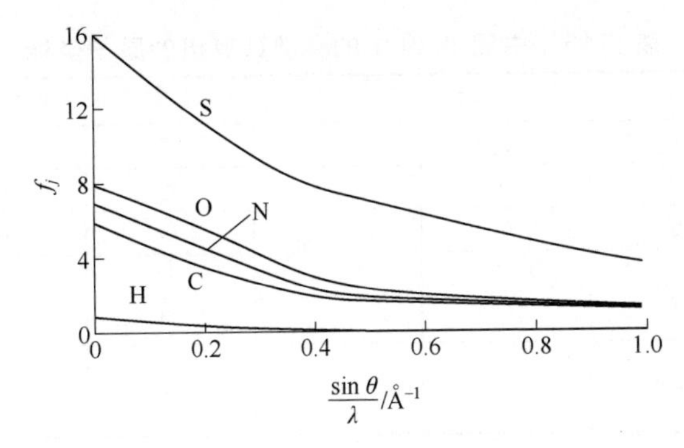

图 2-38 原子 H、C、N、O、S 的散射因子 f_j 的依赖性

2.5.2 碳同素异形体的 X 射线衍射分析

碳有几种改性结构：六角石墨、菱形石墨、立方体金刚石、六方金刚石和无定形碳。

六角石墨的层序为 ABABAB…，菱形石墨为 ABCABCABC…，立方体金刚石为 ABCABCABC…，六方金刚石为 ABABAB…，无定形碳（炭黑）具有二维有序结构。

菱形石墨稳定性不强，在建立热力学平衡时转化为六角形式，这种六角石墨有一个绝对最低的总能量。在菱形石墨中重复周期有三层，因此其面间距与六角石墨中的面间距相同。然而，第三层相对于第二层中任何选取的方向都偏移距离 r（r 为层中原子间距）。

石墨和金刚石都属于共价晶体结构。它们可以被看作是巨大的分子和原子，且它们之间由共价键相连。因此石墨熔点高（金刚石不能熔化，在温度高于 3500℃时升华成气相），而金刚石具有高硬度。

在图 2-39 中给定了 4 个碳原子，它们形成了六面体改性石墨的晶胞。通过晶格参数 a、c 以及原子间距 r（$a=\sqrt{3}r$）计算出的原子坐标见表 2-15。

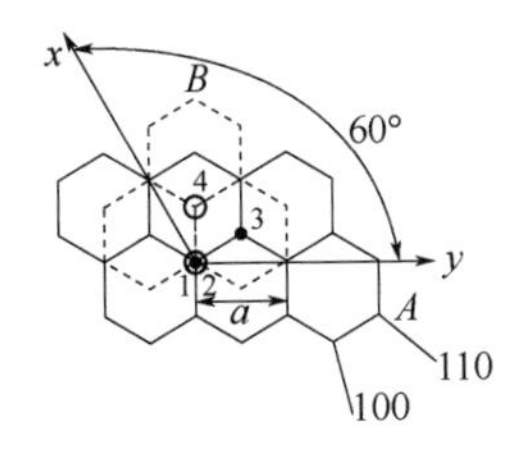

图 2-39 六面体改性石墨的晶轴和晶格的选取

A 层在图平面中（001）；B 层被设计在 A 层平面之上；形成晶胞的 4 个原子（每层 2 个原子）用圈表示

表 2-15　由图 2-39 中的参数计算出的原子坐标

碳原子	笛卡尔坐标			相对坐标		
	x	y	z	U	V	W
1	0	0	0	0	0	0
2	0	0		0	0	
3	$\frac{1}{\sqrt{3}}r$	$\frac{2}{\sqrt{3}}r$	0	$\frac{1}{\sqrt{3}}$	$\frac{2}{\sqrt{3}}$	0
4	$\frac{2}{\sqrt{3}}r$	$\frac{1}{\sqrt{3}}r$	$\frac{1}{2}$	$\frac{2}{\sqrt{3}}$	$\frac{1}{\sqrt{3}}$	$\frac{1}{2}$

利用公式计算六面石墨晶格的结构因子。利用晶胞的原子相对坐标（见表 2-12），根据公式（2-82）可得：

$$F_{hkl}=f_{hkl}\left[1+\cos\pi l+\cos 2\pi\left(\frac{h+2k}{3}\right)+\cos\pi\left(\frac{4h+2k+3l}{3}\right)\right]+ \\ if_{hkl}\left[\sin 2\pi\left(\frac{h+2k}{3}\right)+\sin\pi\left(\frac{4h+2k+3l}{3}\right)\right] \tag{2-83}$$

从这里可以得到，例如 $F_{002}=4f_{002}$。

对石墨六面晶体来说，$\frac{1}{d_{hkl}^2}$ 值如下[60]：

$$\frac{1}{d_{hkl}^2}=\frac{4}{3\alpha^2}\left(h^2+hk+k^2\right)+\frac{l^2}{c^2} \tag{2-84}$$

如果 l=0，那么：

$$d_{hkl}^2=\frac{3}{4}\times\frac{\alpha^2}{h^2+hk+k^2} \tag{2-85}$$

从这里可得α，然后根据式（2-79）可得 c❶值。

石墨的 X 射线衍射计算结果见表 2-16。

在石墨的 X 射线衍射中响应强度取决于 $2\sin\theta/\lambda$ 值，见图 2-40。金刚石晶格中的晶胞见图 2-41。

---

❶ 在六面晶格中面法线（$h_1k_1l_1$）和（$h_2k_2l_2$）之间的 φ 角由下列公式确定：

$$\cos\varphi=\frac{[h_1h_2+k_1k_2+(h_1k_2+h_2k_1)/2]\left(\frac{2}{\alpha\sqrt{3}}\right)^2+l_1l_2\left(\frac{1}{c}\right)^2}{\sqrt{Q(h_1k_1l_1)Q(h_2k_2l_2)}}$$

式中，$Q(hkl)=(h^2+hk+k^2)\left(\frac{2}{\alpha\sqrt{3}}\right)^2+\frac{1^2}{c^2}$。

表 2-16 石墨的 X 射线计算结果[62]

hkl	θ_{hkl}	$\frac{\sin\theta_{hkl}}{\lambda}$ /Å	d_{hkl} /Å	$I_{相对值}$
002	13.28	0.1491	3.354	100
100	21.19	0.2346	2.131	3.5
101	22.29	0.2462	2.031	17
102	25.35	0.2779	1.799	3.5
004	27.34	0.2981	1.677	6
103	29.95	0.3241	1.543	4.5
104	35.76	0.3794	1.318	0.9
110	38.73	0.4061	1.231	6
112	41.83	0.4329	1.155	8.5
105	42.74	0.4406	1.135	1.5
006	43.55	0.4472	1.118	1
200	46.27	0.4691	1.066	0.2
201	47.07	0.4753	1.052	0.5
202	49.30	0.4921	1.016	0.5
114	50.94	0.5040	0.992	6
106	51.09	0.5051	0.9899	0.3
203	53.19	0.5197	0.9620	1.5
204	58.92	0.5560	0.8994	0.5
107	61.81	0.5721	0.8739	1
008	66.73	0.5963	0.8395	1
205	67.39	0.5992	0.8344	2
116	68.58	0.6043	0.8274	8
210	72.96	0.6206	0.8056	0.9
211	74.38	0.6252	0.7998	5
212	79.53	0.6383	0.7833	2
108	80.84	0.6409	0.7802	1

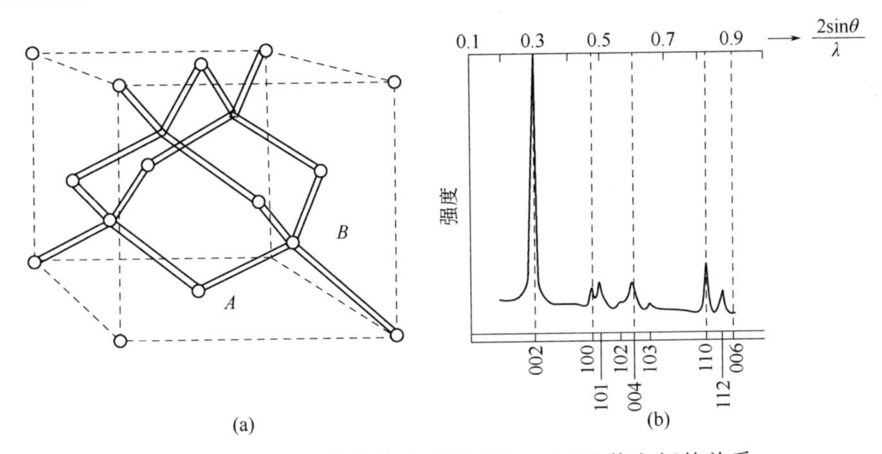

图 2-40 石墨 X 射线的响应强度与 2sinθ/λ 值之间的关系

为了计算金刚石的结构因子 F_{hkl}，必须确定晶格中原子的相对坐标：U, V, W。晶格中的前 5 个碳原子位置见图 2-42。

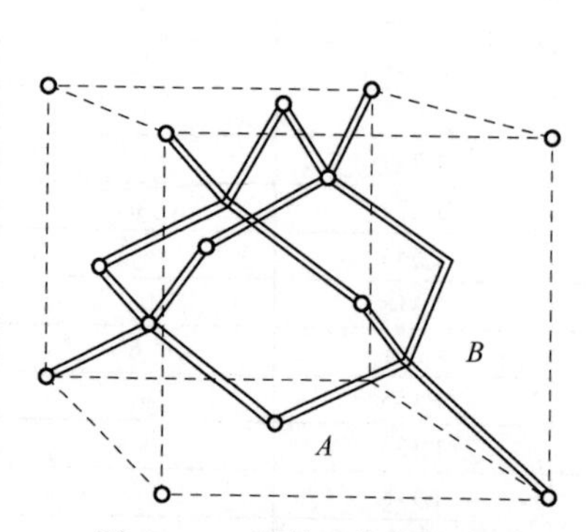

图 2-41　金刚石的晶体结构

晶胞内部的宽谱线对应共价键的方向

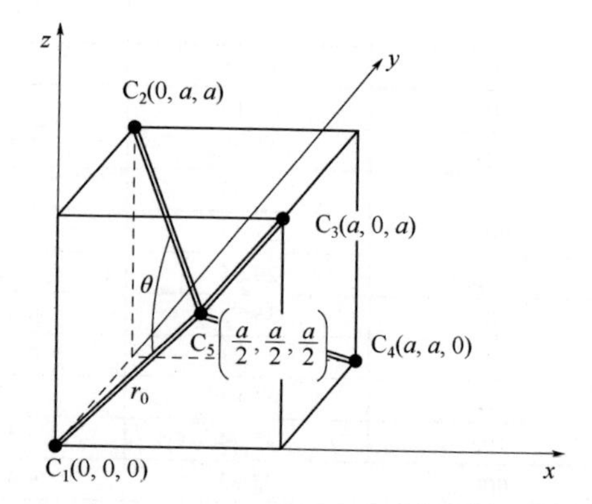

图 2-42　金刚石晶格中的前 5 个碳原子位置

从图 2-42 可以得到，原子 C_1、C_2、C_3、C_4 位于立方体的顶部，而原子 C_5 则位于原子中部。如图 2-42 中原子坐标所示，立方体的一个棱等于 a，C_1-C_5、C_2-C_5、C_3-C_5、C_4-C_5 之间的距离等于金刚石中原子间距 r_0。

根据图 2-42，可得到：

$$r_0 = \frac{\sqrt{3}}{2} \tag{2-86}$$

因此 $d(C_1\text{-}C_2)=a\sqrt{2}$，那么 $\cos\frac{\theta}{2}=\frac{\sqrt{3}}{3}$，即 θ=109º28′。

可以通过晶格常数 a 表达碳原子坐标（图 2-42）。由于 $2C_1C_2=\sqrt{2a^2}$，那么：

$$r = \frac{a}{2}$$

接下来确定单位晶格常数 $a\left(\frac{r}{a}\right)$ 中的原子坐标。那么图 2-42 中的 5 个原子的相对坐标如下：

	U	V	W
C_1	0	0	0
C_2	0	$\frac{1}{2}$	$\frac{1}{2}$
C_3	$\frac{1}{2}$	0	$\frac{1}{2}$
C_4	$\frac{1}{2}$	$\frac{1}{2}$	0
C_5	$\frac{1}{4}$	$\frac{1}{4}$	$\frac{1}{4}$

金刚石的晶胞由8个碳原子构成。晶胞的3个原子的坐标如下：

$$\begin{array}{cccc} & U & V & W \\ C_6 & \frac{1}{4} & \frac{3}{4} & \frac{3}{4} \\ C_7 & \frac{3}{4} & \frac{1}{4} & \frac{3}{4} \\ C_8 & \frac{3}{4} & \frac{3}{4} & \frac{1}{4} \end{array}$$

利用三角函数计算结构因子 F_{hkl}：

$$F_{hkl}=\sum_{i=1}^{8} f\cos\left[2\pi(hU_i+kV_i+lW_i)+i\sum_{i=1}^{8} f\sin(hU_i+kV_i+lW)\right] \tag{2-87}$$

由于晶胞的对称性，正弦总和为零，从式（2-87）可得：

$$F_{hkl}=\sum_{i=1}^{8} f\cos[2\pi(hU_i+kV_i+lW_i)] \tag{2-88}$$

式（2-88）中带入8个原子的 U_i、V_i、W_i 坐标，可得：

$$\begin{aligned}F_{hkl}=f\Bigg[&1+\cos 2\pi\left(\frac{k+l}{2}\right)+\cos 2\pi\left(\frac{h+l}{2}\right)+\cos 2\pi\left(\frac{h+k}{2}\right)+\cos 2\pi\left(\frac{h+k+l}{4}\right)+\\&\cos 2\pi\left(\frac{h+3k+3l}{4}\right)+\cos 2\pi\left(\frac{3h+k+3l}{4}\right)+\cos 2\pi\left(\frac{3h+3k+l}{4}\right)\Bigg]\end{aligned} \tag{2-89}$$

根据式（2-89）计算出的金刚石X射线中对应反射值 $F(hkl)$ 见表2-17。

表2-17 金刚石的X射线计算值

hkl	$h^2+k^2+l^2$	θ_{hkl}	$\frac{\sin\theta_{hkl}}{\lambda}$/Å	d_{hkl}/Å	F_{hkl}	$I_{相对值}$
111	3	21.97	0.2429	2.059	$4f_{hkl}$	100
220	8	37.65	0.3965	1.261	$8f_{hkl}$	39
311	11	45.72	0.4647	1.075	$4f_{hkl}$	25
400	16	59.71	0.5605	0.8918	$8f_{hkl}$	12
331	19	70.33	0.6113	0.8183	$4f_{hkl}$	35

需要强调的是，在金刚石的立方体晶格中具备所有奇数指数 h、k、l，或者所有偶数指数的平面允许反射（表2-17）。

在这里，立方体晶体的 $\frac{1}{d_{hkl}^2}$ 值[60]：

$$\frac{1}{d_{hkl}^2}=\frac{1}{\alpha^2}(h^2+k^2+l^2) \quad (2\text{-}90)$$

结合方程（2-90）和布拉格方程（2-79），对于立方体晶体可得：

$$\sin^2\theta_{hkl}=\frac{\lambda^2}{2\alpha^2}(h^2+k^2+l^2) \quad (2\text{-}91)$$

从这些公式可以得出，最大面间距 $d_{hkl}=\alpha\Big/\sqrt{h^2+k^2+l^2}$ ，对应于 $h_2+k_2+l_2$ 最小总和值。比如，对于反射（100），$\sqrt{h^2+k^2+l^2}=1$，$d_{100}=\alpha$ 。随着 $h_2+k_2+l_2$ 总和值增加，d_{hkl} 值逼近。

在金刚石立方体晶格中面法线（$h_1k_1l_1$）和（$h_2k_2l_2$）之间的 φ 角由下列公式确定：

$$\cos\varphi=\frac{h_1h_2+k_1k_2+l_1l_2}{\sqrt{(h_1^2+k_1^2+l_1^2)(h_2^2+k_2^2+l_2^2)}} \quad (2\text{-}92)$$

炭黑是由于有机物的未充分燃烧或者热降解形成的。炭黑的密度位于 1.7～1.9g/cm^3 的区间内。炭黑有时候也被称作无定形碳，它具有二维有序结构（平行晶体结构）。根据沃伦理论，炭黑具有无规结构，由平面随机排列的碳膜构成。如图 2-43 所示。

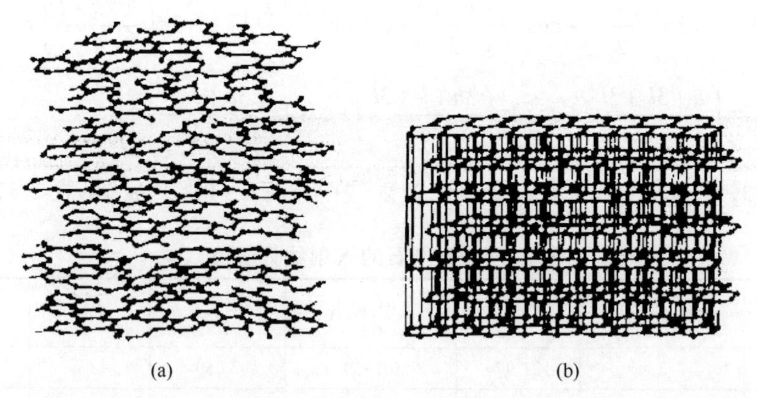

图 2-43　原子-分子水平上二维有序碳与乱层结构（a）及三维有序石墨（b）的结构示意图[65]

2.5.3　煤的 X 射线衍射分析

煤是一种由有机和无机杂质构成的复杂异质岩石，具有高度发达的孔隙和化学物理结构[66]。煤的物理结构是由它们的超分子结构、大小和其中分布的孔隙来决定的，后者在煤化工和生物化学反应中尤为重要[28]。

X 射线结构分析在变质系列超分子结构煤的研究中发挥了巨大作用，可用来研究煤炭在原煤（固态）中的复杂情况，世界各国研究人员借助于 X 射线衍射分析对发展煤炭结构的研究做出了贡献[67-73]。变质系列煤炭（镜质体）和石墨的X射线衍射见图2-44。为了方便比较，在强度坐标 $2\sin\theta/\lambda$❶中引入了石墨的X射线衍射。

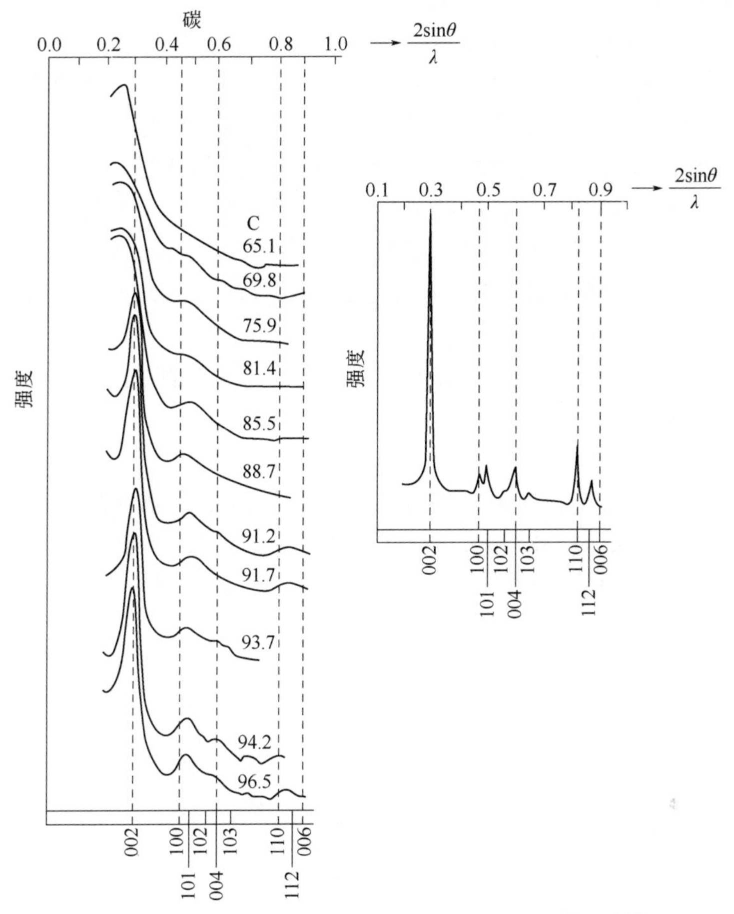

图 2-44 煤炭（镜质体）和石墨的X射线衍射图[64]

根据图2-44，石墨的最大强度可以从由六元芳环（d_{002}=3.354Å）形成的等距离层中反射（002）。当无烟煤（C含量=96.5%）发生衍射时，仍然可识别石墨中的反射（002）。但是随着变质程度从无烟煤到褐煤（C含量=61.5%）逐渐降低，反射峰（002）变得更加分散并且向低衍射角（较大原子间距）移动。具有更大衍射角（较小原子间距）的反射（100、101、102、004、103、110、112和006）比反射（002）在煤炭特别是在高变质煤炭中显现得更为明显。由此，可以得出第一

❶ 在文献中列举了强度与参数 θ、2θ、$\sin\theta/\lambda$、$2\sin\theta/\lambda$ 之间关系的一种形式。

个结论：通常情况下煤炭具有类石墨超分子结构，并且随着变质程度的增加这种相似性也增加，最终变得相同。这种随着变质程度的增加结构变换的动态变化，从热力学角度看有道理，因为吉布斯自由能系统 ΔG 是结构变换自发过程的驱动力，达到石墨的最小值（$\Delta G_{石墨}=0$）。

但是，在前期小反射角烟煤 X 射线研究中出现了谱带（γ 带），其最大位置 $d=5.49$Å [68]。这种谱带在石墨、金刚石和炭黑中是不存在的。γ 带的来源在文献中被广泛讨论过[68,76,75]。需要强调的是，煤炭中出现 γ 带与煤炭有机质中含有机化合物和有机碎片有关，这里的碳原子优先位于 sp^3 杂化态，即结构具有饱和性质。由此可以得出第二个结论：随着煤变质程度的增加，γ 带的最大强度应该会降低，并且理论上在变质结束时（石墨）最大强度将会等于 0。这个结论是被煤炭自身、饱和结构的有机化合物、甚至它们的分解产物的 X 射线衍射数据所证实的[73,75,77,82,83]。

以金刚烷（分子结构见图 2-45）举例来说明。有趣的是，金刚烷的所有碳原子都位于 sp^3 杂化态，它是由 6 个饱和环构成，H/C 原子比=1.6，相对较低（在烷基链中 H/C 原子比≈2）。

金刚烷及其分解产物的 X 射线分析是借助于 Cu K 辐射（λ=1.544Å）[77]进行的。在温度为 853K、873K 和 893K 时，研究了在 $CHCl_3$ 中的不溶相。随着炭化温度的升高，对应响应（002）的峰变得更加尖锐，其位置为 d_{002}=3.38Å，与石墨中相同（图 2-46）。

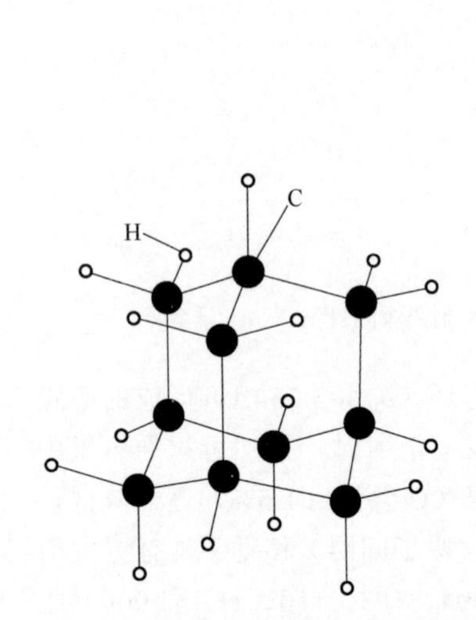

图 2-45 金刚烷的分子结构

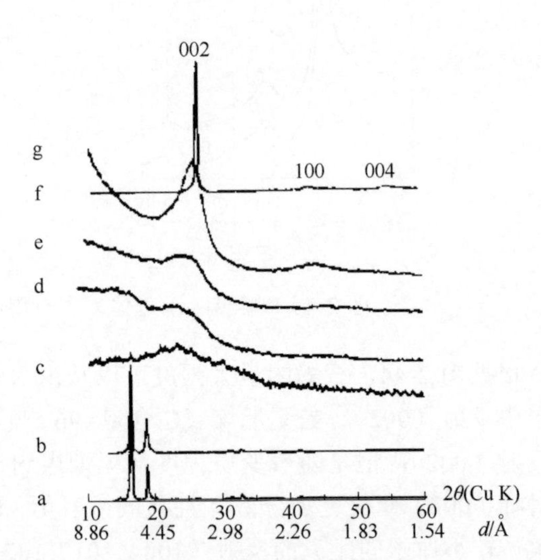

图 2-46 金刚烷及其分解产物的 X 射线衍射图[77]

曲线：a—金刚烷；b—823K 时，不溶于 $CHCl_3$；c—883K 时；d—873K 时；e—893K 时；f—1073K 时；g—3070K 时

获得的数据表明，具有典型非平面结构的金刚烷在接近 823K 时炭化，形成平面芳烃结构（菲、芘等），继续热处理后石墨化。

根据文献[78]的数据，当小角度（约为 20°～21°）时浅变质腐泥煤在 X 射线中将会最大扩散。在文献[79]中对塔伊梅尔斯克（Таймырского）、恰尔斯克（Чарского）和玛塔坎斯克（Матаанского）煤矿的腐泥煤进行了 X 射线衍射分析。分析表明，在曲线强度的最大位置为：d_1=1.5Å；d_2=2.5Å；d_3=3.9Å，这些值与在脂肪族链中的 C-C 距离相对应。在所有样品中原子的径向分布的曲线函数在 d=5Å 和 d=10Å 时出现峰，它们与固态石蜡中平行脂肪链之间的距离相对应。

在这里，需要强调煤的衍射图谱的另一个方面。众所周知，煤的衍射图谱中的小角度区域（特别是高阶变质煤）当 d≈20Å 时发生反射[75]，这一现象的本质值得探究。这种反射现象有时与结构中孔的存在相关[74]。事实上，根据 X 射线分析，煤炭中孔径变化范围从小于 5Å 到大于 1000Å 不等，孔径分布的最大值为 80～100Å[67]。

在煤衍射图谱中出现小角反射的原因可以归结为以下几点。短程有序排列的结构薄层形成了一种类似于“二次超分子结构”，这种结构的本质是物质密度在空间分布不均匀（“物质-孔”系统），这就导致了煤衍射图谱中小角反射的出现。事实上，在这种情况下这些反射的强度取决于煤炭的变质程度。

薄层的平均尺寸（L_a 为碳层直径；L_c 为晶粒厚度）由文献[80]中的下列公式确定：

$$L_a = \frac{1.84\lambda}{\beta_{(100)}\cos\theta}; \quad L_c = \frac{0.9\lambda}{\beta_{(002)}\cos\theta}$$

式中 λ——X 射线波长；

θ——散射的布拉格角；

β——反射带的角半宽度。

根据文献[34,76]，煤炭中的芳香烃集合存在两种或三种水平。芳香层的平均直径 L_a 是由煤炭的变质程度决定的。假定，碳含量不低于 75%的煤炭的层平均直径接近 5Å，那么对应于大约 8～9 个芳香层内部的原子；碳含量为 78%～92%的煤炭具有相对稳定的层直径（7.5Å），对应于 15～18 个原子。在无烟煤中层直径大幅增加（碳含量超过 92%，L_a>10Å），在芳香层内对应超过 30 个原子（图 2-47）。

文献[75]中对变质系列的煤炭而言，X 射线图谱显示为从各个 X 射线相位反射的叠加，并发现类石墨相的含量。在图 2-48 中给出了相位含量 Φ 与煤炭反射 R_0 之间的关系，从这里可以看出，当从褐煤向烟煤和无烟煤转变时曲线关系具有阶梯性质。

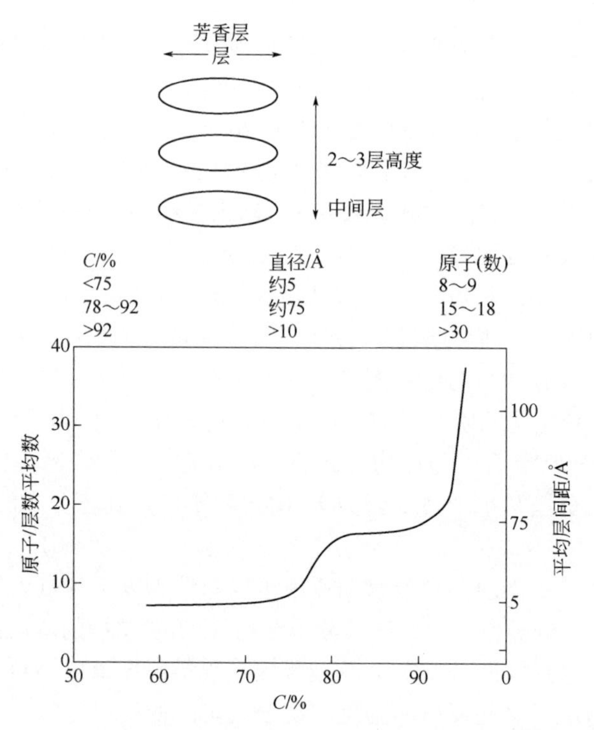

图 2-47　煤炭的类石墨结构（根据 X 射线反射数据）[81]

还需要强调的是，另有一种关系间接证实了这种想法。在文献[84]中根据NMR[85]、IR[86]和 X 射线[87]分析建立了煤炭的芳香性 f_a（f_a=C_{Ar}/$C_{总}$）与碳含量的百分比之间的关系，甚至是所有三种方法指数之间关系的阶梯性质。如图 2-49 所示。

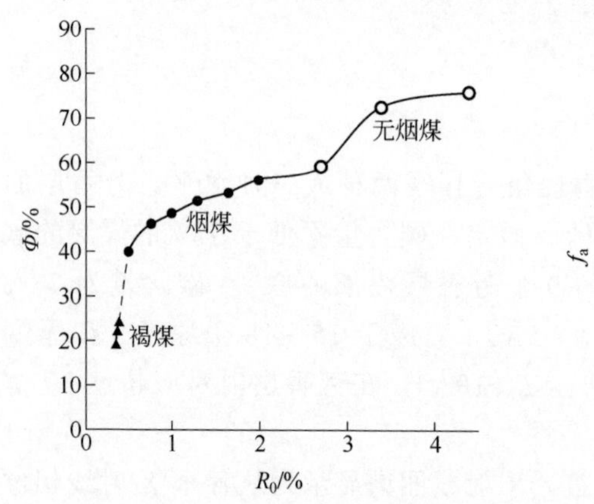

图 2-48　煤炭中类石墨 X 射线相位含量 Φ 与反射参数 R_0 之间的关系

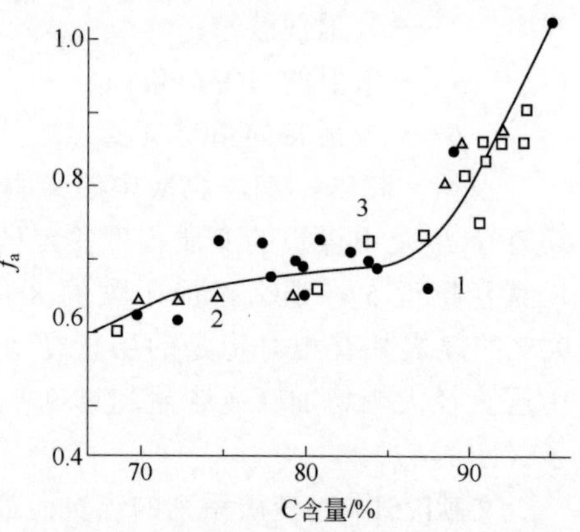

图 2-49　变质系列煤炭的芳香性 f_a 的数据变化[84]

1—NMR；2—IR；3—X 射线衍射

参考文献

[1] Елютин П. В., Кривченков В.Д. Ква нтовая механика (с задачами). М.: Наука, 1976: 332.

[2] Минкин В. И., Симкин Б. Я., Миняев Р. М. Теория строения молекул. М.: Высшая школа, 1979: 406.

[3] Радциг А. А., Смирнов Б.М. Справочник по атомной и молекулярной физике. М.: Атомизда т, 1980: 240.

[4] Грей Г. Электроны и химическая связь. М.: Мир, 1967: 234.

[5] Cohen E.R., Du Mond J.W.M. // Rev. Mod. Phys., 1965, 37: 537.

[6] Флайгер У. Строение и динамика молекул. М.: Мир, 1982, 1: 406.

[7] Мелвин-Хьюз Э.А. Физическая химия. М.: И Л, 1962, 1: 519.

[8] Dewar M.J.S., de Llano C. // J. Amer. Chem. Soc., 1969, 91: 789.

[9] Сыркин Я. К., Дяткина М.Е. Химическая связь и строение молекул. М.: Госхимиздат, 1946: 584.

[10] Свердлова О.В. Электронные спектры в органической химии. Л.: Химия, 1985: 248.

[11] Герцбергер Г. Колебательные и вращательные спектры многоатомной молекулы. М : И Л, 1949: 647.

[12] Краснов К.С., Тимошинин В.С., Данилова Т.Г., Хандожко С.В. Молекуляр-ные постоянные неорганических соединений. Л. : Химия, 1968: 250.

[13] Ван Кревелен Д.В., Шуйер Ж. Наука об угле. М.: Госгортехиздат, 1960: 303.

[14] Schuyer J., Van Krevelen D. // Fuel, 1954, 33: 176.

[15] Solomon P.R. // ACS Division of Fuel Chemistry Preprints, 1979, 24: 184.

[16] Millais R., Murchison D.G. // Fuel, 1969, 48: 247.

[17] Кучер Р.В., Базарова О.В. // Геология и геохимия горючих ископаемых, 1986(66): 3.

[18] Бодоев Н.В. Сапропелитовые угли. Новосибирск, Наука, Сиб. отд-ние, 1991: 120.

[19] Koser H., Oeler H.G. //Z. Anal. Chem., 1976, 1: 9.

[20] Екатеринина Л.Н., Мотовилова Л.В., Долматова А.Г. и др. // ХТТ, 1980(4): 57.

[21] Кекин Н.А., Гамазина Г.А. // ХТТ, 1978(1): 79.

[22] Эмсли Дж., Финей Дж., Сатклиф Л. Спектроскопия ядерного м агнитного резонанса высокого разрешения. М.: Мир, 1968, 1: 630.

[23] Хедвиг П. Прикладная квантовая химия. М.: Мир, 1977: 595.

[24] Хигаси К., Баба Х., Рембаум А. Квантовая органическая химия. М.: Мир, 1967: 379.

[25] Эткинс П., Саймоне М. Спектры ЭПР и строение неорганических радика-лов. М.: Мир, 1970: 310.

[26] Калабин Г.А., Канщкая Л.В., Кушнарев Д.Ф. Количественная спектроскопия Я М Р п риродного органического сырья и продуктов его переработки. М.: Химия, 2000: 408.

[27] Vander Hart D.L., Retcofky H.L. // Fuel, 1976, 55: 202.

[28] Haenel M.W.// Fuel, 1992, 71(11): 1211.

[29] Rosenberger H., Scheler G. //Rentrop k.-n.-z. Chem., 1983, 23(1): 34.

[30] Yoshida N., Nakata Y, Yoshida R., etal // Fuel, 1982, 61(9): 824.

[31] Перминова И.В. Анализ, классификация и прогноз свойств гумусовых кислот: Автореф. дисс. на соис. учен. степ, д-ра хим. наук. М.: Изд-во МГУ, 2000: 50.

[32] Meiler W., Meusinger R. In "Annual Reports on NMR Spectroscopy" (ed. G. A. Webb). New York: Academic Press, 1991, 23: 375.

[33] Maciel G.E., Sullivan M.J., Petrakis L., Grandy D. W. // Fuel, 1982, 61(5): 411.

[34] Given P. H. In "Coal Science 3 " (eds. M. L. Gorbaty, J.W. Larsen and I. Wender), Orlando, FL: Academic Press, 1984: 63.
[35] Кучер Р.В., Базарова О.В., Тээяэр Р.Э. // Докл. АН УССР.Сер. Б, 1984(7): 42.
[36] Redlish P.J., Jackson W.R., Larkins F.P., et al. // Energy and Fuels, 1990, 1: 28.
[37] Гагарин С.Г., Лесникова Е.Б., Шуляковская Н.В. и др. // ХТТ, 1993(1): 3.
[38] Rose H.J. //Encyclopedia of Chem. Technol., 1974, 4: 86.
[39] Wilson M. A., Rottendorf H., Collin P.J., et al. // Fuel, 1982, 61(4): 321.
[40] Хренкова Т.М. Механо-химическая активация углей. М. : Недра, 1993: 176.
[41] Эндрюс Л., Кифер Р. Молекулярные комплексы в органической химии. М.: Мир, 1967: 206.
[42] Маррел Дж., Кеттл С, Теддер Дж. Теория валентности. М.: Мир, 1968: 519.
[43] Давыдова Ж.А., Сухов В.А., Недошивин Ю.Н., Луковников А.Ф. //ХТТ, 1978(1): 57.
[44] Черепанова Е. С, Любченко Л. С, Луковников А.Ф. // ХТТ, 1979(5): 17.
[45] Гагарин С.Г. //ХТТ, 1987(2): 12.
[46] Retcofsky H.L. // Coal Science, 1982, 1: 43.
[47] Sternberg V.I., Jones M.B., Suwarnasarn N.J. // Fuel, 1985, 64(4): 470.
[48] Goldberg I.B., McKiney T.M., Ratio J. J. Coal Science, Pittsburg: Intern. Energy Agency, 1983: 142.
[49] Yokono T., Kohno T., Sanada Y. // Fuel, 1985, 64(3): 411.
[50] Черепанова Е.С., Любченко Л.С., Новаша Ю.Ю. и др. //ХТТ, 1985(6): 20.
[51] Любченко Л.С, Черепанова Е.С., Стригутский В.П., Луковников А.Ф. //ХТТ, 1985(5): 14.
[52] Шкляев А.А., Милошенко Т.П., Луковников А.Ф. // ХТТ, 1988(6): 13.
[53] Бинеев Э.А., Пересуньков ТФ. // ХТТ, 1983(3): 8.
[54] Hunt J.M., Wishe W.P., Bonham L. C. // Anal. Chem., 1950(22): 1478.
[55] Кучер Р.В., Базарова О.В., Алаев Ю.Н., Дзумедзей Н.В. // Докл. АН УССР. Сер.Б., 1983(11): 41.
[56] Бервеко В.П. //ХТТ, 1987(2): 9.
[57] Васильев Л.М., Бочкарева К.И., Ширяева К.Н. и др. Исследование камен-ных углей Сибири. Новосибирск, Наука. Сиб. отд- ние., 1974.
[58] Гарифьянова Н.С., Козырев Б.М. // Журн. эксперим. и теорет. физики., 1956(2): 272.
[59] Блюменфельд Л.А., Воеводский В.В., Семенов А.Г. Применение электронного парамагнитного резонанса в химии. Новосибирск, изд. СО АН СССР, 1962: 240.
[60] Азаров Л., Бургер М. Метод порошка в рентгенографии. М.: И Л, 1961: 363.
[61] Бокий Г.Б., Порай-Кошиц М.А. Рентгеноструктурный анализ. М.: Изд. МГУ, 1964, 1: 488.
[62] Курдюмов А.В., Малоголовец В.Г., Новиков Н.В., Пилянкевич А.Н., Шульман Л.А. Полиморфные модификации углерода и нитрида бора : Справ, изд. М.: Металлургия, 1994: 318.
[63] Barrow C. M. Physical chemistry. New - York, Toronto, London : McGraw-Hill Book company, INC, 1961: 694.
[64] Van Krevelen D.W. "Coal: Typology-Chemistry-Physics -Constitution ". Amsterdam: Elsevier, 1961.
[65] Федоров В.Б., Шоршов М.Х., Хакимова Д.К. Углерод и его взаимодействиес металлами. М.: еталлургия, 1978: 208.
[66] Gorbaty M.L.// Fuel, 1994, 73(12): 1819.
[67] Уимли П. Определение молекулярной структуры. М.: Мир, 1970: 296.
[68] Mahadevan M/ W.//Fuel, 1929(10): 462.
[69] Biscoea J., Warren B. //J. Appl. Phys., 1942(13): 364.

[70] Franclin R/ E. // Acta Cryst., 1951, 4: 253.

[71] Hinch P.B. / / Proc. Poy. Soc., 1954, Ser. A., 226: 143.

[72] Diamond R. // Acta Cryst., 1958, 11: 129.

[73] Касаточкин В.И. и др. // Докл. АН СССР, 1952, 86(2): 759.

[74] Скрипченко Г.Б. // ХТТ, 1994(6): 16.

[75] Королев Ю.М. //ХТТ, 1989(6): 11.

[76] Касаточкин В.И., Ларина Н.К. Строение и свойства природных углей. М.: Недра, 1975: 159.

[77] Oya A., Nakamura H., Otani S., Marsh H. // Fuel, 1981, 60(8): 667.

[78] Саранчук В.И., Крыпина С.М., Ковалев К.Е. // Горючие сланцы, 1985,2(1): 63.

[79] Бодоев Н.В., Долгополое Н.И. // Горючие сланцы, 1989, 6(5): 3.

[80] Hauska C.R.< Warren B.E. //J. Appl. Phys., 1955(25): 1501.

[81] Драго Р. Физические методы в химии. М.: Мир, 1981, 2: 456.

[82] Аронов С.Г., Нестеренко Л.Л. Химия твердых горючих ископаемых. Харьков, изд-во ХГУ, 1960: 369.

[83] Китайгородский А.И. Молекулярные кристаллы. М.: Наук а, 1971: 424.

[84] Скрипченко Г.Б., Ларина Н.К, Луковников А.Ф. // ХТТ, 1984(5): 3.

[85] Maciel G.E., Bartuska V.I., Maknis F.P. // Fuel, 1979, 58(3): 391.

[86] Oelert H.H., Hemmer E.A. // Erdol und Kohle, Erdgas, Petrochem.: 1970, 23(3): 87.

[87] Cartz L., Hirsch P.B. // Phil. Trans. Roy. Soc., 1960(252): 557.

第3章 分子系统内能及其与温度的关系

在第 3 章中主要介绍简单分子和复杂分子系统的内能构成：分子的平移、旋转和振动能量；构象转换能量；化学键和分子间相互作用的能量。可以说，物质的所有物理、化学性质归根到底取决于各种类型相互作用的能量值。为了更加深入地分析热作用和化学作用对物质的影响机理，需要评价每种能量构成对物质特性改变的影响。分子系统在热化学过程中的反应能力取决于内能、单个化学键的强度和分子间相互作用的能量，因为物质在自然界中的聚集态（气态、液态和固态）本身就证明了分子间相互作用的能量在物质性质形成中的重要作用。

3.1 内能分量平均值定义

如果在系统中有 l 种分子 n_i，能量为 ε_i，系统总能量等于 U，那么分子能量的分布 N 应该满足两个条件[1]：

① 分子数守恒

$$\sum n_i = n_1 + n_2 + \cdots + n_l = N \tag{3-1}$$

② 质量守恒

$$\sum n_i\varepsilon_i = n_1\varepsilon_1 + n_2\varepsilon_2 + \cdots + n_l\varepsilon_l = U \tag{3-2}$$

根据式（3-1）和式（3-2），一个分子能量的平均值由下列公式确定：

$$\overline{\varepsilon} = \frac{\sum n_i\varepsilon_i}{\sum n_i} = \sum w_i\varepsilon_i \tag{3-3}$$

式中，w_i 为具有能量 ε_i 的分子比例。

根据麦克斯韦-玻尔兹曼的气体分子运动论[2]：

$$w_i = \frac{\exp[-\varepsilon_i / (kT)]}{\sum\limits_{i=1}^{\infty}\exp[-\varepsilon_i / (kT)]} \tag{3-4}$$

式中 k——玻尔兹曼常数；

T——热力学温度。

因此：

$$\overline{\varepsilon} = \frac{\sum\limits_{i=1}^{\infty} -\varepsilon_i \exp[-\varepsilon_i / (kT)]}{\sum\limits_{i=1}^{\infty}\exp[-\varepsilon_i / (kT)]} \tag{3-5}$$

分数分母通常被称作是配分函数 Q：

$$Q=\sum_{i=1}^{\infty}\exp[-\varepsilon_i/(kT)] \tag{3-6}$$

这表明，取决于配分函数的总能量平均值等于：

$$U=N_{\mathrm{A}}kT^2\left(\frac{\mathrm{d}\ln Q}{\mathrm{d}T}\right)_V=\sum_{i=1}^{\infty}n_i\varepsilon_i \tag{3-7}$$

为了进一步讨论这个问题，就必须重点关注两个重要的情形。

首先，物质的内能通常可以看作是平移、旋转和振动能量，内部旋转能量（构象转换），电子能量及分子间相互作用能量的总和，即：

$$U=U_{平移}+U_{旋转}+U_{振动}+U_{构象转换}+U_{电子}+U_{分子间相互作用} \tag{3-8}$$

其次，根据经典力学，任何能量都是连续的，而根据量子力学，能量是离散的，那么式（3-8）中的内能分量需要从经典力学和量子力学的角度去考虑。

3.1.1 平移运动能量

分子在空间三个坐标轴上平移运动的能量总和即为分子的动能：

$$\bar{\varepsilon}_{后}=\frac{m}{2}(\bar{v}_x^2+\bar{v}_y^2+\bar{v}_z^2)=\frac{m\bar{v}^2}{2} \tag{3-9}$$

式中 $\bar{v}$——速度；

m——分子质量。

根据式（3-5），速度值从一个简单的加和向积分连续变化，可得[2]：

$$\bar{\varepsilon}_{平移}=\frac{3}{2}kT \tag{3-10}$$

对于 1mol 的物质，内能的平移分量等于❶：

$$U_{平移}=N_{\mathrm{A}}\bar{\varepsilon}_{平移}=\frac{3}{2}RT \tag{3-11}$$

在量子力学中，平移运动的配分函数由下列公式确定：

$$Q_{平移}=\frac{Vg(2\pi mkT)^{3/2}}{h^3} \tag{3-12}$$

式中 m——分子质量（amu），$m=M/N_{\mathrm{A}}$，M 为分子质量；

g——具有多重性的电子基态的统计权重；

---

❶ 需要强调的是，对于理想气体，由于 $pV=RT$，因此 $pV=\frac{2}{3}E_{动能}$。

e——自然对数的底；

V——1 个分子的体积，$V=kT/p$，p 为压力，dyn/cm^2，$1atm=1.0132\times10^6 dyn/cm^2$；

h——普朗克常数。

根据式（3-7），1mol 物质内能的平移分量平均值为：

$$U_{平移}=N_A kT^2\left(\frac{\mathrm{d}\ln Q_{平移}}{\mathrm{d}T}\right)_V=\frac{3}{2}RT \tag{3-13}$$

由此，从经典力学和量子力学角度来看，内能的平移分量都是同一个值，即每一个自由度的能量都是 $RT/2$。

3.1.2 旋转运动能量

线型分子在平面中旋转的角速度分量垂直于它的轴，用 w_1 和 w_2 表示，运动的角动量见文献[1-5]：$M_1=I_{w_1}$ 和 $M_2=I_{w_2}$，其中，I 为分子的转动惯量。

那么，根据经典力学，分子旋转能的平均值等于：

$$\bar{\varepsilon}_{旋转}=\frac{\bar{M}_1^2}{2I}+\frac{\bar{M}_2^2}{2I}=\frac{kT}{2}+\frac{kT}{2}=kT \tag{3-14}$$

同理，非线型分子等于：

$$\bar{\varepsilon}_{旋转}=\frac{\bar{M}_1^2}{2I}+\frac{\bar{M}_2^2}{2I}+\frac{\bar{M}_3^2}{2I}=\frac{kT}{2}+\frac{kT}{2}+\frac{kT}{2}=\frac{3}{2}kT \tag{3-15}$$

因此，对于 1mol 的物质，根据经典力学，内能的旋转分量等于：

① 对于线型分子：

$$U_{旋转}=N_A\bar{\varepsilon}_{旋转}=RT \tag{3-16}$$

② 对于非线型分子：

$$U_{旋转}=N_A\bar{\varepsilon}_{旋转}=\frac{3}{2}RT \tag{3-17}$$

从量子力学角度来说，分子旋转能级的能量由下列公式确定：

$$E_{J旋转}=\frac{J(J+1)}{8\pi^2 I},\quad J=0,1,2,\cdots \tag{3-18}$$

式中 J——旋转量子数；

I——分子的转动惯量。

相应地，配分函数 $Q_{旋转}$ 等于：

① 对于线型分子：

$$Q_{旋转}=\frac{1}{\pi\sigma}\times\frac{8\pi^3 IkT}{h^2} \tag{3-19}$$

式中，σ 为分子对称数。

② 对于非线型分子：

$$Q_{旋转} = \frac{1}{\pi\sigma}\left[\frac{8\pi^3 kT\left(I_x I_y I_z\right)}{h^2}\right]^{3/2} \tag{3-20}$$

那么，根据式（3-7），1mol 物质的内能旋转分量平均值等于：

① 对于线型分子：

$$U_{旋转} = N_A kT^2\left(\frac{\partial \ln Q_{旋转}}{\partial T}\right)_V = RT \tag{3-21}$$

② 对于非线型分子：

$$U_{旋转} = N_A kT^2\left(\frac{\partial \ln Q_{旋转}}{\partial T}\right)_V = \frac{3}{2}RT \tag{3-22}$$

式（3-16）、式（3-17)、式（3-21）和式（3-22）表明，从经典力学和量子力学角度来看，内能的旋转分量都是同一个值，即每一个旋转自由度的能量都是 $RT/2$。

3.1.3 振动运动能量

分子中的原子振动相对于平衡位置的“第一接近处”❶可以看作是谐振子，首先可以从经典力学的角度去确定谐振子的平均能量。谐振子的总能量等于其动能和势能的总和：

$$\varepsilon = \frac{mv^2}{2} + \frac{kx^2}{2} \tag{3-23}$$

式中 m——约化质量；

v——原子运动速度；

x——原子从平衡位置的移动；

k——阻力。

根据式（3-5），谐振子的平均能量等于[4]：

$$\overline{\varepsilon} = \frac{\int\limits_{-\infty}^{\infty}\int\limits_{-\infty}^{\infty} \varepsilon e^{-\frac{\varepsilon}{kT}} dv dx}{\int\limits_{-\infty}^{\infty}\int\limits_{-\infty}^{\infty} e^{-\frac{\varepsilon}{kT}} dv dx} = \frac{kT}{2} + \frac{kT}{2} = kT \tag{3-24}$$

❶ 在现实中，分子中原子的振动运动非谐，且可以用更为复杂的功能来描述。

可见，动能和势能等于 $kT/2$，而总平均能量 $\bar{\varepsilon}=kT$。问题在于，单次测量的谐振子实际上有两个自由度，每一个自由度都有两种能量类型：动能和势能。因此每一个自由度都与能量 $kT/2$ 有关。

由此，根据经典力学，分子振动运动的每个自由度通常都为能量 kT，即比平移运动和旋转运动的一个自由度多 1 倍。

根据量子力学，谐振子的能量具有离散值（能级），且由下列公式确定：

$$\varepsilon_{\nu}=\left(\upsilon+\frac{1}{2}\right)h\nu \tag{3-25}$$

式中 υ——振动量子数（υ=0, 1, 2, …）；

ν——振动频率。

利用式（3-6），谐振子态的总和：

$$Q_{振动}=\sum_{\upsilon=0}^{\infty}\mathrm{e}^{-\left(\upsilon+\frac{1}{2}\right)\frac{h\nu}{kT}}=\frac{\mathrm{e}^{-\frac{h\nu}{2kT}}}{1-\mathrm{e}^{-\frac{h\nu}{kT}}} \tag{3-26}$$

根据式（3-5），谐振子的平均能值等于：

$$\bar{\varepsilon}_{振动}=\frac{h\nu}{2}+\frac{h\nu}{e^{\frac{h\nu}{kT}}-1} \tag{3-27}$$

而处于振动运动的 1mol 物质的内能平均值等于：

$$U_{振动}=N_{\mathrm{A}}kT^{2}\left(\frac{\partial\ln Q_{振动}}{\partial T}\right)_{V}=N_{\mathrm{A}}\left(\frac{h\nu}{2}+\frac{h\nu}{e^{\frac{h\nu}{kT}}-1}\right) \tag{3-28}$$

式（3-28）中，当 T=0 时：

$$U_{振动,0}^{\ominus}\,❶=N_{\mathrm{A}}\frac{h\nu}{2} \tag{3-29}$$

即热力学零度（0K）温度条件下，该物质内能的振动分量不等于 0，而是原子的零点振动能。这是根据量子力学得到的一个非常重要的结果。

零点振动能的物理意义在于，分子中的原子运动即使在绝对零度的温度条件下也不会停止。事实上，如果在绝对零度时原子的所有运动停止，那么它们的位置和动量则可以被同时精确地确定，这就违反了海森伯不确定性原理[6]。

取基准点的值 $U_{振动,0}^{\ominus}$，式（3-28）可以用下列形式表达：

$$U_{振动}^{\ominus}-U_{振动,0}^{\ominus}=\frac{N_{\mathrm{A}}h\nu}{\mathrm{e}^{\frac{h\nu}{kT}}-1} \tag{3-30}$$

❶ U 的上标“⊖”表示标准状态，下标“0”表示温度值。

它表明了振动内能相对于零点振动能的变化。

在很高温度（T）下即当 $\frac{h\nu}{kT} \ll 1$ 时，可以写成：

$$e^{\frac{h\nu}{kT}} \approx 1 + \frac{h\nu}{kT}$$

因此，从式（3-30）可得：

$$U^{\ominus}_{振动} - U^{\ominus}_{振动,0} = RT \tag{3-31}$$

由此，高温条件下对于内能的振动分量来说，经典力学和量子力学都是同一个值。

3.1.4 化学反应的热和焓

为了简单起见，我们先来看分子 H_2 的形成（分解）反应。在图 3-1 中，横坐标是原子间的距离 H，而纵坐标是原子间相互作用势值。当原子间彼此距离足够远（$r = \infty$）时，原子间相互作用等于零。随着原子的接近，原子间开始相互作用且释放出能量，也就是说，系统总能量减少（系统变得更加稳定）。当原子间距离为 r_0 时，形成稳定的分子，且系统能量最小。释放出的能量 ε_0 与结合能的实验测量值相吻合。因此分子还有零点振动能 $\frac{1}{2}h\nu$，即，根据图 3-1，势阱的最小深度为：

$$\varepsilon = \varepsilon_0 + \frac{1}{2}h\nu = -\left[u(r_0) - u(r_\infty)\right] \tag{3-32}$$

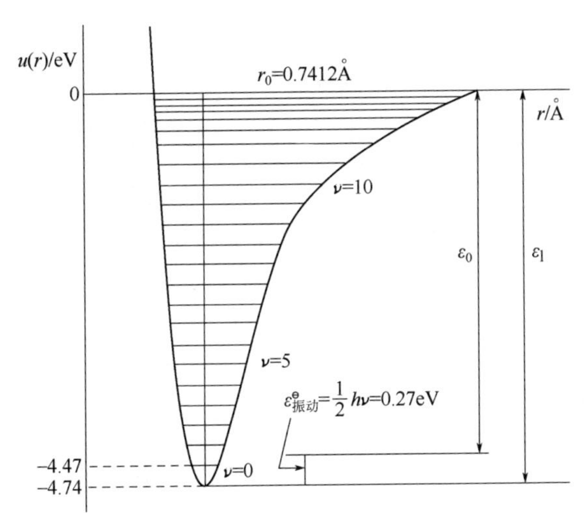

图 3-1 分子 H_2 的势

根据文献[2]的数据，ω=4401cm^{-1}，那么 $\varepsilon_{振动}^{\ominus}=\frac{1}{2}h\nu=\frac{1}{2}hc\omega=0.27\mathrm{eV}/$分子；化学键断裂能 ε_0=4.47eV / 分子=413.37kJ / mol；根据图 3-1，$u_{\min(r_0)}=\varepsilon_1=\varepsilon_0+\frac{1}{2}h\nu$，因此，$\varepsilon_1=4.74\mathrm{eV}/$分子=457.46kJ / mol。

ε_0 值通常被称作分子的基态能量，或者叫分子的“零点能量”。ε_0 为化学键能，等于分子到原子离解能的实验值。因此，1mol 氢的内能等于：

$$U_0^{\ominus}=N_{\mathrm{A}}\left(\varepsilon_0+\frac{1}{2}h\nu\right) \tag{3-33}$$

鉴于：

$$U=U_{平移}+U_{旋转}+U_{振动}+U_{电子}$$

对于 H_2：

$$U_{\mathrm{H}_2}=U_0^{\ominus}+\frac{3}{2}RT+2\frac{1}{2}RT+\frac{N_{\mathrm{A}}h\nu}{\mathrm{e}^{\frac{h\nu}{kT}}-1} \tag{3-34}$$

相应地，对 1mol 氢来说，由于原子不存在旋转能量和振动能量，那么可以得到：

$$U_{\mathrm{H}}=U_0^{\ominus}+\frac{3}{2}RT \tag{3-35}$$

对于 $2H \rightleftharpoons H_2$ 的反应，反应热等于：

$$Q_{\mathrm{p}}=\Delta U=U_{\mathrm{H}_2}-2U_{\mathrm{H}}=U_{0,\mathrm{H}_2}^{\ominus}-2U_{0,\mathrm{H}}^{\ominus}-\frac{1}{2}RT+\frac{N_{\mathrm{A}}h\nu}{\mathrm{e}^{\frac{h\nu}{kT}}-1} \tag{3-36}$$

鉴于 $H=U+PV=U+RT$，得到反应焓：

$$-\Delta H_{\mathrm{p}}=Q_{\mathrm{p}}=U_{0,\mathrm{H}_2}^{\ominus}-2U_{0,\mathrm{H}}^{\ominus}-\frac{3}{2}RT+\frac{N_{\mathrm{A}}h\nu}{\mathrm{e}^{\frac{h\nu}{kT}}-1} \tag{3-37}$$

ΔH_{p} 值为反应体系所获得的能量：如果系统吸收热量（吸热反应），那么它为正值；如果系统放出热量（放热反应），那么它为负值。

3.2 化学键能

有机分子中的化学键能可根据雾化焓值 ΔH_{at} 来确定[2]：

$$\Delta H_{at}=716.68C+217.998H+249.18O+472.68N+277.17S-\Delta H_{298}^{\ominus} \quad (3\text{-}38)$$

式中，$\Delta H_{298}^{\ominus}$为标准条件下简单物质分子的焓；系数代表元素形成的焓值（相对于公认的标准状态），由国际科技数据委员会（CODATA）推荐[23]。

雾化焓ΔH_{at}可近似表示为化学键能ε_j的总和，即：

$$\Delta H_{at}=\sum n_j\varepsilon_j \quad (3\text{-}39)$$

式中　ε_j——分子中第j个化学键的能量；

n_j——j型键的数量。

在表3-1中，列出了分子的$\Delta H_{298}^{\ominus}$和ΔH_{at}值，用于确定分子的化学键能。

表3-1　煤模型结构的有机化合物的热动力学参数

化合物	经验公式	$\Delta H_{298}^{\ominus}$/(kJ/mol)	ΔH_{at}/(kJ/mol)		Δ/%
			经验值	计算值	
碳氢化合物					
乙烷	C_2H_6	−84.72	2826	2826	0
丙烷	C_3H_8	−103.90	3998	4000	0.05
正丁烷	C_4H_{10}	−126.21	5173	5174	0.02
苯	C_6H_6	82.97	5525	5527	0.04
正戊烷	C_5H_{12}	−146.51	6346	6347	0.02
甲苯	C_7H_8	50.02	6711	6711	0
环己烷	C_6H_{12}	−123.19	7039	7042	0.04
正己烷	C_6H_{14}	−167.27	7519	7521	0.03
乙苯	C_8H_{10}	29.80	7884	7885	0.01
邻二甲苯	C_8H_{10}	19.08	7894	7896	0.02
对二甲苯	C_8H_{10}	18.03	7895	7896	0.01
间二甲苯	C_8H_{10}	17.32	7896	7896	0
萘	$C_{10}H_8$	151.03	8760	8757	0.03
正丙苯	C_9H_{12}	7.91	9058	9059	0.01
异丙苯	C_9H_{12}	4.02	9062	9059	0.03
1-甲基-2-乙苯	C_9H_{12}	1.3	9065	9069	0.04
1-甲基-3-乙苯	C_9H_{12}	−1.8	9068	9069	0.01
1,2,3-三甲苯	C_9H_{12}	−9.46	9076	9080	0.04
1,2,4-三甲苯	C_9H_{12}	−13.85	9080	9080	0
1,3,5-三甲苯	C_9H_{12}	−15.94	9082	9080	0.02
异丁基苯	$C_{10}H_{14}$	−21.51	10240	10233	0.07
叔丁基苯	$C_{10}H_{14}$	−22.59	10241	10233	0.08
联苯	$C_{12}H_{10}$	181.42	10599	10600	0.01

续表

化合物	经验公式	$\Delta H_{298}^{\ominus}$ /(kJ/mol)	ΔH_{at} /(kJ/mol)		Δ /%
			经验值	计算值	
蒽	$C_{14}H_{10}$	230.94	11983	11987	0.03
联苄	$C_{14}H_{14}$	142.93	12943	12944	0.01
苯并蒽	$C_{18}H_{12}$	294.14	15222	15217	0.03
含氧化合物					
乙醇	C_2H_6O	−234.92	3226	3229	0.09
乙酸	$C_2H_4O_2$	−435.05	3239	3236	0.09
四氢呋喃	C_2H_8O	−184.31	5044	5043	0.02
苯酚	C_6H_6O	−96.4	5954	5954	0
苯甲醚	C_7H_8O	−67.9	7078	7074	0.06
苯甲醇	C_7H_8O	−100.4	7110	7114	0.06
对甲酚	C_7H_8O	−125.4	7135	7139	0.06
邻甲酚	C_7H_8O	−128.6	7139	7139	0
间甲酚	C_7H_8O	−132.3	7142	7139	0.04
苯甲酸	$C_8H_8O_2$	−279.7	8256	8256	0
2,3-二甲酚	$C_8H_{10}O$	−157.2	8320	8323	0.04
2,5-二甲酚	$C_8H_{10}O$	−161.6	8324	8323	0.01
2,4-二甲酚	$C_8H_{10}O$	−162.2	8326	8323	0.04
α-萘酚	$C_{10}H_8O$	−29.9	9190	9184	0.06
α-萘甲酸	$C_{11}H_8O_2$	−223.1	10349	10355	0.06
β-萘甲酸	$C_{11}H_8O_2$	−232.5	10358	10355	0.03
二苯醚	$C_{12}H_{10}O$	52.0	10977	10974	0.03
含氮化合物					
甲胺	CH_5N	−23.02	2302	2399	0.13
吡啶	C_5H_5N	140.23	5006	5010	0.08
四氢吡咯	C_4H_9N	−3.6	5305	5309	0.08
3-甲基吡啶	C_6H_7N	106.4	6192	6194	0.03
2-甲基吡啶	C_6H_7N	99.2	6199	6194	0.08
苯胺	C_6H_7N	86.9	6212	6217	0.08
苄胺	C_7H_9N	87.8	7364	7358	0.09
α-萘胺	$C_{10}H_9N$	157.6	9444	9447	0.03
咔唑	$C_{12}H_9N$	209.6	10825	10821	0.04
含硫化合物					
甲硫醇	CH_4S	−22.98	1888	1890	0.11
二甲基硫化物	C_2H_6S	−37.55	3056	3054	0.07
乙硫醇	C_2H_6S	−46.13	3065	3063	0.07

续表

化合物	经验公式	$\Delta H_{298}^{\ominus}$ /(kJ/mol)	ΔH_{at} /(kJ/mol)		Δ /%
			经验值	计算值	
1-丙硫醇	C_3H_8S	−67.9	4239	4237	0.05
四氢噻吩	C_4H_8S	−33.82	4922	4923	0.02
1-丁硫醇	$C_4H_{10}S$	−88.12	5412	5411	0.02
苯硫酚	C_6H_6S	111.6	5774	5776	0.03
1-异戊硫醇	$C_5H_{12}S$	−108.46	6585	6585	0
甲基苯硫酚	C_7H_8S	97.3	6941	6942	0.01
苯并噻吩	C_8H_6S	166.3	7152	7146	0.08
1-己硫醇	$C_6H_{14}S$	−129.05	7758	7758	0
苯硫醚	$C_{12}H_{10}S$	231.2	10826	10830	0.04
二苄基硫醚	$C_{14}H_{14}S$	192.3	13170	13172	0.02

需要注意的是，由于所采用的参数化法中只考虑了短程有序的相互作用，对异构体或者某种化合物的不同构象来说，加和近似［式（3-39）］计算雾化焓（还有键能）将会错误地确定一些热力学参数平均值。

根据式（3-39），ε_j 键能是按照线性回归的方法确定的，其值见表 3-2。

表 3-2　化学键能

化学键	N_i	化学键能		δ
		kcal/mol	kJ/mol	
$C_{Al}—C_{Al}$	60	83.03	347.38	1.01
$C_{Al}—C_{Ar}$	44	96.42	403.41	1.19
C_{Ar}┈C_{Ar}	363	110.52	462.53	0.47
$C_{Al}—H_{Al}$	306	98.75	413.16	0.39
$C_{Ar}—H_{Ar}$	261	109.63	458.68	0.67
C═O	4	169.17	707.79	2.36
$C_{Al}—O$	5	83.11	347.74	1.65
$C_{Ar}—O$	16	99.95	418.19	1.24
$C_{Al}—S$	13	68.76	287.71	1.22
$C_{Ar}—S$	6	82.82	346.53	1.46
$C_{Al}—N$	4	68.79	287.83	2.35
$C_{Ar}—N$（胺，吡咯）	4	89.95	376.34	2.41
O—H	13	11.76	467.60	1.54
S—H	7	86.64	362.51	1.87
N—H	10	92.27	386.05	1.67
$C_{Ar}—N$（吡啶）	6	130.52	433.13	1.30

注：N_i 表示所研究化合物中的化学键数。

3.3 内旋转能

分子的物理化学性质实际上取决于它们的空间结构。分子在吸收能量的时候可能会改变自己的空间结构，进入较不稳定状态。

分子中的原子在内部几何参数，包括化学键周围的旋转角、没有断裂的共价角和化学键，发生不同变化时出现完全相同的排列，被称作构象[8]。

由于分子构象转换进入另一个能态，这在实质上改变了分子本身的空间结构。举例来说，烷烃分子由于围绕 C—C 键旋转，可以变成“球状”。分子的灵活性取决于构象转换的能量。在图 3-2 中列举了几个例子，来说明构象转换势表面能量变化。

通过势垒从一种构象转换为另一种构象时，可根据阿伦尼乌斯经验方程计算出速率转换常数：

$$k = A\exp[-\Delta E/(RT)] \tag{3-40}$$

式中，A 为指前因子，具有分子中原子振动频率的顺序值 $\approx 10^{12} \sim 10^{14} c^{-1}$[8]。下面列举构象转换的速率常数 k 与势垒值 ΔE 之间的关系（室温，$A=10^{14}c^{-1}$时）：

ΔE /(kJ/mol)	k/c^{-1}
12	7.93×10^{11}
5	1.76×10^{5}
100	3.1×10^{-4}
150	5.45×10^{-13}
200	9.60×10^{-22}

乙烷中势垒高度 ΔE =12kJ/mol，因此，室温条件下从一个构象转换到另一个构象约为 800 亿次/秒。

下面，我们详细了解一下乙烷中构象转换这个问题。乙烷分子具有对称的 C_{3v} 轴，因此一个甲基组相对于另一个甲基组的 360°旋转时，重叠构象和间扭构象将通过三次完成：

甲基一维旋转的势能可以表现为下列形式[2,4]：

$$U(\varphi)=\frac{U_o}{2}(1+\cos 3\varphi) \tag{3-41}$$

式中 U_o——势垒高度，$U_o=\Delta E$；

φ——二面角。

当 U_o=12kJ/mol 时，$U(\varphi)$ 的势见图 3-3。

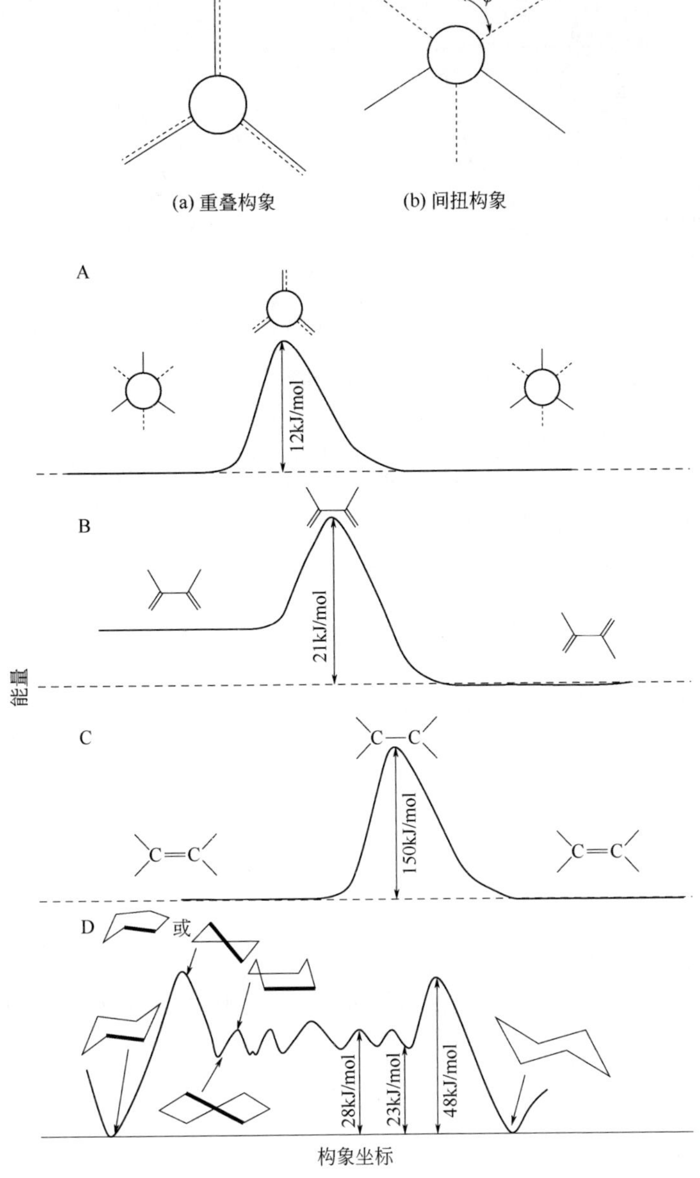

图 3-2 各种构象能量作为构象坐标的函数

A—乙烷[8]；B—丁二烯[12]；C—乙烯[12]；D—环己烷[8]

根据式（3-41），函数$U(\varphi)$是偶函数，即$U(\varphi)=U(-\varphi)$，因此向左和向右旋转是相等的。当$\cos 3\varphi=1$时，函数具有最大值；而当$\cos 3\varphi=-1$时，函数具有最小值（$U_o=U_{max}-U_{min}$）。因此$U_o>0$，那么转动受阻。这表明，受阻转动的能量被量子化。

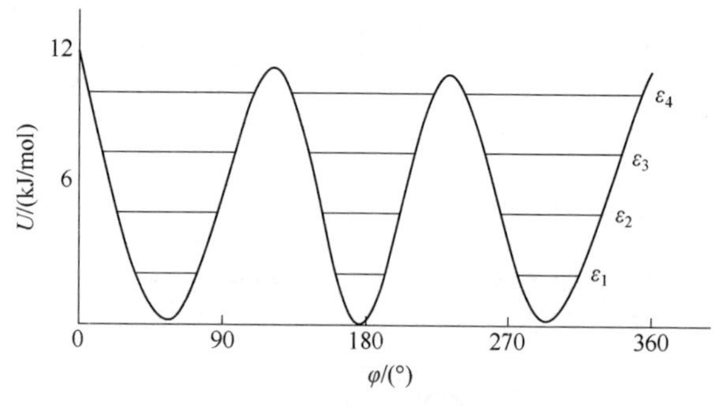

图 3-3 乙烷分子中内旋转的势

做受阻转动的哈密顿量见下列表达式[10]：

$$\hat{H} = -\frac{\hbar^2}{2I} \times \frac{d^2}{d\varphi^2} + \frac{U_o}{2}\left(1+\cos 3\varphi\right) \tag{3-42}$$

式中，I 为乙烷分子的转动惯量。

满足圆上唯一性和连续性要求的正交函数：

$$\psi_m = \sqrt{\frac{1}{2\pi}} \exp\left(im\varphi\right); \quad m = 0, \pm 1, \pm 2, \cdots \tag{3-43}$$

哈密顿矩阵 $\boldsymbol{H} = \left\| H_{m,m'} \right\|$ 的矩阵元素 $H_{m,m'}$ 为：

$$H_{m,m'} = \int_0^{2\pi} \psi_m^* \hat{H} \psi_m \mathrm{d}\varphi \tag{3-44}$$

矩阵 $\boldsymbol{H}$ 的特征值 ε_i 是矩阵方程的解：

$$\boldsymbol{H}C_i = \varepsilon_i C_i \tag{3-45}$$

形成受阻转动的能级谱（见图 3-3）。由此，可以得出两个结论：第一，为了克服分子的势垒需要吸收一定量子的能量。第二，根据经典物理学，粒子只有在一种条件下可以克服势垒，即当它的动能超过势垒的高度；根据量子力学，不管势垒的高度，粒子具有非零概率 w，且因其波动特性可以通过隧道效应穿过势垒漏出[9]。

3.4 分子间相互作用能

物质的物理化学性质形成时，分子间相互作用能量发挥着实质性的作用。需要强调的是，自然界中物质存在的凝聚状态（液态、固态）都是由于分子间的相互作用而产生的。

分子间相互作用的一般理论是建立在量子力学的基础上的[11]。但是，需要强调的是，这方面的研究是非常复杂的。一方面，分子间相互作用能量值相对不大，并且对任意逼近都非常敏感；另一方面，在“超分子”模型中的行列式逼近中（两个或更多相互作用的分子，可看成一个单一的系统），由于未充分考虑到电子关联和其他原因（迭代过程的发散等）获得的结果，虽然与实验相吻合，但却是有问题的。然而，文献数据表明，在某些情况下的参数半经验量子化学方法，可成功地应用到甲酸超分子的能量和几何特性计算中。

在超分子模型中分子间势 ΔU_{AB} 由下列公式确定：

$$\Delta U_{AB}\left(R_{AB}\right)=U_{AB}\left(R_{AB}\right)-U_{A}-U_{B} \tag{3-46}$$

式中　$U_{AB}(R_{AB})$——范德华能量，取决于分子间距离 R；

U_{A},U_{B}——孤立分子 A 和 B 的能量。

借助于有效哈密顿量 $H^{有效}$ 对超分子模型中不同组态的苯二聚体的计算结果见图 3-4。计算了键长 $R_{C-C}=1.397Å$ 和 $R_{C-H}=1.097Å$。苯环中心之间的距离是变化的。在图 3-4 中下部苯环的平面：曲线 a 为在平面 xz 上；b 在平面 xy 上；c 在平面 xz 上；d 在平面 xz 上；e 在平面 xy 上。

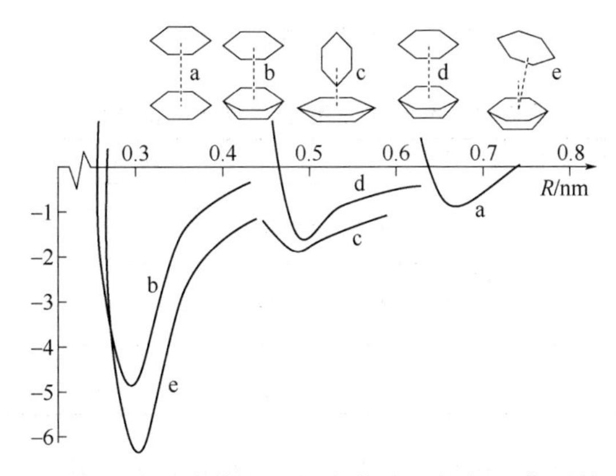

图 3-4　苯二聚体不同组态的分子间相互作用势

在 a～d 组态，通过苯环中心，与 z 轴对称。

有趣的是，e 组态比 b 组态更加稳定。它们的区别在于，在 e 组态中较上部苯环比较下部苯环在 x 轴上移动了 0.9Å，面间角为 5°。在能量最小时的参数为：R=0.34hm，ΔU=−6.2kJ/mol。相互作用能量的实验值为 12kJ/mol[13]。

分子间的相互作用可以分成两种类型。第一种类型导致方向性化学键的形成，前提是分子中存在官能团。在这种条件下形成带电荷转移配合物和带氢键的配合物。第二种类型属于通用的（无特殊性），所有被称作范德华分子的都无一例外。

范德华力又可以分为取向作用、诱导作用和色散作用。

供体-受体间的相互作用：如果分子含有低电离势的未共享电子对，那么它可能会成为供体，在形成配合物时提供自己的电子。带有电子供体性质的分子是还原剂（路易斯碱）。如果分子具有高的电子亲和力，那么它就可以接受电子，成为受体，从而变成氧化剂（路易斯酸）。

根据马利肯理论，从供体 D 到受体 A 的电子转移能量 ΔE 等于[14]：

$$\Delta E = E_{D^+A^-} - E_D - E_A \tag{3-47}$$

或者近似为：

$$\Delta E = I_D - A_A + Q \tag{3-48}$$

式中 I_D ——供体电离势；

A_A ——对受体电子的亲和力；

Q ——两个离子的库仑相互作用能量。

对于一些具有相同受体的配合物来说，具有以下相同的关系：

$$\Delta E = I - K \tag{3-49}$$

式中，K 为常数。

式（3-49）可以由实验数据得到证实[14]。

不同类型电子对供体的例子可见表 3-3。

表 3-3 不同类型电子对供体的例子[11]

n 供体（含一对孤对电子的供体）	π供体	σ供体（含一对相关电子对的供体）
$-\ddot{O}-$	烯烃 $>C=C<$	$-\overset{\vert}{C}\div H$
$-\ddot{S}-$	炔烃 $-C\equiv C-$	$-\overset{\vert}{C}\div\overset{\vert}{C}-$
$>N:$	芳烃  （苯环）	$H\div H$

受体-供体间的相互作用可以是不同分子间的相互作用：

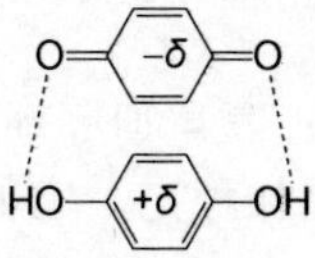

也可以是一个分子内部的相互作用：

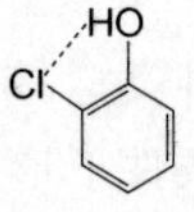

氢键的能量变化范围为 5～70kJ/mol。

分子间的范德华力（远距离的吸引力）包括以下组成部分：U_{or} 为取向力，U_{ind} 为诱导力，U_{disp} 为色散力[4]。取向力和诱导力部分的产生与分子的电子层不对称性有关。

当分子中存在永久偶极矩时出现取向作用，即：

$$U=-\frac{2\mu_A\mu_B}{r^3} \tag{3-50}$$

当一个分子在另一个具有永久偶极矩分子的电场影响下发生偏振时出现诱导作用：

$$\mu=-\alpha E \tag{3-51}$$

式中　α——分子的极化率；

　　E——外部电场的强度。

系统势能的变化等于：

$$U=\int_0^E \mu \mathrm{d}E=-\int_0^E \alpha E \mathrm{d}E=-\frac{\alpha E^2}{2} \tag{3-52}$$

色散作用在任何类型的分子间都会出现。这些相互作用出现的本质归结为当电子接近时电子运动的相关性：

$$U_{disp}=-\frac{3}{2}\times\frac{I_A I_B}{I_A+I_B}\times\frac{\alpha_A\alpha_B}{r^6} \tag{3-53}$$

色散力的值往往超过取向力和诱导力的值。通常只出现在完全填充满电子层的惰性气体上（球对称中心力）。

库仑力与距离的二次方成反比，而与库仑力不同的是，两个粒子之间的范德华力与距离的六次方成反比[16]。

分子在晶体中的空间分布对应于最小势能。因此分子在晶体中的空间填充形式是可以确定的，即最大限度地减少势能。

在文献[17]中提出白金汉改性势能“6-exp”用于计算有机晶体的晶格能：

$$U_{ij}=-Ar_{ij}^{-6}+B\exp\left(-\alpha r_{ij}\right) \tag{3-54}$$

式中，A、B、α 选择最符合实验数据的常数。

晶体结构的能量可近似表达为所有分子的等价非键合原子对相互作用势的总和：

$$U_{kp}=\frac{1}{2}\sum_{i,j}U_{ij}\left(r\right) \tag{3-55}$$

等价非键合原子对的参数值如下：

键	$A/(kJ/Å^6)$	B/kJ	$\alpha/Å^{-1}$
C┈C	13.89×10^2	15.52×10^4	3.57
C┈H	602.50	12.59×10^4	4.13
H⋯H	188.28	12.59×10^4	5.00

根据式（3-55）计算出的某些分子晶体结构的U_{kp}（kJ/mol）总能量[18]：

分子	U_{kp}	$U_{kp}^{实验}$
苯	−50.92	—
萘	−71.50	−72.38
联苯	−86.78	−81.59
蒽	−91.04	−102.09

液体汽化热 $L=\Delta H_{汽化}$（或者固体升华热 $\Delta H_{升华}$）$-RT$［气体膨胀耗费的能量 $P(V_{气体}-V_{液体})$］，是分子间相互作用能量的量度。在文献[19]中指出，具有良好精度的简单分子二聚体中的分子间相互作用能量与它们在沸点温度条件下的摩尔汽化热相关。根据模型化合物的汽化热值可以判断，单个分子片段，特别是由各种官能团组成的杂原子，会对分子间相互作用的能量产生影响。

在表 3-4 中，列出了 30 个不同种类的化合物分子的摩尔质量 M、碳原子的百分含量，以及在 T=298K 时 $\Delta H_{液态}^{298}$ [7]、$\Delta H_{气态}^{298}$ [13]、$L_{汽化}^{298}$ 和 L_{100}^{298} 值，根据下列公式计算：

$$L_{汽化}^{298}=\Delta H_{气态}^{298}-\Delta H_{液态}^{298} \tag{3-56}$$

$$L_{100}^{298}=\frac{100}{M}L_{汽化}^{298} \tag{3-57}$$

式中，L_{100}^{298} 为单位质量（100g）物质的汽化热。

表 3-4　当 T=298K 时有机分子的汽化热

分子	M	C/%	$\Delta H_{液态}^{298}$ /(kJ/mol)	$\Delta H_{气态}^{298}$ /(kJ/mol)	$L_{汽化}^{298}$ /(kJ/mol)	L_{100}^{298} /(kJ/mol)
戊烷 C_5H_{12}	72.146	83.24	−173.22	−146.44	26.78	37.11
正己烷 C_6H_{14}	86.172	83.63	−198.82	−163.43	31.63	36.69
庚烷 C_7H_{16}	100.198	83.91	−224.39	−187.53	36.61	36.53
辛烷 C_8H_{18}	114.224	84.12	−249.95	−208.45	41.51	36.11
壬烷 C_9H_{20}	128.250	84.29	−275.47	−229.03	46.44	35.90
癸烷 $C_{10}H_{22}$	142.276	84.42	−317.77	−249.66	51.38	36.11
十八烷 $C_{18}H_{38}$	254.484	84.96	−508.52	−414.55	93.97	36.94
苯 C_6H_6	78.108	92.26	49.04	82.93	33.89	43.39
萘 $C_{10}H_8$	128.164	93.83	78.07	150.96	72.89	56.86

续表

分子	M	C/%	$\Delta H^{298}_{液态}$ /(kJ/mol)	$\Delta H^{298}_{气态}$ /(kJ/mol)	$L^{298}_{汽化}$ /(kJ/mol)	L^{298}_{100} /(kJ/mol)
蒽 $C_{14}H_{10}$	178.22	93.83	129.16	230.83	101.67	57.03
甲苯 C_7H_8	92.134	91.26	12.01	50.00	37.99	41.25
三甲苯 C_9H_{12}	120.186	89.94	−63.55	−16.07	47.45	39.46
苊 $C_{12}H_{10}$	154.200	93.47	70.29	156.48	82.01	53.18
1-乙萘 $C_{12}H_{12}$	156.216	92.26	−1.67	96.65	98.32	62.93
六甲基苯 $C_{12}H_{18}$	162.264	88.83	−163.97	−105.69	58.28	35.90
1,2,3,4-四氢萘 $C_{10}H_{12}$	132.196	90.85	−25.10	25.10	50.21	37.99
丙苯 C_9H_{12}	120.186	89.94	−38.41	7.82	46.23	38.45
环壬烷 C_9H_{18}	126.234	85.63	−182.84	−133.05	49.79	39.46
丙基环己烷 C_9H_{18}	126.234	85.63	−238.40	−193.30	45.10	35.73
环己烷 C_6H_{12}	84.156	85.63	−156.23	−123.14	33.10	39.33
癸醇 $C_{10}H_{22}O$	158.276	75.89	−479.74	−403.25	76.48	48.33
二丙醚 $C_6H_{14}O$	102.172	70.53	−328.82	−292.88	35.94	35.19
苯酚 C_6H_5OH	94.108	76.58	−165.02	−96.36	68.66	72.97
对苯二酚 $C_6H_6O_2$	110.108	65.45	−366.14	−276.14	90.00	81.76
苯甲酸 $C_7H_6O_2$	122.118	68.85	−385.14	−290.20	94.34	77.74
m-乙基苯酚 $C_8H_{10}O$	122.160	78.66	−214.60	−146.48	68.12	13.93
二丁醚 $C_8H_{18}O$	130.224	73.79	−377.82	−333.88	43.93	33.72
甲酸丁酯 $C_5H_{10}O_2$	102.130	58.80	−560.24	−490.36	69.87	68.41
丁醛 $C_5H_{10}O$	86.130	69.70	−265.68	−227.82	37.87	43.97
丁醇 $C_4H_{10}O$	74.120	64.82	−325.81	−274.43	51.38	69.33

分析表 3-4 的数据可以得到以下结论：

① 计算发现，单位质量芳烃分子间相互作用能量比烷烃更多；

② 官能团（特别是 OH 基）对分子间相互作用的能量贡献最大，因为它们有助于形成氢键。

3.5　温度对物质的影响

入射到物体表面上的电磁辐射部分被反射，部分穿过，还有一部分被吸收。辐射吸收部分的能量转化成了物体的内能。因此，物体被加热后，开始以各种波长的电磁波形式辐射能量。随着物体温度的升高，发射辐射的强度增强。这样，在给定温度下可以建立热力学平衡，即吸收辐射的能量等于发射辐射的能量。物体吸收的辐射能量通常激发物体分子的平移、转动、振动和电子量子态。因此，需要强调的是：如果没有达到热平衡，那么这些状态中的任意一种状态的温度都会不同。当与环境建立了热力学平衡时，分子的能级分布将会遵循下列规律[3]：

$$N_j = N_0 g_j \exp\left(-E_j/kT\right) \tag{3-58}$$

式中 N_0——分子总数；

N_j——能级 j 的分布；

g_j——能级的统计权重；

E_j——能级；

k——玻尔兹曼常数；

T——热力学温度。

分子通常在电磁光谱的 4 个区域内吸收辐射，由此出现了转动、振动-转动、振动和电子光谱。这些区域示意图见图 3-5。转动量子值比振动量子值小得多，而振动量子值又比电子量子值小得多（见图 3-5 和图 3-6）。

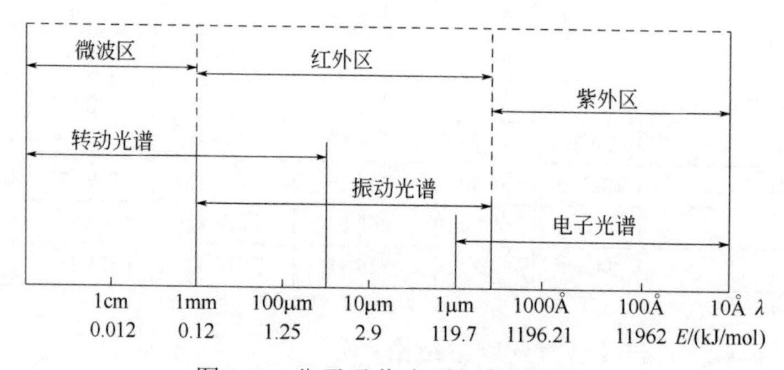

图 3-5 分子吸收电磁辐射的范围

被激发的分子通过分子内重排（异构化、构象转变）可能会返回到基态，或者，如果激发能量足够大，个别化学键有可能会发生断裂。

吸收振动量子（红外辐射）或电子激发（紫外辐射）时都有可能发生分子的热解离。

观察温度对煤炭影响的定性图可知，煤炭变成了有机矿物组分和水分的混合物。在图 3-6 中列出了异构化分子中转动能量、振动能量和电子能级能量的相对位置。除此之外，在转动和振动能级能量区域出现了对应分子内旋转的能量能级（构象转换）。在稠合体系中同样是在这个区域，出现了对应分子间相互作用的能量能级，但不应看成是孤立的不同来源的能级，事实上，在现实中它们的联系非常紧密。

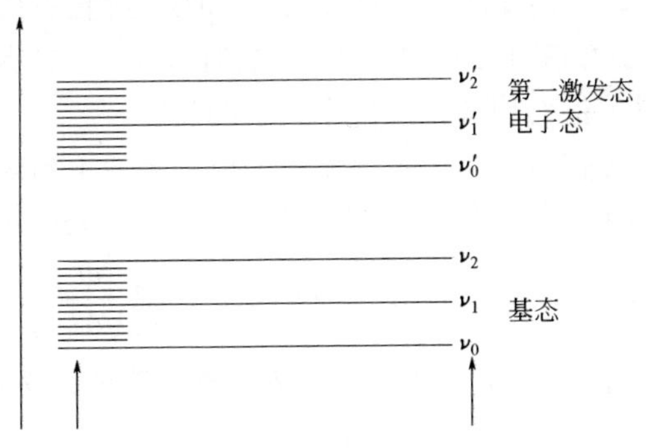

图 3-6 异构化分子中转动能量、振动能量和电子能级能量的相对位置

在相对较低温度下（300～450K）分子向最近能级（从内旋转和分子间相互作用能级到转动、振动能级）的移动出现了激发，其结果是部分地破坏超分子结构，出现构象转变、水分解吸等。继续升高温度（能量聚集）将引发更高振动能级，甚至是电子能级能量，从而导致大量化学键被破坏，实现了诸多热化学反应（结构转换、氢的歧化等）。下面举例说明煤炭的衍生物。

坎斯克-阿钦斯克煤田不同矿床褐煤衍生物见图 3-7。在惰性介质中加热煤，并且升温速度达到 10℃/min 时得到了这些衍生物。使用煅烧氧化铝做基准物质。在图 3-7 中绘出了反映质量损失的积分热重 TG 曲线，以及反映质量损失速率的 DTG 曲线。

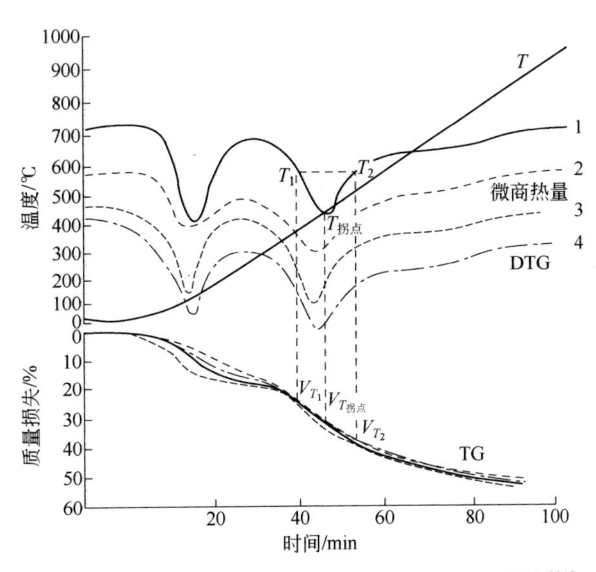

图 3-7 坎斯克-阿钦斯克煤田矿床的褐煤衍生物[21]

1—阿巴坎斯克；2—那扎罗夫斯克；3—伊尔沙-巴拉津斯克；4—伊塔茨克

在加热到 900℃时，褐煤质量总损失约为 50%，并在有质量损失速率曲线上出现两个最大值：当温度在 125℃和 445℃左右时。第一个最大值对应的是吸收水分的释放，第二个最大值对应的是煤炭有机质的裂解。

衍生物可用来确定在有机质裂解温度范围内煤炭的下列重要特性：起始分解温度 T_1；最大分解范围（最大值一半的宽度）温度 $T_1 \sim T_2$；拐点温度 $T_{拐点}$。根据质量损失曲线 C 和质量损失速率曲线可以确定在拐点 $\left(\dfrac{dC}{dT}\right)_{T_{拐点}}$ 的分解速率值，以及在温度 $T_{拐点} \sim T_1$、$T_1 \sim T_2$、$T_2 \sim T_{拐点}$ 区间内的挥发物的比例：

$$C_1 = \frac{V_{(T_{拐点} \sim T_1)}}{V_{(T_2 \sim T_1)}}$$

$$C_2 = \frac{V_{(T_2 \sim T_{拐点})}}{V_{(T_2 \sim T_1)}}$$

该煤田的褐煤衍生物分析见表 3-5。需要强调的是，根据表 3-5 的数据，褐煤分解的平均温度在 430～450℃区间。此温度范围是褐煤加氢液化工艺的“工作温度”[22]。

表 3-5　褐煤衍生物分析[21]

矿床	W^{a}/%	V^{af}/%	V^{daf}/%	最大分解温度范围 $T_1 \sim T_2$/℃	$\dfrac{V_{(T_{拐点} \sim T_1)}}{V_{(T_2 \sim T_1)}}$	$\dfrac{V_{(T_2 \sim T_{拐点})}}{V_{(T_2 \sim T_1)}}$	起始分解温度/℃	拐点温度 $T_{拐点}$/℃	$\left(\dfrac{dC}{dT}\right)_{T_{拐点}}$
坎斯克-阿钦斯克煤田									
伊尔沙-巴拉津斯克	18	36.0	51.2	370～520	0.51	0.49	256	435	0.0043
阿巴坎斯克	19	34.0	49.5	380～510	0.55	0.45	280	450	0.0058
伊塔茨克	16	36.0	49.2	368～535	0.44	0.56	260	445	0.0085
那扎罗夫斯克	13.5	37.5	49.1	330～530	0.55	0.45	260	440	0.0033
雅库特									
坎加拉斯克（上部）	24.5	34.0	51.8	388～482	0.60	0.40	280	440	0.0085
哈萨克斯坦									
奥尔罗夫斯克，ckb，491：									
ЖТ—5	17.0	35.5	46.7	352～520	0.45	0.55	265	418	0.0042
ЖТ—7	16.0	32.0	41.7	360～530	0.41	0.59	275	427	0.0042
ЖТ—8	17.0	32.0	41.6	375～495	0.49	0.51	300	430	0.0078
ЖТ—11	17.2	31.3	41.2	370～507	0.52	0.48	300	440	0.0056

参考文献

[1] Ферми Э. Термодинамика. Харьков, изд-во ХГУ, 1973: 136.

[2] Мельвин Хьюз Э.А. Физическая химия. М.: ИЛ, 1962, Кн. I: 517.

[3] Ансельм А.И. Основы статистической физики и термодинамики. — М.: Наука, 1973: 423.

[4] Глесстон С. Теоретическая химия. М.: И Л, 1950: 632.

[5] Barrow G.M. Physical chemistry. N . Y. Mc Graw- Hill book Comp., Inc., 1961: 694.

[6] Хедвиг П. Прикладная квантовая химия. М.: Мир , 1977: 595.

[7] Стал Д., Вестрам Э., Зинке Г. Химическая термодинамика органических соединений. М.: Мир, 1971: 807.

[8] Дашевский В.Г. Конформационный анализ органических молекул. М.: Химия, 1982: 271.

[9] Глесстон С, Лейдлер К., Эйринг Г. Теория абсолютных скоростей реакций. М.: ИЛ, 1948: 583.

[10] Флайгер У. Строение и динамика молекул. Т. 1. М.: Мир, 1982: 407.

[11] Каплан И.Г. Введение в теорию межмолекулярных взаимодействий. М.: Наука, 1982: 11.

[12] Гюльмалиев А.М. Электронная структура и реакционная способность углево-дородов в реакциях деструктивной гидрогенизации: Дисс. на соис. учен. степ, д-рахим. Наук М.: М ХТ И им. Д . И . Менделеева, 1991: 311.

[13] Шахпаронов М И. Межмолекулярные взаимодействия. М.: Знание, 1983: 63.

[14] Маррел Дж., Кетгл С., Теддер Дж. Теория валентности. М.: Мир, 1968: 519.

[15] Реакционная способность и пути реакций / Под ред. Г. Клопмана. М.: Мир, 1977: 280.

[16] Козман У. Введение в квантовую химию. М.: И Л, 1960: 560.

[17] Китайгородский А.И. Молекулярные кристаллы. М.: Наука, 1971: 424.

[18] Зоркий П.М., Порай-Кошиц М.А. Новые представления в кристаллохимии молекулярных структур // Современные проблемы физической химии. М.: МГУ, 1968, 1: 98.

[19] Krichko A.A.. Gyulmaliev A.M.. Gladun T.G., Gagarin S.G. // Fuel, 1992, 71(3): 303.

[20] Барнард А. Теоретические основы неорганической химии. М.: Мир, 1968: 361.

[21] Смуткина З.С., Секрикру В.И., Фролова Н.В., Зимина Е.С. Переработка угля в жидкое и газообразное топливо // Сб. науч. трудов ИГИ. М.: ИОТТ, 1982: 17.

[22] Кричко А. А.. Лебедев В.В., Фарберов И. Л. Нетопливное использование углей. —М.: Недра, 1978: 215.

[23] CODATA: Key Values for Thermodynamics / Ed . by J. D. Cox, D. D . Wagman , V. A. Medvedev. N.Y. el al.: Hemisphere Publ. Corp., 1989: 271.

第 4 章 煤有机质的结构和特性

矿物煤是一种复杂的分散体系，它含有三类相互作用的大组分：有机质、水分和矿物质。这三大组分是煤的牌号组成，决定了有效利用煤炭的方法和途径[1-5]。为评定不同煤炭的特性，就应对这三大组分的作用逐一进行研究。

煤有机质的元素构成、大分子结构及超分子聚合特点都决定了煤的物理化学及化学工艺特性[5,6]。煤有机质的物理化学特性实质上取决于其变质的程度。要判断煤炭是否适用于某些具体的工艺流程，就必须考虑煤结构的物理化学特征。因此，必须理清煤炭结构与其特性之间的关系。这是煤炭化学工业面临的主要问题之一。

煤有机质的所有物理化学特性都是由分子内及分子间的相互作用决定的。分子内的相互作用决定着单个分子能量参数的总和，而分子间的相互作用则决定了固体的超分子构造（晶格中的原子排列形式等）。两种相互作用类型都是因煤有机质的元素构成和化学结构的特点而形成的。由图 4-1 可见，煤有机质的很多物理化学特性随煤化程度的不同（成煤阶段）而相应变化，当碳含量在 80%～90%时[7]，一系列特性均具有最大和最小值。

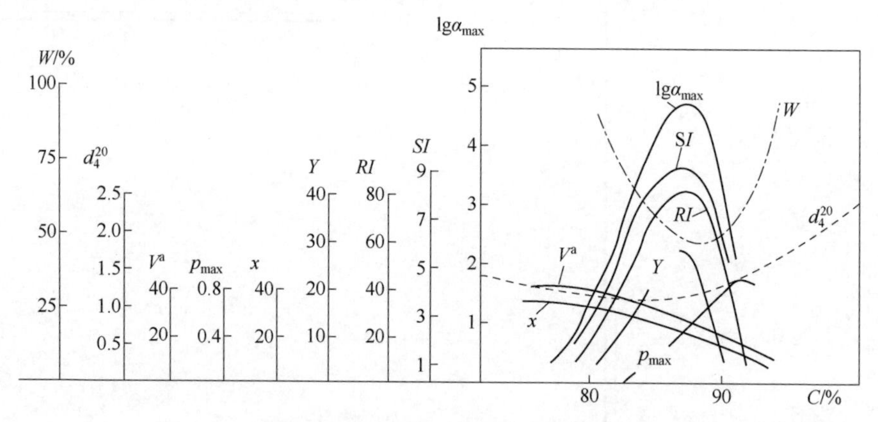

图 4-1　煤有机质的物理化学特性与煤化程度的关系

W—机械强度指数；d_4^{20}—实际密度，g/cm³；V^a—分析样品中的挥发物产率（质量分数），%；p_{max}—最大破裂压力，kgf/cm²；x—胶质层收缩度，mm；Y—胶质层厚度，mm；RI—罗加指数；SI—自由膨胀指数；$\lg\alpha_{max}$—最大塑性指数（恒力矩基氏塑性仪法）；C—碳含量（质量分数），%

煤有机质的结构完全不同，但相对而言，碳氢化合物部分的结构介于两种极端情况之间，即介于饱和结构和芳香族结构之间，这两种结构是根据其物理化学特性来做区分的。在饱和化合物中，碳原子位于 sp^3 杂化态。这些碳原子是通过相对较不稳定的简单 C—C 键结合而成的，且易被热分解。这些化合物的大多空间构象构成了连续能量，这决定了它的亚稳态结构。在芳香族结构中，碳原子位于 sp^2 杂化态；C┅C 键比普通的 C—C 键稳定性强 0.5 倍，因此芳香族化合物具有刚性结构。稠环芳香族化合物易形成晶体结构，且当环数 $n \geqslant 4$ 时，由于加热时分子间剧烈的相互作用，化合物来不及升华即被分解。

要建立煤有机质结构和特性间的相互关系，应以基础研究为前提。总体而言，煤有机质的基础研究基本可以分为两个方向：分子结构研究和超分子结构研究。

4.1 分子结构

煤化学的主要任务之一是研究煤炭在不同流程中的反应能力，研发将煤有机质加工转化为指定特性的产品的有效方式[6-8]。当然，要完成这项任务应以煤有机质结构——化学参数的相关数据为依据。

目前，利用物理-化学方法对煤有机质的结构及其反应能力的研究方面已积累了大量实验数据资料[1,7,14]。但由于缺乏对煤有机质结构的统一认识[6,9]，因此在阐释煤有机质的结构与其特性间的相互关系时常见自相矛盾，仅限描述和定性，要对煤炭加工的热化学过程中的特性做出定量估值时，这些解释却无从使用。

煤有机质分子结构的建立既基于通过直接光谱分析和X射线衍射分析所获得的数据资料，又间接依据所转化产品的成分分析[13,14]。根据这些分析数据，煤有机质的结构具有非均一性，其主要由大小不一、结构不规则的大分子构成。因此，当谈及煤有机质的分子结构时，是指单位质量煤的平均结构，由以下数据构成：

① 元素分析；

② 功能分析；

③ 碎片分析；

④ 岩相分析。

4.1.1 平均结构单元的概念

大分子的结构单元是指结构的一个碎片，乘以一个整数就可还原它的完整结构。对于有规律的一维、二维、三维聚合物，一个基本碎片就是一个结构单元，它在对应的方向上传递。但煤有机质是由结构不规则的大分子缔合体构成的。为了研究“平均结构单元”，将煤有机质视为一假定的结构规则的大分子。从这个意义上来说，平均结构单元就等同于结构基本碎片。

假设煤有机质的总式是 $C_xH_yN_zO_kS_t$，那么形式上可写为：

$$\Omega\left(C_xH_yN_zO_kS_t\right)=\left(C_{\Omega x}H_{\Omega y}N_{\Omega z}O_{\Omega k}S_{\Omega t}\right) \tag{4-1}$$

式中，Ω为归一化因子。

根据式（4-1），该总式可用于煤化学中常见的不同情况：

对于 100 个碳原子(Ωx=100)，Ω=100/x;

对于 100 个原子($x+y+z+k+t$=100)，Ω=100/($x+y+z+k+t$);

对于 1g 煤有机质来说，Ω 为 $\frac{1}{M}(C_xH_yN_zO_kS_t)$，式中，$M$ 为 $C_xH_yN_zO_kS_t$ 的分子量。

由此，把单位质量看作是煤有机质平均结构单元的全部或部分组分（镜质组、壳质组、惰质组），其在元素组成、官能团和分子碎片构成上与宏观体系可以区别开来。

4.1.2 结构模型

在煤化学中，为反映煤有机质的结构-化学特点，广泛运用了结构模型。目前已知的这种模型有几十种，由不同学者在不同时代提出。这些模型直观反映了有关煤有机质结构概念的发展演化过程。这些模型中通常都有主要的结构碎片（五元、六元芳香稠环及环烷环），它们之间通过桥键［—$(CH_2)_n$—，>CO，—O—，—NH—，—S—］、官能团（—COOH—，—OH—，—OCH_3—，—NH_2等）和主要由烃基构成的侧向取代基连接而成。煤分子结构模型的典型范例之一就是匹兹堡-8 分子结构模型，详见图 4-2。应当指出的是，具体的结构模型都相当直观，配有图例说明[6]，有利于同时认识和了解煤分子的一系列特点。例如，图 4-3 中展示了匹兹堡-8 煤炭模型的空间构型，它是通过分子力学方法将全部能量最小化得到的[10]。该模型直观展示了稳固的煤分子构型是如何收拢卷缩为球状的，由此可做出如下推论：

① 分子无空间障碍即能与其他分子形成化学键，构成三维结构；

②“松散”结构（较平面结构而言）应具有较小的分子间相互作用能；

③ 球状结构中含有较大孔隙，这些孔隙中可分布若干分离的碎片，即变质过程中生成的煤有机质化学变化产物、水分和矿物质。

所研究的煤有机质结构模型主要有以下不足：首先，煤有机质由结构各异的分子聚合而成，所以仅用某一具体化学结构是无法对这些分子聚合体进行描述的；其次，大多数模型是针对某些具体煤炭提出的，并不能反映一系列变质过程中煤有机质结构变化的动态进程。

至少，描述煤结构和特性的各种理念和观点都为发展有关煤的概念做出了实质性的贡献，既包括对煤这一自然物体的认知，也包括煤起源方面理论的研究，同时也促进了最新物理、化学分析工具法的运用推广。

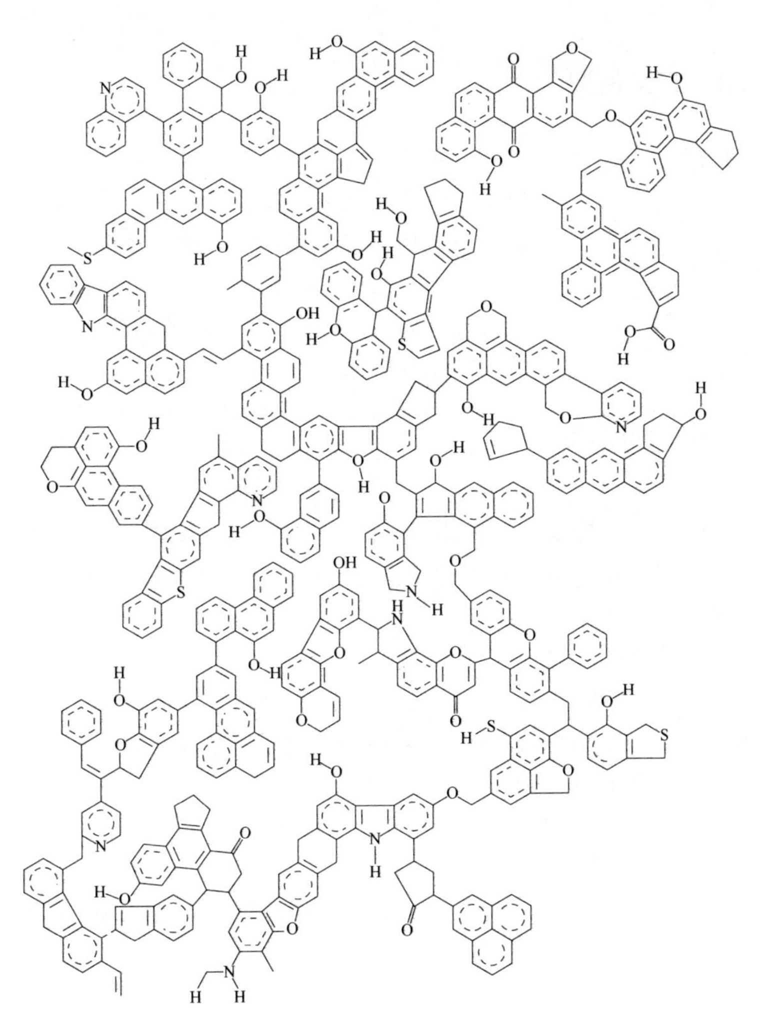

图 4-2　匹兹堡-8 煤分子结构模型

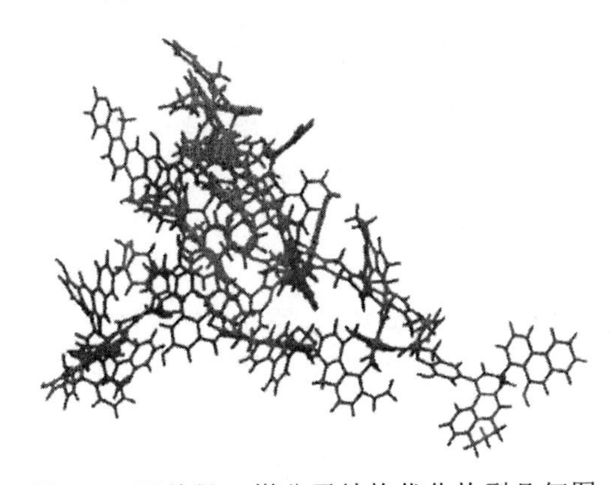

图 4-3　匹兹堡-8 煤分子结构优化构型几何图

4.1.3 广义模型

在对现有的煤结构和特性实验数据的分析基础上，文献［6］中提出了煤有机质平均结构单元的广义模型，它反映了煤有机质的主要特点，但对化学结构并未做具体说明。该模型见图4-4。煤有机质平均结构单元类似于结构规则的聚合物中的元素碎片，被用于构建煤的结构与其物理-化学特性间的相互关系中。

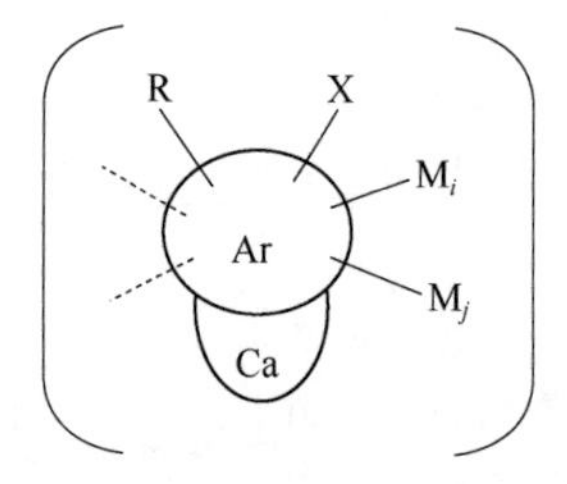

图 4-4 煤有机质平均结构单元的广义模型

这种模型包含 5 种结构碎片：Ar——芳香稠环（环数为 1～5）；CA——环烷烃碎片；X——官能团（—OH，—COOH，$—NH_2$，—SH）；R——烷基取代基（C_1～C_n）；M——桥基［$—(CH_2)_n—$，—O—，$—O—CH_2—$，—NH—，—S—，—Ca—］。一系列变质中结构碎片的比值会发生变化。比如，稠环 Ar 数量增加，而 M、R、X 和 CA 则减少。

煤有机质的模型结构参数：

结构参数是指一组参数，借助于这些参数可以较好地确定单个有机分子和全部煤有机质的物理-化学性质。这些参数应该满足以下条件：首先，可以把有机分子的物理参数平均值转化为煤有机质的物理平均值参数；其次，这些参数应该可以通过实验测得。能够满足以上要求的煤有机质中应含有以下原子和原子基团：$C_{Ar}, C_{Al}, H_{Ar}, H_{Al}$，—OH，—COOH，$—NH_2$，—SH，—NH—，—O—，—S—，C=O。

为确定由芳香和饱和碎片构成的碳氢化合物的物理-化学参数，最好是采用四种结构参数：$C_{Ar}, C_{Al}, H_{Ar}, H_{Al}$。这些参数可用在构建煤有机质广义结构模型中，合理减少变量数[6,11]。

广义模型不仅可以用于解释煤有机质的结构特性，还可以用于确定煤炭化学中经常使用的术语。根据广义模型的观点，可以对煤有机质的结构碎片进行具体化定义[6]。

① 芳香性团簇 Ar　煤有机质的这些碎片主要是由含六个角稠合环的缩合结构组成，因此，从热动力学上来讲，这种形式比线性稠合更稳定。芳基的主要特点是：芳基中的碳原子位于不饱和的 sp^2 杂化态。芳基的碳原子与 π 电子体系形成了刚性结构，被称为芳香性团簇。

② 侧向取代基　包括以下一类碎片：烷基 R，环烷烃 CA，官能团 X（X = —OH，—COOH，$—NH_2$，—SH）。侧向取代基的组成中碳原子基本位于 sp^3 杂化态，因此 C—C 键比较简单。

③ 桥键（—M—）　煤化学中桥键的概念在广义上使用，有时并不能反映这

个定义的实质。一般认为，两个芳香性团簇之间是通过桥键相连的，也就是说，通过那些未参加 π 电子共轭的原子和原子基团如 Ar^1—M—Ar^2 等相连。

举以下化合物为例：

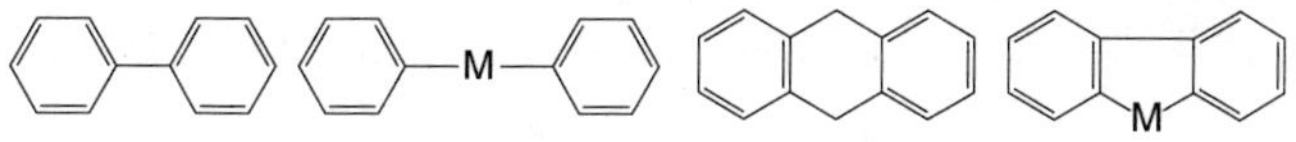

a　　b　　c　　d

其中，M = —CH_2—，—O—，—S—，—NH—。

在化合物 a～c 的分子中，苯环位于不同的平面中，且它们的 π 电子体系在不同程度上被隔断。在化合物 c（9,10-二氢蒽）的分子中苯环之间通过两个亚甲基桥基相连接。在化合物 d 的分子中，所有碳原子和杂原子 M 的电子都参加 π 电子共轭（苯环间通过一个 C⋯C 键相连，M 除外）。

问题在于，在哪种情况下有桥键，且它们的特征是什么样的？我们可以从下面的讨论中得出答案。首先，引入桥键的概念是为了重点关注分子 Ar^1—M—Ar^2 中引起热分解的弱键 Ar—M。其次，在 M 不存在的条件下（比如在化合物 a 中），Ar^1 和 Ar^2 都位于不同的平面中，且它们之间的键是最弱的键。最后，Ar^1 和 Ar^2 中通常可能有几个键（分子 c 和分子 d）。因此，在所有情况下，分子 d 除外，都有桥键。这样，两个含 π 电子的芳香性团簇之间的键被称作桥键，一般以简单的化学键存在，也可以通过原子和原子基团实现。

这一模型的共性在于，它考虑到了结构碎片比值变化与煤有机质的变质程度的关系。根据模型可以发现，煤有机质的反应能力既由分子内化学键的性质决定，又由各种类型碎片如 Ar—Al、Ar—M、Ar—X 之间化学键的性质决定。煤有机质的糖类部分包含三种类型的 C—C 键：$C_{Ar}\cdots C_{Ar}, C_{Ar}—C_{Al}, C_{Al}—C_{Al}$。它们的断裂能各异。

对于平均结构单元来说，式（4-1）中 Ω 的取值应当使得总式和它的广义模型结构相符合。

在煤化学过程中，与其他反应同时进行的还有歧化反应。因此，氢化芳香结构碎片优先可作为氢供体，而受体则是弱桥键。这些键的断裂导致较小分子的形成。接下来，构成煤有机质分子因分子间的相互作用而稳定，且使用不同的溶剂就可以轻易地萃取。根据广义模型的概念，小分子的结构应接近于平均结构单元。

在谈到煤有机质的平均结构单元时，需要强调煤的微观结构——煤炭的岩石成分，它们的结构和反应能力由于起源的差异而各不相同。假设煤有机质是由煤的微观结构组成，那么平均结构单元组成（CCC）可根据加和方式来确定：

$$\mathrm{CCC} = \sum_p \mu_p (\mathrm{CCC})_p \qquad (4\text{-}2)$$

式中　μ_p——第 p 个岩石组分的质量分数；

$(CCC)_p$——平均结构单元组成。

在文献[6,11,12]中，根据广义模型概念提出了煤有机质的物理-化学性质计算方法。借助于结构参数煤有机质的物理-化学性质计算方法出于这样的假设，即煤有机质的物理-化学性质值等于相对应结构参数值 f_i 的加和，即：

$$\Phi(\text{煤炭有机质}) = \sum x_i f_i \tag{4-3}$$

式中 x_i——数量；

f_i——第 i 个参数对 Φ 值的贡献。

对测试分子来说，根据下列矩阵方程，可以通过实验数据来确定 f_i 的值：

$$\begin{bmatrix} \Phi_{M1} \\ \Phi_{M2} \\ \vdots \\ \Phi_{Mm} \end{bmatrix} = \begin{bmatrix} x_{11}x_{12}\cdots x_{1n} \\ x_{21}x_{22}\cdots x_{2n} \\ \vdots \\ x_{m1}x_{m2}\cdots x_{mn} \end{bmatrix} \begin{bmatrix} f_1 \\ f_2 \\ \vdots \\ f_m \end{bmatrix} \tag{4-4}$$

式中 n——结构参数数目；

m——测试分子数目（$m \geqslant n$）。

经简单转换，由式（4-4）可得：

$$\left\| f_j \right\| = \left\| x_{ij}^{\mathrm{T}} x_{ij} \right\|^{-1} \left\| x_{ij}^{\mathrm{T}} \Phi_{M_i} \right\| \tag{4-5}$$

式中，i=1, 2, ⋯, m；j=1, 2,⋯, n； x^{T} 为转置矩阵。

下面列举了广义模型应用的基本情况：

① 煤有机质平均结构单元广义模型的提出，使得可以用数学描述各种物理-化学性质，包括热、热化学和动力学性质。

② 根据结构碎片构建的模型与化学和光谱学数据相吻合；它把具有相同属性（即不考虑空间构象和结构异构体）的大量具体化学结构结合在一起。

③ 由于结构单元中的碎片质量分数标准化［$C+H+N+O+S$=100%（C、H、N、O、S 分别表示 C、H、N、O、S 元素的质量分数），$\mu_{\mathrm{Ar}} + \mu_{萘} + \mu_{\mathrm{X}} + \mu_{\mathrm{R}} + \mu_{\mathrm{M}} = 1$］，因此广义模型可用于所有系列变质煤炭中（例如，在变质结束时，$\mu_{萘} = \mu_{\mathrm{X}} = \mu_{\mathrm{R}} = \mu_{\mathrm{M}} = 0$，$\mu_{\mathrm{Ar}} = 1$，因此，在这种情况下，平均结构单元是由芳香碎片组成的）。

4.2 超分子结构

煤有机质的超分子结构是固体煤中大小不同的分子相对于彼此的空间排列的总和，它是根据分子间相互作用的能量值建立的。

煤的大多数物理-化学性质在很大程度上取决于它的分子结构及超分子结构[4,13,14]。煤有机质的分子结构和元素组成，连同热动力学参数体系（温度，压力），这些都是决定超分子结构性质的基本因素。煤有机质的超分子结构由于分子间相互作用而具有了一定的能量[15]。经过少许修正的分子间相互作用的能量等于给定数量的物质从固相转换为液相所必需的能量（假设在这个过程中分子不分解）。因此，如果分子间相互作用的能量与单个化学键的能量相当，那么，来不及升华的分子就会分解掉。

煤的分子间相互作用的性质改变取决于煤的变质程度[15-17]。在低阶煤中，分子间的相互作用是以供体-受体以及氢键的存在为前提的，这是由于煤有机质组成中存在电负杂原子 N、O、S。在强变质煤中，实际上不存在杂原子，煤有机质主要是由稠合芳环（芳香性团簇）构成的。芳香性团簇之间的相互作用带有范德华性质，其能量的增加取决于芳香性团簇表面的对位定向，在石墨中能量达到最大值。

煤有机质的能量，总体上来说，就是分子内和分子间相互作用能量的加和。因为对于大分子组成的体系，分子间相互作用的能量有时候可以与分子内化学键的能量相当，因此超分子结构在煤有机质的物理-化学性质形成中的作用就显而易见了。在煤化学文献中有关这方面问题的讨论给予了很大的关注[13-23]。

4.2.1 两相模型

有关煤超分子结构的最原始观点之一就是“凝胶理论”[24]，根据这一理论，煤可以看作是三种组分的混合物：α 相，分子可以自由旋转；β 相，分子由范德华力支撑；γ 相，由紧密结合的胶束构成。这一理论基于各种溶剂对煤的作用以及煤颗粒在悬浮液中活动的相关数据。后来在文献[25]中确立了煤中单个结构单元之间非价键相互作用能量分布的连续性。在对煤萃取工艺及萃取物成分研究的基础上，文献[26]的作者得出了结论，即煤有机质是多聚体。

为了消除煤三维交联聚合结构的旧概念与大多数煤在温和条件下解离倾向性的新数据之间的矛盾，在文献[27,28]中研究人员提出了主客两相模型，根据这一模型，煤有机质表现出价键紧密交联矩阵，这一矩阵可以描述大分子的固定相，且该矩阵直接与形成分子相或者流动相的嵌入化合物分子的电子受供体键相连。

在文献[29]中提出了修饰后的两相模型（图 4-5）。

但是煤有机质结构的两相模型遭到质疑。采用非破坏性超声价键，并且选择特定的溶剂（CS_2 和 *N*-甲基-2-吡咯烷酮的混合物，或者甲醇、正丁醇和吡啶），在室温条件下用流动相识别的萃取物产率分别达到 60%～66%或者 65%～77%。由于氧原子对煤有机质烷基化的作用，煤实际上几乎完全溶解在非特异性溶剂如苯中[19,21]。因此，这样刚性定义矩阵具有相对性。

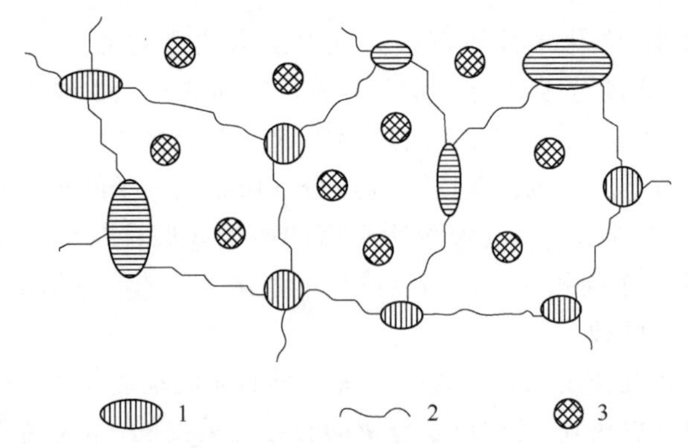

图 4-5 煤炭两相体系模型

1—芳香分子，氢化芳香分子；2—脂分子，醚分子；3—小分子

4.2.2 多聚体模型

在分析煤炭结构数据的基础上，文献[21]中提出了煤炭超分子结构的新观点（自缔合多聚体观点），它利用现代物理化学方法[18,20,30]对研究煤有机质的结构提供了更多令人信服的证据。这种观点的基础是假定煤有机质结构的多种非价键相互作用，先决条件是不同分子质量和不同化学结构的单个有机团块或者有机矿物团块之间的关联。

“多聚体”表现为固体燃料有机质的各个单元的化学和空间配置环境与大小（分子质量）的多样性。它们是通过广义酸性基团（电子供体或者质子受体，称作A中心）和广义基团（电子受体或者质子供体，称作B中心）之间的非价键电子受供体连接的。氢键可以看作是电子受供体相互作用的一个特殊情况。非价键的实质参与是以碳氢化合物和含杂原子类单体单元电子密度的不均衡分布为前提条件的，类单体单元是通过电子受供体的相互作用形成二聚体、三聚体、四聚体、…、n聚体（多聚体）。

需要强调的是，化石有机燃料结构中的A中心和B中心之间的相互作用不等价，而较弱的化学键可以看作是单个多聚体团块中的分子内键[18,31,32]。文献[18-21,31,33]中详细阐述了使用有机溶剂（萃取、加氢液化、热溶解）的各种反应中煤有机质结构中多聚体的形成及多聚活性的前提。

煤有机质的碳氢化合物碎片中形成电子受供体的前提是电子密度分布不均匀。对于固态芳香化合物模型，最极化的π电子子系统的不均匀度可通过^{13}C核磁共振的方法来表征[32]:

$$\delta_C = 287.5 - 160\rho$$

式中　δ_C——核磁共振波谱中^{13}C的化学位移；

ρ——碳原子中 π 电子的密度。

对固态的芘来说，δ_C 值变化范围从 124.6（内缩合节中的碳）至 124.8～127.7（C_{Ar}—H）和 131.1（外缩合节）不等，一个电子在一个原子上的 π 电子密度相应从 0.978 变化至 1.018。出现 π 电子的不均匀分布还有一个原因，即芳环中存在烷基取代基，特别是存在含氧基团。对低阶变质煤有机质碎片结构的原子 C 来说，化学位移 δ_C 共有 173（1，4，5，8）、134（2，3，6，7）和 112（9，10）。因此，对于和氧相连的碳原子来说，π 电子的最小密度 ρ 等于 0.716，而对缩合节中的碳原子来说，π 电子的最大密度 ρ 等于 1.097。如果引入羧基，如马来酸和富马酸，电子将会出现再分配。

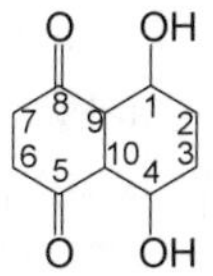

O OH
8 1
7 9 2
6 10 3
5 4
O OH

煤有机质构成中，氧分布最广的形式是 OH 基团（含环烷、烷基和芳香结构碎片的组成部分）、羧基和 C═O 基团（醌基和酮基）。此外，还有简单的醚键和酯键。氧还是饱和及芳香特性缩合结构的构成成分。煤中氧的分布数据[32]见表 4-1。

表 4-1 俄罗斯煤含氧基团中 O 原子的比例（daf） 单位：%

C^{daf}/%	COOH	OH	C═O	OCH_3	未确认的形式①
65.7	5.2	9.2	3.9	1.1	7.3
70.4	3.9	9.1	2.6	0.8	6.3
72.7	2.4	8.1	2.0	0.4	6.8
75.5	1.4	7.4	1.5	0.1	7.3
78.5	1.0	6.2	1.5	0	5.2
80.8	0.7	5.0	1.3	0	4.7
83.0	0.2	1.8	0.6	0	6.3
86.1	0	0.2	0.3	0	5.7

① 在基团 Ar—O—Ar 中的醚 O，在杂环基团（C—O—C）中的 O。

煤有机质结构中生物碱和蛋白质前体氮存在于苯-二苯并吡啶的杂环碎片和构成 NH_2—和—NHR 的基团中。在低变质煤中同时有含 O 和 N 碎片的结构如下 Ⅰ 和 Ⅱ[34]：

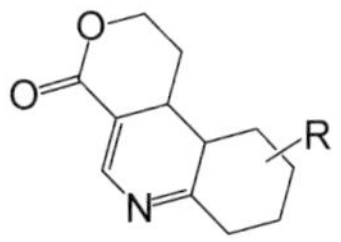

O R N
Ⅰ

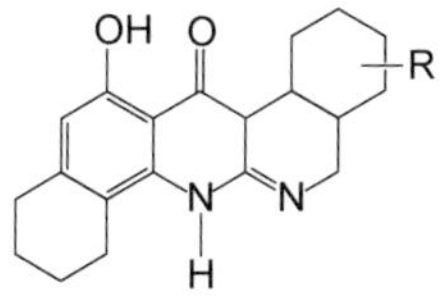

OH O R N N H
Ⅱ

由于电子受供体相互作用的杂原子中心的参与，煤有机质结构中形成了内碎片-碎片间氢键类型的多种交联，形成的碎片有：ArOH；ArCOOH；Ar—O(C═O)—Ar；R—O—Ar；(Ar)C═O；在吡喃和呋喃环中的氧；在氮杂环和吡咯环中的氮；$ArNH_2$，ArNHR；SH基团和噻吩碎片中的硫。通过不影响易变化价键的化学反应破坏煤有机质结构中的电子受供体，将会导致煤有机质在温和条件下严重破裂，这证明了在煤炭形成和变质过程中A、B类型相互作用对有机质结构形成的重要性[20,21,32,35]。

通过选择*O*-烷基化，同时测定萃取物的出率，可以证明OH基杂原子中心的优势以及它们优先进入氢键中。图4-6表明[35]，同一种煤（挥发性物质的V^{daf}为26.5%）中OH基含量降低时，二氯甲烷的萃取率显著升高，这是它们连续烷基化的结果。显然，含氢键类型的煤有机质多聚体化学结构，一方面是以介于黄腐酸和腐殖酸之间泥炭形成阶段的伴生构造为前提，另一方面是多糖胡敏素的存在。

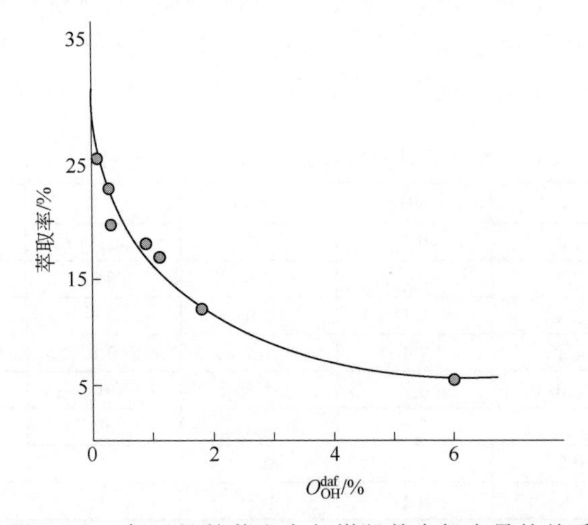

图4-6　二氯甲烷的萃取率与煤羟基中氧含量的关系

含有N、O、S杂原子的碎片形成了煤有机质结构中的分子内和分子间氢键：

$$X—H + Y \rightleftharpoons X—H\cdots Y$$

式中　X——杂原子，它的电负性比H原子的电负性高；

Y——杂原子的电子供体（在吡啶类型结构中的N，在羰基和呋喃环中的O等）。

在氢键复合体形成中还有碳氢化合物的参与，由于羟基质子受体表现出C—H键质子的亲和力。碳氢化合物的酸性随着形成C—H键的s杂化轨道的增加而升高，$sp^3 < sp^2 < sp$。由于电子受体取代基的加入，键极化加强了质子供体的能力。

作为质子的受体可以是化合物，通常是 X—H 酸，氯仿和带吲哚的二氯甲烷络合形成的数据可以证明这一点。

不仅是含杂原子的结构，而且 π 电子体系——芳环和 C═C 键都有可能是 Y 电子供体基。在芳环中引入电子供体取代基后，配合物的稳定性随之增强。因此，将苯换成三甲苯时苯酚配合物生成热从 6.5kJ/mol 增加到 8kJ/mol[21]。分析溶剂对煤影响的大量实验数据表明[20]，随着煤中杂原子含量的增加，萃取率也会增加（图 4-7）。显然，煤有机质中杂原子越多，它们参与形成电子受供体-配合物的可能性就越大。根据自缔合多聚体的观点[21]，萃取煤结构中的某个组分是溶剂分子的 A 中心（或者 B 中心）与煤炭结构的 B 中心（或者 A 中心）相互作用的结果。

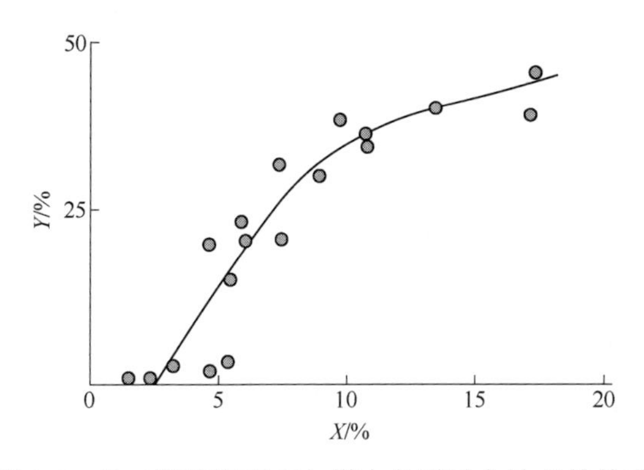

图 4-7　乙二胺萃取率 Y 与煤中杂原子含量 X 的关系

根据多聚体理论，煤在溶解过程中可能会出现两个阶段：第一阶段为煤有机质自由 A 中心、B 中心的攻击，第二阶段为电子受体配合物中成对电子的互相攻击。在第二种情况下，溶剂分子不得不与电子受体竞争，减弱 $A \rightleftharpoons B$ 的自缔合作用，在相应的煤有机质中心和溶剂分子之间形成新的电子受体键。

由此，可以做出两个重要的结论，且可以通过实验较容易地得到验证。首先，由于各种电子受供体键能量具有可比性，煤的萃取液化过程应具备活化特征，表观活化能值应在典型配合物键能特征值区域内。其次，不仅是单个大分子（结构价键单元），还有它们的缔合物都有可能萃取，因此，萃取率和缔合程度应取决于原煤和所使用溶剂的性质，还与萃取温度和萃取时间长短有关。

利用甲苯、对异丙基甲苯、乙苯、萘、苯酚、邻苯基苯酚在四种温度条件下萃取烟煤的数据表明[20]，阿伦尼乌斯方程决定萃取程度（图 4-8），这是由于活化参数值位于 8～20kJ/mol 的范围内。因此，当用苯酚和邻苯基苯酚萃取时，萃取效果最好，这是因为它们的分子中含有官能团，有助于和煤自缔合体组分形成电子受体键。由此可见[21]，利用吡啶萃取煤中含有大量的酚醛结构，其中的 OH 基团在原煤中参与形成氢键。在 303～338K 温度范围内，在频率为 60kHz 的超声作用下，利用四氢萘、喹啉、四氢喹啉、吡啶萃取镜质体和烟煤的动力学研究结果表明，活化能为 16～22kJ/mol，比共价键断裂能大大减少[31]。

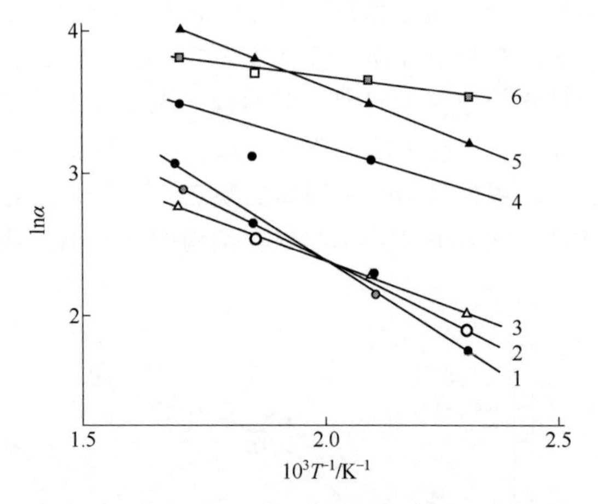

图 4-8 阿伦尼乌斯方程坐标中温度对烟煤萃取率（α）的影响

溶剂：1—甲苯；2—对异丙基甲苯；3—乙苯；4—萘；5—苯酚；6—邻苯基苯酚

利用质子磁共振波谱学方法研究煤热液化产品表明，邻苯基苯酚和沥青质之间的相互作用非常弱[21]。但是，借助于 HCl 可将后者分解成两个馏分——酸性馏分（A）和主馏分（B），相互作用明显增强，这是因为与 B 馏分的相互作用程度与系统中的邻苯基苯酚-喹啉的作用程度具有可比性（图 4-9）。

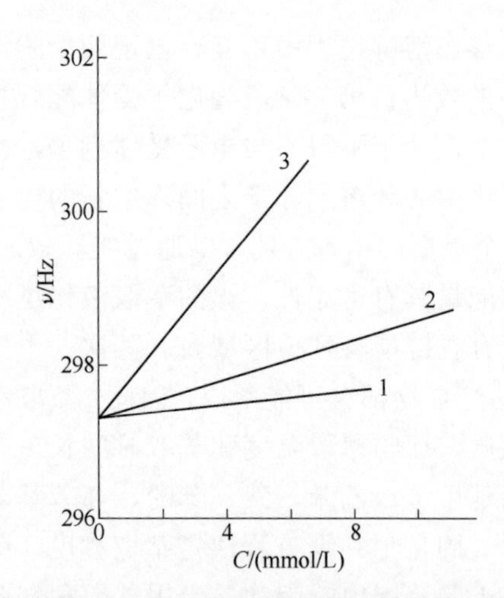

图 4-9 OH 基团、邻苯基苯酚质子的 ν 频率质子磁共振信号与煤炭产品的碳含量 C 之间的关系

1—沥青质；2—酸性沥青质馏分；3—主馏分

煤有机结构的参与在煤单个组分的非共价键合中发挥重要作用。因此，在褐煤阶大多数酸性基团（67%～69%）处于键合态，表现为碱性、碱土性、非过渡性（Al，Si）和过渡性（Fe，Ni，Ti）金属羧酸盐复合物等形式[32]。这会导致煤有机质出现以下交联结构，如 Ar—COO—CA—OOC—Ar 和 Ar—COO—CA—$O(CH_2)_n$—Ar。式中，Ar 表示芳香基，CA 表示环烷基。羧酸盐结构中的金属阳离子还与 π 电子芳核体系相互作用，形成螯合复合型碎片。还会形成Ⅲ～Ⅴ类型的有机金属化合物[35]：

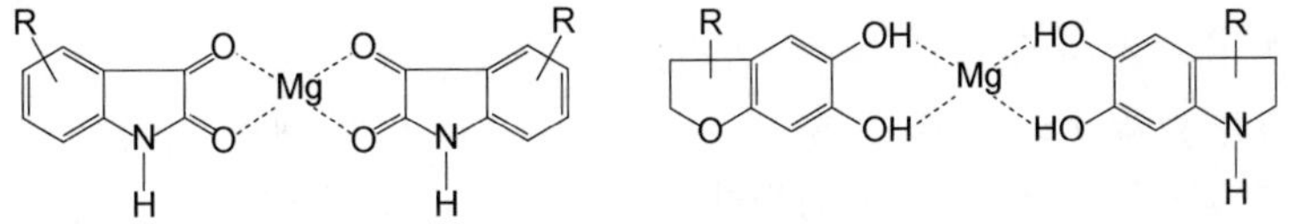

Ⅲ　　　Ⅳ

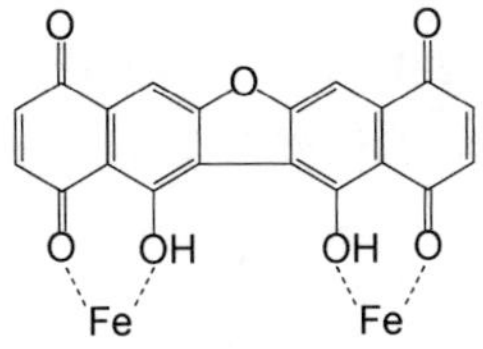

Ⅴ

根据煤大分子碎片的缔合度，与石油类似，传统上可分为油（软沥青烯）、沥青质和预沥青质。由此，杂原子和顺磁中心的芳香程度和浓度以及化合物的分子质量有所增加，而氢含量和 H/C 原子比下降。

最近，通过使用特殊溶剂，成功地从煤中分离出不溶于吡啶和四氢呋喃的馏分，但该馏分溶于 CS_2 和 *N*-甲基-2-吡咯烷酮混合物（1∶1）[36]。这种馏分的 daf 萃出率达到 30%（表 4-2），与沥青质和预沥青质的总出率相仿。尽管软沥青烯、沥青质和预沥青质的分子量分布出现部分重叠，但它们的有效分子量平均值依次增加（比如，对于 C^{daf} 为 86.9%的煤来说，从 620 增加到 1950 和 3030）[32]。

表 4-2　用 CS_2 和 *N*-甲基-2-吡咯烷酮混合物（1∶1）萃取煤结果

煤的组成				馏分萃出率/%		
C	H	O+N+S	油	沥青质+预沥青质	重化合物	共计
83.4	6.0	10.6	9.4	21.6	0.1	31.1
86.6	6.0	7.4	6.1	33.0	17.7	56.8
82.3	5.2	12.5	6.7	29.5	10.0	46.2
86.2	5.1	8.7	7.3	22.1	30.0	59.4
86.9	5.1	8.0	7.4	26.9	28.7	63.0

注：室温条件下超声作用。

变质煤结构碎片之间受供体相互作用的性质规律性发生变化。随着碳含量的增加杂原子的比例下降，因此非共价键相互作用发挥了较小的作用。同时，变质程度增加与有机单元的芳构化共轭，这导致了芳香性碎片团簇之间的非价键作用逐步增强[16]。

可通过电子受体键的近似贡献，来简单近似地描述这种转变[16]：

$$\chi = \alpha f_0 + (1-\alpha) f_a \quad (4\text{-}6)$$

杂原子的贡献接近氧原子的比例 (f_0=O / C)，因此，它们最大限度地参与了非价键相互作用。芳烃的贡献转变为芳香度（ f_a=C_{Ar} / C ）。

如果采用方程（4-6）中的值 α =1/2，那么，煤有机质中碳含量对自缔合因子 χ 的影响可以表现为图 4-10 中的形式，这表明，当 C^{daf}≈85%，非价键相互作用总贡献达到最小值，即 R_0 ≈1%。因此，自缔合多聚体的观点[21]很好地解释了 R_0 ≈ 1%（C^{daf}=85%～86%）条件下煤炭的各种物理化学性质的极端性。

可以预见，随着参与生成配合物的芳香分子大小的增加，它们的内聚能将会增加，因此，在这种条件下，通过减少电离势，增加电子亲和力，电子受供体相互作用的条件将会改善。在图 4-11 中，对苯、甲苯和芘来说，这些化合物的电离势 I 与二聚体键能 $E_{化学键}$ 之间呈现出相关性[16]。这种关系可以用以下方程近似表示：

$$\lg E_{化学键} = 6.162 - 0.548I \quad (4\text{-}7)$$

根据电离势来评价 $E_{化学键}$。特别是对萘、蒽、并四苯、芘来说，I 值分别等于 8.12eV、7.38eV、6.88eV 和 6.23eV，$E_{化学键}$ 值分别等于 52kJ/mol、131kJ/mol、246kJ/mol 和 560kJ/mol。

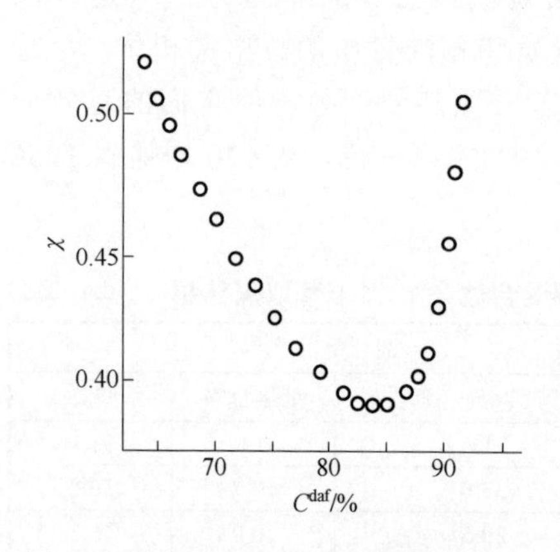

图 4-10　自缔合因子 χ 的贡献等级与变质煤中碳含量 C^{daf} 之间的关系

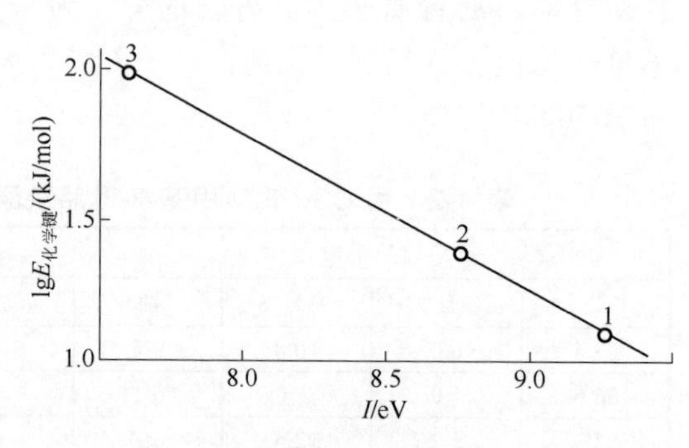

图 4-11　二元复合物的键能 $E_{化学键}$ 与分子的电离势 I 之间的关系

1—苯；2—甲苯；3—芘

在表 4-3 中，以模型化合物（间甲酚、苯胺和喹啉）为例，列出了电子受供体-配合物的热动力学参数。在这些化合物的混合物中形成了二元缔合物（间甲酚/喹啉、苯胺/喹啉、苯胺二聚体）和三聚体 XY_2（Y—间甲酚；X—对甲酚，苯胺或者喹啉）。焓变值 ΔH_k =9.4～62.2kJ/mol，而熵变值 ΔS_k =25.2～185.6J/(mol·K)。

表 4-3　25℃条件下，在癸烷介质中模型化合物的配合物生成热动力学参数

反应①	$-\Delta H_k$ /(kJ/mol)	$-\Delta S_k$ /[J/(mol·K)]	$-\Delta G$ /(kJ/mol)	K_p /mol
Y+Y+Y ══ Y_3	62.2	185.6	6.85	15.9
A+A ══ A_2	15.4	50.0	0.46	1.2
Y+Q ══ YQ	33.9	83.9	8.9	36.2
Y+YQ ══ Y_2Q	15.5	29.5	6.7	14.9
A+Q ══ AQ	9.4	25.2	1.9	2.2
Y+Y+A ══ Y_2A	52.1	136.6	11.4	99.4

① A 为苯胺，Y 为间甲酚，Q 为喹啉；等式左边为配合物生成参与者，右边为生成的配合物。

总之，电子受-供体配合物理论假设[37] ΔH_k 与 ΔS_k 之间存在关联。这种关联性可以从表 4-3 中得到体现，因为在 ΔH_k 与 ΔS_k 之间存在回归关系[18]：

$$-\Delta H_k = 2.9 - 0.355\Delta S_k \tag{4-8}$$

对于含有煤萃取物的喹啉配合物来说，同样具有类似的关系：

$$-\Delta H_k = 8.05 - 0.276\Delta S_k \tag{4-9}$$

对于不同的电子受-供体配合物[37]（−0.337）和带氢键的配合物（−0.346）来说，当ΔS_k（−0.335 和−0.276）接近对应值时，系数是有利于煤结构中电子受供相互作用的附加参数。因此，为了实际评估等压势 ΔG_k 和平衡常数 K_k，需要充分确定煤碎片缔合焓的变化，因为这一变化决定了它们的非价键的能量。

作者[39]强调，含煤有机质的低分子化合物（HMC）向高分子化合物（BMC）过渡时，配合物生成能量应有所增加：

$$\text{HMC}\cdots\text{HMC} < \text{HMC}\cdots\text{BMC} < \text{BMC}\cdots\text{BMC} \tag{4-10}$$

这间接证实了芳香化合物二聚体键能与对应分子晶体熔点温度以及这些物质在液态中的沸点温度之间的关联性[16]。煤有机质芳香碎片的键能可根据从固态向液态转换时的生成焓值来评估：$\Delta(\Delta H_f) = \Delta H_f(\text{气态}) - \Delta H_f(\text{固态})$（图 4-12）。根据文献[16]中列出的数据，对于芳香烃化合物来说，化合物的分子质量大约增加 1.5 倍（从 130 到 330），$\Delta(\Delta H_f)$ 值也从 25kJ/mol 增加到 150kJ/mol，这直接证实了所研究化合物生成配合物时能量的增加［式（4-10）］。

通常情况下，电子受供体相互作用的能量可以表现为好几种形式，它们的贡献都取决于 A、B 中心的化学本质。在量子化学计算基础上可划分出生成配合物

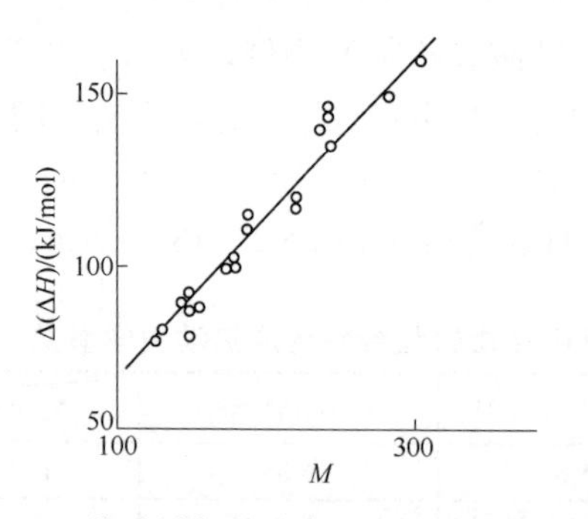

图 4-12 芳香碳氢化合物从固态向液态转换时焓差 $\Delta(\Delta H)$与它们分子质量 M 之间的关系

时对能量的贡献[15,31]：来自电荷转移的静电、极化和交换贡献。在氢键形成中静电贡献起的作用最大，而极化贡献次之。具有低位自由分子轨道的煤有机质结构碎片通过电荷转移对配合物生成的能量贡献是很大的。根据漫反射光谱数据[20]，煤的电子吸收峰可能发生在近红外区和中红外区，因此煤中电子的价带跃迁是显而易见的，这正如对煤进行机械和（或）热作用处理时，固态煤向导电区转化一样。

根据煤炭红外光谱中 OH 基团的价键振动频率的偏移，对煤有机质缔合体中氢键的能量评估表明[15]，褐煤和长焰煤的 $-\Delta H_k$ 值为 30～40kJ/mol。随着煤变质阶段的增加（V^{daf} 增加到约 25%），羟基参与形成的氢键能量降低到 34.2～34.4kJ/mol[15]。根据这些数据，计算出了 OH 基在煤有机质非共价键键合中的总贡献与煤化程度的关系。Q 键比能（kJ/kg）根据下列公式确定：

$$Q=\frac{1000\left[\mathrm{O_{OH}}\right]}{16\times100}\left(-\Delta H\right) \tag{4-11}$$

式中 $[\mathrm{O_{OH}}]$——OH 基中的氧含量（daf），%；

16——氧的原子量。

同理，可以确定其他含 O 基团中对非共价键键合能的贡献大小。有 COOH、C═O、C—O—R 等基团参与形成的氢键焓值可以根据芳香酸、丙酮、二烷基醚（分别为 62.8kJ/mol、14.9kJ/mol 和 17kJ/mol[32]）来确定。对于褐煤热分解的初始阶段来说，羧基配合物生成焓值根据活化能值评估为 48.1kJ/mol，褐煤的衰变仅限于羧基结构的分解。自由基 COOH 及其配合物中的相关基团所占比例分别为 1/3 和 2/3，用于将基团中的总氧含量分配到两个亚型基团中（羧基和氧基）中。

从表 4-4 的数据可以得到，有 OH 基团参与的相互作用对低变质煤有机质的非共价键键合能做出了主要贡献。当碳含量从 65.7%增加到 86.1%时，以含 O 基为主的总键合能从 478kJ/kg 下降到 68kJ/kg。

表 4-4 各种含氧基团对煤有机质结构的非共价键键合能的贡献

（功能构成见表 4-1 的数据） 单位：kJ/mol

C^{daf}/%	OH	COOH	COO①	C═O	C—O—R②	共计
65.7	267	34	52	36	89	478
70.4	244	25	39	24	75	407

续表

C^{daf}/%	OH	COOH	COO[①]	C═O	C—O—R[②]	共计
72.7	210	16	24	19	76	345
75.5	182	9	14	14	79	298
78.5	148	6	10	14	55	231
80.8	114	5	7	12	50	188
83.0	40	1	2	6	6	116
86.1	4	0	0	3	61	68

① 羧基。

② O 在 R—O—R 和杂环中的数量，R 对应于 C_nH_{2n+1} 或 Ar。

向中变质煤和高变质煤转换时，需要考虑煤有机质的芳香碎片之间的非共价键键合能。当分散逼近时（不考虑带电荷转移的配合物），相互作用能量取决于价键轨道 I 的电离势和相互作用参与者 α 的极化[15]：

$$\Delta H = -(3/4)\alpha^2 I/R^6 \tag{4-12}$$

式中，R 为芳香团块平面之间的距离，煤炭 X 射线衍射研究可近似确定 d_{002} 的值。

根据文献[15]中的式（4-12）可计算出电子参数 I 和 α 与煤有机质芳香碎片结构之间的关系，其特性可由缩合节中碳原子比例 $C_{Ar}^{缩合}$ 反映出来：

$$I = 9.25 - 5.35C_{Ar}^{缩合} \tag{4-13}$$

$$\alpha = (198.4 - 164.33C_{Ar}^{缩合})C_{Ar}^{缩合} \tag{4-14}$$

从式（4-12）～式（4-14）中可以发现，当 C^{daf} 从 80%增加到 90%和 95%（R_0 从 0.7%增加到 1.7%和 2.7%），芳香性团簇之间的非共价键键合能从 38kJ/mol 增加到 115kJ/mol 和 188kJ/mol。煤的分子间总相互作用最小值为 $R_0 \approx 1\%$（$C^{daf} = 85\% \sim 86\%$），显然，这是以煤结构的特殊性为前提的，煤有机质的特点为氧含量较低，且芳香团聚处于初始阶段。

在需要确定不同反应中煤结构与反应特性之间的相互关系时，建议对以下数据进行系统化分析，包括煤中不同类型的共价键和非共价键能量及其本质，有机碎片和有机矿物碎片的分布，在不同环境包括溶解和萃取中热、机械化学和其他作用下的结构变化等。

4.3 结构与性能的关系

煤化学的中心任务之一就是建立结构与性能之间的关系，其实质在于根据结构化学参数预测煤有机质的物理-化学性质。在对这个问题进行理论分析时，我们将利用化学和光谱学方法从全面或从岩相组成的角度确定煤有机质的元素、官能团和碎片组成。

一般，对结构元素之间的关系研究需要从简单分子开始研究。

4.3.1 分子结构单元数量之间的线性关系

分子结构单元是指不同种类原子的数量，不同类型的σ键和π键、官能团、结构和芳香环等，它们之间存在线性关系。这些关系在研究复杂结构系统的性质时是非常有益的，例如，煤有机质。因此，可把煤的平均结构单元看作是“煤分子”，用单位质量来代替分子质量。

首先来研究含C、H、N、O和S原子的有机分子结构单元之间的关系。分子中的化学键总数$\Sigma_{化学键}$与对应原子数之间存在以下线性关系：

$$\sum_{化学键}=\frac{1}{2}\left(\omega_{C}C+\omega_{H}H+\omega_{N}N+\omega_{O}O+\omega_{S}S\right) \tag{4-15}$$

式中，ω_i为原子i化合价数；C、H、N、O、S分别表示C、H、N、O、S元素的含量。

在有机化合物中，这些原子的化合价构成：$\omega_C=4$；$\omega_H=1$；$\omega_N=3$；$\omega_O=2$；$\omega_S=2$。由此，上式可以写成：

$$\sum_{化学键}=\frac{1}{2}\left(4C+H+3N+2O+2S\right) \tag{4-16}$$

第二种关系可以用图形表示。由价键相连的原子所表示的分子结构式可以制出一张图，在图中原子形成图形的顶点，而价键形成边。因此，对分子来说，图中的顶点、边和环的数量之间的比例可以描述为：

$$\sum_{键}^{\sigma}=N_{aT}+R-1 \tag{4-17}$$

式中　$\sum_{键}^{\sigma}$——σ键数；

R——环数；

N_{aT}——分子中原子总数。

需要强调的是，在煤有机质中三键其实是不存在的[14]，接下来我们将会研究在两种混合状态：sp^3和sp^2中的碳原子。因此，在煤的任意有机分子中总键数$\Sigma_{化学键}$可表示为π键和σ键的总和：

$$\sum_{化学键}=\sum_{键}^{\pi}+\sum_{键}^{\sigma} \tag{4-18}$$

根据定义，π键数$\sum_{\text{键}}^{\pi}$等于：

$$\sum_{\text{键}}^{\pi}=\frac{C_{\mathrm{Ar}}}{2} \tag{4-19}$$

相应地，如果分子中已知每种类型原子（C、H、N、O、S 和 C_{Ar}）的数量，那么根据式（4-15）～式（4-19）可以确定$\sum_{\text{键}}^{\pi}$、$\sum_{\text{键}}^{\sigma}$、$\sum_{\text{化学键}}$和 R 的值。在表 4-5 中列出了一系列典型分子的计算结果。

表 4-5　分子结构单元数

分子	N_{aT}	$\sum_{\text{键}}^{\sigma}$	$\sum_{\text{键}}^{\pi}$	R
苯酚 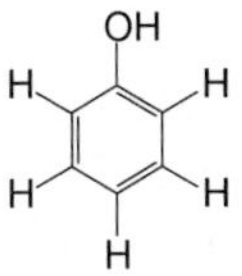	13	13	3	1
四氢萘 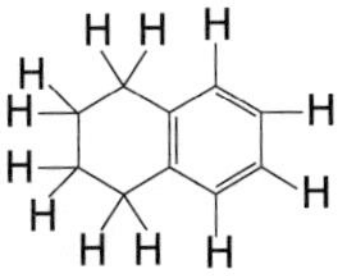	22	23	3	2
吡咯 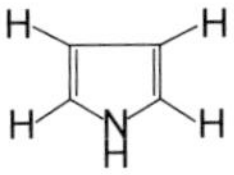	10	10	2	1
六苯并苯 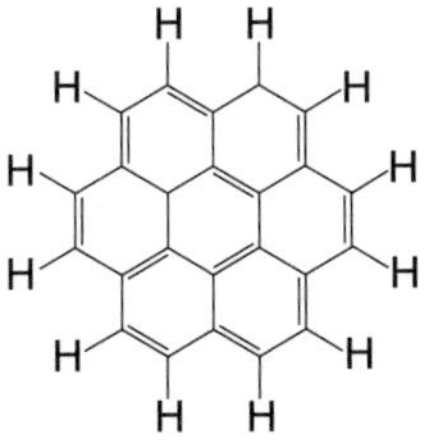	36	42	12	7
正四面体烷 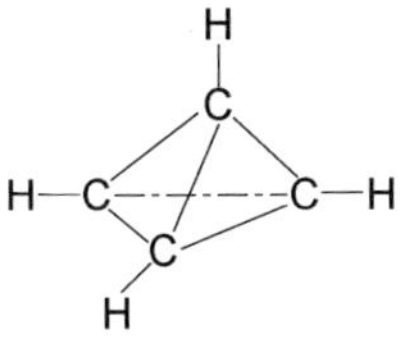	8	10	0	3①
富勒烯 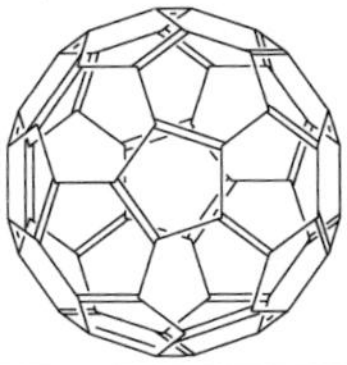	60	90	30	31①

续表

分子	N_{aT}	$\sum_{键}^{\sigma}$	$\sum_{键}^{\pi}$	R
萉（phenalene）	22	24	6.5	3

① 当图与无限大平面相交时，方程（4-17）写成：

$$\sum_{键}^{\sigma}=N_{aT}+R-2$$

从方程（4-17）和方程（4-18）中可得：

$$2R+2\sum_{键}^{\pi}=2C+N-H+2 \tag{4-20}$$

考虑到构成分子的所有原子的化合价，对于任意分子方程（4-20）可以写成以下一般形式，即：

$$2R+2\sum_{i=1}(B_i-1)=\sum_{j=1}(\omega_j-2)A_j+2$$

式中 B_i——第 i 个化学键的多样性；

ω_j——j 原子的化合价。

我们引入参数“芳香性” f_a，得：

$$f_a=\frac{C_{Ar}}{C} \tag{4-21}$$

可得：

$$\sum_{键}^{\pi}=\frac{f_aC}{2} \tag{4-22}$$

$$\sum_{键}^{\sigma}=\sum_{键}-\frac{f_aC}{2}=\frac{1}{2}\left[(4-f_a)C+H+3N+2O+2S\right] \tag{4-23}$$

$$R=\sum_{键}^{\sigma}-N_{aT}+1=\frac{1}{2}\left[(2-f_a)C-H+N+2\right] \tag{4-24}$$

得到的结果可以用于确定一些非常有价值的数值。比如说，“氢分子”的亲和力 $H_{亲和力}$，它刚好等于满足分子中多重键饱和和开环所需氢原子的最大数：

$$H_{亲和力}=2R+2\sum_{键}^{\pi}=2\tilde{N}+N-H+2 \tag{4-25}$$

下一个参数——氢的最大物质的量 n_{H_2} 的理论值：

$$n_{H_2}=\sum_{键}-\sum_{键}^{\pi}=\frac{1}{2}(4C-H+3N+2O+2S) \tag{4-26}$$

事实上，根据反应 $C_mH_iN_pO_kS_l+nH_2 = mCH_4+pNH_3+kH_2O+tH_2S$，氢的物料平衡为：

$$l+2n=4m+3p+2k+2t$$

因此：

$$n=\frac{1}{2}(4m-1+3p+2k+2t)$$

这与式（4-26）相等。

从式（4-17）中可以得到个别种类化合物的有用比值，比如，饱和烃化合物：

$$\sum_{键}^{\sigma}=\frac{1}{2}(4C+H) \tag{4-27}$$

和

$$N_{aT}=C+H$$

那么从式（4-17）中可得饱和环的数量：

$$R_{饱和}=\frac{2C-H}{2}+1 \tag{4-28}$$

对于芳香碳氢化合物

$$\sum_{键}^{\sigma}=\frac{1}{2}(3C+H) \tag{4-29}$$

和

$$N_{aT}=C+H$$

相应地，从式（4-17）中可得：

$$R_{芳烃}=\frac{C-H}{2}+1 \tag{4-30}$$

在一般情况下，对于任意结构的碳氢化合物：

$$\sum_{键}^{\sigma}=\sum_{化学键}-\sum_{键}^{\pi}=\frac{4C-C_{Ar}+H}{2} \tag{4-31}$$

那么从式（4-17）中可得：

$$R=\frac{2C-C_{Ar}-H}{2}+1 \tag{4-32}$$

在研究复杂分子的结构和性能时，数值关系分析非常有用。分子中原子数和化学键类型之间的关系分析是很有意义的，比如说，对烷烃可以这样描述：

$$C = n_{\mathrm{C-C}} + 1 \tag{4-33}$$

$$H = n_{\mathrm{C-H}}$$

而对于芳香碳氢化合物：

$$C = \frac{2}{3} n_{\mathrm{C-C}} + \frac{1}{3} n_{\mathrm{C-H}} \tag{4-34}$$

$$H = n_{\mathrm{C-H}}$$

一般情况下，为了使一个体系有唯一解，就必须要考察当各种类型的化学键数等于原子类型数的情形。假定，被考察的分子中含有C、H、N、O和S原子。相应地，根据以上五种原子的数量可以确定五种化学键类型。我们任意选择以下化学键——C—C、C—H、C—N和C—S，建立连接原子数和化学键数的线性方程组，建立的方程组如下。讨论有原子参与这些化学键形成过程的情形。取键数总和n_{x-y}以及相对应的该原子参与数，取值1或者2（比如说，在形成C—C键时C原子两次参与，而在形成C—H键时C原子只有一次参与等），得到的总数分成这种原子的ω个化合价。那么对于这种情况可以得到下列方程组：

$$\begin{cases} C = \frac{1}{4}\left(2n_{\mathrm{C-C}} + n_{\mathrm{C-H}} + n_{\mathrm{C-O}} + n_{\mathrm{C-N}} + n_{\mathrm{C-S}}\right) \\ H = n_{\mathrm{C-H}} \\ N = \frac{1}{3} n_{\mathrm{C-N}} \\ O = \frac{1}{2} n_{\mathrm{C-O}} \\ S = \frac{1}{2} n_{\mathrm{C-S}} \end{cases} \tag{4-35}$$

方程组（4-35）可以用矩阵形式表示：

$$\begin{pmatrix} C \\ H \\ N \\ O \\ S \end{pmatrix} = \begin{pmatrix} \frac{1}{2} & \frac{1}{4} & \frac{1}{4} & \frac{1}{4} & \frac{1}{4} \\ 0 & 1 & 0 & 0 & 0 \\ 0 & 0 & 0 & \frac{1}{3} & 0 \\ 0 & 0 & \frac{1}{2} & 0 & 0 \\ 0 & 0 & 0 & 0 & \frac{1}{2} \end{pmatrix} \begin{pmatrix} n_{\mathrm{C-C}} \\ n_{\mathrm{C-H}} \\ n_{\mathrm{C-O}} \\ n_{\mathrm{C-N}} \\ n_{\mathrm{C-S}} \end{pmatrix} \tag{4-36}$$

确定了方阵的逆矩阵以后，写成：

$$\begin{pmatrix} n_{C-C} \\ n_{C-H} \\ n_{C-O} \\ n_{C-N} \\ n_{C-S} \end{pmatrix} = \begin{pmatrix} 2 & -\frac{1}{2} & -\frac{3}{2} & -1 & -1 \\ 0 & 1 & 0 & 0 & 0 \\ 0 & 0 & 0 & 2 & 0 \\ 0 & 0 & 3 & 0 & 0 \\ 0 & 0 & 0 & 0 & 2 \end{pmatrix} \begin{pmatrix} C \\ H \\ N \\ O \\ S \end{pmatrix} \tag{4-37}$$

以总式为 $C_3N_3H_3$ 的三嗪分子为例：

[三嗪结构式：H、C、N 环]

根据矩阵方程（4-37）可得：

$$\begin{cases} n_{C-C} = 2C - \dfrac{H}{2} - \dfrac{3N}{2} = 0 \\ n_{C-H} = H = 3 \\ n_{C-O} = 2O = 0 \\ n_{C-N} = 3N = 9 \\ n_{C-S} = 2S = 0 \end{cases}$$

我们选取以下原子和化学键：

原子	化学键
>C<	C—C
—H′[1]	C—H
═N—	C—N
—O—	C—O
—S—	C—S
>N—	HC—NH
—OH	C—OH
—SH	C—SH
$—NH_2$	$C—NH_2$

这样，可以选择更加广泛的情形。与上一个任务类似，可以得到以下形式的矩阵：

[1] H′为与碳原子相连的氢原子。

$$
\begin{bmatrix} C \\ H' \\ N \\ O \\ S \\ NH \\ OH \\ SH \\ NH_2 \end{bmatrix} = \begin{bmatrix}
\frac{1}{2} & \frac{1}{4} & \frac{1}{4} & \frac{1}{4} & \frac{1}{4} & \frac{1}{4} & \frac{1}{4} & \frac{1}{4} & \frac{1}{4} \\
1 & 0 & 0 & 0 & 0 & 0 & 0 & 0 & 0 \\
0 & 0 & 0 & \frac{1}{3} & 0 & 0 & 0 & 0 & 0 \\
0 & 0 & \frac{1}{2} & 0 & 0 & 0 & 0 & 0 & 0 \\
0 & 0 & 0 & 0 & \frac{1}{2} & 0 & 0 & 0 & 0 \\
0 & 0 & 0 & 0 & 0 & \frac{1}{2} & 0 & 0 & 0 \\
0 & 0 & 0 & 0 & 0 & 0 & 1 & 0 & 0 \\
0 & 0 & 0 & 0 & 0 & 0 & 0 & 1 & 0 \\
0 & 0 & 0 & 0 & 0 & 0 & 0 & 0 & 1
\end{bmatrix}
\begin{bmatrix} n_{C—C} \\ n_{C—H} \\ n_{C—O} \\ n_{C—N} \\ n_{C—S} \\ n_{C—NH} \\ n_{C—OH} \\ n_{C—SH} \\ n_{C—NH_2} \end{bmatrix} \tag{4-38}
$$

得到方阵的逆矩阵，可以写成：

$$
\begin{bmatrix} n_{C—C} \\ n_{C—H} \\ n_{C—O} \\ n_{C—N} \\ n_{C—S} \\ n_{C—NH} \\ n_{C—OH} \\ n_{C—SH} \\ n_{C—NH_2} \end{bmatrix} = \begin{bmatrix}
2 & -\frac{1}{2} & -\frac{3}{2} & -1 & -1 & -1 & -\frac{1}{2} & -\frac{1}{2} & -\frac{1}{2} \\
0 & 1 & 0 & 0 & 0 & 0 & 0 & 0 & 0 \\
0 & 0 & 0 & 2 & 0 & 0 & 0 & 0 & 0 \\
0 & 0 & 3 & 0 & 0 & 0 & 0 & 0 & 0 \\
0 & 0 & 0 & 0 & 2 & 0 & 0 & 0 & 0 \\
0 & 0 & 0 & 0 & 0 & 2 & 0 & 0 & 0 \\
0 & 0 & 0 & 0 & 0 & 0 & 1 & 0 & 0 \\
0 & 0 & 0 & 0 & 0 & 0 & 0 & 1 & 0 \\
0 & 0 & 0 & 0 & 0 & 0 & 0 & 0 & 1
\end{bmatrix}
\begin{bmatrix} C \\ H' \\ N \\ O \\ S \\ NH \\ OH \\ SH \\ NH_2 \end{bmatrix} \tag{4-39}
$$

在分子上进行结果验证：

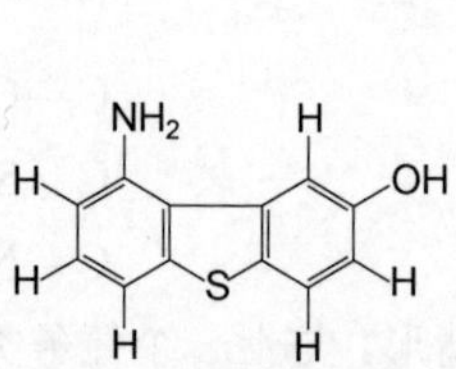

它的总式为 $C_{12}H_6(NH_2)(OH)S$。根据矩阵方程（4-39）得：

$$
\begin{cases}
n_{C-C} = 2\times12-\frac{1}{2}\times6-\frac{3}{2}\times0-1\times0-1\times1-1\times0-\frac{1}{2}\times1-\frac{1}{2}\times0-\frac{1}{2}\times1=19 \\
n_{C-H} = 1\times6=6 \\
n_{C-O} = 2\times0=0 \\
n_{C-N} = 3\times0=0 \\
n_{C-S} = 2\times1=2 \\
n_{C-NH} = 2\times0=0 \\
n_{C-OH} = 1\times1=1 \\
n_{C-SH} = 1\times0=0 \\
n_{C-NH_2} = 1\times1=1
\end{cases}
$$

根据文献[41]，煤有机质的广延性（ξ）可被表示为C、H、N、O和S原子数目的线性函数：

$$\xi = f(C,H,N,O,S) \tag{4-40}$$

计算一个碳原子：

$$\frac{\xi}{C} = f\left(1,\frac{H}{C},\frac{N}{C},\frac{O}{C},\frac{S}{C}\right) \tag{4-41}$$

可知，ξ/C的值是无量纲的函数，对于简单有机分子，或对于煤有机质来说都是同样的。

以碳氢化合物为例来看函数（4-41），已知，碳氢化合物中的C—C和C—H键数等于[8]：

$$n_{C-C} = \frac{1}{2}(4C-H),\quad n_{C-H} = H \tag{4-42}$$

那么，ξ可表示为键数n_{C-C}和n_{C-H}的函数：

$$\xi = a_1 n_{C-C} + a_2 n_{C-H}$$

得到：

$$\xi = \frac{a_1}{2}(4C-H) + a_2 H$$

或者

$$\xi/C = 2a_1 + \left(a_2 - \frac{a_1}{2}\right)\frac{H}{C} \tag{4-43}$$

对于饱和以及芳香碳氢化合物来说，当$\xi = S_{298}^0$时，在图4-13中建立了函数

ξ / C。从图 4-13 可以发现，对于不同类型化合物来说，S_{298}^{0} / C 与 H / C 的关系是不同的。问题在于，函数（4-43）不能区分开对熵做出各种贡献的 C—C 键。因此，参数 H / C 没有意义。对于函数（4-41）来说，这里的参数是原子比。这个问题需要另作讨论，文献[41]中采用的式（4-41）类型的函数，至今被广泛用于煤化学的研究当中。

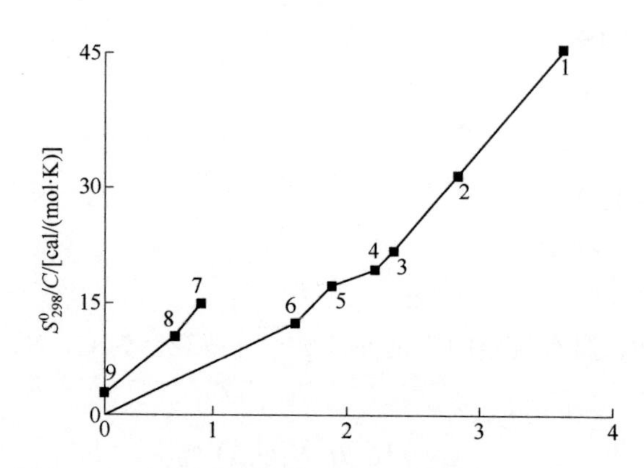

图 4-13 不同分子的 S_{298}^{0} / C 值和参数 H / C 的关系

1—甲烷；2—乙烷；3—正己烷；4—正癸烷；5—环己烷；6—十氢萘；7—苯；8—萘；9—石墨

煤有机质中孤立的双键和三键不存在，且它的碳氢化合物部分是由烷基碎片和芳香碎片构成的，基于范氏图[41]，可以利用以下著名公式：

$$H = 2C + 2 - 2R - C_{\mathrm{Ar}} \tag{4-44}$$

式中 H, C, C_{Ar}——氢、碳和芳香碳原子对应的总数；

R——分子中饱和环和芳环的总数。

利用式（4-21），将式（4-44）两边同时除以 C，得到：

$$\eta = 2\frac{R-1}{C} = 2 - f_{\mathrm{a}} - \frac{H}{C} \tag{4-45}$$

或者

$$f_{\mathrm{a}} = 2 - \frac{H}{C} - \frac{2R}{C} - \frac{2}{C}$$

在文献[41]中，η 被称作缩合指数，f_{a} 为芳香度。

可见，一般情况下，对于碳氢化合物 $0 \leqslant f_{\mathrm{a}} \leqslant 1$。定义参数 η 的范围。

对饱和烷烃：$f_{\mathrm{a}}=0$，$H=2C+2$，$\eta = -\frac{2}{C}$

对碳氢化合物：$f_{\mathrm{a}}=1$，$\eta = 1 - \frac{H}{C}$

因此，一般情况下：

$$-\frac{2}{C}\leqslant\eta\leqslant1-\frac{H}{C} \tag{4-46}$$

在表 4-6 中，列出了各种类型碳氢化合物的参数η和f_a的值。需要强调的是：首先，参数η是通过不同性质的烃环（饱和、芳香、六元，五元等烃环）总数确定的，因此，从其自身的物理-化学意义角度来说，它所包含的信息量并不多。其次，根据表 4-6，对稠环（分子 2、4～6）来说，其η值严格意义上是不同的（相应为 0.2、0.22、0.2），而对于两个非稠环（分子 3），其η值非零（η=0.15）。

我们通过原子数来研究有机分子中不同结构元素数确定方法。先从碳氢化合物开始研究，然后再进入杂原子体系中。在碳氢化合物中选取以下原子结构参数：$C_{\mathrm{Al}},C_{\mathrm{Ar}},H_{\mathrm{Al}},H_{\mathrm{Ar}}$。那么，在饱和碳氢化合物中 C—C、C—H 键数相应等于：

$$n_{\mathrm{C_{Al}—C_{Al}}}=\frac{4C_{\mathrm{Al}}-H_{\mathrm{Al}}}{2},\ n_{\mathrm{C_{Al}—H_{Al}}}=H_{\mathrm{Al}} \tag{4-47}$$

对芳香碳氢化合物，建立方程：

$$an^{\sigma}_{\mathrm{C_{Ar}—C_{Ar}}}+b\,n_{\mathrm{C_{Ar}—H_{Ar}}}=C_{\mathrm{Ar}} \tag{4-48}$$

很容易得到：$a=2/3,b=1/3$。

$$\frac{2}{3}n^{\sigma}_{\mathrm{C_{Ar}—C_{Ar}}}+\frac{1}{3}n_{\mathrm{C_{Ar}—H_{Ar}}}=C_{\mathrm{Ar}} \tag{4-49}$$

由于：

$$n_{\mathrm{C_{Ar}—H_{Ar}}}=H_{\mathrm{Ar}} \tag{4-50}$$

从式（4-49）中得到：

$$n^{\sigma}_{\mathrm{C_{Ar}—C_{Ar}}}=\frac{3C_{\mathrm{Ar}}-H_{\mathrm{Ar}}}{2} \tag{4-51}$$

那么，π键数可以通过公式确定：

$$n^{\pi}_{\mathrm{C_{Ar}—C_{Ar}}}=\frac{4C_{\mathrm{Ar}}-H_{\mathrm{Ar}}}{2}-\frac{3C_{\mathrm{Ar}}-H_{\mathrm{Ar}}}{2}=\frac{C_{\mathrm{Ar}}}{2} \tag{4-52}$$

如果分子由饱和碎片和芳香碎片构成，那么根据文献[8]，我们引入：

$$n_{\mathrm{C_{Al}—C_{Ar}}}=\delta$$

δ值一般情况下根据以下公式确定：

$$\delta=4C_{\mathrm{Al}}-H_{\mathrm{Al}}-2n_{\mathrm{C_{Al}—C_{Al}}} \tag{4-53}$$

表 4-6 基于范氏图的碳氢化合物参数性质

序号	分子	C	H	H/C	C_{Ar}	f_a	R	η
1	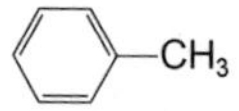	7	8	1.143	6	0.857	1	0
2	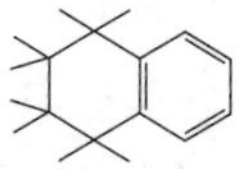	10	12	1.2	6	0.6	2	0.2
3	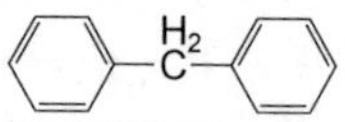	13	12	0.923	12	0.923	2	0.153
4	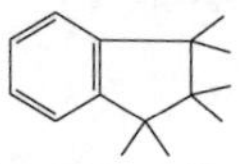	9	10	1.111	6	0.667	2	0.222
5	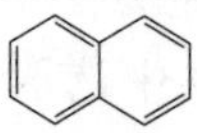	10	8	0.8	10	1	2	0.2
6	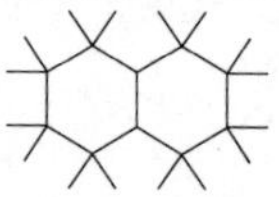	10	18	1.8	0	0	2	0.2
7	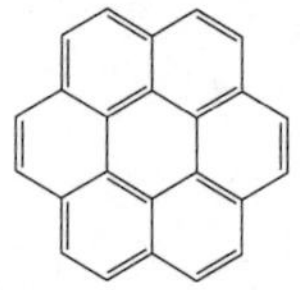	24	12	0.5	24	1	7	0.5

注：C 为碳原子数；H 为氢原子数；C_{Ar} 为分子中芳香碳数；R 为烷基取代基数；f_a 为芳香度；η 为缩合度。

引入的式（4-47）～式（4-53）完全可以用来确定碳氢化合物中各种类型键数，这些键由 C_{Al}、C_{Ar}、H_{Al}、H_{Ar} 组成。

为了将杂原子加入计算体系中，我们引入参数 δ'，用于确定芳环中官能团取代基的数目。

对于纯芳香烃来说，适用以下公式：

$$\gamma^{\pi}=\frac{C_{Ar}-H_{Ar}}{2}+1 \tag{4-54}$$

式中，γ^{π} 为环数，仅由含 π 电子体系的 C_{Ar} 型碳原子形成。

当分子中 π 电子体系分离，比如，在如下分子中：

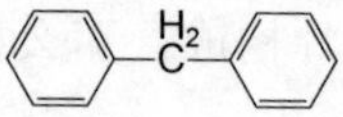

H_2 C （4-55）

式（4-54）转换成：

$$\gamma^{\pi}=\frac{C_{Ar}-H_{Ar}-\delta}{2}+j \tag{4-56}$$

式中，j 为芳香性团簇数，在上述情况下［式（4-55）］j=2。

当芳环中存在官能团时，对 δ' 来说，可以从式（4-56）中得到：

$$\delta' = C_{\mathrm{Ar}} + 2j - 2\gamma^{\pi} - H_{\mathrm{Ar}} - \delta \tag{4-57}$$

在式（4-47）～式（4-53）的基础上，得到连接不同类型键数的线性方程，对有机分子中含结构参数的任意结构适用。从方程中可发现，C_{Al}、C_{Ar}、H_{Al}、H_{Ar}、δ'、γ^{τ}、j 为结构参数。借助于这些参数，可以确定不同类型化学键的数目。

我们列出以下方程组：

$$\begin{cases} n_{\mathrm{C_{Al}-C_{Al}}} = 2C_{\mathrm{Al}} - \dfrac{1}{2}H_{\mathrm{Al}} - \dfrac{1}{2}\delta \\ n^{\sigma}_{\mathrm{C_{Ar}-C_{Ar}}} = C_{\mathrm{Ar}} - j + \gamma^{\pi} \\ n^{\pi}_{\mathrm{C_{Ar}-C_{Ar}}} = \dfrac{C_{\mathrm{Ar}}}{2} \\ n_{\mathrm{C_{Al}-H_{Al}}} = H_{\mathrm{Al}} \\ n_{\mathrm{C_{Ar}-H_{Ar}}} = H_{\mathrm{Ar}} \\ n_{\mathrm{C_{Al}-C_{Ar}}} = C_{\mathrm{Ar}} + 2j - 2\gamma^{\pi} - H_{\mathrm{Ar}} - \delta' \equiv \delta \\ n_{\mathrm{C_{Al}-\Phi}} \equiv \delta' \end{cases} \tag{4-58}$$

式中，Φ 为官能团。

综上所述，得到方程组：

$$\begin{cases} n_{\mathrm{C_{Al}-C_{Al}}} = 2C_{\mathrm{Al}} - \dfrac{1}{2}H_{\mathrm{Al}} - \dfrac{1}{2}\delta \\ n^{\sigma}_{\mathrm{C_{Ar}-C_{Ar}}} = \dfrac{3}{2}C_{\mathrm{Ar}} - \dfrac{1}{2}H_{\mathrm{Ar}} - \dfrac{1}{2}\delta \\ n_{\mathrm{C_{Al}-H_{Al}}} = H_{\mathrm{Al}} \\ n_{\mathrm{C_{Ar}-H_{Ar}}} = H_{\mathrm{Ar}} \\ n_{\mathrm{C_{Al}-C_{Ar}}} = \delta \end{cases} \tag{4-59}$$

将方程组写成矩阵：

$$\begin{pmatrix} n_{\mathrm{C_{Al}-C_{Al}}} \\ n^{\sigma}_{\mathrm{C_{Ar}-C_{Ar}}} \\ n_{\mathrm{C_{Al}-H_{Al}}} \\ n_{\mathrm{C_{Ar}-H_{Ar}}} \\ n_{\mathrm{C_{Al}-C_{Ar}}} \end{pmatrix} = \begin{pmatrix} 2 & 0 & -\dfrac{1}{2} & 0 & -\dfrac{1}{2} \\ 0 & \dfrac{3}{2} & 0 & -\dfrac{1}{2} & -\dfrac{1}{2} \\ 0 & 0 & 1 & 0 & 0 \\ 0 & 0 & 0 & 1 & 0 \\ 0 & 0 & 0 & 0 & 1 \end{pmatrix} \begin{pmatrix} C_{\mathrm{Al}} \\ C_{\mathrm{Ar}} \\ C_{\mathrm{Al}} \\ C_{\mathrm{Ar}} \\ \delta \end{pmatrix} \tag{4-60}$$

确定逆矩阵后，可以写成：

$$\begin{pmatrix} C_{\mathrm{Al}} \\ C_{\mathrm{Ar}} \\ C_{\mathrm{Al}} \\ C_{\mathrm{Ar}} \\ \delta \end{pmatrix} = \begin{pmatrix} 2 & -\frac{1}{2} & \frac{1}{4} & 0 & \frac{1}{4} \\ 0 & \frac{2}{3} & 0 & \frac{1}{3} & \frac{1}{3} \\ 0 & 0 & 1 & 0 & 0 \\ 0 & 0 & 0 & 1 & 0 \\ 0 & 0 & 0 & 0 & 1 \end{pmatrix} \begin{pmatrix} n_{\mathrm{C_{Al}—C_{Al}}} \\ n^{\sigma}_{\mathrm{C_{Ar}—C_{Ar}}} \\ n_{\mathrm{C_{Al}—H_{Al}}} \\ n_{\mathrm{C_{Ar}—H_{Ar}}} \\ n_{\mathrm{C_{Al}—C_{Ar}}} \end{pmatrix} \tag{4-61}$$

以碳氢化合物为例：

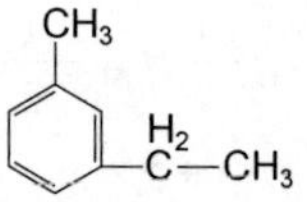

式中，$C_{\mathrm{Al}}=3$；C_{Ar}=6；H_{Al}=8；H_{Ar}=4；δ=2。

借助于矩阵方程（4-61）得：

$$\begin{cases} n_{\mathrm{C_{Al}—C_{Al}}} = 2\times3+0-\frac{1}{2}\times8+0-\frac{1}{2}\times2=0 \\ n^{\sigma}_{\mathrm{C_{Ar}—C_{Ar}}} = 0+\frac{3}{2}\times6+0-\frac{1}{2}\times4-\frac{1}{2}\times2=6 \\ n_{\mathrm{C_{Al}—H_{Al}}} = 0+0+1\times8+0+0=8 \\ n_{\mathrm{C_{Ar}—H_{Ar}}} = 0+0+0+1\times4+0=4 \\ n_{\mathrm{C_{Al}-C_{Ar}}} = 0+0+0+0+1\times2=2 \end{cases}$$

这里，以上矩阵方程也适用于含杂原子的分子。因此，为了计算取代的$\mathrm{H_{Ar}}$键的数目$n_{\mathrm{C_{Ar}—C_{Ar}}}$，有必须引入$H'$，它的值由以下公式确定：

$$H' = H_{\mathrm{Ar}} + \delta_{\mathrm{r}}$$

式中，δ_{r}为$C_{\mathrm{Ar—杂原子}}$键数目。

比如，对于分子：

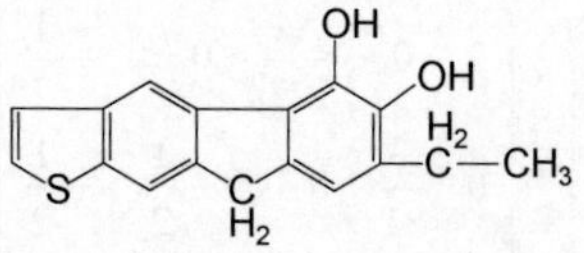

式中，$C_{\mathrm{Al}}=3$；C_{Ar}=14；H_{Al}=7；H_{Ar}=6；$H'=6+3=9$；δ_{r}=3。

那么根据矩阵方程（4-61），得：

$$
\begin{cases}
n_{C_{Al}-C_{Al}} = 2\times 3+0-\dfrac{1}{2}\times 7+0-\dfrac{1}{2}\times 3=1 \\
n^{\sigma}_{C_{Ar}-C_{Ar}} = 0+\dfrac{3}{2}\times 14+0-\dfrac{1}{2}\times 9-\dfrac{1}{2}\times 3=15 \\
n_{C_{Al}-H_{Al}} = 0+0+1\times 7+0+0=7 \\
n_{C_{Ar}-H_{Ar}} = 0+0+0+1\times 6+0=6 \\
n_{C_{Al}-C_{Ar}} = 0+0+0+0+1\times 3=3
\end{cases}
$$

获得的方程用于检验测试分子的数据（图 4-14），结果见表 4-7。

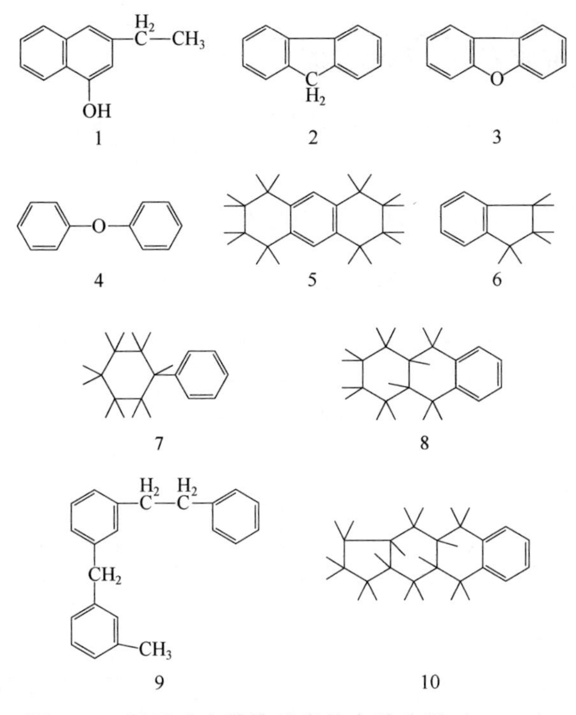

图 4-14　用于确定结构元素的实验分子（1～10）

表 4-7　测试分子的相关数据

序号①	原始数据							计算数据						
	C_{Al}	C_{Ar}	H_{Al}	H_{Ar}	δ'	γ^{π}	j	n^{Al}_{C-C}	$n^{Ar,\sigma}_{C-C}$	n^{π}_{C-C}	n^{Al}_{C-H}	n^{Ar}_{C-H}	δ	δ'
1	2	10	5	6	1	2	1	1	11	5	5	6	1	1
2	1	12	2	8	0	2	1	0	13	6	2	8	2	0
3	0	12	0	8	2	2	1	0	13	6	0	8	0	2
4	0	12	0	10	2	2	2	0	12	6	0	10	0	2
5	8	6	16	2	0	1	1	6	6	3	16	2	4	0

续表

序号①	原始数据							计算数据						
	C_{Al}	C_{Ar}	H_{Al}	H_{Ar}	δ'	γ^{π}	j	n_{C-C}^{Al}	$n_{C-C}^{Ar,\sigma}$	n_{C-C}^{π}	n_{C-H}^{Al}	n_{C-H}^{Ar}	δ	δ'
6	3	6	6	4	0	1	1	2	6	3	6	4	2	0
7	6	6	11	5	0	1	1	6	6	3	11	5	1	0
8	8	6	14	4	0	1	1	8	6	3	14	4	2	0
9	4	18	9	13	0	3	3	1	18	9	9	13	5	0
10	11	6	18	4	0	1	1	12	6	3	18	4	2	0

① 见图 4-14。

4.3.2 煤镜质体中结构单元数

文献[8,41]（表 4-8）中的原始数据用于计算煤镜质体的分子结构特性。δ' 值由下列公式确定：

$$\delta'=(\text{—OH})+(\text{—COOH})+2[(\rangle\text{C=O，醌})+(\text{—O—})+(\text{—S—})+(\rangle\text{NH})] \quad (4\text{-}62)$$

表 4-8 变质煤镜质体的分子结构特性

原始数据							计算数据							
C^{daf}	C_{Al}	C_{Ar}	H_{Al}	H_{Ar}	δ'	γ^{π}	j	n_{C-C}^{Al}	$n_{C-C}^{Ar,\sigma}$	n_{C-C}^{π}	n_{C-H}^{Al}	n_{C-H}^{Ar}	δ	δ'
70.5	6.88	12.21	11.17	5.04	5.42	2	2	7.30	12.21	6.11	11.17	5.04	1.75	5.42
75.5	5.62	10.98	8.26	4.03	4.00	2	2	5.64	10.98	5.49	8.26	4.03	2.95	4.00
81.5	6.80	14.70	9.37	5.71	3.25	3	2	7.05	15.70	7.35	9.37	5.71	3.74	3.25
85	7.86	18.39	11.48	7.63	2.70	4	2	7.95	20.59	9.20	11.48	7.63	4.06	2.70
87	8.55	21.58	12.33	9.28	2.47	5	2	9.02	24.58	10.79	12.33	9.28	3.83	2.47
89	8.50	25.97	11.85	11.54	2.26	6	2	8.99	29.97	12.99	11.85	11.54	4.17	2.26
90	8.14	28.93	11.24	12.57	2.17	6	2	7.57	32.97	14.47	11.24	12.57	6.19	2.17
91.2	7.39	33.56	9.45	14.36	2.15	8	2	7.53	39.56	16.78	9.45	14.36	5.05	2.15
92.5	5.78	40.95	5.31	17.89	2.15	10	2	6.45	48.95	20.48	5.31	17.89	4.91	2.15
93.4	4.32	47.95	2.05	20.34	2.22	14	5	3.92	56.95	23.98	2.05	20.34	7.39	2.22
94.2	2.82	56.02	0.47	20.95	2.32	16	3	2.03	69.02	28.01	0.47	20.95	6.75	2.32
95	0	67.66	0	20.11	2.49	23.5	1	0	90.16	33.83	0	20.11	0	2.49
96	0	83.52	0	18.12	2.66	32.37	1	0	114.89	41.76	0	18.12	0	2.66

一个“分子”中的芳环数 γ^{π} 基于 C_{Ar} 的原子数。j 值为分子中芳香性团簇数，它根据物理意义而变化，使化学键数为整数。

显然，如果使用 γ^{π} 和 j 的实验值，那么表 4-8 中列出的结果更为精确。获得的镜质体结构特性结果证明了某些变质规律的存在：$n_{C-C}^{Ar,\sigma}$ 值和 n_{C-C}^{π} 值增加，而 n_{C-C}^{Al} 和 n_{C-H}^{Al} 在 $C^{daf}\approx 87\%$ 的区间内具有最大值。n_{C-H}^{Ar} 值一直增大到变质结束，之后逐渐稳定。一个镜质体分子中的芳环从 2（当 $C^{daf}\approx70.5\%$）变化到 32（$C^{daf}\approx96\%$）。如果在参数计算的基础上评价镜质体的热降解程度，那么可以假设，它与 n_{C-C}^{Al} 值、δ 值和分子中芳香性团簇数目 j 相关联。分析表 4-8 的数据表明，这些参数在 C^{daf}=85%～93%的范围内最大。因此，镜质体在这个范围内的热转换程度也将最大，与文献[8]中得到的结论相吻合。

综上所述，借助于有机化学中的键加和方法，计算煤有机质结构单元中不同类型化学键数的方法可以被广泛地运用到变质煤炭的物理-化学性质改变研究当中。

4.3.3 煤的结构单元和性质

借助于物理方法可以获得足够多的煤炭结构特性的信息。在加和方法基础上使用结构参数，充分考虑到煤有机质中原子和官能团的分布，来计算煤有机质的平均特征，利用相应的加和原则提出一些评价有机物质外延性的方法，在有机分子中化学键和原子参数的基础上进行计算[11,43]。比如说，碳氢化合物的化学结构可以表示为碳碳键和碳氢键的四种形式：C—C、C═C、C≡C 和 C—H。相应地，碳氢化合物分子的任何加和性质都可以表示为：

$$\rho=\sum_{i=1}^{3}\rho_{C-C,i}n_{C-C,i}+\rho_{C-H}n_{C-H} \tag{4-63}$$

式中　ρ_{C-C}——第 i 个碳碳键类型的参数；

ρ_{C-H}——碳氢键的相应参数。

参数 ρ_{C-C} 和 ρ_{C-H} 可看作是化学键在碳氢化合物性质研究中的线性贡献，因此碳原子 C 的数目和 $n_{C-C,i}$、n_{C-H} 之间的关系可以由下列公式确定：

$$C=a_1n_{C-C}+a_2n_{C=C}+a_3n_{C\equiv C}+a_4n_{C-H} \tag{4-64}$$

为了确定方程（4-64）中的系数，采用四个含 C 数为 8、4、4、1 的碳氢化合物：

C_6H_5—C≡CH　　CH_3—CH_2—CH_2—CH_3　　CH_2═CH—CH═CH_2　　CH_4

一阶类型［式（4-63）］的四个线性方程组，写成矩阵：

$$\begin{bmatrix}4&3&1&6\\3&0&0&10\\1&2&0&6\\0&0&0&4\end{bmatrix}\begin{bmatrix}a_1\\a_2\\a_3\\a_4\end{bmatrix}=\begin{bmatrix}8\\4\\4\\1\end{bmatrix} \tag{4-65}$$

具有同一解：$a_1=1/2$，$a_2=1$，$a_3=3/2$，$a_4=1/4$。

那么，当 $n_{C-H}=H$ 时，由式（4-65）可得：

$$n_{C-C}+2n_{C=C}+3n_{C\equiv C}=2C-H/2 \tag{4-66}$$

尽管是任意选取的分子，结果方程（4-65）满足任何类型的碳氢化合物。比如说，烃煤碎片模型结构可能是：

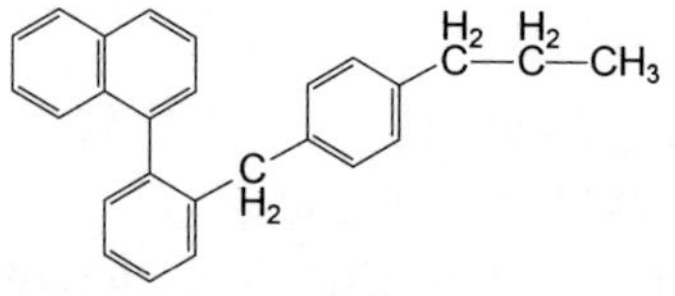

（4-67）

有：$n_{C—C}=18$，$n_{C=C}=11$，$C=26$，$H=24$；方程（4-65）的左边和右边在这种情况下相等，并且对于其他任意碳氢化合物也都一样。

对于与研究结构类似的煤炭碎片，可以更加详细地确定化学结构，细分原子 C 和 H 的类型以及单个碳碳键：

$$C = C_{Ar} + C_{Al}$$

$$H = H_{Ar} + H_{Al}$$

$$n_{C—C} = n_{C—C}^{Ar-Ar} + n_{C—C}^{Al-Al} + n_{C—C}^{Ar-Al}$$

根据以上内容，由方程（4-66）可得：

$$\begin{cases} n_{C=C}^{Ar—Ar} = C_{Ar}/2 \\ n_{C—C}^{Ar—Ar} = \frac{1}{2}\left(2C_{Ar} - H_{Ar} - \delta\right) \\ n_{C—C}^{Ar—Al} = \delta \\ n_{C—C}^{Al—Al} = 2C_{Al} - \frac{1}{2}\left(H_{Al} + \delta\right) \\ n_{C—H}^{Ar} = H_{Ar} \\ n_{C—H}^{Al} = H_{Al} \end{cases} \tag{4-68}$$

式中，δ为烷基取代基数。

式（4-67）所示的结构式中：$C_{Ar}=22$；$C_{Al}=4$；$H_{Ar}=15$；$H_{Al}=9$；$\delta=3$。把这些参数代入式（4-68），得到式（4-67）中的碳碳键值：$n_{C=C}^{Ar—Ar}=11$；$n_{C—C}^{Ar—Ar}=13$；$n_{C—C}^{Ar—Al}=3$；$n_{C—C}^{Al—Al}=2$。这些数值等于直接根据结构式（4-67）计算出的参数。因此，利用碳和氢的芳香族原子和脂肪族原子的数量和烷基取代基数目，可以完好地表达用于计算碳氢化合物加和性质所必需的各种化学键数量。需要强调的是，把 C 和 H 细分成芳香族原子和脂肪族原子，且芳环中 C—C 和 C═C 键被划分后，式（4-63）具有以下形式：

$$\rho = \rho_1 n_{C—C}^{Al,Al} + \rho_2 n_{C—C}^{Ar,Ar} + \rho_3 n_{C—C}^{Ar,Al} + \rho_4 n_{C—H}^{Al} + \rho_5 n_{C—H}^{Ar} \tag{4-69}$$

为了表达$n_{C—C}$和$n_{C—H}$［式（4-68）］，得到方程（4-69）的替代公式：

$$\rho = \rho_{C,Al}C_{Al} + \rho_{C,Ar}C_{Ar} + \rho_{H,Al}H_{Al} + \rho_{H,Ar}H_{Ar} + \rho_5\delta \tag{4-70}$$

式中，原子的贡献可以根据化学键的贡献计算出。C_{Al} 和 H_{Al} 是脂肪族结构和环结构的碳原子和氢原子。

对于煤或者煤精粉来说，它们的结构参数一般可以借助于红外光谱、^{13}C NMR 和 ^{1}H NMR 方法，或者这些方法的综合方法计算出来。另外，计算时还需包含结构单元的平均分子量以及单元构成数据等信息。

根据文献[14]，变质煤的镜质体不包括双键和三键。因此，方程（4-69）和方程（4-70）可以用于近似计算低含量杂原子的高变质煤的物理-化学性质。对于低-中变质煤来说，则必须要考虑到官能团的影响，其中包括含氧官能团，因为氧是低-中变质煤组成中这些官能团的基本杂原子。考察以下含氧基团：酚醛—OH，酯基—O—，羰基 $\rangle$C═O，羧基—COOH。因此，我们认为，正是这些基团的加入构成了煤有机质的芳香结构。

含氮-硫官能团分为两种类型。根据文献[8]，氮主要存在于吡咯和类吡啶结构中，而硫则存在于噻吩碎片和脂族硫化物结构中，因此结构碎片还由四个官能团作为补充形式：NH、N_{py}（吡啶氮）、S_{Ar} 和 S_{Al}。在以下情形时，煤有机质的碳和氢平衡：

$$C = C_{Ar} + C_{Al} + C_f\text{；}\quad H = H_{Ar} + H_{Al} + H_f$$

式中，C_f 和 H_f 分别为碳原子和氢原子相对应的数量，包含在结构单元的官能团中；C 为在 COOH 和 C═O 中的 C 原子数；H 为在 OH、COOH 和 NH 中的 H 原子数。

用于评估煤炭性质的加和模型应包含碳氢化合物部分 ρ_{C-H},它可以借助于方程（4-69），以及由 N、O、S 参与的官能团的补充表达式计算出来：

$$\rho = \rho_{C-H} + \sum \rho_i n_i \tag{4-71}$$

式中，i 为前面提到的 9 个官能团的指数。

可以假设，官能团中所包含的所有原子和化学键的影响，以及这些原子与芳香碳原子或者脂族碳原子之间的关联，都是官能团 ρ_i 对煤性质贡献的重要原因。计算出的分子结构参数可见表 4-9 和表 4-10。因此，在文献[8]中提出的煤有机质性质的计算方法可以用于煤化学的有机化学方法中，它开辟了预测煤工业性质的广阔前景。

（1）煤有机质的密度

它是煤微观结构的实际密度，是用于描述煤有机质空间结构的物理量。密度值取决于原子组成、分子间距离以及超分子结构。

计算煤（镜质体）密度的方法基于单个芳烃分子晶体的密度[8,44]。对于碳氢化合物系列来说，从萘到晕苯（C_{10}～C_{24}），d_{Ar-H} 从 1.168g/cm^3 增加到 1.376g/cm^3。

需要强调的是，标准偏差为 0.016g/cm³。密度 $d_{Ar—H}$ 与 Ar—H 的关系可用下列形式表示：

$$d_{Ar—H} = 0.0225C - a_H H \tag{4-72}$$

式中 C, H——碳原子和氢原子的含量（质量分数），%；

a_H——取决于函数 $a_H = f(H)$ 的组成[8]。

表 4-9 镜质体平均结构单元中的碳原子和氢原子的分布

C^{daf}/%	分子量 M	碳原子数						氢原子数			
		C_{tot}	C_{Al}	C_{Ar}	C_f	$C_{Ar—H}$	$C_{Ar—R}$	H_{tot}	H_{Al}	H_{Ar}	H_f
70.5	350	20.54	6.88	12.21	1.45	5.04	0.20	19.85	11.17	5.04	3.64
75.5	290	18.23	5.62	10.98	1.63	4.30	1.12	14.35	8.26	4.30	1.79
81.5	330	22.39	6.80	14.70	0.89	5.71	2.63	16.84	9.37	5.71	1.76
85.0	380	26.89	7.86	18.39	0.64	7.63	3.28	20.58	11.48	7.63	1.47
87.0	425	30.75	8.55	21.58	0.62	9.28	3.84	22.80	12.33	9.28	1.19
89.0	474	35.13	8.50	25.97	0.66	11.54	3.84	24.23	11.85	11.54	0.84
90.0	504	37.75	8.14	28.93	0.68	12.57	3.94	24.49	11.24	12.57	0.68
91.2	548	41.64	7.39	33.56	0.69	14.36	3.51	24.34	9.45	14.36	0.53
92.5	616	47.40	5.78	40.95	0.67	17.89	1.69	23.64	5.31	17.89	0.44
93.4	681	52.93	4.32	47.95	0.66	20.34	0.47	22.83	2.05	20.34	0.43
94.2	758	59.47	2.82	56.02	0.63	20.95	0.05	21.87	0.47	20.95	0.46
95.0	863	68. 27	0	67. 66	0. 61	20.11	0	20.62	0	20.11	0.51
96.0	1052	20.54	0	83.52	0.60	18.12	0	18.73	0	18.12	0.61

表 4-10 镜质体平均结构单元中的杂原子的分布

C^{daf}/%	原子数			官能团数								
	O_{tot}	N_{tot}	S_{tot}	OH	C=O（酮类）	C=O（醌类）	COOH	—O—	NH	N_{py}	S_{Ar}	S_{Al}
70.5	4.93	0.28	0.20	3.09	0.46	0.69	0.31	0.07	0.23	0.05	0.01	0.01
75.5	3.31	0.21	0.20	1.45	0.55	0.92	0.17	0.07	0.18	0.03	0.01	0.01
81.5	2.43	0.28	0.04	1.52	0.30	0.58	0.01	0.07	0.23	0.05	0.03	0.01
85.0	1.85	0.35	0.05	1.20	0.21	0.43	0	0	0.27	0.08	0.04	0.01
87.0	1.53	0.40	0.07	0.91	0.19	0.43	0	0	0.28	0.11	0.05	0.01
89.0	1.20	0.43	0.08	0.54	0.17	0.48	0	0	0.30	0.13	0.07	0.01
90.0	1.05	0.45	0.08	0.37	0.16	0.52	0	0	0.30	0.14	0.07	0.01
91.2	0.90	0.47	0.09	0.21	0.13	0.56	0	0	0.32	0.15	0.08	0.01
92.5	0.77	0.50	0.09	0.09	0.09	0.59	0	0	0.35	0.15	0.09	0.01
93.4	0.70	0.53	0.10	0.04	0.06	0.60	0	0	0.39	0.14	0.10	0
94.2	0.66	0.57	0.11	0.02	0.03	0.60	0	0	0.44	0.13	0.11	0
95.0	0.63	0.61	0.12	0.01	0	0.62	0	0	0.50	0.11	0.12	0
96.0	0.60	0.67	0.13	0	0	0.60	0	0	0.60	0.07	0.13	0

需要强调的是，选择方程（4-72）中的系数（C）时，石墨密度赋值为2.25g/cm^3，C=100%。主要芳香团簇的密度为单调函数C^{daf}，当碳原子含量从 70.5%增加到87%和 96%时，C^{daf}从 1.123g/cm^{3}相应地增加到 1.274g/cm^{3}和 1.608g/cm^3。

根据加和的假设，镜质体密度函数可以表示为[8]：

$$d_{Vt} = d_{Ar—H} + \sum_{j=1}^{11} \Delta d_j n_j \qquad (4\text{-}73)$$

它与方程（4-71）等价。对于煤结构模型来说，主要“化合物”ArH 不仅包含这一结构单元的所有碳原子，用于计算 C 原子含量，还包含外围C_{Ar}，它与不可取代芳烃中的H_{Ar}可以识别开来。

为得到方程（4-73）中Δd_j值，使用了对应取代化合物分子晶体的实验数据[8]。比如说，Δd_{OH}是羟基萘和萘密度之间的差别。图 4-15 中列出的实验数据和计算数据的比较结果，证明了这种方法完全是正确的[8]。

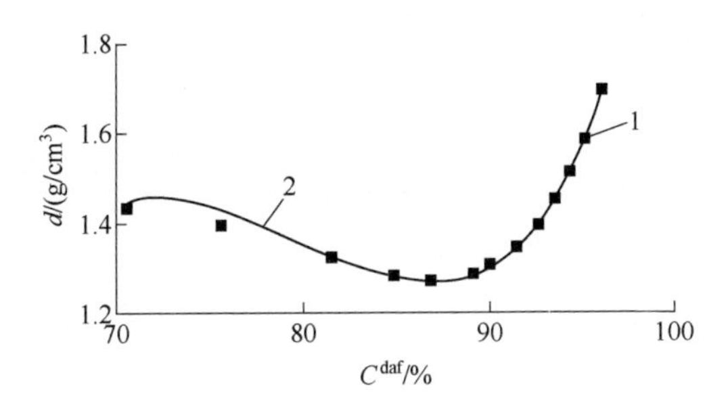

图 4-15　镜质体的密度

1—实验数据；2—根据模型计算的数据

褐煤密度的一些值高估可能是由于模型结构的芳香度f_a与真实值相比更高。这就会导致脂族碎片的含量计算值过低，由此导致密度值增加。

褐煤镜质体密度的计算曲线和实验值的最大偏差不会超过 3%，处在含相同碳原子的镜质体密度的允许偏差范围内。综上所述，可以得出结论，芳香团簇作为煤有机质基本结构单元存在的假设是完全可信的。镜质体有机质密度可以在固态（分子晶体）芳香化合物密度的基础上计算出来。

（2）热力学函数

煤有机质模型碎片化合物具有非常复杂的结构，通常，文献中对它们结构的实验数据几乎没有。由此，要想计算它们在逼近理想气体时的热力学参数（在结构参数的基础上），必须研究煤有机质的转换规律。

运用方程（4-3）～方程（4-5），可以计算煤有机质建模结构的有机分子热力学参数的温度关系[45,47]。在表 4-11 中列出了二次函数系数值用于计算生成热 ΔH 和吉布斯自由能 ΔG 。

表 4-11 有机分子的焓和吉布斯自由能的系数值 单位：kJ/mol

结构参数	$\Delta H(T)=b_0+b_1T+b_2T^2$			$\Delta G(T)=b_0+b_1T+b_2T^2$		
	b_0	$b_1\times10^3$	$b_2\times10^6$	b_0	$b_1\times10^2$	$b_2\times10^6$
C_{Al}	5.87095	−4.2717	6.38499	4.6775	11.2309	−2.874
C_{Ar}	18.69512	2.79419	−0.04284	19.42715	2.13146	−2.358
H_{Al}	−12.0224	−4.2717	2.64006	−14.5136	−0.884803	4.909
H_{Ar}	−1.90054	2.79419	5.62907	−5.98149	0.476474	6.783
—OH	−176.107	−9.25149	3.97158	−178.678	4.90574	3.613
—COOH	−380.599	−26.1626	11.406	−387.874	10.9113	9.962
$—NH_2$	12.54187	−20.4401	11.2118	6.87858	10.5444	5.584
—SH	12.91818	64.80329	−134.997	27.79678	−8.51935	50.767
—O—	47.50409	−28.7721	15.5391	39.5388	10.9851	8.073
—S—	31.62753	75.3209	−140.064	49.42584	−7.08446	47.298
C═O	−138.404	−3.63562	1.363562	−139.38	3.91619	1.697

我们选取了以下原子和原子基团作为结构参数：C_{Al}，C_{Ar}，H_{Ar}，H_{Ar}，—OH，—COOH，$—NH_2$，—SH，—NH—，—O—，—S—，>C═O。为了获得数据，表 4-11 中使用了 25 种测试分子在逼近理想气体时不同温度（T=300～1000K，以 100K 递增）下的 ΔH 和 ΔG 值：苯，萘，戊烷，庚烷，甲苯，苯胺，乙胺，苯酚，乙醇，苯甲酸，乙酸，二甲基醚，乙基甲基醚，乙醚，二甲醚，甲乙醚，二乙醚，二甲基硫醚，乙基甲基硫醚，二乙基硫醇，乙硫醇，1-丁硫醇，二乙胺，二甲胺，丙酮，2-丁烷，甲烷，乙烷[42]。根据表 4-11 的数据，计算误差平均为 3%（对实验值的偏差）。下面举四个热力学函数计算的例子。

① 我们以计算苯分子的生成焓为例，根据表 4-12 中的数据（分子——计算数据，分母——实验数据）得：

T/K	$\Delta H(T)$ / (kJ/mol)
300	82.0/82.8
500	72.8/73.4
700	66.3/67.1
900	62.5/63.2

② 沥青普通元素Ⅰ（分子）和Ⅱ（分母）生成反应的焓 ΔH 和吉布斯自由能 ΔG 计算结果[38]：

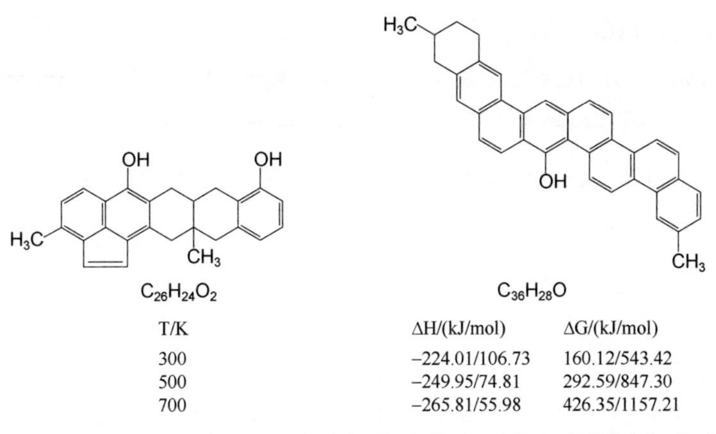

T/K	ΔH/(kJ/mol)	ΔG/(kJ/mol)
300	–224.01/106.73	160.12/543.42
500	–249.95/74.81	292.59/847.30
700	–265.81/55.98	426.35/1157.21

③ 在图 4-16 中列出了饱和脂族碳氢化合物和不饱和共轭碳氢化合物的一个碳原子的生成热与参数 $\zeta = 4 - H/C$ 的关系。饱和碳氢化合物含有碎片 $C_{Al}(sp^3)$ 和 H_{Al}，而共轭碳氢化合物则包括 $C_{Ar}(sp^2)$ 和 H_{Al}。从图 4-16 可以发现，不同类型碳氢化合物分子的热化学性质实际上是各不相同的，这是构成碳氢化合物的碳原子在混合（化合价）状态下存在差异的结果。

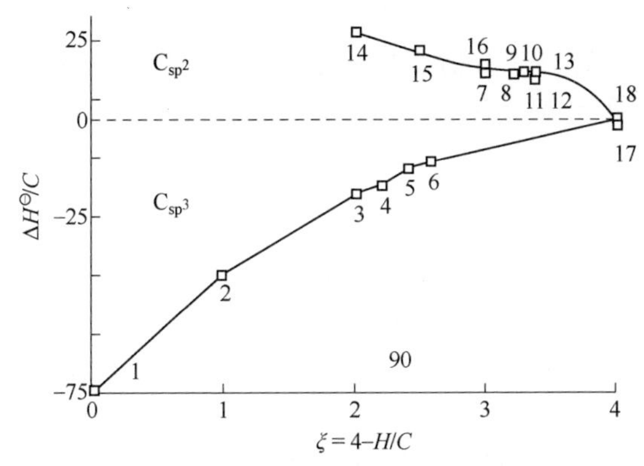

图 4-16　碳氢化合物的一个碳原子的生成热与参数 ζ 的关系

1—甲烷；2—乙烷；3—环己烷；4—反式十氢萘；5—金刚烷；6—钻石；7—苯；8—萘；9—蒽；10—并四苯；11—三亚苯；12—芘；13—二萘嵌苯；14—乙烯；15—丁二烯；16—苯乙烯；17—石墨；18—金刚石

④ 根据结构族组成数据，我们计算了不同变质阶段煤的镜质体中有机化合物的焓和熵，自由吉布斯形成能和平衡常数 K_p 形成的变化[8]。

迄今为止，人们只考察了物质在气态下的状况，而计算热力学函数的研究有限，但是它可以用来评价煤炭加工过程的热动力学性质。在实际条件下，考虑到物质的液态和固态，煤的热解、气化和液化过程的热动力学性质的计算是今后该方向研究的主要任务。

（3）煤燃烧热值

根据门捷列夫公式煤燃烧热值（Q^{daf}，kJ/kg）的计算符合根据结构参数计算煤性质的加和法则[8]。只考虑元素的构成，可得：

$$Q^{\text{daf}} = 4.184\left[81C^{\text{daf}} + 300H^{\text{daf}} - 26\left(O^{\text{daf}} - S^{\text{daf}}\right)\right]/1000 \tag{4-74}$$

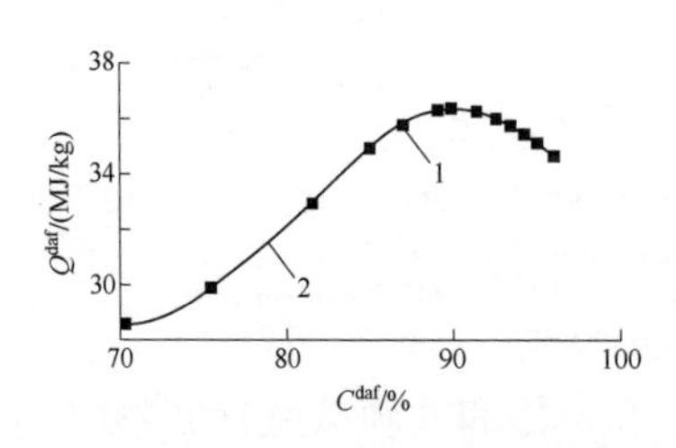

图 4-17　取决于煤化程度的煤燃烧热值

1—实验数据；2—模型计算结果

图 4-17 中列出了计算结果。显然，煤镜质体的燃烧热值随着煤化程度的增加经过一个最大值。这可以通过两种原因来解释：①异质功能基团（主要是含氧基团）在煤化过程中被除去，因此，碳氢化合物的比例和燃烧热值升高；②随着煤变质程度的增加，煤有机质中的氢含量减少，导致了燃烧热值降低。

图 4-17 中充分描述了确定俄罗斯煤镜质体精粉燃烧热值的实验数据[8]：当碳含量为 90%时，最大燃烧热值约为 36.3MJ/kg。

根据式（4-74），Q^{daf} 值是煤有机质中原子百分比的线性函数。初看会认为，以窄原子分布为基础不适于计算所有变质系列的 Q^{daf}，因为式（4-74）没有区分饱和结构和芳香结构（碳原子为整体，没有划分出 C_{Al} 和 C_{Ar}）。各种结构的分子验证了门捷列夫公式的有效性［式（4-74）］。

总式为 $C_mH_nO_k$ 的含氧化合物燃烧反应如下：

$$C_mH_nO_k + \left(m + \frac{n}{4} - \frac{k}{2}\right)O_2 = mCO_2 + \frac{n}{2}H_2O \tag{4-75}$$

物质 $C_mH_nO_k$ 的燃烧热值等于取相反符号的反应热效应［式（4-75）］，即：

$$Q\left(C_mH_nO_k\right) = -m\Delta H\left(CO_2\right) - \frac{n}{2}\Delta H\left(H_2O\right) + \Delta H\left(C_mH_nO_k\right) \tag{4-76}$$

如果考察以下燃烧热值（当 H_2O 在产品中处于液态时），那么：

$$Q^{V}\left(C_mH_nO_k\right) = -m\Delta H_{298}\left(CO_2\right) - \frac{n}{2}\Delta H_{298}\left(H_2O\right) + \frac{n}{2}L_{298}\left(H_2O\right) + \Delta H_{298}^{n}\left(C_mH_nO_k\right) \tag{4-77}$$

式中　V——物质的团聚状态：气态、液态和固态；

$L_{298}(H_2O)$——H_2O 的汽化热（当 T=298K，$L_{298}(H_2O)$=44.02kJ/mol[42]）。

对式（4-77），$\Delta H_{298}(H_2O)$=−241.83kJ/mol，$\Delta H_{298}(CO_2)$=−393.5kJ/mol[42]，可得：

$$Q^V\left(C_mH_nO_k\right)=393.5m-142.9n+\Delta H_{298}^n\left(C_mH_nO_k\right) \quad (4\text{-}78)$$

或者按 kJ/g 计算，得：

$$Q^V\left(C_mH_nO_k\right)=\frac{1}{M}\left[393.5m-142.9n+\Delta H_{298}^n\left(C_mH_nO_k\right)\right] \quad (4\text{-}79)$$

根据表 4-12 的数据，可以得出结论：当 T=298K 时，对于物质的团聚状态来说，门捷列夫公式传递燃烧热，而对不同结构，这种燃烧热完美再现 Q^{daf} 。乙烯和乙炔结构有所差异，但众所周知，这些结构在煤有机质中都不存在[41]。需要强调的是，在理论计算中没有考虑到矿物组分对 Q^{daf} 值的影响。

表 4-12 根据门捷列夫公式［式（4-74）］不同结构分子的燃烧热值计算结果与实验数据的比较

物质团聚状态 V（煤基团）	C^{daf}	H^{daf}	O^{daf}	ΔH_{298}^V /(kJ/mol)[42]	Q/(kJ/g)	
					根据公式（4-79）	根据公式（4-74）
氢	0	100	0	0	143	125
甲烷（Г）	75	25	0	−74.9	56	57
乙烯（Г）	85.7	14.3	0	52.3	50	47
正丁烷（Г）	82.8	17.3	0	−126. 1	50	50
乙炔（Г）	92.3	7.7	0	226.7	48	41
正辛烷（Ж）	83.7	16.3	0	−250.0	48	49
环己烷（Ж）	85.7	14.3	0	−156.2	47	47
苯（Ж）	92.3	7.7	0	49.0	42	41
萘（T）	93.7	6.3	0	78.1	40	40
甲醇（Ж）	37.5	12.5	50	−238.6	23	23
乙醇（Ж）	52.2	13.0	34.8	−277.0	30	30
蒽（T）	93.7	6.3	0	212.1	41	40
蒽（T）	94.4	5.6	0	129.2	40	39
苯酚（Ж）	76.6	6.4	17	−165.0	32	32

（4）化学工艺特点

为计算煤的工艺特性选取了以下参数[44]：物质的挥发分产率 V^{daf}；半焦化油产率 Y_1^{daf} 和胶质体流质非挥发性组分的产率 Y_2^{daf} ；胶质层厚度 y；POГA 指数 RI 和自由膨胀指数 SI。在表 4-13 中列出了这些性质改变的范围，以及在镜质体实验数据的基础上根据最小二乘法确定的结构参数的贡献值。

表 4-13 煤炭工艺特性中结构参数的贡献值

指数	daf 产率/%			胶质层厚度 y/mm	РОГА 指数 RI	自由膨胀指数 SI
	V^{daf}	Y_1^{daf}	Y_2^{daf}			
物质变化区域间隔 R_o/%	5.9～44.9 0.32～3.13	1.0～19.5 0.32～2.0	7.0～55.4 0.32～1.6	1～30 0.6～1.84	14～69 0.48～1.6	3～9 0.6～1.84
结构参数贡献率						
C_{Al}	−0.092	0.972	−43.09	−13.73	45.52	8.62
$C_{Ar,p}$（外围的）	0.671	1.23	1.015	27.7	−16.98	−8.1
$C_{Ar,c}$（稠合节中）	−0.03	0.209	18.36	−6.43	−19.73	−7.2
H_{Al}	1.137	0.196	28.55	8.1	−15.43	−3.79
H_{Ar}	−0.076	−2.258	−20.23	−15.79	30.8	16.01
δ	12.607	1.381	50.1	−33.79	2.0	5.16
O_{tot}（原子 O 总数）	8.809	3.862	−3.46	−59.72	−30.31	−2.6
均方误差计算 $\sigma\{y\}$	1.1	0.36	2.6	0.5	0.7	0.3

在计算煤工艺特性指数时所收集的结构参数中，引入了两种类型结构单元芳香碎片的碳原子：$C_{Ar,p}$——含有既与氢又与取代集相关联的外围原子；$C_{Ar,c}$——位于缩和反应中的 C_{Ar} 原子。用于计算每种类型原子的比例与煤变质阶段关系的公式见文献[16]。

每个指标反映了煤在热反应中的表现，结构参数在性质形成甚至是它们的符号分布（正或者负）中的相对贡献，表明了化学结构对热反应的差异。

对于所研究的特性来说（见表 4-13），仅在两种情况下（对于指数 RI 和 SI）可以观察到代数符号在结构基团贡献中的相关性，尽管分子比值各异。因此，在表 4-13 中列出的指数可以看作是反映煤有机质结构差别方面的性质集合。

因此，指数 V^{daf} 主要是由外围原子 C_{Ar} 的数量、芳香团簇取代程度、脂族基团中的氢数量以及氧含量决定的。对半焦化焦油产率影响最大的有以下结构特征：$C_{Ar,p}$、H_{Ar} 和 O_{tot}，它们优先与焦油的芳香结构和其中苯酚的高含量相一致。O_{tot} 对胶质体流质非挥发性组分产率、结焦指数 y、RI 和 SI 的负影响（表 4-13）反映了降低氧化煤这些数值的已知因素。

由此，为了预测煤的一系列工艺性质，考虑煤有机质结构的芳香性和脂族结构以及氧含量是很重要的。我们计算出的和考虑到的煤结构参数的贡献可以用来在较广泛的变化范围内预测这些性质。煤有机质结构性质在变质过程中的改变导致了它们的作用和每个工艺性质特征的重新分配。因此，在一系列情况下，可以定量描述变质煤性质的决定因素。

（5）分子排列系数

煤有机质结构的“松散”程度可以用分子排列系数来表示，它是范德华体积和共价分子体积的比率[50]：

$$K_{\mathrm{pack}}=\frac{N_{\mathrm{A}}V_{\mathrm{W}}}{v_{\mathrm{m}}} \tag{4-80}$$

式中 N_{A}——阿伏伽德罗数；

V_{W}——构成原子的范德华体积；

v_{m}——分子体积，由下列公式确定：

$$v_{\mathrm{m}}=M/d \tag{4-81}$$

分子质量 M、密度 d 和范德华体积 V_{W} 可以根据加和法则确定。当 C^{daf} 值为 75.5%时，V_{W} 通过最小值（242Å^3）。当 C^{daf} 值在 70.5%～96%范围时，V_{W} 相应地等于 0.297Å^3 和 0.813Å^3。分子体积 v_{m} 变化类似（当 C^{daf} 值为 70.5%、75.5%和 96%时，分子体积分别为 242cm^3/mol、204cm^3/mol 和 620cm^3/mol）。相应地，分子排列系数 K_{pack} 与煤变质程度之间的关系应通过最小值（图 4-18）。显然，当 C^{daf}≈86%时，K_{pack} 达到最小值（约 0.68）。正是煤化的这个阶段，煤炭各种属性表现出极值。分子排列系数最大值可以解释煤炭这种性质的大多数极值，如膨胀率、电导率、介电常数等。

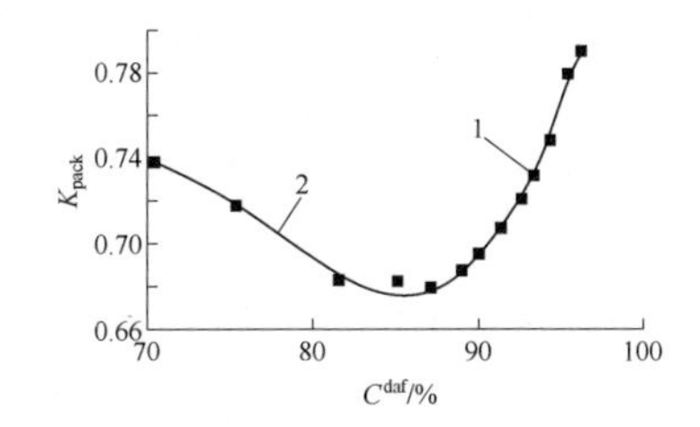

图 4-18 煤镜质体结构的分子排列系数

1—实验值；2—根据模型计算值

在表 4-14 中列出了煤强度参数实验值：体积弹性模量、破碎指数和强度指数[37]。这些数据表明，随着煤化温度的增加，当褐煤转化为长焰煤和气煤时，大分子结构排列系数逐渐降低，分子体积弹性模量降低，煤的破碎性增强。

正如所强调的，变质系列煤炭的很多物理-化学性质在 C^{daf}=80%～90%的范围内存在极值，这与煤有机质的元素构成和结构特性改变有关。在这个范围内分子间相互作用的能量最小。相应地，中变质阶段的煤应比低变质和高变质阶段的煤炭，以及无烟煤具有更好的溶解性。事实上，在其他条件不变时，萃取物的构成和数量不仅由溶剂的物理-化学性质决定，还取决于煤炭的结构特性。需要强调的是，根据煤结构的广义模型，“流动”相的萃取物结构将会与煤有机质的平均结构单元相对应。

表 4-14 分子排列系数和煤强度数据的对照

R_o/%	C^{daf}/%	煤炭牌号	分子排列系数		体积弹性模量/(10^{-9}H/m^2)	破碎指数/%	强度指数
			根据文献[44]	根据文献[19]		根据文献[52]	
0.32～0.45	70.6～74.6	Б	0.723～0.703	0.726～0.710	6.80～5.27	25	65
0.45～0.70	74.6～80.7	Д	0.703～0.677	0.710～0.717	5.27～3.28	40	55
0.70～0.90	80.7～84.4	Г	0.677～0.676	0.717～0.688	3.28～3.20	45	40
0.90～1.15	84.4～87.6	Ж	0.676～0.673	0.668～0.660	3.20～2.97	75	35～25
1.15～1.40	87.6～89.6	К	0.673～0.695	0.660～0.680	2.97～1.66	72	25
1.40～1.65	89.6～90.7	ОС	0.695～0.702	0.680	4.66～5.19	70	30
1.65～2.25	90.7～92.0	Т	0.702～0.716	—	5.19～6.27	60	40
＞2.25	＞92	А	＞0.716	—	＞6.27	＜50	＞55

4.3.4 计算煤炭性质的加和方法

研究变质系列煤炭性质的改变规律，揭示结构-化学参数并正确描述它们，这是煤科学的基本任务之一。通过必要充分的参数组科学地评价煤炭的质量，预测它们是否适合既定的工艺过程，以及利用煤炭结构-化学参数控制煤炭加工工艺过程。

20 世纪 50 年代，范史雷维伦和他的同事们就已经开始了这个方向的研究工作[41]。然而，尽管世界上很多国家的研究人员就这个问题出版了大量的文献专著，但迄今为止仍旧没有找到令人满意的解决方案。此外，遗憾的是，这些文献大都致力于解决部分任务，它们仅限于建立了“黑匣子”类型的相关性，却没有引入合理的物理模型。

不引入有关物质构造的原子、分子概念而完美地建立煤炭结构和性质的关联性是不可能的，因为它涉及基础研究领域。首先，需要明确的是，我们将明确煤有机质结构单元的定义；其次，必须充分获得结构-化学参数组（为方便起见，与矢量演算相似，我们称它们为“基础功能”），用来描述煤炭的性质；最终，获得建立煤炭结构和性质之间关系的方程。

要想明确煤有机质结构单元的概念，必须解释有机化学中与它们相似的理化值，由此，为了解决结构单元的任务，我们采用了原子、原子基团和分子。例如，1mol 物质的定义值，在有机化学中不能直接与煤有机质的相似值进行比较，这是由于后者是由无烟煤分子和岩相成分（镜质体 V_t，壳质组 L，惰质组 I）组成，它们的分子质量差别很大，而平均分子质量概念不清晰。

在文献[6]中，提出使用“平均结构单元”作为煤有机质得结构单元，按单位物质量计算。为简便起见，将煤有机质的单位物质量取作 100g。

（1）煤有机质结构-化学指标

需要再次强调的是，煤有机质的理化性质可以表示为一组特定的结构化学指数的函数[8,41]。后者可以采用原子、原子基团以及各种类型的化学键作为煤有机质的单位质量。对于煤炭来说，原子和官能团是通过实验确定的，而根据文献[6]，必须使用原子和原子基团作为结构化学指标❶。

煤有机质的加和性 ξ 可以表示为结构化学指数贡献的线性组合：

$$\xi = \sum_i \xi_i x_i \tag{4-82}$$

式中，ξ_i 为第 i 个指数 x_i 对 ξ 的贡献。

根据文献[41]，如果把100g煤有机质中原子的物质的量作为结构化学指数 x_i，那么：

$$x_i = \{x_C; x_H; x_N; x_O; x_S\} \tag{4-83}$$

如果是原子和原子基团，那么：

$$x_i = \{x_{C_{Al}}; x_{C_{Ar}}; x_{H_{Al}}; x_{H_{Ar}}; x_{-OH}; x_{-COOH}; x_{>CO}; x_{-NH-}; x_{-N=}; x_{-O-}; x_{-S-}\} \tag{4-84}$$

结构参数组式（4-83）被称为最小基准，而参数组式（4-84）则为扩展基准。扩展基准包含一些重要的结构化学指标，例如烷基碳和氢、芳香碳和氢、各种官能团，因此它含有的有机质化学结构信息比最小基准要多。最后，需要强调的是，两个基准都仅考虑煤有机质研究性质的贡献平均值，包括结构及空间异构体，以及远距离相互作用（与化学键无关的原子间相互作用）的贡献等。

（2）煤有机质结构和性质的关系方程

煤有机质的结构和性质关系基本方程是利用扩展基准得到的。

100g煤有机质可以表述为：

$$x_C^0 = \frac{C}{12};\ x_H^0 = \frac{H}{1};\ x_N^0 = \frac{N}{14};\ x_O^0 = \frac{O}{16};\ x_S^0 = \frac{S}{32}$$

式中，x_i 为 100g 煤有机质中原子和原子基团的物质的量。那么，根据原子平衡条件可以得到以下方程：

$$\begin{aligned}
& x_{C_{Al}} + x_{C_{Ar}} + x_{>CO} + x_{-COOH} = x_C^0 \\
& x_{H_{Al}} + x_{H_{Ar}} + x_{-OH} + x_{-COOH} + x_{-NH-} = x_H^0 \\
& x_{-OH} + 2x_{-COOH} + x_{>CO} + x_{-O-} = x_O^0 \\
& x_{-NH-} + x_{-N=} = x_N^0 \\
& x_{-S-} = x_S^0
\end{aligned} \tag{4-85}$$

❶ 各种参数组之间，严格地说，可能存在线性关系。

从物质平衡方程可得❶：

$$12x_{C_{Al}}+12x_{C_{Ar}}+x_{H_{Al}}+x_{H_{Ar}}+17x_{-OH}+45x_{-COOH}+28x_{>CO}+16x_{-O-}+15x_{-NH-}+14x_{-N=}+32x_{-S-}=100 \tag{4-86}$$

扩展基准［式（4-84）］由 11 个元素构成。为了明确它们的定义，必须有尽可能多独立的线性方程，其中的 5 个［方程（4-85）］我们已经得到了。为了构建剩下的 6 个方程，根据文献[41]，可以利用 100g 镜质体以下理化指标的加和性：

① 反射率 R_{max}，%

$$R_{max}=\sum_{i=1}^{11}R_i x_i \tag{4-87}$$

② 反射率 R_{min}，%

$$R_{min}=\sum_{i=1}^{11}r_i x_i \tag{4-88}$$

③ 体积 V_{100}（V=100/d），cm^3

$$V_{100}=\sum_{i=1}^{11}V_i x_i \tag{4-89}$$

④ 燃烧热值 Q_{100}^{n}，MJ/100g

$$Q_{100}^{n}=\sum_{i=1}^{11}q_i x_i \tag{4-90}$$

⑤ 折射率 n_D [8]

$$n_D=\sum_{i=1}^{11}n_i x_i \tag{4-91}$$

⑥ 折射到 100g 物质上的 R_{100} $\left(R_{100}=V_{100}\dfrac{n_D^2-1}{n_D^2+2}\right)$❷，cm^3

$$R_{100}=\sum_{i=1}^{11}k_i x_i \tag{4-92}$$

❶ 原子质量四舍五入值。

❷ 需要强调的是，为避免方程组的线性关系，代替 V_{100} 和 n 的函数 R_{100}，最好使用其他性质指标。

需要强调的是，折射率 n_D 和折射 R_M 的加和值在文献[49,51,53]中都是已知的。方程（4-85）、方程（4-87）～方程（4-92）可以表示为矩阵形式：

$$\begin{Vmatrix} 1 & 1 & 0 & 0 & 0 & 1 & 1 & 0 & 0 & 0 & 0 \\ 0 & 0 & 1 & 1 & 1 & 1 & 0 & 1 & 0 & 0 & 0 \\ 0 & 0 & 0 & 0 & 1 & 2 & 1 & 0 & 0 & 1 & 0 \\ 0 & 0 & 0 & 0 & 0 & 0 & 0 & 1 & 1 & 0 & 0 \\ 0 & 0 & 0 & 0 & 0 & 0 & 0 & 0 & 0 & 0 & 1 \\ R_1 & R_2 & R_3 & R_4 & R_5 & R_6 & R_7 & R_8 & R_9 & R_{10} & R_{11} \\ V_1 & V_2 & V_3 & V_4 & V_5 & V_6 & V_7 & V_8 & V_9 & V_{10} & V_{11} \\ q_1 & q_2 & q_3 & q_4 & q_5 & q_6 & q_7 & q_8 & q_9 & q_{10} & q_{11} \\ r_1 & r_2 & r_3 & r_4 & r_5 & r_6 & r_7 & r_8 & r_9 & r_{10} & r_{11} \\ k_1 & k_2 & k_3 & k_4 & k_5 & k_6 & k_7 & k_8 & k_9 & k_{10} & k_{11} \\ n_1 & n_2 & n_3 & n_4 & n_5 & n_6 & n_7 & n_8 & n_9 & n_{10} & n_{11} \end{Vmatrix} \begin{Vmatrix} x_{C_{Al}} \\ x_{C_{Ar}} \\ x_{H_{Al}} \\ x_{H_{Ar}} \\ x_{-OH} \\ x_{-COOH} \\ x_{>CO} \\ x_{-NH-} \\ x_{-N=} \\ x_{-O-} \\ x_{-S-} \end{Vmatrix} = \begin{Vmatrix} x_C^0 \\ x_H^0 \\ x_O^0 \\ x_N^0 \\ x_S^0 \\ R_{max} \\ 100/d \\ Q_{100}^n \\ R_{min} \\ R_{100} \\ n_D \end{Vmatrix} \tag{4-93}$$

把矩阵相应地用 $\|A\|$、$\|x\|$ 和 $\|x^0\|$ 表示，方程（4-93）可以重新写为：

$$\|A\| \cdot \|x\| = \|x^0\| \tag{4-94}$$

式中，矩阵 $\boldsymbol{A}=\|A_{ij}\|$，其大小为 $m \times m$（这种情况下，m=11）；列向量 $\|x^0\|$，其大小为 m，且已知。那么根据方程（4-94），列向量 $\|x\|$ 将由下列公式确定：

$$\|x\| = \|A\|^{-1} \cdot \|x^0\| \tag{4-95}$$

矩阵 $\|A\|^{-1}$ 是矩阵 $\|A\|$ 的逆矩阵。

对于镜质体来说，列向量各组分的数值 $x^0 = \|x_i^0\|$ 见表 4-15，而列向量 $x=\|x_i\|$[8] 见表 4-16。

表 4-15 镜质体的物理-化学指数[8,41,55]

C^{daf} /%	X_C^0	X_H^0	X_O^0	X_N^0	X_S^0	R_{max} /%	V_{100} /cm^3	Q_{100}^n /(MJ/100g)	R_{min} /%	R_{100} /cm^3	n_D
70.5	5.8696	5.6728	1.4097	0.0796	0.0035	0.32	70.175	2.863	0.32	27.272	1.7050
75.5	6.2859	4.9483	1.1431	0.0724	0.0065	0.48	72.202	2.988	0.48	28.789	1.7290
81.5	6.7854	5.1037	0.7370	0.0853	0.0115	0.74	75.758	3.284	0.71	31.796	1.7804
85	7.0768	5.4160	0.4870	0.0920	0.0143	0.96	77.942	3.486	0.89	33.764	1.8146
87	7.2434	5.3695	0.3615	0.0933	0.0155	1.13	77.821	3.570	1.02	34.477	1.8402
89	7.4099	5.1117	0.2538	0.0911	0.0159	1.40	77.160	3.624	1.22	34.998	1.8682

续表

C^{daf} /%	X_C^0	X_H^0	X_O^0	X_N^0	X_S^0	R_{max} /%	V_{100} /cm^3	Q_{100}^n /(MJ/100g)	R_{min} /%	R_{100} /cm^3	n_D
90	7.4931	4.8605	0.2092	0.0889	0.0159	1.60	76.453	3.634	1.35	35.229	1.8878
91.2	7.5930	4.4385	0.1641	0.0856	0.0157	2.00	73.964	3.629	1.56	34.919	1.9191
92.5	7.7013	3.8402	0.1250	0.0814	0.0152	2.81	71.429	3.604	1.97	34.770	1.9610
93.4	7.7762	3.3535	0.1032	0.0780	0.0148	3.61	68.871	3.577	2.32	33.991	1.9808
94.2	7.8428	2.8843	0.0867	0.0747	0.0143	4.24	66.181	3.547	2.66	33.027	1.9971
95	7.9094	2.3946	0.0724	0.0706	0.0137	5.03	63.012	3.515	3.02	31.701	2.0093
96	7.9927	1.7793	0.0569	0.0639	0.0125	6.09	58.893	3.473	3.47	29.861	2.0213

注：根据门捷列夫公式［式（4-74）］确定镜质体燃烧热。

表 4-16　镜质体的物理-化学指数[8]

C^{daf}/%	$x_{C_{Al}}$	$x_{C_{Ar}}$	$x_{H_{Al}}$	$x_{H_{Ar}}$	x_{-OH}	x_{-COOH}	$x_{>CO}$	x_{-NH-}	$x_{-N=}$	x_{-O-}	x_{-S-}
70.5	1.966	3.487	1.439	0.884	0.0899	0.3267	0.0666	0.013	0.01914	0.003	0.003
75.5	1.938	3.785	1.483	0.499	0.0573	0.50483	0.0616	0.0108	0.02502	0.007	0.007
81.5	2.061	4.455	1.732	0.462	0.0019	0.26799	0.0702	0.0151	0.0035	0.012	0.012
85	2.068	4.839	2.008	0.317	0.0003	0.1689	0.06984	0.0222	0.00065	0.014	0.014
87	2.014	5.082	2.185	0.214	9×10^{-5}	0.14735	0.06704	0.0263	0.00027	0.015	0.015
89	1.792	5.479	2.435	0.115	4×10^{-5}	0.13874	0.06269	0.0284	0.00013	0.016	0.016
90	1.617	5.742	2.495	0.074	3×10^{-5}	0.13488	0.06052	0.0283	9.1×10^{-5}	0.016	0.016
91.2	1.347	6.12	2.619	0.038	2×10^{-5}	0.12642	0.05848	0.0271	6.3×10^{-5}	0.016	0.016
92.5	0.938	6.652	2.907	0.014	1×10^{-5}	0.1106	0.05731	0.0241	4.3×10^{-5}	0.015	0.015
93.4	0.635	7.044	2.988	0.006	6×10^{-6}	0.09673	0.05718	0.0209	3.4×10^{-5}	0.015	0.015
94.2	0.372	7.387	2.762	0.003	4×10^{-6}	0.08382	0.05743	0.0172	2.8×10^{-5}	0.014	0.014
95	0	7.838	2.336	0.001	3×10^{-6}	0.07125	0.05775	0.0128	2.4×10^{-5}	0.014	0.014
96	0	7.936	1.721	0.0003	2×10^{-6}	0.05658	0.05743	0.0064	2.2×10^{-5}	0.013	0.013

我们列出❶矩阵$\|A\|$和$\|A\|^{-1}$的矩阵元素：

$$\|A_{ij}\| = \begin{vmatrix} 1 & 1 & 0 & 0 & 0 & 1 & 1 & 0 & 0 & 0 & 0 \\ 0 & 0 & 1 & 1 & 1 & 1 & 0 & 1 & 0 & 0 & 0 \\ 0 & 0 & 0 & 0 & 1 & 2 & 1 & 0 & 0 & 1 & 0 \\ 0 & 0 & 0 & 0 & 0 & 0 & 0 & 1 & 1 & 0 & 0 \\ 0 & 0 & 0 & 0 & 0 & 0 & 0 & 0 & 0 & 0 & 1 \\ 0.933 & 0.798 & -0.173 & 0.807 & -65.416 & -246.901 & -34.333 & 1360.86 & 965.741 & 334.282 & -6693.64 \\ -4.698 & -4.842 & 7.258 & 10.472 & -23.288 & 1303.91 & 205.159 & -236.78 & -2225.28 & -4568.7 & 7619.45 \\ 0.4069 & 0.407 & 0.126 & 0.126 & -0.0472 & 0.194 & 0.234 & 0.118 & -0.014 & -0.199 & 0.437 \\ -0.298 & -0.385 & -0.419 & -0.0042 & -25.98 & 12.408 & 1.588 & 488.38 & 222.514 & -215.75 & -1833.83 \\ 5.086 & 5.961 & 3.22 & 3.719 & 60.93 & -92.23 & -12.793 & -1204.8 & -594.43 & 712.813 & 3970.68 \\ 0.481 & 0.513 & 0.014 & -0.0156 & 2.404 & -24.801 & -3.444 & -29.054 & 20.567 & 100.82 & -23.493 \end{vmatrix}$$

❶ 方程（4-87）～方程（4-92）系数值包含在矩阵 $A=\|A_{ij}\|$ 矩阵元素中，通过最小二乘法处理表 4-15 和表 4-16 中的数据得到。

$$\left\|A_{ij}\right\|^{-1}=\begin{vmatrix} 23282.4 & 7235.81 & -9940.3 & 11.749 & 20567.4 & -1.643 & -0.385 & -57187.4 & 4.08 & 0.831 & -23.21 \\ -23046.3 & -7165.69 & 9839.47 & 23.392 & -20540.1 & 1.664 & 0.523 & 56630.5 & -4.366 & -1.094 & 30.548 \\ -9607.13 & -2982.55 & 4080.64 & -46.755 & -8660.04 & 0.761 & 0.8489 & 23579.8 & -4.387 & -2.648 & 55.789 \\ 9404.44 & 2920.41 & -3989.89 & 6.984 & 8670.39 & -0.7998 & -11.06 & -23077.2 & 4.758 & 2.949 & -64.028 \\ 82.797 & 25.731 & -39.473 & 44.896 & -130.37 & 0.104 & 0.155 & -207.549 & -0.575 & -0.289 & 7.487 \\ 116.601 & 36.356 & -49.551 & -6.377 & 121.243 & -0.065 & -0.012 & -286.49 & 0.223 & 0.017 & -0.052 \\ -341.73 & -106.742 & 150.392 & -28.764 & -148.579 & 0.044 & -0.126 & 843.709 & 0.063 & 0.247 & -7.586 \\ 3.292 & 1.051 & -1.748 & 1.252 & -1.217 & 0.0003 & 0.014 & -8.527 & -0.018 & -0.029 & 0.804 \\ -3.292 & -1.051 & 1.748 & -1.252 & 1.217 & -0.0003 & -0.014 & 8.527 & 0.018 & 0.029 & -0.804 \\ 25.729 & 8.0298 & -10.816 & -3.378 & 36.465 & -0.0177 & -0.005 & -63.173 & 0.066 & 0.008 & -0.097 \\ 0 & 0 & 0 & 0 & 1 & 0 & 0 & 0 & 0 & 0 & 0 \end{vmatrix}$$

下面将详细分析获得的数据。从方程（4-95）中发现，根据这些假设，构建了方程（4-87）～方程（4-92），设置列向量$\left\|x^0\right\|$后（煤有机质的元素构成、密度、燃烧热值、反射指数和折射），可以唯一地确定结构化学指数，计算 100g 煤有机质在化合价态下单个原子和原子基团的物质的量。因此，我们实现了从煤有机质的一组物理指数（$\left\|x^0\right\|$）向结构化学-指数（$\|x\|$）的转换，并且确定了单位质量煤有机质结构中，构成饱和碎片、芳香碎片、官能团的碳原子和氢原子的数量。

接下来，我们以镜质体（C^{daf}=85%）为例，比较由矩阵$\|A\|^{-1}$与对应的向量$\left\|x^0\right\|$（分子），“实验”数据（分母）相乘得到结构化学指数的计算值：

$x_{C_{Al}}$	2.05/2.07	$x_{\gt CO}$	0.17/0.17
$x_{C_{Ar}}$	4.85/4.84	x_{-NH-}	0.07/0.07
$x_{H_{Al}}$	3.03/3.02	$x_{-N=}$	0.02/0.02
$x_{H_{Ar}}$	2.01/2.00	x_{-O-}	0.00/0.00
x_{-OH}	0.32/0.32	x_{-S-}	0.01/0.01
x_{-COOH}	0.00/0.00		

根据方程组（4-85），结构化学指数可以用来确定单位质量煤有机质化学键的百分含量：

$$\begin{cases} x_{H-O}=x_{-OH}+x_{-COOH} \\ x_{\gt C=O}=x_{\gt CO}+x_{-COOH} \\ x_{C-O}=x_{-OH}+x_{-COOH}+2x_{-O-} \\ x_{H-N}=x_{-NH-} \\ x_{C-S}=2x_{-S-} \\ x_{C-N}=2x_{-NH-}+3x_{-N=} \\ x_{C-H}=x_{H_{Al}}+x_{H_{Ar}} \end{cases} \tag{4-96}$$

$$\begin{cases} x_{C-C}^{\pi} = \dfrac{1}{2} x_{C_{Ar}} \\ x_{C-C}^{\sigma} = n_{化学键}^{100} - \left(x_{H-O} + 2x_{>C=O} + x_{C-O} + x_{H-N} + x_{C-N} + x_{C-S} + x_{C-H} + x_{C-C}^{\pi}\right) \end{cases}$$

式中，$n_{化学键}^{100} = \dfrac{1}{2}\sum_{i} \dfrac{\omega_i A_i(\%)}{m_i}$；$\omega_i$ 为原子 i 的化合价($\omega_C = 4, \omega_H = 1, \omega_O = 2, \omega_N = 3, \omega_S = 2$)；$m_i$ 为原子 i 的原子质量；A_i 为原子 i 在煤有机质中的原子含量,%。

单位质量煤有机质中各类型化学键的百分含量根据以下公式确定：$n_{i-j} = \dfrac{100}{n_{化学键}^{100}} x_{i-j}$。例如，对于镜质体（$C^{daf}$=85%）来说，利用表 4-17 中的数据，根据公式(4-96)可得(%)：n_{H-O}=1.83；$n_{>C=O}$=0.97；n_{C-O}=1.83；n_{H-N}=0.40；n_{C-N}=1.14；n_{C-S}=0.11；n_{C-H}=28.68；n_{C-C}^{π}=13.82；n_{C-C}^{σ}=51.21。

由此，我们发现了煤有机质结构化学指数组，它们从整体上确定了煤的物理-化学性质以及在加工过程中的反应能力。

4.3.5 煤变质结构参数

利用最小（原子）基准［式（4-83）］我们研究了煤炭的结构和性质之间的关系。众所周知，变质系列煤炭的结构和性质特征性地发生变化[4,8,41]。为了描述这些变化，我们使用了以下变质参数：碳百分含量 C^{daf}；氢和碳原子比 H/C；反射率 R_o 等。我们可以任意选择这种或者那种变质参数，这不会妨碍研究对象的物理本质[4]。

我们详细研究了镜质体 C^{daf} 与 R_o 的关系（图 4-19），发现反射是结构化学指数的线性函数。从图 4-19 中可以看出，函数 $C^{daf} = f(R_o)$ 是非线性的。从数学角度看，这意味镜质体的某些性质与 R_o 的关系和这些性质与 C^{daf} 的关系是不相同的。换句话说，依靠线性变换不可能从一种关系获得另一种关系。

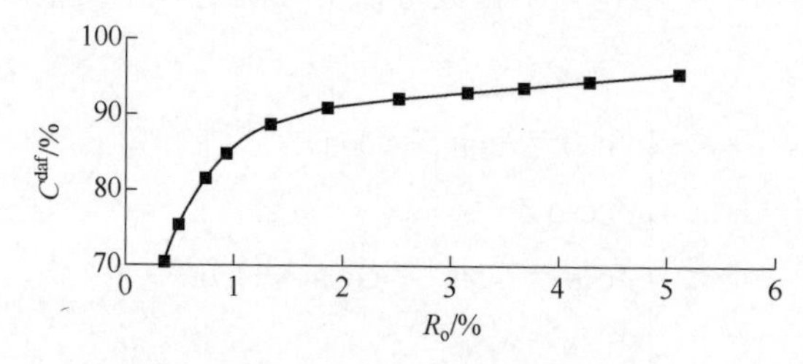

图 4-19　镜质体 C^{daf} 与 R_o 的关系

可以从以下讨论中得出以上论断。煤有机质构成中元素 C、H、O、N、S 的百分含量如下：

$$C^{daf}+H^{daf}+O^{daf}+N^{daf}+S^{daf}=100\% \tag{4-97}$$

用原子百分含量除以原子质量，得到 100g 煤有机质中对应元素 x_i 的物质的量。由此，得：

$$12x_C+x_H+16x_O+14x_N+32x_S=100 \tag{4-98}$$

从式（4-97）和式（4-98）中发现，当 C^{daf}（或者 x_C）为固定值时，其他元素的比也会发生变化，事实上，煤有机质的性质也会发生变化。

煤炭镜质体的反射率 R_o 被广泛用于煤化学研究中。一方面，它具有结构的集合性；另一方面，它是可以通过实验比较容易确定的物理参数。但是，反射率与结构是如何相关联的，它传达了什么样的物理化学信息，在煤化学文献中实际上还没有被讨论过。

我们将进一步详细地研究这个问题。在图 4-20 中，我们取 100g 物质的体积 V_{100}（V_{100}=100/d）与相对应的 R_o 值进行比较。这种依赖性是由两部分组成的，每一部分都可以用直线非常精确地进行描述。直线相交于坐标点 V_{100}=78cm^3（R_o=0.95%）。从图 4-20 可以看出，两个不同的 R_o 值对应一个体积值 V_{100}。此外，从理论角度来说，需要关注一个问题：关联线上（变质结束）的最后一个点对应哪种态的碳。在变质结束时形成的纯碳可能处于热力学中最稳定的晶型——石墨型中。

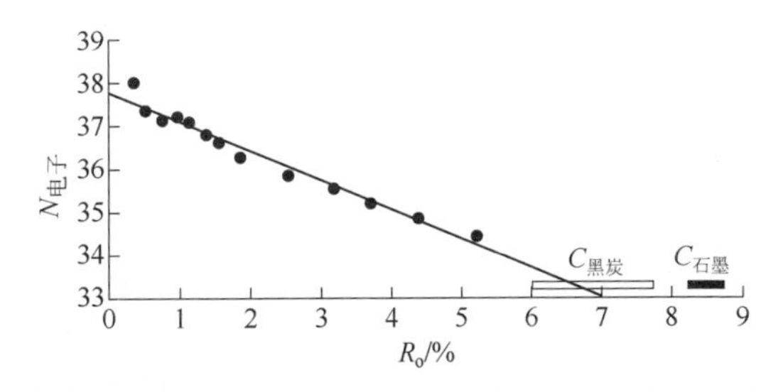

图 4-20　单位质量体积 V_{100} =100/d 与镜质体反射率 R_o 的关系

下面讨论碳的另外一种形态：金刚石和黑炭（煤烟）。黑炭由碳簇构成，具有类石墨却不完美的亚稳态结构[54]。黑炭、石墨和金刚石的密度相应为（g/cm^3）：1.8～2.1；2.25；3.515［V_{100}（cm^3）：55.5～47.6；44.44；28.45］[54]。金刚石 R_o 实验值为 5.305%[55]，而石墨和黑炭的这些数值不存在。在图 4-20 中，对应坐标 V_{100} 做出的两个点 $C_{黑炭}$ 和 $C_{石墨}$，$C_{石墨}$ 和 $C_{黑炭}$ 的 R_o 值分别为 8.4%和 5.99%～7.71%。然而，从图形中还不能确定碳的哪些状态是煤有机质变质系类的极限状态。

反射率 R_o 是两个组分的线性组合：R_{max}（平行于平面的光波电矢量）和 R_{min}（垂直于平面的光波电矢量）[41]：

$$R_o = \frac{1}{3}\left(2R_{max} + R_{min}\right) \tag{4-99}$$

$\Delta = R_{max} - R_{min}$ 值随着煤有机质变质程度的增加而增加。在图 4-21 中对镜质体来说，体积 V_{100} 是 R_{max} 和 R_{min} 的函数。显然，对低变质煤（$R_o \leqslant 0.48\%$，$C^{daf} \leqslant 75.5\%$）R_{max} 和 R_{min} 值相等，因此，煤不表现为各向异性，而对于中和高变质煤（$R_o > 0.48\%$，$C^{daf} > 75.5\%$）R_{max} 和 R_{min} 值随着 R_o 的增加呈现差异，从而各向异性增加。在图 4-21 中标绘出 $C_{石墨}$（8.4；44.44）和 $C_{金刚石}$ 对应的点（5.305；28.45）。显然，$C_{金刚石}$ 大致位于对应 R_{min} 的一条直线，而 $C_{石墨}$ 则对应 R_{max}（值为 9.91%）的一条直线，这完全与实验吻合[41]。由此可以得出结论：首先，在文献[56]中设定的值 $R_{o,石墨}$=10.7% 是高估值；其次，由于金刚石不是各向异性的，而石墨是各向异性的，它们分别位于 R_{max} 和 R_{min} 直线的两个极限位置；第三，黑炭由于具有不完美的亚稳态结构，所以位于石墨的前面。

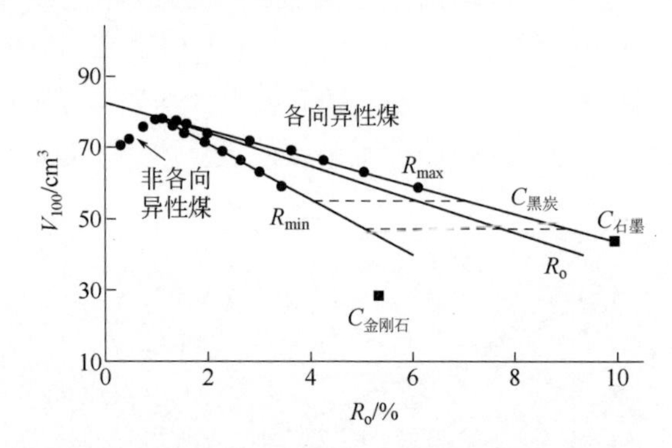

图 4-21　单位质量体积 V_{100} =100/d 与镜质体反射率 R_{max} 与 R_{min} 的关系

讨论完这些问题之后，又出现一个问题：反射率是怎样与煤有机质的结构联系起来的？从一方面来讲，变质系列的 R_{max} 和 R_{min} 值增加；从另一方面来讲，R_{max} 与煤有机质的结构及共轭结构的形成有关。Δ 值是煤有机质各向异性的量度。它与大分子结构的特性有关。同时，似乎是随着大分子结构的生成，形成了运动着的π电子共轭体系，这导致了Δ值的增加[57]（对石墨来说，Δ_{max}=4.51）。

反射实质上是构成煤有机质的带电原子光束间相互作用的结果。位于原子外壳中的电子与核的关联最弱。通常使用的波长 $\lambda = 546$nm 的单色光束的能量为 219.55kJ/mol（或 2.28eV），对弱束缚电子的极化完全充足。由此可以发现，单位质量煤有机质原子的外层电子壳上的反射和电子总数 $N_{电子}$ 之间是有关联的。已知 100g 煤有机质中原子的物质的量 x_i（x_C, x_H, x_O, x_N, x_S），原子 C、H、O、N、S

的外层电子壳上的电子数对应等于 4、1、6、5 和 6，可以得到[1]：

$$4x_{\rm C}+x_{\rm H}+6x_{\rm O}+5x_{\rm N}+6x_{\rm S}=N_{\text{电子}} \tag{4-100}$$

根据式（4-100）可计算出镜质体的 $N_{\text{电子}}$ 值（表 4-17），在图 4-22 中与对应的反射率 $R_{\rm o}$ 的值进行了比较，它们之间为线性关系，且可以用方程来描述：

$$\begin{gathered}N=37.7040-0.6542R_{\rm o}\\(r=0.995;\sigma=0.101;F=1029.69)\end{gathered} \tag{4-101}$$

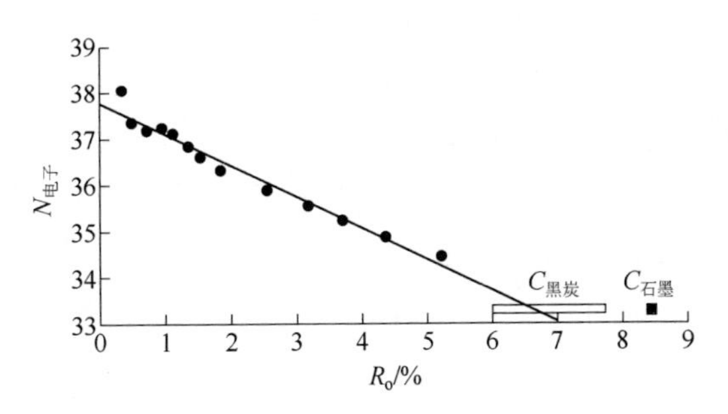

图 4-22　100g 镜质体中原子外层电子壳的电子数与反射率 $R_{\rm o}$ 的关系

表 4-17　100g 镜质体的原子总数计算值 $N_{原子}$、外层电子壳电子总数 $N_{电子}$、化学键总数 $n_{化学键}$和非共用电子对数 NP

$C^{\rm daf}$/%	$N_{原子}$	$N_{电子}$	$n_{化学键}$	NP
70.5	13.035	38.028	16.108	2.906
75.5	12.456	37.351	16.304	2.372
81.5	12.723	37.163	16.999	1.582
85	13.086	37.192	17.501	1.095
87	13.083	37.071	17.688	0.847
89	12.882	36.825	17.782	0.631
90	12.667	36.628	17.775	0.539
91.2	12.297	36.317	17.713	0.445
92.5	11.763	35.894	17.585	0.362
93.4	11.326	35.557	17.464	0.314
94.2	10.903	35.235	17.341	0.277
95	10.461	34.902	17.208	0.243
96	9.905	34.486	17.040	0.203

因此，这种关系揭示了反射率 $R_{\rm o}$ 的物理实质，可以用来评价煤有机质元素组成。因此，$N_{电子}$值可以很容易地根据煤有机质的元素组成计算出来，可以作为变

[1] 因为在 x 摩尔原子中原子数等于 $xN_{\rm A}$（$N_{\rm A}$ 为阿伏伽德罗常量），那么根据式（4-100）$N_{电子}$被认为是按 100g 物质中的每个原子计算的。

质参数来使用。

根据煤有机质的元素组成对 R_o 进行理论评价时，可以使用以下公式：

$$R_o = 0.5497x_C - 1.404x_H + 0.3352x_O + 52.7567x_N - 34.1183x_S$$
$$(r = 0.996; \sigma = 0.159; F = 195.435)$$

另外，还有一些有助于深入开展研究的关系式。我们用 $N_{原子}$表示 100g 煤有机质中的原子数（物质的量）。那么定义如下：

$$N = x_C + x_H + x_O + x_N + x_S \tag{4-102}$$

在图 4-23 中，对镜质体来说，$N_{原子}$值（表 4-17）可以被表示为 R_o 的函数。如果比较图 4-23 和图 4-20，那么就会发现，V_{100} 的最大位置（图 4-20）对应 $N_{原子}$的最大位置（图 4-23）。由此，单位质量煤有机质的原子越多，那么它的体积就越大（即密度越小）。

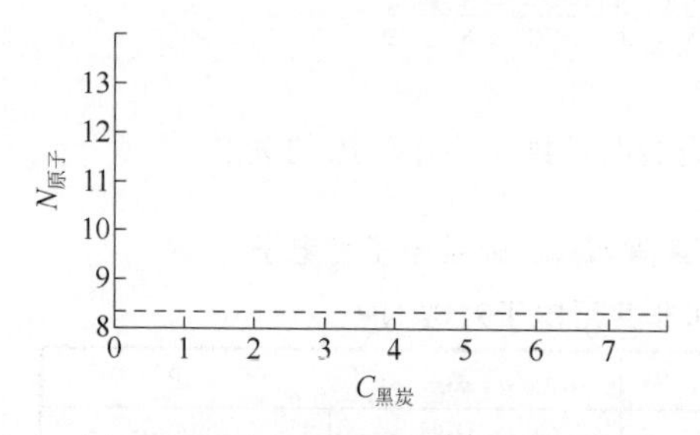

图 4-23　100g 镜质体的原子总数 $N_{原子}$与反射率 R_o 的关系

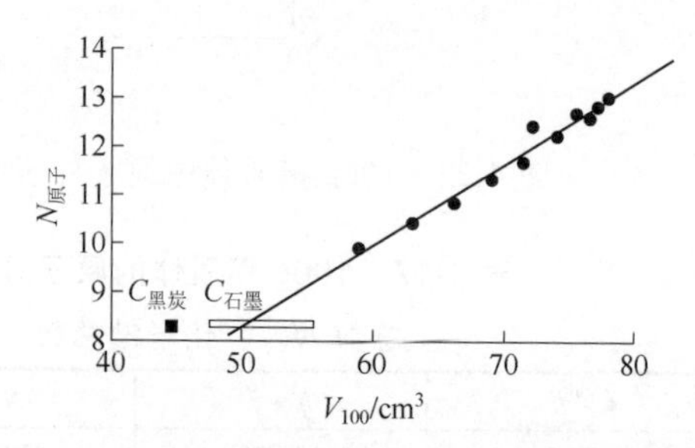

图 4-24　100g 镜质体的原子总数 $N_{原子}$与单位质量体积 V_0=100 / d 的关系

在图 4-24 中，镜质体的 $N_{原子}$值可以表示为参数 V_{100} 的函数。计算出的单位质量煤有机质的 $N_{原子}$和 V_{100} 之间具有线性关系：

$$N = -0.3258 + 0.1717V_{100}$$
$$(r = 0.989; \sigma = 0.165; F = 467) \tag{4-103}$$

式（4-103）可以简化成自由项的较小贡献，写成：

$$N_A \approx 0.167V_{100} \tag{4-104}$$

或者

$$N_A = \frac{16.7}{d} \tag{4-105}$$

$$d \approx 0.167\frac{M}{N_M} \tag{4-106}$$

式中　M——分子质量；

N_M——分子中的原子数。

根据式（4-106），比较计算值密度 d（分子）和实验值（分母）[58]：

化合物	密度/(g/cm^3)
水 H_2O	1.002/1
萘 $C_{10}H_8$	1.187/1.168
晕苯 $C_{24}H_{12}$	1.392/1.376
二十烷 $C_{20}H_{42}$	0.760/0.777

比较结果表明，式（4-106）可以用于近似评估有机分子的密度。对总式为 C_nH_{2n+2} 的饱和碳氢化合物，根据式（4-106），可得：

$$d = 0.167\frac{14+\frac{2}{n}}{3+\frac{2}{n}}$$

由此，当大值 n 时可得：

$$\lim_{d\to\infty} d(n) = 0.167\times\frac{14}{3} = 0.7793\,(\mathrm{g/cm^3}) \tag{4-107}$$

这与实验数据完全吻合[58]。

需要强调的是，我们得到的经验公式（4-106）是针对含有原子 C、H、O、N、S 的有机物质的情形，在其他情况下并不适用。

根据煤有机质的元素组成可以计算另外一个含有结构化学信息的参数。下面讨论 100g 煤的化学键总数 $n_{化学键}$。

$$n_{化学键} = \frac{1}{2}\sum_{A}(N_A^M - N_A^B) \tag{4-108}$$

式中 N_A^M——可容纳在原子内层电子壳的最大电子数 A（N_A^M=2，$N_C^M = N_N^M = N_O^M = N_S^M = 8$）；

N_A^B——原子价电子数 A（$N_C^B = 4$，$N_H^B = 1$，$N_N^B = 5$，$N_O^B = N_S^B = 6$）。

例如，根据式（4-108）：

① 对分子 O_2

$$n_{化学键} = \frac{1}{2}\times[2\times(8-6)] = 2$$

②对分子萘（$C_{10}H_8$）

$$n_{化学键} = \frac{1}{2}\times[10\times(8-4)+8\times(2-1)] = 24$$

根据式（4-108），对 100g 煤有机质有：

$$2n_{化学键} = 4x_C + x_H + 3x_N + 2x_O + 2x_S \quad (4\text{-}109)$$

根据式（4-109）计算出的镜质体化学键总数 $n_{化学键}$ 和反射率 R_o 之间的关系见图 4-25，显然，化学键的最大数位于区间 $1 < R_o < 2$，这里的显著特征是煤炭基本物理化学性质发生变化。

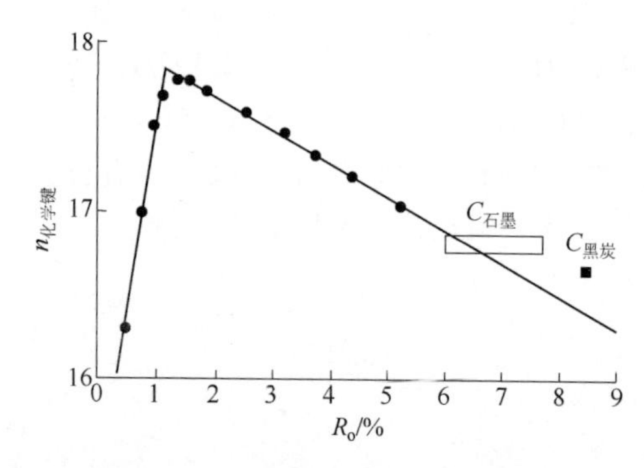

图 4-25　100g 镜质体化学键总数 $n_{化学键}$ 和反射率 R_o 之间的关系

我们用 NP 表示 100g 煤有机质中的非共用电子对总数。根据以上讨论，NP 值可以由下列公式确定：

$$\mathrm{NP} = \frac{1}{2}(N_A^B - 2n_{CB}) \quad (4\text{-}110)$$

或者

$$\mathrm{NP} = x_N + 2x_O + 2x_S \quad (4\text{-}111)$$

NP 值（表 4-17）根据物理意义应该正比于供体-受体类型化学键的总数，且可用于解释煤有机质中分子间相互作用的性质。

利用加和法则的最小基准［式（4-83）］，可以较为满意地计算出一组重要的煤有机质物理-化学参数。由于煤有机质的元素组成中包含了主要的五个元素（C，H，O，N，S），因此与结构和性质有关的最小基准中的方程数应该不少于 5 个。

我们使用物料平衡方程式（4-98）和基本元素 x_C、x_H、x_N、x_O、x_S 的函数 R_{max} 和 R_{min}、V_{100}、Q_{100}^n 作为这五个独立方程。

利用最小二乘法处理表 4-16 中的数据，可以得到以下数据[1]：

$$R_{max}(\%) = 0.3751x_C - 2.2697x_H + 1.2189x_O + 117.55x_N - 61.8577x_S$$
$$(r = 0.994;\ \sigma = 0.244;\ F = 139)$$
$$R_{min}(\%) = 0.28136x_C - 1.03x_H + 0.3175x_O + 50.9706x_N - 25.9664x_S$$
$$(r = 0.996;\ \sigma = 0.11;\ F = 196)$$

[1] 计算 Q_{100}^n 的门捷列夫公式［式（4-74）］。

$$V_{100}(\text{cm}^3) = 5.8474x_C - 5.8478x_H + 3.0362x_O + 48.0114x_N - 61.3119x_S$$

$(r = 0.997;\ \sigma = 0.565;\ F = 267.291)$

$$Q_{100}^n(\text{MJ/100g}) = 0.4067x_C - 0.1255x_H + 0.1741x_O + 0.3481x_S \tag{4-112}$$

方程式（4-112）可用来根据煤有机质基本元素（x_C, x_H, x_N, x_O, x_S）计算这些重要性质指数的理论值，如 R_{max}、R_{min}、V_{100}（d=100/V_{100}）、Q_{100}^n。利用方程（4-94），可以解决逆问题。

比较镜质体（C^{daf}=85%）性质指数［式（4-112）］的计算值（分子）与实验值（分母）：

R_{max}	0.97/0.96
R_{min}	0.92/0.89
V_{100}	78.27/77.94
Q_{100}^n	3.48/3.48

可以看出，方程式（4-112）可以较为满意地用于评价以上参数值。

最后，我们得出的结论是，为了得到煤有机质结构和性质关系的基本方程，我们只使用镜质体的数据是由于文献中记载的有关镜质体的数据最全面，得到的结果使我们充分有理由相信，这些方程也可以用于煤有机质的其他微观组分中。

因此，利用扩展基准和最小基准得到的结构和性质之间的关系方程可以被广泛地用于煤化学研究中，去解决煤炭加工的具体化学和工艺问题。其价值在于：一方面，计算出的方程还可以作为一种研究工具；另一方面，它们可以使我们更深入地了解煤结构和性质关系的本质。

（1）参数 H/C

在煤化学中通常使用原子比 H/C 和煤有机质中的碳含量（C^{daf}，%）作为变质参数。但是不同类型化合物的参数 C^{daf} 和 H/C 之间的关系也是不同的。比如说，对总式为 C_nH_m 的碳氢化合物，$C = \dfrac{1201.1}{12.011 + H/C}$，而对 $C_n(H_2O)_m$，$C = \dfrac{400}{4 + 3(H/C)}$。

这些关系都不是线性的。

需要强调的是，在煤化学中不考虑这些特性而使用参数 H/C 并非完全正确，比如说，当煤有机质中有以含氢基团形式构成煤炭的杂原子 N、O 和 S 的情况。需要更加详细地研究这种情况。因为碳原子是四价，而氢原子是单价，根据定义，4C—H 值是参与分子中形成 C—C 键的所有碳原子的总价数（C,H——结构单元中碳原子和氢原子对应的数量）。根据单个化学键贡献的加和性，选择煤炭变质阶段的碳原子两种主要类型的化学键 C—C（sp^2 和 sp^3），在文献[6]中提出了结构参数 ζ，其由下列公式确定：

$$\zeta = \frac{4C - H}{C} = 4 - H/C \tag{4-113}$$

根据式（4-113），ζ值等于分子中由碳原子形成的C—C化学键数的平均值。为便于比较，我们列出了各种碳氢化合物的ζ值和H/C值：

	ζ	H/C		ζ	H/C
CH_4	0	4	苯	3	1
C_2H_6	1	3	萘	3.2	0.8
C_2H_4	2	2	石墨	4	0
C_2H_2	3	1			

通常情况下，煤有机质中含有官能团—COOH、—O—、—S—、—OH、—NH_2时，ζ值由下列公式确定：

$$\zeta=\frac{1}{C}[4C-H^{C}-(\text{—OH})-2(\text{—O—})-2(\text{—S—})-(\text{—COOH})-(NH_2)] \quad (4\text{-}114)$$

式中，H^{C}为经化学键与碳原子相连接的氢原子数。

（2）煤有机质的不饱和数

根据式（4-20），对100g煤有机质，可以写成：

$$2R^{100}+2\sum\nolimits_{\pi}^{100}-2=2\frac{C(\%)}{12}+\frac{N(\%)}{14}-H(\%) \quad (4\text{-}115)$$

式中，$\sum\nolimits_{\pi}^{100}$为100g煤炭中π键数。

$$\delta=2R+\sum\nolimits_{\pi}-2$$

式中，δ为单位质量煤有机质的不饱和数，因为打开一个环和断裂一个π键都需要两个氢原子。由式（4-115）可得：

$$\delta=\frac{C(\%)}{6}-H(\%) \quad (4\text{-}116)$$

在表4-18中，列出了镜质体的R_a值（空气中定义的反射率值）、C值、H值和根据式（4-116）计算出来的δ值。

表4-18 变质系列镜质体参数

根据文献[55]的数据				根据文献[53]的数据			
R_a	C/%	H/%	δ	R_a	C/%	H/%	δ
6.7	70.5	5.06	6.69	6.2	71.61	5.10	6.83
7.21	75.5	4.96	7.69	6.3	75.78	5.47	7.16
7.98	81.5	5.11	8.47	7.5	77.63	5.22	7.72
8.53	85.0	5.36	8.81	7.8	82.63	5.80	7.97
8.94	87.0	5.31	9.19	8.1	84.60	6.06	8.04
9.45	89.0	5.07	9.76	9.1	86.91	5.63	8.85

续表

根据文献[55]的数据				根据文献[53]的数据			
R_a	C/%	H/%	δ	R_a	C/%	H/%	δ
9.87	90.0	4.91	10.09	10.0	89.01	5.20	9.63
10.5	91.2	4.51	10.69	10.1	88.92	4.88	9.94
11.62	92.5	3.92	11.50	10.4	89.57	4.76	10.17
12.51	93.4	3.42	12.15	10.5	89.55	4.41	10.51
13.32	94.2	2.92	12.78	12.5～15.0	94.75	2.71	13.08
14.17	95.0	2.43	13.40	12.5～14.9	94.33	2.59	13.13
15.28	96.0	1.78	14.22	11.5～15.3	95.48	2.66	13.25
—	100	—	16.67	—	—	—	—

根据表 4-18 的数据，参数 R_a 和 δ 的关系在图 4-26 中表示出来，从中可以看出，尽管数据不同，R_a 和 δ 之间存在唯一的线性关系。

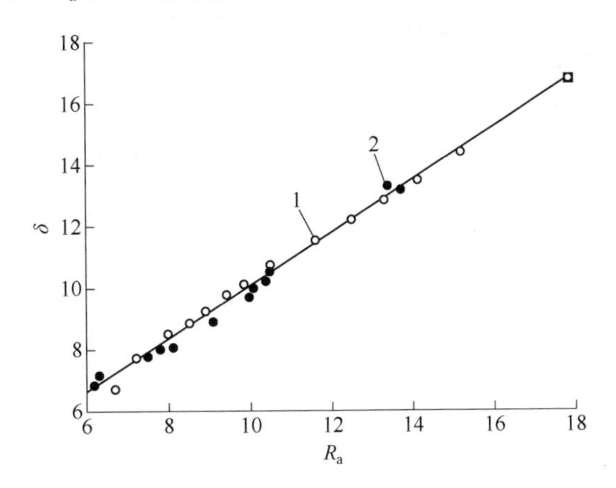

图 4-26 不饱和数 δ 和反射率 R_a 之间的关系

1—文献[55]的数据；2—文献[4]的数据

利用最小二乘法处理数据[55]表明，R_a 值可以非常精确地通过参数 δ 表示出来：

$$R_a = -1.865 + 1.184\delta \quad (r = 0.996;\ \sigma = 0.268;\ F = 1230.57) \tag{4-117}$$

根据式（4-117），对石墨，当 $C_{含量}$=100%时，δ=16.67，R_a=17.87。

最后，可以得出结论，不饱和数 δ 值可以用来作为变质参数，也可以用来评估 R_a 的值。

4.3.6 煤的温度特性

首先来看下列参数与镜质体变质程度的关系：开始急剧裂解的温度 T_d；玻璃

化温度T_g；软化温度T_m。文献[59]中给出了规则结构有机聚合物T_d、T_g、T_m的计算方法，根据以下公式：

$$T_d = \sum_i \Delta V_i / \sum_i K_i^j \Delta V_i \tag{4-118}$$

$$T_m = \sum_i \Delta V_i / \sum_i K_i \Delta V_i \tag{4-119}$$

$$T_g = \sum_i \Delta V_i / \sum_i (\alpha_i \Delta V_i + b_i) \tag{4-120}$$

式中　ΔV_i——构成聚合物碎片的原子i的范德华体积；

K_i^j——各种类型原子i的常数和分子间相互作用j的类型；

K_i, α_i, b_i——制表系数值。

在计算煤有机质的T_d、T_g、T_m时，我们进行了以下假设：

① 煤有机质是准规则结构聚合物。

② 式（4-118）～式（4-120）相对于物质质量是不变的，因此为了方便起见，采用100g煤有机质作为元素碎片。

③ 由于缺乏煤有机质具体化学结构信息，因此我们选取了一组结构化学参数（见4.1.3节）：C_{Al}，C_{Ar}，H_{Al}，H_{Ar}，—OH，—COOH，$\rangle$CO（酮），—NH—，═N—，—O—，—S—。

煤有机质中的第 i 个指数的物质的量表示为x_i，那么根据式（4-118）～式（4-120），可以得到：

$$T_d = \sum_i \Delta V_i x_i / \sum_i \alpha_i \Delta V_i x_i \tag{4-121}$$

$$T_m = \sum_i \Delta V_i x_i / \sum_i \beta_i \Delta V_i x_i \tag{4-122}$$

$$T_m = \sum_i \Delta V_i x_i / \sum_i (\gamma_i \Delta V_i x_i + \delta_i x_i) \tag{4-123}$$

式中，α_i、β_i、γ_i、δ_i与式（4-118）～式（4-120）的系数类似，对应结构化学指数（表4-19）进行重新计算，进行求和。

表4-19　开始急剧裂解的温度T_d、玻璃化温度T_g、软化温度T_m参数计算值

煤有机质结构指数	ΔV_i/Å^3	$\alpha_i \Delta V_i \times 10^3$/(Å^3/K)	$\beta_i \Delta V_i \times 10^3$/(Å^3/K)	$\gamma_i \Delta V_i \times 10^4$/(Å^3/K)
$x_{C_{Al}}$	$\left(4.9+4.1\frac{x_{H_{Al}}}{x_{C_{Al}}}\right)$	$[1.15n+1.92(1-n)]\Delta V_{C_{Al}}$	0	$0.021\ \Delta V_{C_{Al}}$
$x_{C_{Ar}}$	$\left(8.1+4.6\frac{x_{H_{Ar}}}{x_{C_{Ar}}}\right)$	$[1.15n+1.92(1-n)]\Delta V_{C_{Ar}}$	0	$0.021\ \Delta V_{C_{Ar}}$
$x_{H_{Al}}$	2.0	$[2.307m+0.556(1-m)]2.0$	$[10.42m+10.03(1-m)]2.0$	39.96

续表

煤有机质结构指数	ΔV_i/Å^3	$\alpha_i\Delta V_i\times10^3$/(Å^3/K)	$\beta_i\Delta V_i\times10^3$/(Å^3/K)	$\gamma_i\Delta V_i\times10^4$/(Å^3/K)
$x_{H_{Ar}}$	2.0	$[2.307m+0.556(1-m)]2.0$	$[10.42m+10.03(1-m)]2.0$	39.96
$x_{—OH}$	9.9	34.155	117.57	130.462
$x_{>C(酮)}$	21.55	39.34	77.805	41.46
$x_{>C(醛)}$	18.15	32.812	77.805	41.13
$x_{—COOH}$	31.45	61.406	194.976	171.92
$x_{—NH—}$	8.5	4.001	0	101.68
$x_{=N—}$	5.8	2.384	0	36.83
$x_{—O—}$	3.4	0.197	56.1	78.03
$x_{—S—}$	16.5	104	0	58.24

利用结构化学指数 x_i 的数据，对镜质体建立了 T_d、T_g、T_m 与碳含量（C，%）的关系，见图 4-27❶。

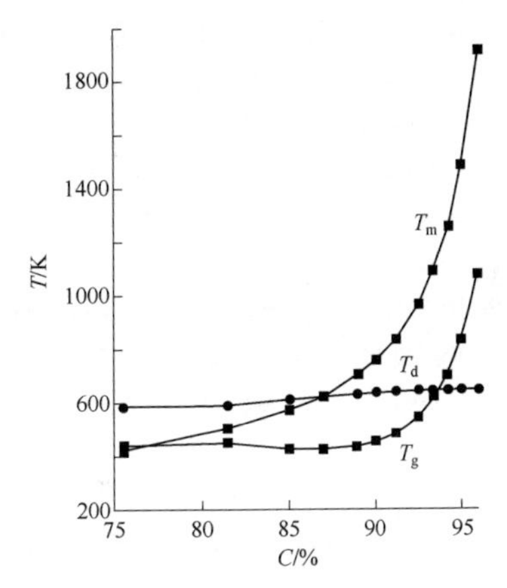

图 4-27　开始急剧裂解的温度 T_d、玻璃化温度 T_g、软化温度 T_m 与碳含量的关系

计算中，根据煤有机质广义的平均结构模型，官能团—OH、—COOH 和烷基 R 位于芳环附近。—O—、—S—、—NH—、>CO 可能位于主链上，也可能是芳环的组成部分。单个原子通过参数 n 和 m 参加到不同类型分子间相互作用中，这些参数的变化从零到统一（n 和 m 为构成非极性基团的碳和氢的比例）。此外，在计算 T_g 时，根据文献[59]，假定构成基团—OH、—COOH、—NH—的氢原子参加氢键的形成。从图 4-27 中可以发现，随着煤有机质中碳原子含量的增加，T_d 值单调增加，这说明芳香结构的热稳定性高。当 $C<87\%$时，$T_m<T_d$；而当 $C>87\%$时，$T_m>T_d$。因此，随着芳香结构的累积，分子间相互作用的能量也增加（相应地，开始软化温度 T_m 也升高）。自然，T_g 值比 T_m 和 T_d 要低，但 $\Delta=T_m-T_g$ 随着 C 的增加而增加。

参考文献

[1] Еремин И.В., Броновец Т.М. Марочный состав углей и их рациональное использование. М.: Недра, 1994: 254.

❶ 计算是当 $n=m=0.5$ 时进行的（见表 4-19）。

[2] Головин Г.С. // Российский химический журнал, 1994, 38(5): 7.
[3] Головин ГС. // Химия твердого топлива, 1994(6): 10.
[4] Еремин И.В., Лебедев В.В., Цикарев Д.А. Петрография и физические свойства углей. М.: Недра, 1980: 263.
[5] Головин Г.С. Зависимость физико-химических и технологических свойств углей от их структурных параметров. М.: изд. ИГИ, 1994.
[6] Гюльмалиев А.М., Головин Г.С., Гладун Т.Г., Скопенко С.М. // Химия твердого топлива, 1994(4-5): 14.
[7] Юркевич Я., Росиньский С. Углехимия. М.: Металлургия, 1973: 360.
[8] Головин Г.С., Гюльмалиев А.М., Гагарин С.Г., Скопенко С.М. // Российский химический журнал, 1994, 38(5): 20.
[9] Гюльмалиев А.М., Гагарин С.Г., Гладун Т.Г, Головин Г.С. // Химия твердого топлива, 2000(6): 3.
[10] Jones J.M., PourKashanian M.. Rena C.D., Williams A. // Fuel, 1999, 78: 1737.
[11] Гюльмалиев А.М., Гладун Т.Г., Бровенко А.Л., Головин Г.С. // Химия твердого топлива., 1996(3): 45.
[12] Гюльмалиев А.М., Гладун Т.Г., Головин Г.С // Химия твердого топлива, 1999(5): 3.
[13] Касаточкин В.И., Ларина Н.К. Строение и свойства природных углей. М : Недра, 1975: 159.
[14] Van Krevelen D.W. Coal. Typology-Chemistry-Physics -Constitution. Amsterdam: Elsevier, 1981: 302.
[15] Krichko A.A., Gyulmaliev A.M., Gladun T.G., Gagarin S.G. //Fuel, 1992, 71: 303.
[16] Гагарин С. Г. // Химия твердого топлива, 1990(5): 9.
[17] lino M. // Fuel Process. Technology, 2000, 62: 89.
[18] Krichko A.A., Gagarin S.G. // Fuel, 1990, 69: 885.
[19] Кричко А.А., Гагарин С. Г., Скрипченко Г.Б. // Структура и свойства углей в ряду мстаморфизма. Киев, Наукова думка, 1985: 42.
[20] Кричко А.А., Гагарин С. Г. // Успехи химии комплексов с переносом заряда и ион-радикальных солей. — Черноголовка, изд. РИО АН СССР, 1986: 22.
[21] Гагарин С.Т., Кричко А.А. //Химия твердого топлива, 1984(4): 3.
[22] Саранчук В.И., Айруни А. Т., Ковалев К. Е. Надмолекулярная организация, структура и свойства. Киев, Наукова думка, 1988: 192.
[23] Скрипченко Г.Б. Закономерности формирования надмолекулярной структуры в процессе метаморфизма углей и технология получения высокообуглероженных материалов: Дисс. на соис. учен. степ, д-ра хим. наук. Москва, 1998.
[24] Lahiri A. // Fuel, 1951, 30: 241.
[25] Радченко О.А. Физические и химические свойства ископаемых углей. —М.-Л.: Изд-в о АН СССР, 1962: 184.
[26] Носырев И.Е., Кочканян Р.О., Баранов С.Н. // Химия твердого топлива, 1980(3): 40.
[27] Marzec A. //J. Anal. Appl. Pyrolysis., 1985, 8: 241.
[28] Given P.H., Marzec A., Barton W.A. et all // Fuel, 1986, 65: 155.
[29] Haenel M. W., Collin G., Zander M. // Erdöl Erdgas Kohle, 1989, 105: 71.
[30] Гагарин С. Г, Гладун Т. Г. // Химия твердого топлива, 1991(4): 24.
[31] Гагарин С.Г., Скрипченко Г.Б. // Химия твердого топлива, 1986(3): 3.
[32] Кричко А.А., Гагарин С. Г, Макарьев С.С. // Химия твердого топлива, 1993(6): 27.
[33] Gagarin S.G., Krichko A.A. //Fuel, 1992, 71, 785.
[34] Платонов Б. В., Клявина С. А., Ивлева Л. Н. и др. // Химия твердого топлива, 1987(2): 38.

[35] Wachowska H., Kozlowski M., Thiel J., Dunajska-Szopka I. // Fuel Process. Technol, 1991, 29: 143.
[36] lino M., Takanohashi T., Obara S. // Fuel, 1989, 89: 1588.
[37] Гурьянова Е.Н., Гольдштейн И.П., Перепелкова Т.И. // Успехи химии, 1976, 45: 1568.
[38] Гладун Т.Г. Термодинамический анализ процессов топливного использования углей с учетом структурных характеристик органической массы: Днсс. па соис. учен. степ. канд. хим. наук. М.: изд. ИГИ, 1993, 152.
[39] Zherakova C, Kochkanan R. // Fuel, 1990, 69: 898.
[40] Степанов Н.Ф., Ерлыкина М.Е., Филиппов Г.Г. Методы линейной алгебры в физической химии. — М.: Изд-во МГУ, 1976, 360.
[41] Ван-Кревелен Д.В., Шуер Ж. Наука об угле. М.: Гос. науч.-техн. изд-во по горному делу, 1960: 302.
[42] Сталл Д., Вестрам Э., Зинке Г. Химическая термодинамика органических соединений. М.: Ми р, 1971: 808.
[43] Гюльмалиев А.М., Лебедева Н.Р., Гладун Т.Г., Головин Г.С. // Химия твердого топлива, 1996(3): 24.
[44] Гагарин С. Г., Гюльмалиев А.М., Головин Г.С. // Химия твердого топлива, 1995(3): 18.
[45] Gyulmaliev A.M., Popova V.P., Romantsova I.I., Krichko A.A.// Fuel, 1992,71: 1329.
[46] Романцова И.И., Попова В.П., Гюльмалиев А.М. и др. // Химия твердого топлива, 1993(4): 68.
[47] Абакумова Л.Г., Гюльмалиев А.М., Гпадун Т.Г., Головин Г.С. // Химия твердого топлива, 1996(4): 52.
[48] Гагарин С.Г., Гладун Т.Г. // Химия твердого топлива, 2000(3): 21.
[49] Татевский В.М. Химическое строение углеводородов и закономерности в их физико-химических свойствах. М.: Изд-в о М ГУ, 1953: 319.
[50] Китайгородский А.И. Молекулярные кристаллы. М.: Наука, 1971: 424.
[51] Флайгер У. Строение и динамика молекул. Т. 1. М.: Мир, 1982: 407.
[52] Тайц Е.М. Свойства каменных углей и процесс образования кокса. М.: Металлургия, 1961: 299.
[53] Сыркин Я.К, Дяткина М.Е. Химическая связь и строение молекул. М. -Л.: Изд-в о хим. лит., 1946: 587.
[54] Реми Г. Курс неорганической химии. Т. 1. М.: Мир, 1972: 824.
[55] Штах Э., Маковски М.Т., Тейхмюллер М., Тейлор Г., Чандра Д., Тейхмюллер Р. Петрология углей. М.: Мир, 1978: 554.
[56] Rourand J.N., Oberlin A. // Carbon, 1989, 27(4): 517.
[57] Еремин И.В., Гагарин С.Г. // Химия твердого топлива, 1998(5): 3.
[58] Общая органическая химия / Под ред. Д. Бартона, Т. Оли са. Т. 1. М.: Химия, 1981: 734.
[59] Аскадский А.А., Матвеев Ю.И. Химическое строение и физические свойства полимеров. М.: Химия, 1983: 247.

第5章 煤炭有机质片段模型化合物的理化特性

5.1 煤化学研究中模型化合物的近似作用
5.2 π电子结构与共轭分子的反应能力
5.3 饱和烃的电子结构
5.4 烃 C—H 和 C—C 键断裂能
5.5 芳烃的烷基衍生物的反应能力
5.6 煤炭有机质平均组成单位模型化合物的量子化学特点
5.7 模型化合物的酸碱性质
5.8 模型化合物的热化学性质
5.9 模型化合物热力学函数的加成计算法
5.10 对脱除杂原子 N、O、S 反应的热力学研究
参考文献

5.1 煤化学研究中模型化合物的近似作用

研究煤炭有机质的理化特性和反应能力，对模型化合物的基础研究具有重要意义[1]，有助于解释煤炭加工机理并建立科学的反应表现预测方法。

利用模型化合物的近似性通常基于以下原因：

① 理化特性的相加性表明，煤炭有机质的一般特性可以非常接近地代表其组成部分（片段）的特性之和。

② 相比于对结构非常复杂的煤炭有机质的整体研究，对模型化合物的基础研究有助于更加准确地判定某些有机质片段在不同反应过程中的表现。

按照煤炭有机质平均结构单元的广义模型（图 4-4），它是由五种基本片段构成的：芳基 Ar、环烷基 CA、烷基 R、官能团 Φ 和桥基 M。可以根据对包含这些基团的模型化合物的研究，预测其不同反应过程中的表现。

5.2 π 电子结构与共轭分子的反应能力

在理论化学中，分子对不同试剂的反应能力是一个相对值，用反应能力指数来表示。该指数既可以根据实验数据（利用哈米特经验公式[2]）来确定，也可以根据电子结构的量子化学计算结果来确定[3-5]。

对煤炭有机质反应能力的研究依据的是模型化合物电子结构的计算结果，并将计算值与相应的实验值进行对比。

5.2.1 有效哈密顿函数法

共轭烃属于特殊的有机化合物，其特点是具有移位 π 电子，这决定了其反应能力的特殊性。

为了探究 π 电子移位的本质，必须先确定原子杂化轨函数。同分子结构相关的 C、N、O 和 S 原子轨函数（对于 C、N、O 原子是 2s, $2p_x$, $2p_y$, $2p_z$；对于 S 原子是 3s, $3p_x$, $3p_y$, $3p_z$）可以构成不同类型的原子杂化轨函数，这些杂化轨函数是“纯”原子轨函数的线性组合。

通常依据原子轨道波函数的对称性来描述杂化轨函数的空间构型[6]。s 轨函数

的波函数 φ_s 呈球面对称，没有节面（在所有空间符号不变）；p 轨函数的波函数 φ_p 有一个节面，其不同面的符号不一样（若一面的符号为“+”，另一面的就为“−”）。一个 s 轨函数和一个 p 轨函数相加和相减后就得到两个杂化轨函数 Γ：

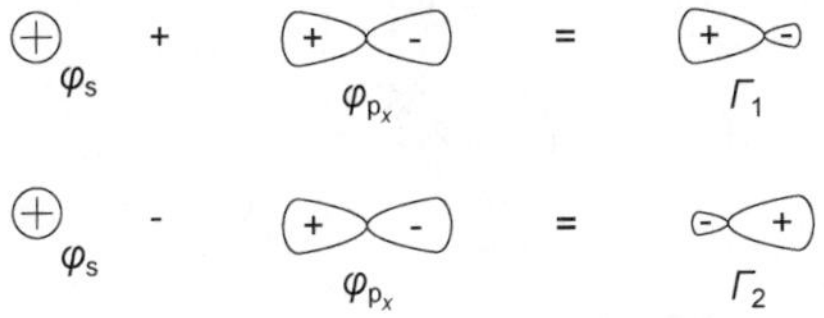

$$\varphi_s + \varphi_{p_x} = \Gamma_1 \qquad \varphi_s - \varphi_{p_x} = \Gamma_2 \tag{5-1}$$

下面以碳原子为例，列举 2s 原子轨函数与 2p 原子轨函数杂化的三种情况：

① 直线形杂化原子轨函数（sp 杂化）：

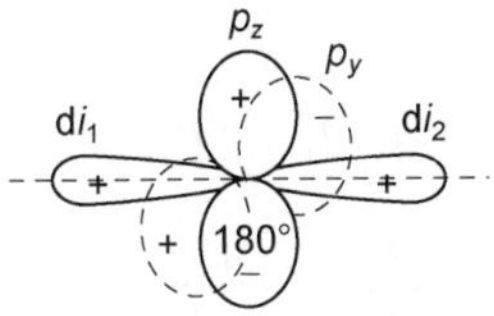

$$\left.\begin{aligned} \mathrm{d}i_1 &= \frac{1}{\sqrt{2}}(s+p_x) \\ \mathrm{d}i_2 &= \frac{1}{\sqrt{2}}(s-p_x) \end{aligned}\right\} \tag{5-2}$$

价电子层组态：$\mathrm{d}i_1^1\mathrm{d}i_2^1p_y^1p_z^1$。

② 正三角形杂化原子轨函数：

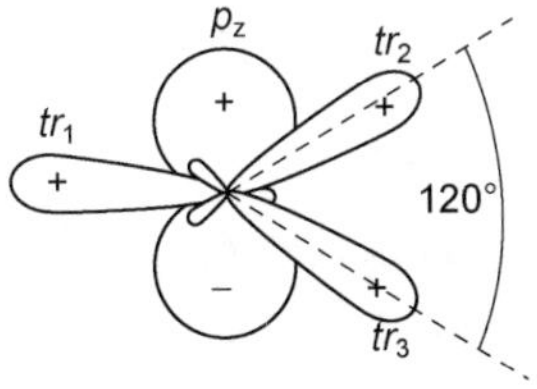

$$\left.\begin{aligned} tr_1 &= \frac{1}{\sqrt{3}}s+\sqrt{\frac{1}{3}}p_x \\ tr_2 &= \frac{1}{\sqrt{3}}s-\sqrt{\frac{1}{6}}p_x+\frac{1}{\sqrt{2}}p_y \\ tr_3 &= \frac{1}{\sqrt{3}}s-\sqrt{\frac{1}{6}}p_x-\frac{1}{\sqrt{2}}p_y \end{aligned}\right\} \tag{5-3}$$

价电子层组态：$tr_1^1tr_2^1tr_3^1p_z^1$。

③ 正四面体杂化原子轨函数：

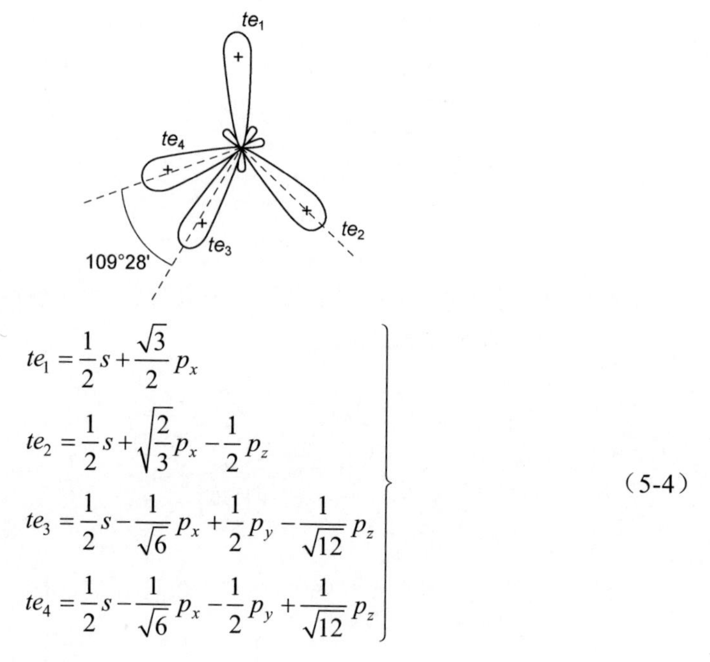

$$\left.\begin{aligned} te_1 &= \frac{1}{2}s + \frac{\sqrt{3}}{2}p_x \\ te_2 &= \frac{1}{2}s + \sqrt{\frac{2}{3}}p_x - \frac{1}{2}p_z \\ te_3 &= \frac{1}{2}s - \frac{1}{\sqrt{6}}p_x + \frac{1}{2}p_y - \frac{1}{\sqrt{12}}p_z \\ te_4 &= \frac{1}{2}s - \frac{1}{\sqrt{6}}p_x - \frac{1}{2}p_y + \frac{1}{\sqrt{12}}p_z \end{aligned}\right\} \tag{5-4}$$

价电子层组态：$te_1^1te_2^1te_3^1te_4^1$。

一个中心（一个原子）上的杂化原子轨函数 Γ_i 同"纯"原子轨函数一样，都满足正交归一性条件，即它们之间的交叠积分为：

$$\int \Gamma_i \Gamma_j \mathrm{d}\tau = \begin{cases} 1 & 当 i = j \\ 0 & 当 i \neq j \end{cases} \tag{5-5}$$

式中，$\mathrm{d}\tau = \mathrm{d}x\mathrm{d}y\mathrm{d}z$，为单元容积。

根据泡利原理，在一个原子轨函数上最多只能有两个电子。因此，在一个分子中原子只能以两种状态进入 π 电子共轭：带一个 π 电子——$[tr]\pi^1$ 或带两个 π 电子——$[tr]\pi^2$。表 5-1 中是 C、N、O 和 S 原子以不同方式参与 π 共轭时的价电子层组态。

表 5-1　C、N、O 和 S 原子参与 π 电子共轭的形态（价态）

原子	价电子数	价态$[tr]\pi^1$	价态$[tr]\pi^2$
C	4	$tr_1^1tr_2^1tr_3^1\pi^1$	—
N	5	$tr_1^2tr_2^1tr_3^1\pi^1$（吡咯氮）	$tr^1tr^1tr^1\pi^2$（吡啶氮）
O	6	$tr_1^2tr_2^2tr_3^1\pi^1$（羰基氧）	$tr^2tr^1tr^1\pi^2$（羧基氧）
S	6	—	$tr^2tr^1tr^1\pi^2$（噻吩硫）

“π”型轨函数进入分子的 π 电子共轭，带一个电子的“tr”型轨函数参与构成 σ 键，带两个电子的“tr”型轨函数参与构成“未共享电子对”。图 5-1 中是带 π 电子系统的分子和共轭链中有杂原子的分子。

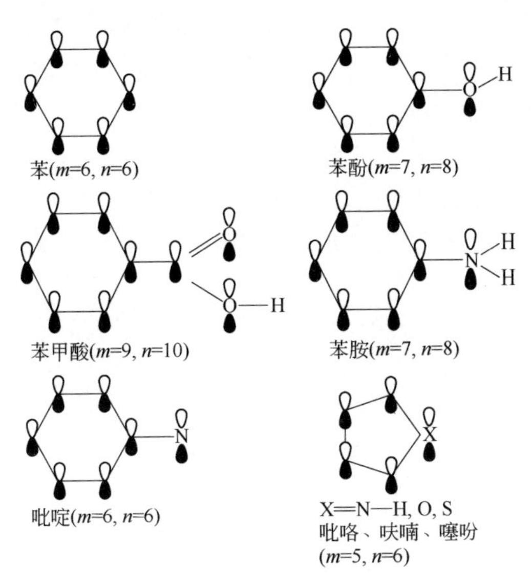

图 5-1　共轭系统示例

m—参与 π 共轭的原子轨函数总数；*n*—π 电子总数

从共轭分子中碳原子价态角度看，研究作为有机物燃烧产物的 CO_2 和 CO 这两种无机分子是很有意义的。

根据分子 X 衍射结构资料[7]，CO_2 分子是直线形的，分子中的原子价态为：

$$\mathrm{d}i^1\mathrm{d}i^1\pi^1\pi^1$$

$$\mathrm{O}{=\!=}\mathrm{C}{=\!=}\mathrm{O}$$

$$tr^2tr^2tr^1\pi^1 \qquad tr^2tr^2tr^1\pi^1$$

此外，在 CO_2 分子中所有的 π 键都位于相互垂直面上。

CO 分子的情况较为复杂，从化学键的角度定性推测出的分子形成过程为：

$$\mathrm{C{-}O} \longrightarrow \mathrm{C^-{-}O^+} \longrightarrow \mathrm{C^-{\equiv}O^+}$$

$$\mathrm{d}i^1\mathrm{d}i^1\pi^1\pi^1 \quad \mathrm{d}i^2\mathrm{d}i^2\pi^1\pi^1 \quad \mathrm{d}i^2\mathrm{d}i^1\pi^1\pi^1 \quad \mathrm{d}i^2\mathrm{d}i^1\pi^1\pi^1$$

因此，CO 分子有一个 σ 键、两个位于相互垂直面上的 π 键和一个其他键。

为了研究共轭分子的 π 电子结构，量子化学中往往采用取成原子轨函数线性组合的分子轨函数近似法（LCAO-MO 近似法）：

$$\psi_i = \sum_j^m C_{ij}\varphi_j \tag{5-6}$$

式中　ψ_i——分子轨函数 i；

C_{ij}——分解系数；

φ_j——原子轨函数 j。

为了求得与分子 π 电子系统最低总能量对应的 C_{ij} 数值，需要解矩阵方程[8]：

$$\boldsymbol{HC}=\boldsymbol{C\Lambda} \tag{5-7}$$

式中　$\boldsymbol{H}$——$m \times m$ 哈密顿矩阵；

$\boldsymbol{C}$——特征矢量（分子轨道系数）矩阵；

$\boldsymbol{\Lambda}$——分子轨道能量矩阵。

通过式（5-7）中矩阵 $\boldsymbol{H}$ 的对角化，还可以确定正交矢量 C_i 和特征值 Λ（分子轨道能量 ε_i）。

在休克尔分子轨道法的 π 电子近似中，苯分子的有效哈密顿函数 $\boldsymbol{H}$ 用库仑积分 α 和共振积分 β 写成[3]：

$$\boldsymbol{H}=\begin{pmatrix} \alpha & \beta & 0 & 0 & 0 & \beta \\ \beta & \alpha & \beta & 0 & 0 & 0 \\ 0 & \beta & \alpha & \beta & 0 & 0 \\ 0 & 0 & \beta & \alpha & \beta & 0 \\ 0 & 0 & 0 & \beta & \alpha & \beta \\ \beta & 0 & 0 & 0 & \beta & \alpha \end{pmatrix} \tag{5-8}$$

取 $\alpha=0$ 及 $\beta=1$，通过解矩阵方程（5-7）得到特征矢量矩阵 $\boldsymbol{C}$，其列矢量是相应的分子轨道系数：

$$\boldsymbol{C}=\begin{pmatrix} \frac{1}{\sqrt{6}} & \frac{2}{\sqrt{12}} & 0 & 0 & \frac{2}{\sqrt{12}} & \frac{1}{\sqrt{6}} \\ \frac{1}{\sqrt{6}} & \frac{1}{\sqrt{12}} & \frac{1}{\sqrt{4}} & \frac{1}{\sqrt{4}} & -\frac{1}{\sqrt{12}} & -\frac{1}{\sqrt{6}} \\ \frac{1}{\sqrt{6}} & -\frac{1}{\sqrt{12}} & \frac{1}{\sqrt{4}} & -\frac{1}{\sqrt{4}} & -\frac{1}{\sqrt{12}} & \frac{1}{\sqrt{6}} \\ \frac{1}{\sqrt{6}} & -\frac{2}{\sqrt{12}} & 0 & 0 & \frac{2}{\sqrt{12}} & -\frac{1}{\sqrt{6}} \\ \frac{1}{\sqrt{6}} & -\frac{1}{\sqrt{12}} & -\frac{1}{\sqrt{4}} & \frac{1}{\sqrt{4}} & -\frac{1}{\sqrt{12}} & \frac{1}{\sqrt{6}} \\ \frac{1}{\sqrt{6}} & \frac{1}{\sqrt{12}} & -\frac{1}{\sqrt{4}} & -\frac{1}{\sqrt{4}} & -\frac{1}{\sqrt{12}} & -\frac{1}{\sqrt{6}} \end{pmatrix} \tag{5-9}$$

第 i 个分子轨道的能量等于：

$$\varepsilon_i=(C_i,HC_i) \tag{5-10}$$

而总能量

$$E = \sum_{i} g_i \varepsilon_i \tag{5-11}$$

式中，g_i 为第 i 个分子轨道上的电子数。

电荷和键级矩阵 $\boldsymbol{P}=\|P_{ij}\|$的矩阵元素 P_{ij} 的计算公式为[3,8]：

$$P_{ij} = \sum_{l=1} g_l C_{li} C_{lj} \tag{5-12}$$

由式（5-9）和式（5-12）得（对称矩阵的上三角形部分）：

$$\boldsymbol{P} = \begin{pmatrix} 1 & \frac{2}{3} & 0 & -\frac{1}{3} & 0 & \frac{2}{3} \\ & 1 & \frac{2}{3} & 0 & -\frac{1}{3} & 0 \\ & & 1 & \frac{2}{3} & 0 & -\frac{1}{3} \\ & & & 1 & \frac{2}{3} & 0 \\ & & & & 1 & \frac{2}{3} \\ & & & & & 1 \end{pmatrix} \tag{5-13}$$

从式（5-13）可以看出，矩阵 $\boldsymbol{P}$ 的元件符合苯分子点对称特征。图 5-2 给出了苯分子的对称结构和分子轨道能量。

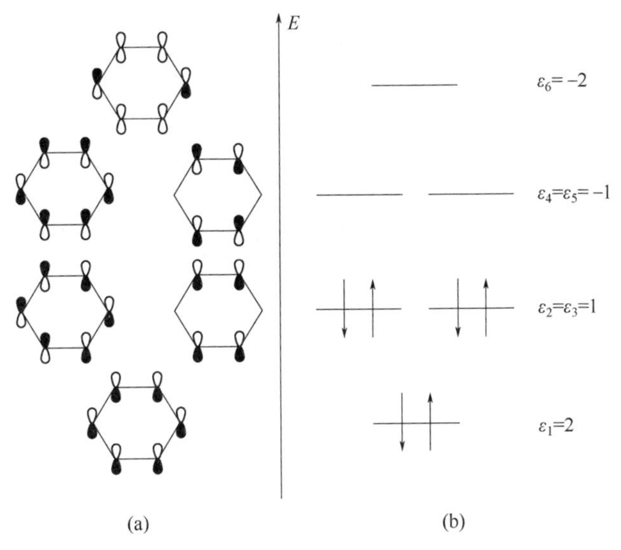

图 5-2 （a）苯分子的对称结构及（b）分子轨道能量 ε_i

为了研究共轭分子的 π 电子结构，除了采用一些比较严谨复杂的方法外，还广泛采用相对简单的休克尔分子轨道法[3,8]。该方法之所以得到广泛采用，不仅因为它计算简单，而且还有助于较为准确地预测实验结果。不过，经典休克尔分子轨道法在实际运用中也有一些不足。在运用该方法解决具体问题时遇到的三个主要缺陷如下。

第一个缺陷是库仑积分 α 和共振积分 β 这两个参数的不确定性。由于分子的能量特征是用单位 α 和 β 表示的，就不可能将其直接与实验数据相比较。因此，对于许多分子来说只能研究其理论值和测试值之间的相关性。第二个缺陷是，对于所有的 π 键来说，共振积分 β 的值是相等的。那么，对于不同级的化合物，比如直线和环状共轭系统，就要建立不同的相关关系[4,8,9]。第三个缺陷表现为，对于参与共轭的碳原子来说，所有库仑积分都相等，即在交错排列的烃中算出的碳原子电荷都一样，都等于一个单位。这导致难以根据电荷大小直接解释芳环中的亲电取代和亲核取代现象，不得不考虑其他反应能力指数，而这些指数的物理意义并不总是很明确。

在文献[10]中，为了计算共轭系统的 π 电子结构，建立了有效哈密顿函数 $H^{有效}$，弥补了休克尔分子轨道法的不足，同时保留了数学方法的简便性。

当碳原子在共轭系统中处于 sp^2 杂化状态 C（*tr tr tr* π）时，根据它们受到的包围状况将其分为以下三类：

(1) (2) (3)

因此，要确定 σ 骨架的影响，就应该分别考虑三种库仑积分：α_1、α_2 和 α_3。

建立函数 $H^{有效}$时研究了乙烯分子、苯分子以及石墨。由于分子是对称的，每种分子的有效哈密顿函数只取决于两个参数——α 和 β：

$$\left.\begin{aligned} H_{乙烯}^{有效} &= f_1(\alpha_1, \beta_{乙烯}) \\ H_{苯}^{有效} &= f_2(\alpha_2, \beta_{苯}) \\ H_{石墨}^{有效} &= f_3(\alpha_3, \beta_{石墨}) \end{aligned}\right\} \tag{5-14}$$

需要用该方法验证按照库普曼斯定理（$I_m=-\varepsilon_m$）得到的电离电势 I_m 和第一电子单重激发态跃迁能 $\Delta\varepsilon$ 的测定值。在单电子有效哈密顿函数近似中，

$$\Delta\varepsilon_{m\to m+1}=\varepsilon_{m+1}-\varepsilon_m \tag{5-15}$$

式中 ε_m——第 m 个分子轨道的能量；

m——最高已占分子轨道序号。

由式（5-14）和式（5-15）可得，对于乙烯、苯和石墨分子分别有：

$$\begin{aligned} &I_{乙烯} = \alpha_1 + \beta_{乙烯}；\ I_{苯} = \alpha_2 + \beta_{苯}；\ I_{石墨} = \alpha_3 \\ &\Delta\varepsilon_{乙烯} = 2\beta_{乙烯}；\ \Delta\varepsilon_{苯} = 2\beta_{苯}；\ \Delta\varepsilon_{石墨} = 0 \end{aligned} \tag{5-16}$$

利用 I_m、$\Delta\varepsilon$ 和键级 P_{ij} 测定值，可以用休克尔分子轨道法确定库仑积分的值（α_1=−6.7eV，α_2=−6.25eV，α_3=−5.8eV❶），以及共振积分 β_{ij} 与键级 P_{ij} 的关系：

$$\beta_{ij}(\mathrm{eV})=-2.2569P_{ij}-1.5386 \tag{5-17}$$

那么，构建 $H^{有效}=\|H_{ij}^{有效}\|$分为两步：第一步是用常规休克尔分子轨道法得到该分子的电荷和键级矩阵$\|P\|$；第二步是求得与碳原子 C 对应的对角线元件 $H_{ii}=\alpha_i$，要根据与 C 原子相邻的 H 原子数量 n_H（n_H=0, 1, 2）来选择。非对角线上的元素 $H_{ij}^{有效}$ 按照式（5-17）计算[10]：

$$H_{ii}^{有效}=\begin{cases}-6.7 & 当n_H=2时\\ -6.25 & 当n_H=1时\\ -5.8 & 当n_H=0时\end{cases} \tag{5-18}$$

$$H_{ij}^{有效}=\begin{cases}-2.25P_{ij}-1.5386 & 如果原子C_i与C_j相连\\ 0 & 如果原子C_i与C_j不相连\end{cases}$$

5.2.2 分子轨道能量与第一电子激发态跃迁能

图 5-3 上是用 PPP 法、CNDO/2 法、CNDO/S 法、非经验法、哈密顿函数 $H^{有效}$法求得的萘分子中被占 π 电子级的能量，以及根据光电子谱测定的值。可见，与计算较为复杂的方法相比，用比较简单的函数 $H^{有效}$法得到的计算结果与测定数值更为相符。特别要指出的是，用更加偏重电子间相互作用的方法计算出的分子轨道能级往往偏低。

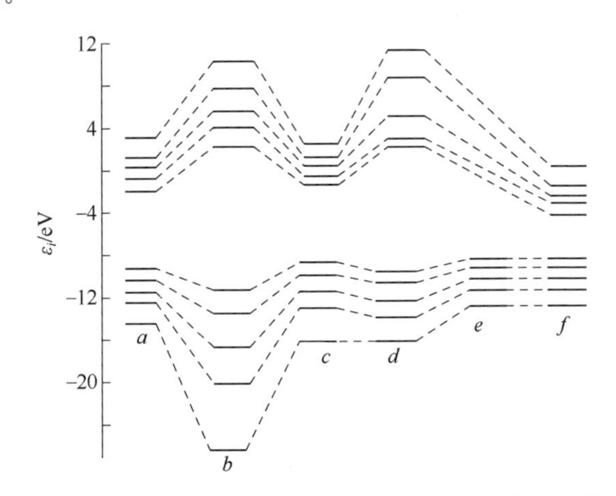

图 5-3 用不同量子化学法计算出的萘分子 π 电子级能量

a—PPP 法；*b*—CNDO/2 法；*c*—CNDO/S 法；*d*—非经验法；*e*—测定值；*f*—$H^{有效}$法

❶ 取 $\alpha_3=2\alpha_2-\alpha_1$=−5.8eV。

图 5-4 上是可用于验证哈密顿函数 $H^{有效}$法计算结果的 24 种共轭烃分子。在图 5-5 上对比了电离电势计算值 $I_{算}$和测定值 $I_{测}$[11]，可以看出它们非常接近。

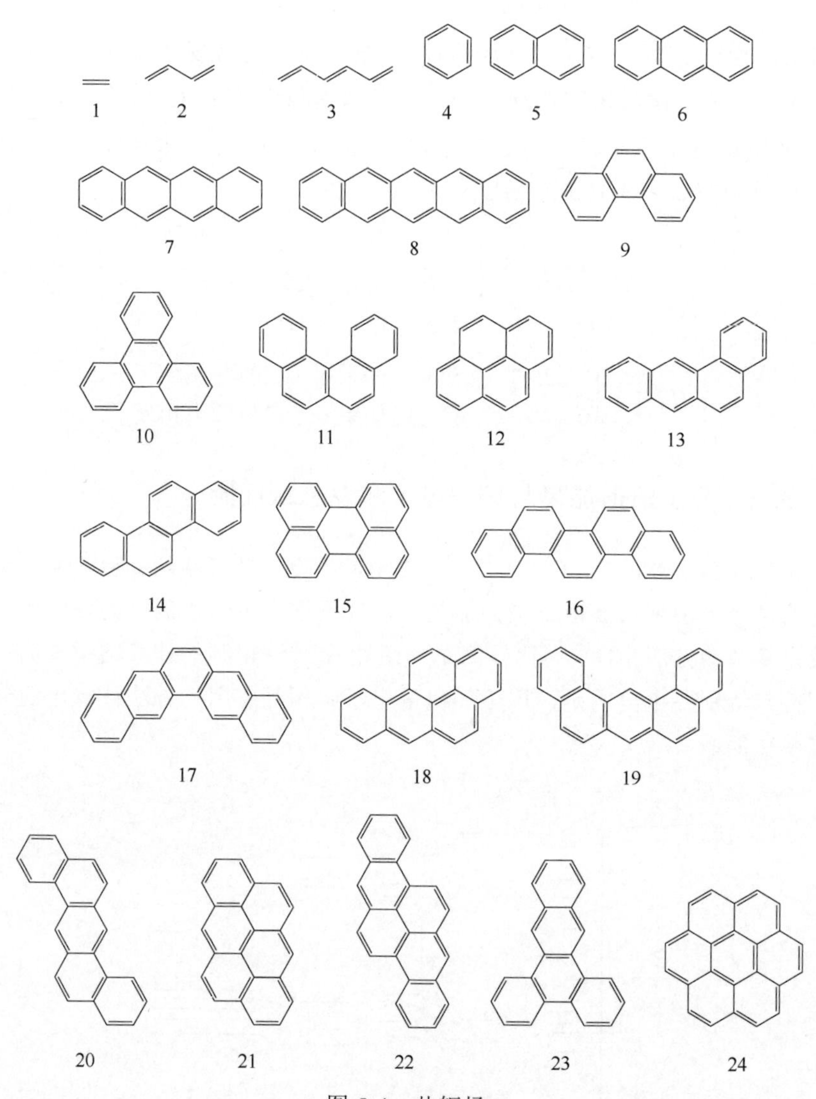

图 5-4 共轭烃

1—乙烯；2—丁二烯；3—乙三烯；4—苯；5—萘；6—蒽；7—并四苯；8—并五苯；9—菲；10—9,10-苯并菲；11—1,2-苯并菲；12—芘；13—1,2-苯并蒽；14—并二萘；15—二萘嵌苯；16—芭（二萘品苯）；17—二苯并菲；18—3,4-苯并芘；19—1,2-及 7,8-二苯并蒽；20—1,2-及 5,6-二苯并蒽；21—蒽嵌蒽烯；22—3,4-及 8,9-二苯并芘；23—1,2-及 3,4-二苯并蒽；24—六苯并苯

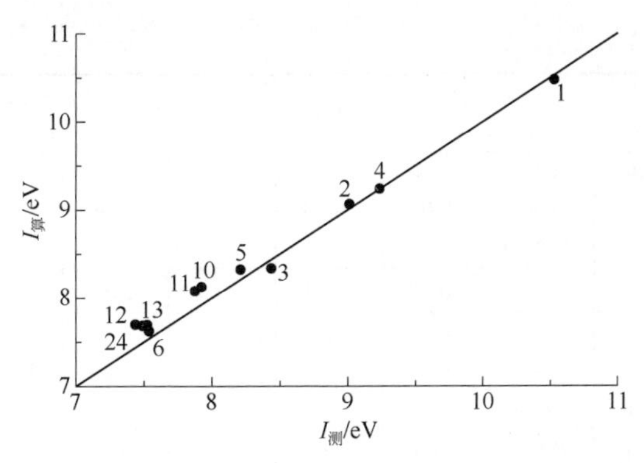

图 5-5 共轭分子电离电势 I 计算值与测定值对比
（分子编号与图 5-4 一致）

表 5-2 中是各级共轭分子被占 π 分子轨道能量的计算值与相应的光电子谱测定值的对比。可以看出，测定值和计算值间的差≈0.3eV。

表 5-2 图 5-4 中共轭烃分子的轨道能级

分子编号	被占分子轨道能量 ε_i/eV								
1	a b	10.51 10.50							
2	a b	9.0 9.06	11.15 11.46						
3	a b	8.45 8.33	10.4 10.53	11.6 11.60					
4	a b c	9.24 9.24 $1E_g$	12.34 12.34 $1A_{2u}$						
5	a b c	8.15 8.29 A_{1u}	8.88 8.89 B_{1u}	10.08 10.01 B_{3g}	10.85 11.19 B_{3g}	 12.74 B_{1u}			
6	a b c	7.47 7.65 $2B_{2g}$	8.57 8.71 $2B_{3g}$	9.23 9.25 $1A_u$	10.26 10.30 $1B_{2g}$	10.40 10.42 $2B_{1u}$	11.97	12.90		
7	a b c	7.04 7.26 $2A_u$	8.44 8.61 $3B_{1u}$	8.63 8.63 $2B_{2g}$	9.60 9.73 $1A_u$	9.75 9.92 $2B_{3g}$	10.26 10.44 $1B_{2g}$	11.31		
8	a b c	6.74 7.00 $3B_{2g}$	8.03 8.16 $2A_u$	8.40 8.55 $3B_{3g}$	9.09 9.20 $2B_{2g}$	9.49 9.58 $3B_{1u}$	9.88 10.00 $1A_u$	10.33 10.51 $1B_{2g}$		
9	a b c	7.86 8.15 $4B_1$	8.15 8.40 $3A_2$	9.28 9.41 $2A_2$	9.89 9.89 $3B_1$	10.59 10.77 $2B_1$	11.93	12.93		

续表

分子编号		被占分子轨道能量 ε_i/eV								
10	a	7.89	8.66	9.68	10.06					
	b	8.16	9.94	9.80	10.05	11.96	13.06			
	c	3E	$1A_1$	2E	$2A_2$					
11	b	9.18	9.70	10.27	11.13	11.57	12.13	12.95		
12	a	7.41	8.26	9.00	9.29	9.96			13.09	
	b	7.69	8.48	9.16	9.47	10.28	11.36	11.87		
	c	$2B_{3g}$	$2B_{2g}$	$3B_{1u}$	$1A_u$	$2B_{1u}$				
13	a	7.47	8.05	8.86	9.39	9.95	10.41		12.35	13.0
	b	7.71	8.28	8.94	9.45	10.02	10.51	11.32	2A	1A
	c	9A	8A	7A	6A	5A	4A	3A		
14	a	7.60	8.10	8.68	9.46	10.52			12.34	
	b	7.94	8.32	8.93	9.47	9.83	10.75	11.23		
	c	$5A_u$	$4A_u$	$4B_g$	$3B_g$	$3A_u$	$2B_g$			
15	a	7.00	8.55	8.68	8.90	9.34	10.4			
	b	7.35	8.89	8.94	8.98	9.01	10.55	10.89		
	c	$2A_u$	$3B_g$	$3B_{1u}$	$2B_{3g}$	$2B_{2g}$	$2B_{1u}$			
16	a	7.54	7.67	8.36	9.06	9.28	9.92	10.55	10.79	
	b	7.80	8.07	8.65	9.13	9.45	9.96	10.79		
	c	$6B_1$	$5A_2$	$4A_2$	$5B_1$	$4B_1$	$3A_2$	$3A_2$		
17	a	7.34	7.47	8.60	8.93	9.57	9.89	10.35	10.79	
	b	7.68	7.86	8.72	8.99	9.75	9.94	10.56		
	c	$6B_1$	$5A_2$	$4A_2$	$5B_1$	$4B_1$	$3A_2$	$3B_1$		
18	a	7.12	8.00	8.73	8.92	9.49	9.95			
	b	7.37	7.70	8.83	9.18	9.69	10.27	11.13		
	c	$10A_1$	$9A_1$	$8A_1$	$7A_1$	$6A_1$	$5A_1$			
19	a	7.39	7.80	8.62	8.82	9.61	9.61	10.4		
	b	7.77	8.01	8.81	8.92	9.70	9.79	10.58		
	c	$6B_1$	$5A_2$	$4A_2$	$5B_1$	$4B_1$	$3A_2$	$3B_1$		
20	a	7.38	7.82	8.43	9.02	9.26	10.04	10.04	10.73	
	b	7.73	8.08	8.66	9.13	9.43	10.10	10.37	11.05	
	c	$6B_2$	$5B_g$	$5A_u$	$4A_u$	$4B_g$	$3B_g$	$3A_u$	$2B_g$	
21	a	6.92	8.08	8.22	8.7	9.42	9.42	10.34		
	b	7.20	8.36	8.49	9.05	9.55	9.72	10.56	11.20	
	c	$6A_u$	$5A_u$	$5B_g$	$4B_g$	$4A_u$	$3B_g$	$3A_u$		
22	b	7.18	8.28	8.53	9.08	9.41	9.49	10.15	10.65	
23	a	7.44	7.92	8.30	9.16	9.40	9.97			
	b	7.77	8.16	8.58	9.35	9.50	9.90	10.15	11.14	
	c	$5A_2$	$6B_1$	$4A_2$	$3A_2$	$5B_1$	$4B_1$			
24	a	7.36	8.65	9.19	9.19	10.4				
	b	7.71	8.87	9.14	9.47	10.49				
	c	$2E_{2u}$	$2E_{1g}$							

注：表中，a为光电子谱测定值；b为计算值；c为分子轨道对称类型。

据文献[12]，当共轭分子的共轭链上含有杂原子时，若要得到令人满意的结果，还应采用两个参数：杂原子的库仑积分 $\alpha_X=H_{XX}$ 和与其相连的碳原子的库仑积分 $\alpha_{C(X)}=H_{CC}$。可以利用共轭链中含有杂原子的简单分子被占分子轨道能量的测定值，计算出这两个参数。表 5-3 中给出了一些杂原子的休克尔哈密顿函数 $H^{有效}$的参数值。

表 5-3 用于计算共轭链中含杂原子的共轭分子电子结构的有效休克尔哈密顿函数参数[12]

杂原子 X	休克尔哈密顿函数参数			函数 $H^{有效}$ 参数			
				C—X—C 态		C—X 态	
	价态	α_X	β_{C-X}	H_{XX}	$H_{C(X)}$	H_{XX}	$H_{C(X)}$
N̈	$tr\,tr\,tr\,\pi^2$	1.73	0.86	9.3907	5.8833	9.249	5.7180
Ö	$tr\,tr\,tr\,\pi^2$	2.44	0.98	12.5747	6.8237	12.244	5.3087
S̈	$tr\,tr\,tr\,\pi^2$	1.44	0.49	10.1176	6.625	—	—
Ṅ	$tr\,tr\,tr\,\pi$	0.53	0.86	—	—	—	—

图 5-6 列出了 11 个非交替共轭烃，图 5-7 列出了 10 个共轭链上含有杂原子 N 和 O 的烃，在表 5-4 和表 5-5 中分别将其被占 π 分子轨道能量计算值与光电子谱测定值进行了对比[11]。可以看出，它们非常接近。

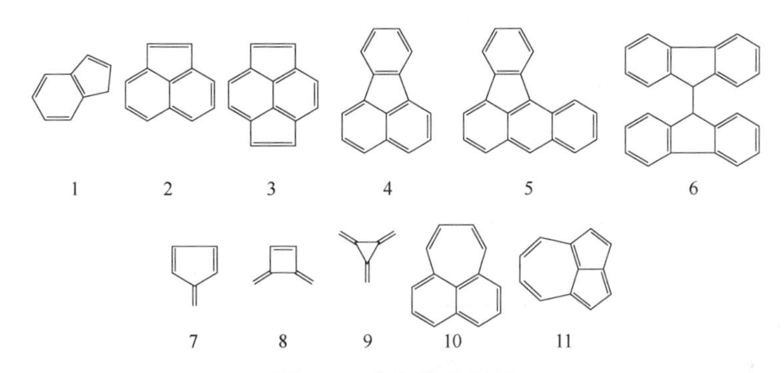

图 5-6 非交替共轭烃

1—天蓝烃；2—苊烯；3—二苊烯；4—荧蒽；5—1,2-苯并荧蒽；6—联芴；7—富烯；8—二亚甲基环丁烯；9—三亚甲基环丙烷；10—1,8-萘并丁二烯；11—甲基环己醇

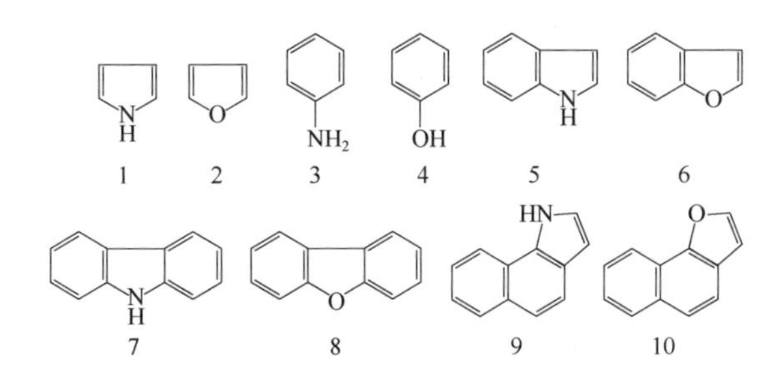

图 5-7 共轭链中含杂原子的烃

1—吡咯；2—呋喃；3—苯胺；4—苯酚；5—吲哚；6—苯并呋喃；7—咔唑；8—二苯并呋喃；9—萘并吡咯；10—萘并呋喃

表 5-4　图 5-6 中非交替共轭烃被占分子轨道能级

分子编号	被占分子轨道能量 ε_i/eV									
1	a	7.43	8.50	10.07	10.85					
	b	7.66	8.63	10.25	11.17					
	c	$2A_2$	$3B_1$	$1A_2$	$2B_1$					
2	a	8.22	8.39	8.99	10.87					
	b	7.55	8.75	8.80	11.02	11.29	12.96			
	c	$4B_1$	$2A_2$	$3B_1$	$2B_1$					
3	b	7.77	8.58	8.88	9.51	11.14	11.64	13.09		
4	a	7.95	8.10	8.87	9.50	10.39				
	b	8.13	8.35	8.90	9.50	10.28	11.23	12.03	13.09	
	c	$3A_2$	$5B_1$	$4B_1$	$2A_2$	$3B_1$				
5	b	7.74	8.38	8.80	9.23	9.66	10.45	10.56	11.83	12.34
6	a	7.82	8.31	8.97	9.53	9.53				
	b	7.67	8.20	9.14	9.60	9.85	9.93	10.82		
	c	$4B_{1u}$	$3A_u$	$3B_{3g}$	$2A_u$	$2B_{3g}$	$2B_{2g}$	$3B_{1u}$		
7	a	8.55	9.54	12.10						
	b	8.46	9.33	12.31						
	c	A_{1g}	$2B_1$	$7B_2$						
8	a	8.80	9.44							
	b	8.58	9.28	12.32						
	c	$2B_1$	$1A_2$							
9	a	8.89	12.89							
	b	8.84	12.60							
	c	1E	$1A_2$							
10	b	7.70	7.99	9.54	10.21	11.27	11.54	12.49		
11	b	7.54	8.69	8.87	10.99	11.24	12.93			

注：字母 a、b、c 代表含义同表 5-2。

表 5-5　图 5-7 中共轭链上有杂原子的共轭分子的被占分子轨道能级

分子编号	被占分子轨道能量 ε_i/eV							
1	a	8.21	9.20	13.00				
	b	8.21	9.20	12.71				
2	a	8.88	10.31	14.4				
	b	8.88	10.31	14.64				
3	b	8.02	9.31	10.40	12.48			
4	b	8.56	9.31	11.75	13.3			
5	a	7.90	8.35	9.75	11.05	13.00		
	b	8.06	8.43	9.89	11.25	13.03		
6	a	8.36	8.89	10.48	11.70	14.20		
	b	8.51	9.08	10.30	11.92	14.63		
7	b	7.90	8.16	9.17	9.85	10.86	11.87	13.14
8	b	8.34	8.77	9.43	9.87	11.95	12.02	14.64
9	b	7.75	8.07	9.35	9.59	10.79	12.01	13.09
10	b	8.02	8.40	9.69	9.86	11.16	12.47	14.56

注：字母 a、b 代表含义同表 5-2。

在构建 π 电子有效哈密顿函数 $H^{有效}$［式（5-18）］时，为了确定矩阵元素，采用了乙烯和苯分子第一 π-π^*电子激发态跃迁能的测定值。因此可以推断，由函数 $H^{有效}$也可以再求出 π-π^*电子跃迁能，用的公式为：

$$\Delta\varepsilon=\varepsilon_{m+1}-\varepsilon_m \tag{5-19}$$

共轭分子第一电子跃迁能 $\Delta\varepsilon$ 的计算结果表明，当采用与函数 $H^{有效}(P_{ij})$自动相符程序时，计算值与测定值会非常接近。该函数取决于键级。采用的是以下收敛和迭代条件[10]：

$$|E_{总}^{i+1}-E_{总}^{i}|\leqslant 0.001 \tag{5-20}$$

式中，$E_{总}^{i}$ 为第 i 次迭代时 π 电子总能，其计算公式为：

$$E_{总}^{i}=\sum_{r}^{m}2\varepsilon_r \tag{5-21}$$

式中，ε_r 为第 r 个被占分子轨道的能量。

正如计算结果所显示的，通常在 5～10 次迭代后条件式（5-20）便达到了。

下面再以乙三烯分子为例，比较一下初次迭代（分子）和末次迭代（分母）后的计算结果[10]：

ε_1	−11.73/−11.68	q_1	1.065/1.064
ε_2	−10.47/−10.48	q_2	0.946/0.945
ε_3	−8.56/−8.70	q_3	0.989/0.991
ε_4	−4.34/−4.16	q_4	0.940/0.950
ε_5	−2.41/−2.42	q_5	0.334/0.303
ε_6	−0.90/−0.96	q_6	0.894/0.911

从这些数据可以看出，在以迭代法为主进行运算时，最上层被占轨道和最下层空轨道的能量都发生了变化，因此 $\Delta\varepsilon$ 的值也变了。所有共轭分子都有这种情况。

图 5-8 上是借助 $H^{有效}$计算出的不同级共轭分子第一 π-π^*电子跃迁能（$\Delta\varepsilon_{算}$）同其测定值 $\Delta\varepsilon_{测}$的对比，它们（除了天蓝烃）非常接近。

5.2.3 聚合共轭系统的 π 电子结构

用文献[13,14]提出的方法，可以根据同系列化合物前三个的 $\Delta\varepsilon$ 计算结果，确定聚合共轭大分子中禁区的宽度。总体而言，准单维大分子及其低聚物的化学式可写为：

$$R^1—[M_i]—R^2 \quad i=0, 1, 2, \cdots \tag{5-22}$$

式中　R^1，R^2——端基；

　　　M——基本片段。

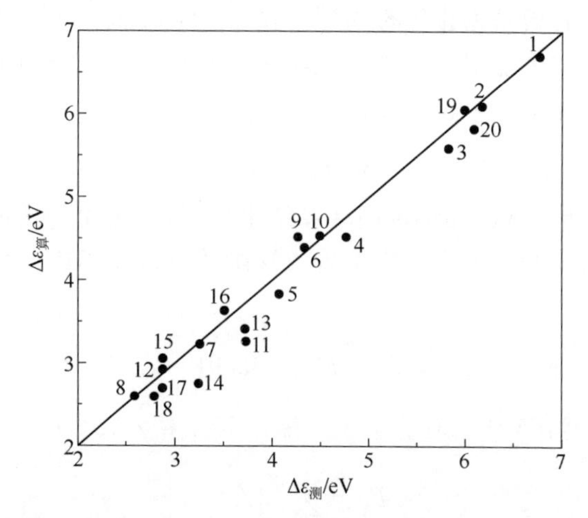

图 5-8 借助 $H^{有效}$ 计算出的第一 π-π* 电子跃迁能（$\Delta\varepsilon_{算}$）同其测定值 $\Delta\varepsilon_{测}$的对比

1—乙烯；2—苯；3—丁二烯；4—乙三烯；5—辛四烯；6—萘；7—蒽；8—并四苯；9—菲；10—环三苯；11—二萘嵌苯；12—六苯并苯；13—天蓝烃；14—薁；15—荧蒽；16—2,3-苯并荧蒽；17—甲基环己醇；18—吡咯；19—呋喃；20—苯并呋喃

图 5-9 上给出的是多烯、聚苊、α-及 ω-二苯多烯和对聚苯大分子初级低聚物的最下层空轨道能量的计算值 $A=\varepsilon_{m+1}$ 与最上层被占轨道能量 $I=\varepsilon_m$ 的关系。由该图可以得出两个结论：

① 对于每种共轭大分子低聚物来说，A_N 和 I_N（$N=i+1$ 且 $N=1$ 对应的是分子 $R^1—R^2$）之间存在直线关系

$$A_N=p+qI_N \tag{5-23}$$

② 在平面 σ（A,I）上直线式（5-23）的起点对应的是最大跃迁能 $\Delta\varepsilon_1$，其位置取决于端基。

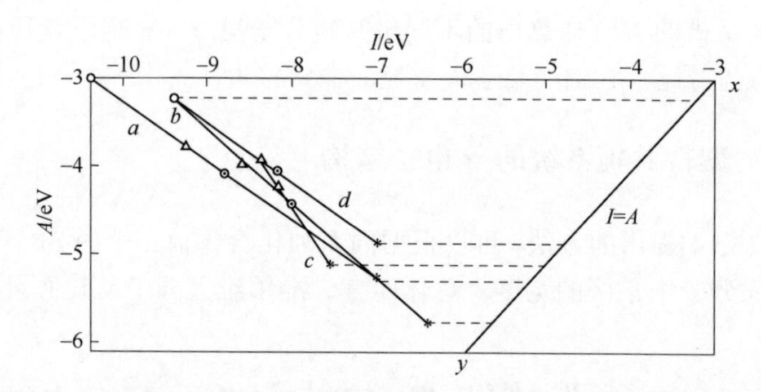

图 5-9 共轭大分子初级低聚物的最低空轨道能（A）同最高被占轨道能（I）的关系

a—多烯；b—聚苊；c—α-及 ω-二苯多烯；d—聚苯；

N 值：○ 1；Δ 2；⊙ 3；* ∞

$A_N=f_1(N)$和$I_N=f_2(N)$是单调函数，随着数字N的增大，它们快速接近自己的极限值。通常取：

$$A_N=a_0+a_1(1/N)+a_2(1/N^2)+\cdots$$
$$I_N=b_0+b_1(1/N)+b_2(1/N^2)+\cdots \quad (5\text{-}24)$$

由于受前三个加数的限制，当式（5-24）中的$N=\infty$时，由式（5-19）得：

$$\Delta\varepsilon_\infty=\frac{1}{2}\Delta\varepsilon_1-4\Delta\varepsilon_2+\frac{9}{2}\Delta\varepsilon_3 \quad (5\text{-}25)$$

（1）多烯

当N分别等于1、2、3时，同系列化合物的前三个是乙烯、丁二烯和乙三烯。这前几个代表物的$\Delta\varepsilon_N$计算值同其测定值很接近[13]（表5-6）。

表5-6　多烯代表物的$\Delta\varepsilon_N$计算值和测定值

N	$-A_N$	$-I_N$	$\Delta\varepsilon_N^1$	$\Delta\varepsilon_{测}$	$\varDelta$
1	2.90	10.51	7.60	7.62	0.02
2	3.76	9.32	5.57	5.72	0.15
3	4.16	8.70	4.54	4.62	0.08
4	4.40	8.35	3.95	4.08	0.13
5	4.55	8.12	3.57	3.71	0.14
6	4.66	7.97	3.31	3.41	0.10
7	4.73	7.86	3.13	3.18	0.05
8	4.79	7.78	2.99	3.03	0.04
9	4.83	7.72	2.89	—	—
10	4.87	7.67	2.80	2.78	−0.02
⋮	⋮	⋮	⋮	⋮	⋮
40	5.05	7.44	2.40	—	—

注：A_N为最低空轨道能，eV；I_N为最高被占轨道能，eV；$\Delta\varepsilon_N^1$为第一电子单重激发态跃迁能的计算值，eV；$\varDelta=\Delta\varepsilon_{测}-\Delta\varepsilon_N^1$，eV。

用最小二乘法对前十项处理后得到：

$$\hat{A}_N=-10.198-0.695I_N \quad (5\text{-}26)$$

同时，最大误差$\varDelta=\max|\hat{A}_N-A_N|$不超过0.04eV。

由式（5-25）得到$\Delta\varepsilon_\infty$=1.95eV，并由以下两式得到$\Delta\varepsilon_\infty$=1.99eV（$\Delta\varepsilon_\infty=A_\infty-I_\infty$）：

$$I_N=-7.142-5.35(1/N)+1.992(1/N^2) \quad (5\text{-}27)$$

$$A_N=-5.156+3.34(1/N)-1.080(1/N^2) \quad (5\text{-}28)$$

这两个值同测定值$\Delta\varepsilon_{测}$=1.8eV−2.0eV非常接近[15]。

当N>1时，由式（5-24）得到的计算值接近：

$$\Delta\varepsilon_\infty=\frac{N^2}{2}\Delta\varepsilon_N-(N+1)^2\Delta\varepsilon_{N+1}+\frac{(N+2)^2}{2}\Delta\varepsilon_{N+2} \quad (5\text{-}29)$$

N	$\Delta\varepsilon_\infty(N)$
2	1.88
3	1.86
4	1.93
5	2.15

由图 5-9 得出了一个有趣的结论：在共轭烃中，乙烯的 π-π^*电子跃迁能最大（$\Delta\varepsilon$=7.6eV），且存在等式[12]：

$$\Delta\varepsilon_\infty + \Delta A_\infty + \Delta I_\infty = \Delta\varepsilon_1 \tag{5-30}$$

因此，在共轭大分子中，式（5-30）值的总和不可能超过 7.6eV。

（2）聚苊

聚苊的前三种是苯、萘和蒽。对环数 N>4 的聚苊研究得很少，其原因在于：由于聚苊的中心碳原子反应能力急剧增加，以及并四苯以上的芳环数增加，便很难再合成聚苊了[16]。

我们再把前几种聚苊的 $\Delta\varepsilon_N$ 计算值与测定值做个对比[14]（表 5-7）。

表 5-7　聚苊代表物的 $\Delta\varepsilon_N$ 计算值和测定值　　单位：eV

N	$-A_N$	$-I_N$	$\Delta\varepsilon_N^1$	$\Delta\varepsilon_{测}$	$\varDelta$
1	3.21	9.30	6.09	6.00	−0.09
2	4.05	8.45	4.40	4.30	−0.11
3	4.57	7.88	3.31	3.27	−0.04
4	4.92	7.50	2.58	2.63	0.05
5	5.17	7.23	2.06	2.16	0.10
6	5.37	7.02	1.65	—	—

注：$\Delta\varepsilon_N^1$ 为第一电子单重激发态跃迁能的计算值，eV。

从这些数据可以看出，$\Delta\varepsilon_N$ 计算值和测定值还是很接近的。

由式（5-25）得到 $\Delta\varepsilon_\infty$=0.70eV，并由以下两式得到 $\Delta\varepsilon_\infty$=0.30eV（$\Delta\varepsilon_\infty=A_\infty-I_\infty$）：

$$I_N=6.280+5.68(1/N)-2.67(1/N^2)$$

$$A_N=5.985-4.98(1/N)+2.20(1/N^2)$$

这两个值也是相符的。

（3）角式聚苊

在角式聚苊中，端基随着稠合苯环的数量发生变化。当环数为偶数即 $Q=2k$（k=1, 2, 3,…）时，端基形成萘；当环数为奇数即 $Q=2k-1$ 时，端基形成苯。因此，在图 5-9 上，角式聚苊分为两组——稠环为偶数的和奇数的。

该同系化合物前几个代表物的$-A_N$、$-I_N$、$\Delta\varepsilon_N^1$ 值和 $\Delta\varepsilon_{测}$参见表 5-8。

当稠环数分别为偶数和奇数时，用式（5-25）计算出的 $\Delta\varepsilon_\infty$值相应为 3.04eV 和 2.28eV。

表 5-8 角式聚苊代表物的 $\Delta\varepsilon_N$ 计算值和测定值 单位：eV

N	$-A_N$	$-I_N$	$\Delta\varepsilon_N^1$	$\Delta\varepsilon_{测}$
1	3.21	9.30	6.09	6.00
2	4.05	8.45	4.40	4.30
3	4.05	8.30	4.25	4.21
4	4.27	8.03	3.76	—
5	4.28	8.01	3.73	—
6	4.36	7.89	3.53	—
7	4.37	7.88	3.51	—

（4）聚苯

聚苯有三个同分异构体——邻聚苯、间聚苯和对聚苯，前两个是苯和联苯。因此，在图 5-9 上所有聚苯的点 M_N（A_N, I_N）都在一条直线上。对聚苯和间聚苯的前几个代表物的 $\Delta\varepsilon$ 测定值已知[16,17]，现将其与计算值（eV）进行对比（表 5-9）。

表 5-9 对聚苯和间聚苯代表物的 $\Delta\varepsilon_N$ 计算值和测定值 单位：eV

N	$-A_N$	$-I_N$	$\Delta\varepsilon_N^{自洽场}$	$\Delta\varepsilon_{测}$	Δ
对聚苯					
1	3.21	9.30	6.09	6.00	−0.09
2	3.81	8.45	4.63	4.96	0.33
3	4.05	8.08	4.03	4.46	0.43
4	4.17	7.91	3.74	4.26	0.53
5	4.24	7.81	3.57	4.00	0.43
6	4.29	7.75	3.46	3.90	0.44
间聚苯					
1	3.21	9.30	6.09	6.00	−0.09
2	3.81	8.44	4.63	4.94	0.31
3	3.91	8.31	4.40	4.94	0.54
4	3.95	8.26	4.31	4.91	0.60
5	3.97	8.24	4.27	4.91	0.64

从 n-聚苯的数据可以看出，$\Delta\varepsilon_{测}$多超过 $\Delta\varepsilon_N^1$（$\Delta\approx0.43$eV）。这是因为，在对聚苯的大分子中苯环平面以 $\alpha=45°$角发生了扭转[18]（计算是针对平面结构的）。间聚苯也存在类似情况。

再看一下用式（5-29）计算出的对聚苯和间聚苯的 $\Delta\varepsilon_\infty(N)$值（eV）（分别在分子和分母的位置）：

N	$\Delta\varepsilon_\infty$
1	2.66/4.32
2	2.91/4.14
3	2.92/4.21
4	2.94/—

用式（5-25）计算出的对聚苯的 $\Delta\varepsilon_{\infty}$=3.14eV，间聚苯的 $\Delta\varepsilon_{\infty}$=4.18eV。

（5）石墨

我们研究一下二维石墨，选取以下三种结构作为代表：

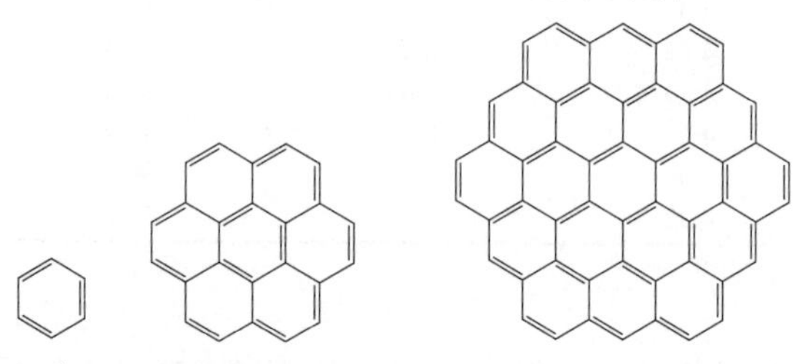

它们的第一 π-π*电子跃迁能 $\Delta\varepsilon_1$ 分别等于 6.09eV、3.50eV 和 2.44eV。由式（5-25）得 $\Delta\varepsilon_{\infty}$=0，这与实验相符[19]。

5.2.4 共轭分子的反应能力

由于碳原子的库仑积分不相等，按照有效哈密顿函数［式（5.18）］，分子中的 π 电子密度分布就不均匀[10]。为了更加直观，我们考察一下丁二烯（a）和萘（b）分子中的原子电荷和键级：

0.940 0.335 1.503 0.947

0.571 0.537 1.103 0.569 0.542 0.961 1.007

(a) (b)

最大 π 电子密度往往出现于反应能力较强的原子。

在孤立分子近似法中，量子化学对取代反应中交替烃反应能力的解释基于这样的假设：当试剂 R（亲电的、亲核的、自由基的）进攻原子 r 时，库仑积分 α_r 和共振积分 β_{rt} 会受到微扰，分别变成$\Delta\alpha_r$ 和$\Delta\beta_{rt}$。这将导致受攻击分子的 π 电子总能量发生变化ΔE_{r}[20]：

$$\Delta E_r = q_r \Delta\alpha_r + \frac{1}{2}\pi_{rr}(\alpha_r)^2 + 2\sum_t P_{rt}\Delta\beta_{rt} \qquad (5\text{-}31)$$

式中 q_r——原子 r 的电荷；

P_{rt}——键级；

π_{rr}——原子 r 的极化度。

需要指出的是，在休克尔分子轨道法和 PPP 法研究范围内，在交替烃分子中原子上的 π 电荷分布均匀，都等于 1 个单位。因此，若要根据式（5-31）解释交替烃的反应能力，就必须考虑其他补充指标，包括极化度 π_{rr} 和自由价 F_r 等。

图 5-10 上显示的是相对速率常数 K'（相对于苯）的对数与原子最大 π 电荷之间的线性关系，后者是针对芳烃烷基化（包括甲基化反应）和质子化反应利用有

效哈密顿函数 $H^{有效}$计算出来的。从该图可以看出，r 位的反应能力同 π 电荷 q_r 的值直线相关。

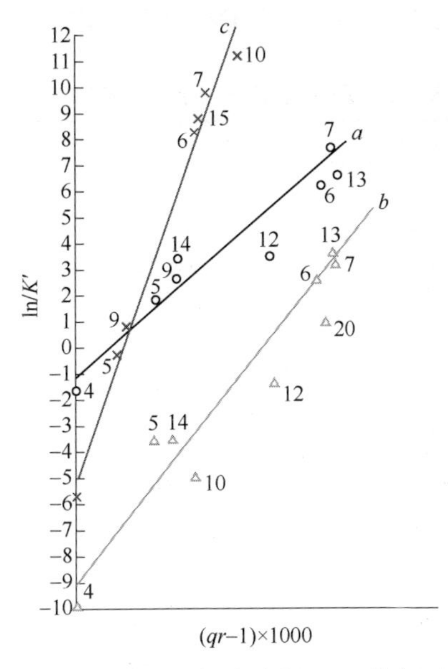

图 5-10　甲基化（a）、烷基化（b）和质子化（c）的相对速率常数对数 lnK'与电子密度 q_r 的关系（数字编号同图 5-4 中一样）

分子的反应能力会随着其电荷 q 的变化而变化。表 5-10 中列出了蒽分子中原子电荷分别为 q=0（中性分子）、q=−1（负离子基）和 q=+1（正离子基）时的情况，可以看出，在中性分子和负离子基中最大电荷对应的最具反应能力的位置是 r=9（r=10），而在正离子基中最具反应能力的位置是 r=2（r=3, 6, 7）。

表 5-10　蒽的中性分子、负离子基和正离子基的电子结构

参数	中性分子，Q=0	负离子基，Q=−1	正离子基，Q=+1
Q_1	1.0125	1.1108	0.9245
Q_2	1.0072	1.0568	0.9605
Q_9	1.0388	1.2260	0.8313
ε_m/eV	−7.65	−4.96	−7.50
ε_{m+1}/eV	−4.80	−3.21	−4.96
$E_{总}$/eV	−142.40	−146.51	−134.05

从电子结构观点看，近环烷基型结构非常特殊（参见表 5-11），当作为中间化合物的缩聚芳环增加（或分解）时，这种结构会形成于煤炭有机质中。表 5-11 中是近环烷基及其正、负离子的原子电荷和键级，以及利用有效哈密顿函数 $H^{有效}$［式（5-18）］计算出来的分子轨道能级和电子总能量。由于分子对称性，三种情

况下的键级是一样的，因此，按照式（5-18），其分子轨道能级也是一样的。据表 5-11 得等式：

$$2E^{\pi}_{总}(M^0) = E^{\pi}_{总}(M^+) + E^{\pi}_{总}(M^-) \tag{5-32}$$

表 5-11　近环烷基（1）及其正离子（2）、负离子（3）的 π 电子结构

序号	原子电荷与键级	分子轨道能级/eV	
1	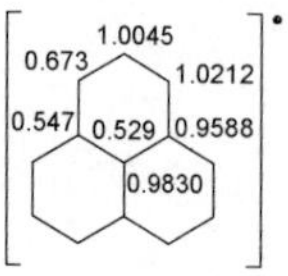 [ ]$^{\bullet}$ 1.0045, 0.673, 1.0212, 0.547, 0.529, 0.9588, 0.9830	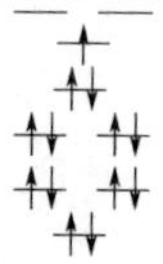 $E^{\pi}_{总} = -131.12\text{eV}$	$\varepsilon_8=\varepsilon_9=-3.21$ $\varepsilon_7=-6.25$ $\varepsilon_6=-8.99$ $\varepsilon_4=\varepsilon_5=-9.02$ $\varepsilon_2=\varepsilon_3=-11.24$ $\varepsilon_1=-12.93$
2	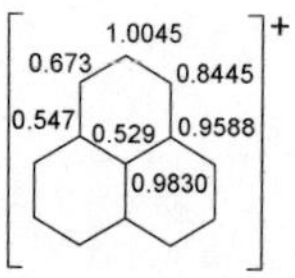 [ ]$^{+}$ 1.0045, 0.673, 0.8445, 0.547, 0.529, 0.9588, 0.9830	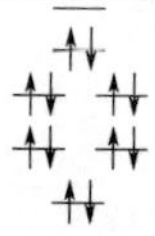 $E^{\pi}_{总} = -124.87\text{eV}$	$\varepsilon_7=-6.25$ $\varepsilon_6=-8.99$ $\varepsilon_4=\varepsilon_5=-9.02$ $\varepsilon_2=\varepsilon_3=-11.24$ $\varepsilon_1=-12.93$
3	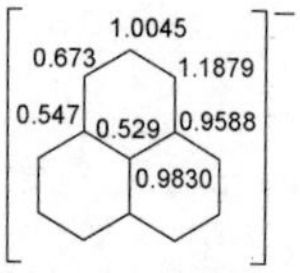 [ ]$^{-}$ 1.0045, 0.673, 1.1879, 0.547, 0.529, 0.9588, 0.9830	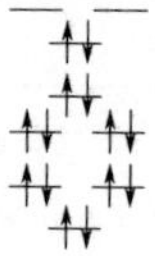 $E^{\pi}_{总} = -137.37\text{eV}$	$\varepsilon_8=\varepsilon_9=-3.21$ $\varepsilon_7=-6.25$ $\varepsilon_6=-8.99$ $\varepsilon_4=\varepsilon_5=-9.02$ $\varepsilon_2=\varepsilon_3=-11.24$ $\varepsilon_1=-12.93$

式（5-32）意味着，自由基 M^0 的两个电子顺磁共振活化分子可以变成正离子和负离子，并形成没有特殊能量阻碍的稳定电子顺磁共振。我们来研究一下芳环上的取代反应原理。

芳环上的取代反应是通过形成维兰德结构[3]实现的，即结合了反应剂的碳原子将自己的杂化状态从 sp^2 变为 sp^3，并在脱离共轭状态后重新定位（例如，氢原子加入苯分子的反应）：

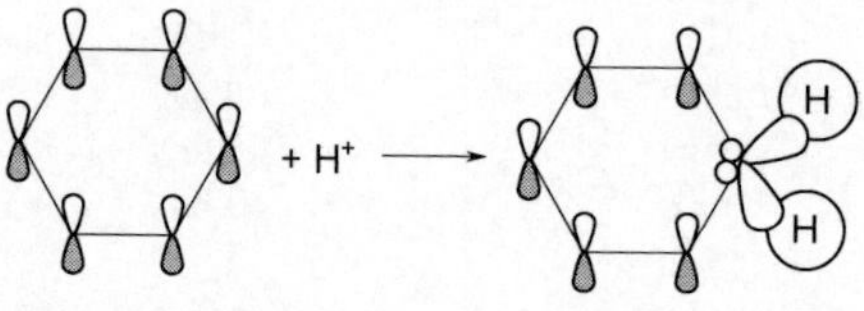

+ H^+ ⟶ （H, H）

该反应可以表示为：

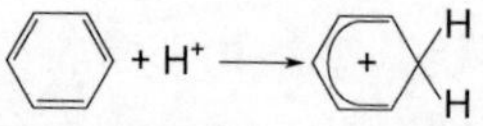

+ H^+ ⟶ （+, H, H）

r 位碳原子的反应能力是由动态指标——定域能 L_r 决定的：

$$L_r = E^{\pi}_r - E^{\pi} \tag{5-33}$$

式中　E^{π}——整个共轭系统的 π 电子总能量；

E_r^{π}——原子 r 脱离共轭状态后共轭系统的 π 电子总能量。

很明显，定域能 L_r 的值越小，r 位的反应能力应该越强。

由于进攻试剂的性质不同，芳环上的取代类型也不同（在计算 E_r^{π} 时必须考虑到这一点）：

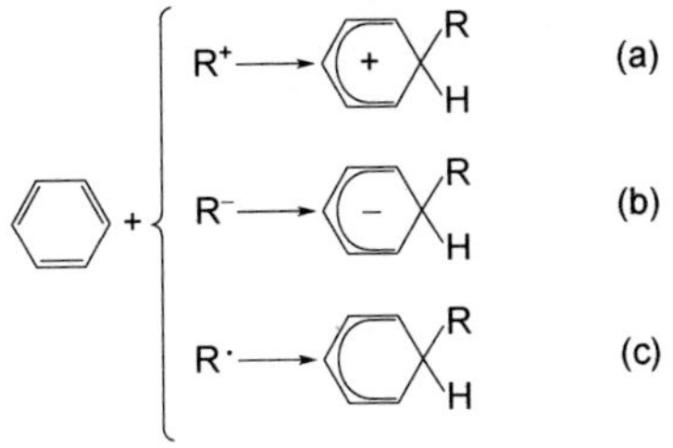

R^+ (a)

R^- (b)

$R^\cdot$ (c)

（a）型属于亲电取代，（b）型属于亲核取代，（c）型属于自由基取代。要指出的是，在这三种取代反应中过渡状态下，进入 π 共轭的碳原子数都等于 5，而 π 电子数分别为 4（a）、6（b）和 5（c）。在过渡态结构中，进入 π 共轭的碳原子数为单数。奇数交替烃有一个能量为 $\varepsilon_0=0$ 的非键分子轨道[21]。可以这样说，当 π 系统的一个原子定域时，微扰能将通过分子轨道分解系数 ψ_0 用下式计算[21]：

$$\delta E^{\pi} = 2(C_{or}+C'_{or})\beta \tag{5-34}$$

共轭分子这一位置的定域能是用杜瓦近似公式（5-35）计算的并被称作杜瓦指数 N_r：

$$N_r \approx 2\beta(C_{or}+C'_{or}) \tag{5-35}$$

式中　C_{or}, C'_{or}——与原子 r 相邻时非键分子轨道系数 ψ_0；

β——休克尔分子轨道法中的共振积分（β=1）。

由于杜瓦指数是定域能近似值，那么，杜瓦指数 N_r 的值越小，原子 r 越容易脱离共轭状态（定位）。

下面，我们以萘分子为例来说明杜瓦指数的计算顺序。

① 在交替系统中选取一个需要确定其杜瓦指数的位置：

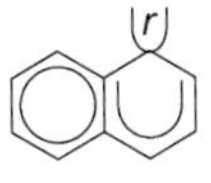

② 把与选定位置相邻的原子注上星号，并将其下一个原子注上“0”，再下一个注上星号，依此类推，使注上星号的原子数量大于或等于注上“0”的原子数：

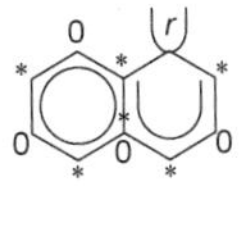

③ 在注上星号的原子上标上系数“a”：

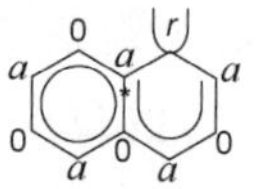

④“a”的符号和系数要这样选择：使注有“0”的原子旁边的系数之和等于零：

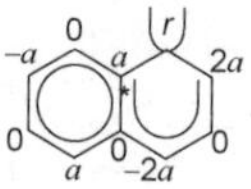

⑤ 将系数的平方和取作一个单位：

$4a^2+4a^2+a^2+a^2+a^2=1$，由此得 $a=\dfrac{1}{\sqrt{11}}$。

⑥ 计算杜瓦指数的值：

$$N_r=2(a+2a)=\frac{6}{\sqrt{11}}=1.81$$

表 5-12 中是一些共轭分子不同位置的杜瓦指数。杜瓦指数被广泛用于研究模拟煤炭有机质片段的化合物的反应能力[1]。

表 5-12　共轭分子杜瓦反应能力指数

分子	原子 r	N_r
苯 		2.31
萘	1	1.81
	2	2.12
蒽	1	1.57
	2	1.89
	9	1.26
联苯	2	2.07
	3	2.31
	4	2.07
苯乙烯	α	2.00
	β	1.51
	2	2.00
	3	2.31
	4	2.00
菲 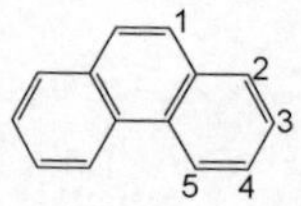	1	1.80
	2	1.86
	3	2.18
	4	2.04
	5	1.96

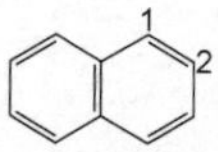

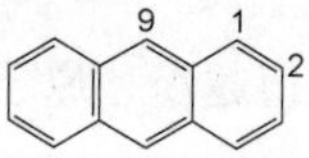

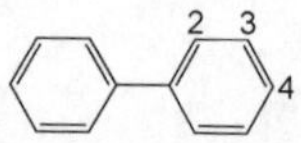

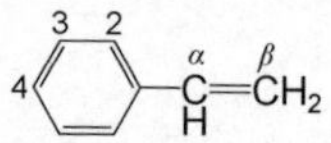

1,2-二芳基乙烷热解速率常数和计算出的非键分子轨道系数相应值参见表5-13。根据该表中的数据建立了关系式 $\lg K=f(C_{or}+C_{os})$，并表现在图 5-11 中，从中可以看出，1,2-二芳基乙烷热解速率常数同与芳基相连的碳原子非键分子轨道系数和高度相关[1]。

表 5-13　1,2-二芳基乙烷热解速率常数与相应奇数交替烃亚甲基非键分子轨道系数之和

化合物	热解速率常数/min^{-1}		$\sum(C_{or}+C_{os})$
	T=400℃	T=410℃	
联苄	6.1×10^{-4}	$(1.3\pm0.1)\times10^{-3}$	1.512
1-苯基-2-(β-萘基)乙烷	9.6×10^{-4}	—	1.484
1,2-二(β-萘基)乙烷	$(2.5\pm0.3)\times10^{-3}$	$(4.8\pm0.1)\times10^{-3}$	1.456
1-苯基-2-(α-萘基)乙烷	$(2.5\pm0.3)\times10^{-3}$	$(8.6\pm0.2)\times10^{-3}$	1.427
1,2-二(α-萘基)乙烷	3.9×10^{-2}	$(7.2\pm0.2)\times10^{-2}$	1.342
聚(1,3-二亚甲基)萘	3.87×10^{-2}	—	1.342
1-苯基-2-(9-蒽基)乙烷	$(1.6\pm0.3)\times10^{-1}$	2.8×10^{-1}	1.291

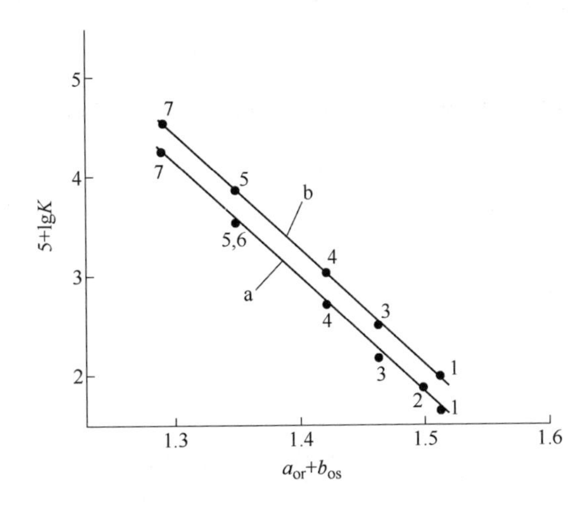

图 5-11　1,2-二芳基乙烷热解速率常数对数与 $ArCH_2^{\bullet}$ 及 $Ar'CH_2^{\bullet}$ 中亚甲基非键分子轨道系数之和的关系

a—t=400℃时；b—t=410℃时；1—联苄；2—1-苯基-2-(β-萘基)乙烷；3—1,2-二(β-萘基)乙烷；4—1-苯基-2-(α-萘基)乙烷；5—1,2-二(α-萘基)乙烷；6—聚(1,3-二亚甲基)萘；7—1-苯基-2-(9-蒽基)乙烷

热解活化能 $E_{活}$同非键分子轨道系数和也同样高度相关（参见图 5-12）。

在解释氢化反应中芳烃的反应能力时，可以利用氢化反应中的基元反应热效应[24]，后者可以通过反应物生成焓（$\Delta H^{298}_{生成}$）计算出来。对于饱和烃来说，$\Delta H^{298}_{生成}$的值可以很准确地加成计算出来[22,23]。但对于共轭烃来说，由于在分子拓扑结构影响

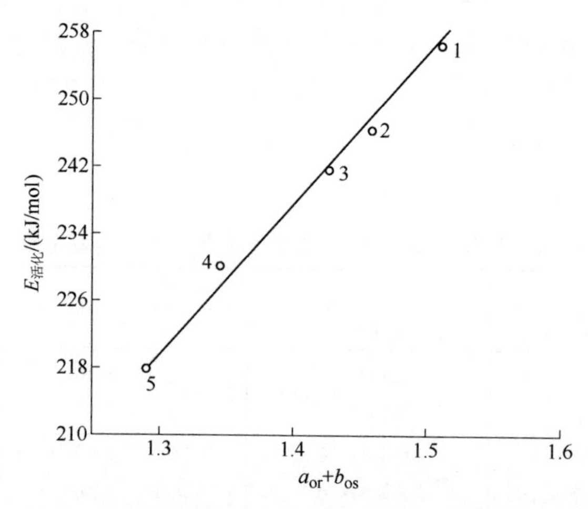

图 5-12　1,2-二芳基乙烷热解活化能与非键分子轨道系数和的关系

1—联苄；2—1,2-二(β-萘基)乙烷；3—1-苯基-2-(α-萘基)乙烷；
4—1,2-二(α-萘基)乙烷；5—1-苯基-2-(9-蒽基)乙烷

下π电子密度在化学键上呈特殊分布，相应数值加成计算结果的准确性要差一些[4]。

文献[24]中指出，共轭分子的$\Delta H_{生成}^{298}$值可以用以下公式很准确地计算出来：

$$\Delta H_{生成}^{298}=714.8n_{C}+217.9n_{H}-333.5n_{C—C}-414.5n_{C—H}-256.8\sum_{r>s}H_{rs}P_{rs} \quad (5\text{-}36)$$

式中　n_C, n_H——碳原子和氢原子的数量；

$n_{C—C}$, $n_{C—H}$——σ型C—C键和C—H键的数量，其能量是加成的；

H_{rs}——休克尔拓扑矩阵的元素；

P_{rs}——借助$H^{有效}$计算出的π电子键级。

表5-14中是按照公式(5-36)计算出的一些共轭分子的$\Delta H_{生成}^{298}$值，及其用PPP法得到的和测定出的相应值。

表 5-14　共轭分子生成热的计算值和测定值

分子	生成热/(kJ/mol)		
	按公式（5-36）	用PPP法[25]	测定值[25]
乙烯	53.0	52.0	52.1
丁二烯	110.1	109.6	109.2～110.1
苯	81.1	83.7	82.9
萘	152.2	149.2	150～151
蒽	229.0	231.3	231～232
菲	208.3	205.3	207.2
并四苯	309.5	320.9	292
1,2-苯并蒽	287.1	280.9	276～291
环三苯	263.4	262.0	265.3

续表

分子	生成热/(kJ/mol)		
	按公式（5-36）	用 PPP 法[25]	测定值[25]
二萘嵌苯	313.1	306.1	308.4～311.2
对称二苯乙烯	—	237.8	236.1
联苯	175.5	181.1	182.1
并二萘	277.8	271.3	262.8
并五苯	389.3	—	—

公式（5-36）的优点是，计算共轭分子热化学参数时不需要用到分子几何学数据（$H^{有效}$是建立在休克尔拓扑矩阵基础上的），这些数据有的很难在文献中找到。

用公式（5-36）还可以计算芳香烃氢化衍生物的生成热。为此，让我们来研究一下以下含共轭键的片段：

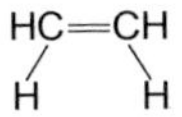

A_1 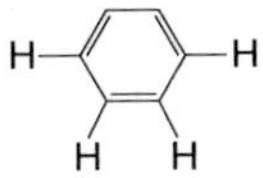　A_2 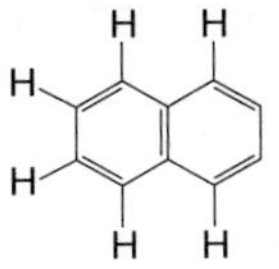　A_3

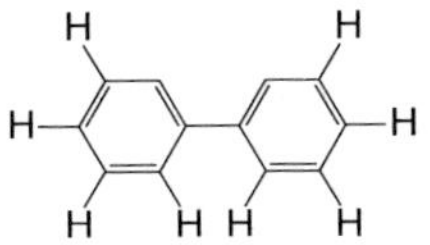

A_4 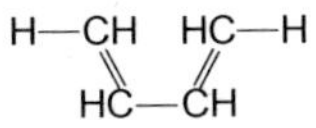　A_5

和含饱和 σ 键的片段：

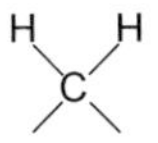

M_1 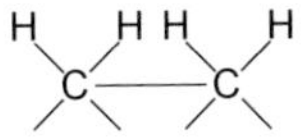　M_2 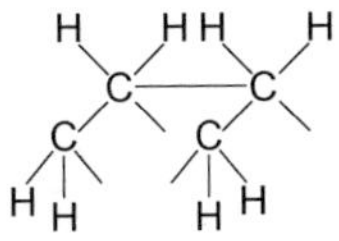　M_3

从表 5-14 可以看出，尽管推导公式（5-36）时粗略假设了 σ 键能的加成性，得到的结果还是令人满意的。若再考虑到 σ 键能与其键长的关系，计算结果还可以更加准确，文献[25]中用 PPP 法计算时就是这样做的。

对于片段 A_i（i=1, 2, 3, 4）来说，生成热是用公式（5-36）计算出来的。要指出的是，在按照公式（5-18）计算键级时，应根据片段 A_i 中碳原子的周围状况来选择哈密顿函数中的库仑积分。我们用公式（5-36）计算出来的 A_1~A_5 生成热（kJ/mol）分别等于 446.1、475.0、545.9、568.8 和 502.3。

而片段 M_1、M_2、M_3 的生成热，我们是利用苯的氢化衍生物生成热 $\Delta H_{生成}^{298}$ 测定值用加成法计算的。因此，1,4-环己二烯、1,3-环己二烯和环己二烯的生成热分别等于：

$$
\left.
\begin{aligned}
\Delta H^{298}_{生成}\left(\quad\right) &= 2\Delta H^{298}_{生成}(M_1) + 2\Delta H^{298}_{生成}(A_1) \\
\Delta H^{298}_{生成}\left(\quad\right) &= 2\Delta H^{298}_{生成}(M_2) + 2\Delta H^{298}_{生成}(A_5) \\
\Delta H^{298}_{生成}\left(\quad\right) &= 2\Delta H^{298}_{生成}(M_3) + 2\Delta H^{298}_{生成}(A_1)
\end{aligned}
\right\} \tag{5-37}
$$

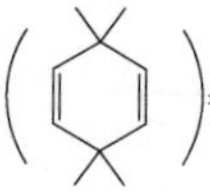

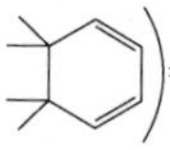

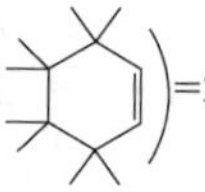

1,4-环己二烯、1,3-环己二烯和环己二烯分子的生成热 $\Delta H^{298}_{生成}$ 测定值（kJ/mol）分别等于 110.2、108.5 和−3.4。

而由式（5-37）得：$\Delta H^{298}_{生成}(M_1)=-391.1\text{kJ/mol}$；$\Delta H^{298}_{生成}(M_2)=-393.9\text{kJ/mol}$；$\Delta H^{298}_{生成}(M_3)=-449.5\text{kJ/mol}$。

我们来比较一下一些氢化芳香族化合物分子的生成热 $\Delta H^{298}_{生成}$ 计算值和文献[24]中的测定值（参见表 5-15）。

表 5-15　氢化芳香族化合物分子生成热的计算值和测定值

化合物	片段数量	生成热 $\Delta H^{298}_{生成}$ /(kJ/mol)	
		计算值	测定值[26]
1,4-二氢萘	$A_1+A_2+3M_1$	138.9	137.6±8
1,2,3,4-四氢化萘	A_2+M_3	25.5	21.3
1,4-二氢蒽	$A_1+A_3+2M_1$	209.8	207.9±8
9,10-二氢蒽	$2A_2+2M_1$	167.7	167.3±8
1,2,3,4-四氢化蒽	A_3+M_3	96.4	93.3±8
9,10-二氢菲	A_4+M_2	174.8	174.8±8
6,13-二氢并五苯	$2A_3+2M_1$	309.5	—

我们通常用 $\Delta H^{298}_{生成}$ 值来评价加氢反应中芳烃的反应能力。正如文献[24]所指出的，在氢化反应中加入 1mol 氢可以被视为极限，因为它会使整个 π 共轭系统严重变形。

我们认为：

$$\Delta H=cE_\alpha \tag{5-38}$$

式中　c——常数；

E_α——有效活化能，它用在描述化学反应速率常数的阿伦尼乌斯方程中：

$$K=\sigma\exp(-E_a/RT) \tag{5-39}$$

据式（5-39）可得：

$$\ln(k/k_0)=\alpha\Delta H+b \tag{5-40}$$

式中　$\alpha=-I/(cRT)$；$b=\Delta H/(cRT)$；

k_0——标准化合物氢化反应速率常数。

将萘（k=1）、苯（k=0.43）、蒽（k=3.45）、菲（k=1.26）和芘（k=0.81）的反应速率常数与其氢化反应中的基元反应热效应进行对比，可以验证式（5-40）的正确性，具体为：

$+ H_2 \longrightarrow$　ΔH_p=27.2kJ/mol

$+ H_2 \longrightarrow$　ΔH_p= –13.4kJ/mol

$+ H_2 \longrightarrow$　ΔH_p= –61.1kJ/mol

$+ H_2 \longrightarrow$　ΔH_p= –33.5kJ/mol

$+ H_2 \longrightarrow$　ΔH_p= –1.2kJ/mol

图 5-13 反映的是上述反应中 $\ln(k/k_H)$与ΔH_p 的关系。从该图可以看出，在氢化反应相对速率常数与初始加氢阶段的热效应之间存在着明显的相关性[24]。

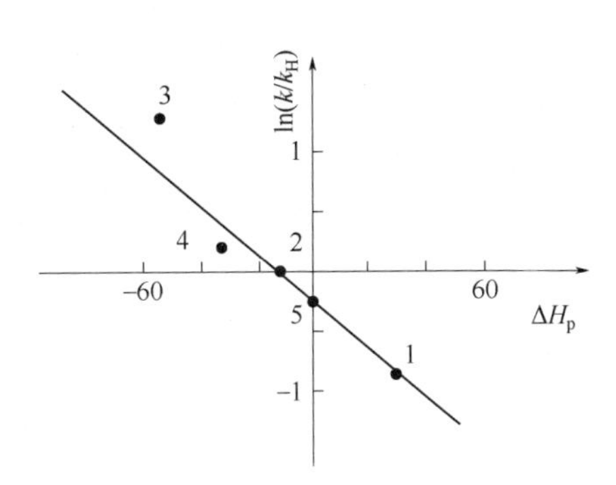

图 5-13　氢化反应速率常数（相对于萘）对数与初始加氢反应热效应（ΔH_p，kJ/mol）的关系

1—苯；2—萘；3—蒽；4—菲；5—芘

我们再来看看氢化芳香族化合物的供氢能力。在催化剂的作用下，芳香化合物很容易发生氢化反应。同时，还会发生部分脱氢反应：

$$M + xH_2 \underset{k_2}{\overset{k_1}{\rightleftharpoons}} MH_{2x} \tag{5-41}$$

通常芳环氢化反应是分阶段进行的并与 x 的值相关。热力学计算表明，式（5-41）反应速率极限阶段对应的值是 x=1。这或许是因为芳香族化合物分子初始加氢反应破坏了整个 π 共轭系统并具有最大活化能。接下来的氢化反应相对较容易，就像相反的脱氢反应一样。

芳香族化合物分子氢化反应和脱氢反应的可逆性使我们可以借助复杂芳香化合物的加氢裂化反应将其用作氢供体。下面，以萘发生氢化反应生成四氢化萘（萘满）为例，研究温度对正反应速率和逆反应速率的影响：

$$\text{萘} + 2H_2 \underset{k_2}{\overset{k_1}{\rightleftharpoons}} \text{四氢化萘} \tag{5-42}$$

利用某些组分的吉布斯自由能测定值[27]，按照公式 $k_1/k_2=-RT\ln\Delta G_p$ 可得：

当 T=298K 时，

$$k_2=1.2\times10^{-10}k_1$$

而当 T=400K 时，

$$k_2\approx4\times10^{-8}k_1$$

因此，随着温度的升高，氢和萘的产出率会增加。

我们把氢从供体 D 转移到受体 A 的反应总体表示为：

$$DH_x+A \rightleftharpoons D+AH_x \tag{5-43}$$

这一反应的能否顺利进行（供氢效率）不仅取决于 x 的值，还取决于 D 和 A 的化学结构。我们以一系列氢转移反应为例，从其热效应角度来分析一下这些关系。

实验资料表明，被氢化的有机质的转化深度取决于供体的氢饱和度。随着氢饱和度的增加，转化深度起初是逐渐增加，达到峰值后便下降[28]。

用上述方法计算出的 1mol 氢从十氢化萘（萘烷）、四氢化萘（萘满）、1,4-二氢萘转移到蒽上的反应热为：

十氢化萘 + 蒽 ⟶ 八氢化萘 + 9,10-二氢蒽　ΔH_p=61.5kJ/mol

四氢化萘 + 蒽 ⟶ 1,2-二氢萘 + 9,10-二氢蒽　ΔH_p=49.2kJ/mol

1,4-二氢萘 + 蒽 ⟶ 萘 + 9,10-二氢蒽　ΔH_p=61.5kJ/mol

因此说，供体的氢饱和度越大，氢转移反应越难进行。实际上，A 的转化深度受两个因素的影响：一方面，反应物中的氢越多，转化深度越大；另一方面，供体的氢饱和度越大，氢越难以向 A 转移，实验也证实了这一点。

氢化芳香族化合物分子释出氢原子的能力主要取决于它们的结构。我们以氢原子从 1,4-二氢萘、9,10-二氢蒽、11,12-二氢并四苯及 9,10-二氢菲分子向芘分子转移的反应为例，来验证这一结论：

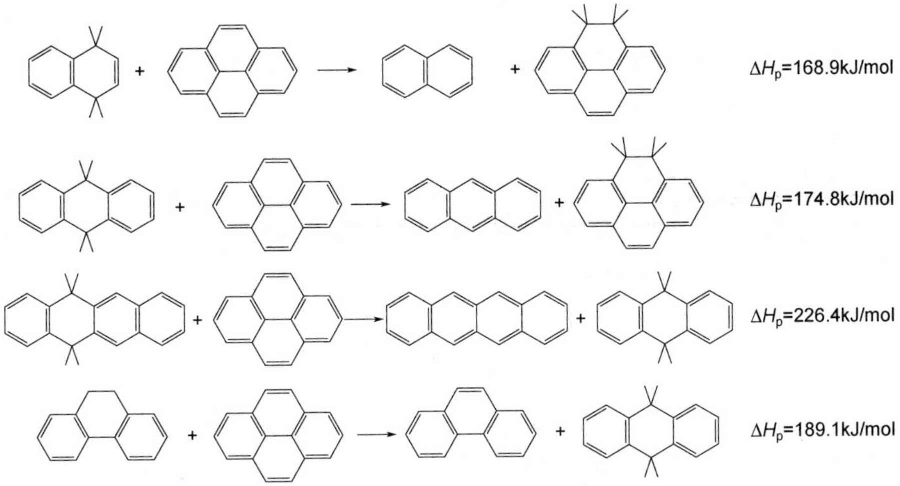

ΔH_p=168.9kJ/mol

ΔH_p=174.8kJ/mol

ΔH_p=226.4kJ/mol

ΔH_p=189.1kJ/mol

显然，随着这些供体中环数的增加，其供氢能力在下降。此外，对比 9,10-二氢蒽和 9,10-二氢菲的供氢能力后，可以得出这样的结论：直线聚合的氢化芳香族化合物分子比非直线的更容易释出氢原子。

还需要研究一个同氢从 D 向 A 转移有关的问题。在芳香族二氢衍生物分子中，氢原子都处于邻位或对位。可以从能量角度推测，氢原子更容易从邻位向邻位、从对位向对位转移。

实验证实，1,4-二氢萘使蒽在 9,10-位氢化的速度比 1,2-二氢萘快 10 倍。而当氢从上述供体向菲分子转移时，情况却相反[29]。因此，文献[30]提出了这样的假设：若要使氢顺利地从 D 向 A 转移，它们的结构应相符。因此，为了使含有聚合芳香族化合物分子的复杂有机质实现有效氢化，应使用在邻位及对位上有氢原子的供体（或混合供体）。

5.3 饱和烃的电子结构

在文献[31]中用原子价近似法建立了非正交基下单电子有效哈密顿函数，用于计算任意结构烃的热化学参数和几何学参数。

热化学有效哈密顿函数是结合两种方法建立的：原子-原子电位法和LCAO-MO近似法。分子位能 U 是键能 $E_{键}$ 和核排斥能修正值 Ω 的总和：

$$U=E_{键}+\Omega \tag{5-44}$$

$E_{键}$的值取决于以下矩阵方程的解：

$$\boldsymbol{HC=SCA} \tag{5-45}$$

式中 $\boldsymbol{C}$——特征矢量矩阵；

$\boldsymbol{S}$——重叠积分矩阵；

$\boldsymbol{A}$——特征值矩阵。

类似扩展的休克尔分子轨道法中的总能量[12]。区别在于，在这种情况下能量矩阵 $\boldsymbol{H}=\|H_{ij}\|$对角线上的元素等于零，以满足电位 $U(R)$：$U(0)=\infty$和 $U(\infty)=0$ 的边界条件。矩阵 $\boldsymbol{H}$ 的元素是这样的：

$$H_{ii}(\mathrm{A};\ \mathrm{A})=0$$

$$H_{ij}(\mathrm{A};\ \mathrm{B})=\beta_{\mathrm{AB}}(r_{\mathrm{AB}})S_{ij} \tag{5-46}$$

式中，$\beta_{\mathrm{AB}}=\beta^{\circ}_{\mathrm{AB}}(2\mathrm{e}^{-\alpha_{\mathrm{AB}}x}-\mathrm{e}^{-2\alpha_{\mathrm{AB}}x})$；$x=r_{\mathrm{AB}}-r^{\circ}_{\mathrm{AB}}$（$r^{\circ}_{\mathrm{AB}}$为平衡距离）；$\beta^{\circ}_{\mathrm{AB}}$和 β_{AB}为 A—B 键的参数；S_{ij}为 i 和 j 重叠积分。

为了使几何结构参数的计算结果更加准确，特别是当 A—B 键的距离小于平衡距离时，电位能中应包含核排斥能修正值 Ω：

$$\Omega=\sum_{\mathrm{A>B}}\Omega_{\mathrm{AB}} \tag{5-47}$$

式中，Ω_{AB} 的计算公式为：

$$\Omega_{\mathrm{AB}}=\frac{Z_{\mathrm{A}}^{*}Z_{\mathrm{B}}^{*}}{r_{\mathrm{AB}}}\exp(-\gamma_{\mathrm{AB}}\gamma_{\mathrm{AB}}) \tag{5-48}$$

式中 Z_{A}^{*}——原子 A 骨架上的电荷（$Z_{\mathrm{H}}^{*}=1$及$Z_{\mathrm{C}}^{*}=4$）；

γ_{AB}——A—B 键的参数。

对于 H_2、C_2及 CH_4分子，H—H、H—C 及 C—C 成对关系的参数γ_{AB}、$\beta^{\circ}_{\mathrm{AB}}$和$\alpha_{\mathrm{AB}}$取决于电位 U 上的条件：

$$\left.\frac{\mathrm{d}U}{\mathrm{d}r}\right|_{r-r_0}=0;\quad U(R_0)=U_0;\quad \left.\frac{\mathrm{d}^2U}{\mathrm{d}r^2}\right|_{r-r_0}=k \tag{5-49}$$

式中，k 为能量常数。

表 5-16 中是一些分子的原子化能计算值和测定值（考虑到了 T=0K 时的零振

动能）。从该表可以看出，若略去测定零振动能和相对于 0K 的原子化焓的误差，原子化能的计算值 $U_{算}$和测定值 $U_{测}$非常相近。

表 5-16　一些分子的原子化能计算值和测定值

分子	计算值 $U_{算}$/eV	测定值 $U_{测}$/eV
氢	4.74	4.74
甲烷	18.20	18.20
乙炔	17.63	17.60
乙烯	24.54	24.40
苯	59.31	59.30
乙烷	30.85	30.86
丙烷	43.32	43.52
丁烷	55.98	56.27
戊烷	68.68	69.04
己烷	81.40	81.94
环己烷	76.02	76.33
异丁烷	56.02	56.44
1-丁烯	49.90	50.04
丙炔	30.58	30.54
丙二烯	30.60	30.62
反丁二烯	44.44	—
顺丁二烯	44.34	—
萘	93.66	—
蒽	127.96	—
1-苯基-反丁二烯	111.40	—
1-苯基-顺丁二烯	111.28	—
苯基乙炔	71.91	—
3-甲基戊烷	81.50	—
联苯	113.53	—

这说明，各种烃的几何结构参数（原子间距离和价角）和形态变化能的优化计算值同其测定值是非常接近的[12]。

5.4　烃 C—H 和 C—C 键断裂能

单化学键 AB 的断裂能ΔU_{AB}是非常重要的分子结构特征，可以用来解释反应能力。ΔU_{AB}的计算公式为：

$$\Delta U_{AB}=U_M\ (A\cdots B)-U_M \tag{5-50}$$

式中 U_M——分子 M 的总能量；

$U_M(A\cdots B)$——当 $R_{AB}=\infty$时该分子的能量。

用式（5-50）计算出的ΔU_{AB}值被称作化学键的绝热能。

在单行列式近似法中，用式（5-50）计算电子相关能会遇到一系列困难，这在文献[12]中有介绍。

用单电子有效哈密顿函数法则不会遇到这样的困难。由于哈密顿函数的特殊性，当某些氢原子无限远离（C—H 键断裂）时，最高被占电子能级的能量逐渐接近零。由于基态中性分子中每一能级都有两个电子，我们或许就会认为单化学键是由两个电子形成的。当乙烷、乙烯和乙炔中的 C—C 键断裂时，能量为零的最高已占分子轨道的倍数分别为 1、2 和 3。

乙烷、乙烯和乙炔分子中 C—C 键的断裂能为：

$$CH_3—CH_3 \longrightarrow 2CH_3^{\bullet} \qquad \Delta U=2.620\text{eV}$$

$$CH_2{=}CH_2 \longrightarrow 2CH_2^{\bullet} \qquad \Delta U=5.085\text{eV}$$

$$CH{\equiv}CH \longrightarrow 2CH^{\bullet} \qquad \Delta U=7.596\text{eV}$$

如果将乙烷中 C—C 单键的断裂能取作一个单位，那么由已知键数可得 $\rho_{乙烷}=1$、$\rho_{乙烯}=1.94$ 及 $\rho_{乙炔}=2.90$，这与通常所说的键级——1、2 及 3 相符。

我们再来看看一些分子的 C—H 键断裂能：

$$CH_4 \longrightarrow CH_3^{\bullet}+H^{\bullet} \qquad \Delta U=4.122\text{eV}$$

$$C_2H_2 \longrightarrow C_2H^{\bullet}+H^{\bullet} \qquad \Delta U=5.034\text{eV}$$

$$C_2H_4 \longrightarrow C_2H_3^{\bullet}+H^{\bullet} \qquad \Delta U=4.240\text{eV}$$

$$C_6H_6 \longrightarrow C_6H_5^{\bullet}+H^{\bullet} \qquad \Delta U=4.055\text{eV}$$

$$CH_3CH_3 \longrightarrow CH_3CH_2^{\bullet}+H^{\bullet} \qquad \Delta U=3.7861\text{eV}$$

有一个细节需要注意。用式（5-50）计算键能时，必须使原始物质和最终产物❶分子的几何形状达到最优。不过，当键能被用作反应能力指标时，为了取得比较准确的简化计算结果，可以将其确定为把键长从平衡状态延长到无穷大的能量，但要保持分子其他几何参数不变，就像我们先前计算ΔU时一样。

图5-14上是芳香烃分子环电流在不同位置引起的位移测定值 $\sigma_{位移点}^{测}$[33]同相应的$\Delta U_{C—H}$值的关系。它们之间表现出很好的线性关系，因此可以将该方法用于解

❶ 例如，四面体结构（Ⅰ）和平面结构（Ⅱ）的甲基总能量分别等于：$U(\text{Ⅰ})=-13.975\text{eV}$，$U(\text{Ⅱ})=-14.328\text{eV}$。因此，平面结构更加稳定，这也被非经验法数据所证实[32]。

释其他芳香化合物的位移$\sigma_{位移点}$。

下面再看看氢原子从正己烷分子不同位置脱离后的自由基能量❶：

Ⅰ　　Ⅱ　　Ⅲ

$U(\text{Ⅰ})=-77.583\text{eV}$　　$U(\text{Ⅱ})=-77.86\text{eV}$　　$U(\text{Ⅲ})=-77.83\text{eV}$

由这些数据得出两个结论：①二级基比初级基更加稳定；②氢（阴离子）更容易从二级碳原子上脱离。

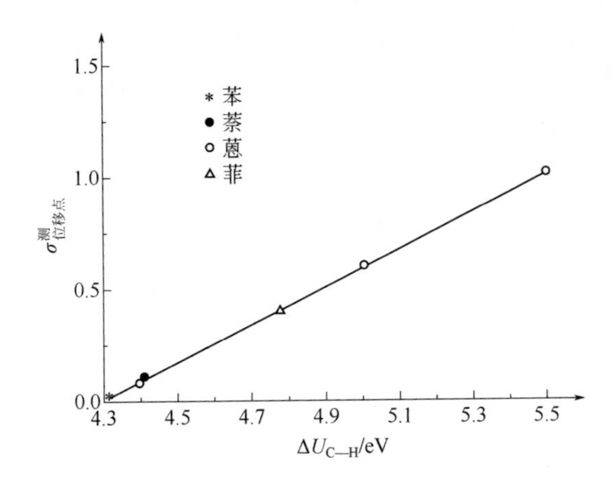

图 5-14　芳香烃分子环电流引起的位移$\sigma^{测}_{位移点}$（相对于苯）同氢的断裂能$\Delta U_{C—H}$的关系

对于饱和烃来说，已经通过实验确定：氢最容易从三级碳原子上脱离，其次是从二级碳原子上脱离，最后是从初级碳原子上脱离[34,35]。相应的自由基（阳离子）稳定性也是这样的顺序。理论计算结果也反映出这样的规律。

我们以几种芳烃为例来验证一下这一规律。

① 对于萘：

1　　2

$U=-89.16\text{eV}$　　$U=-89.22\text{eV}$

自由基 2 比自由基 1 更稳定。

❶ 计算自由基电子结构时采用了中性分子的几何参数。

② 对于蒽：

1

U= −123.80eV

2

U= −123.85eV

3

U= −123.93eV

自由基的稳定性顺序为 3>2>1。

从这些数据可以看出，在芳香烃中氢从反应能力较强的位置（萘的 1,4-位和蒽的 9,10-位）脱离后形成稳定性较差的自由基。

我们再来看看任意结构的烃分子中 C—C 键和 C—H 键垂直键能的计算方法。

由矩阵方程（5-45）得：

$$\varepsilon_i=(C_i, H^{有效} C_i)$$

式中，ε_i 为第 i 个分子轨道的能量。

那么

$$U_{总}=\sum_i g_i\varepsilon_i+\Omega=\sum_i g_i(C_i, H^{有效}C_i)+\Omega \tag{5-51}$$

将 $U_{总}$ 表示为单核分量 ε_{A} 和双核分量 $\varepsilon_{\mathrm{AB}}$ 之和：

$$U_{总}=\sum_{\mathrm{A}}\varepsilon_{\mathrm{A}}+\sum_{\mathrm{B<A}}\varepsilon_{\mathrm{AB}} \tag{5-52}$$

根据式（5-46），$H_{ii}^{有效}=0$，则 $\varepsilon_{\mathrm{A}}=0$。那么由式（5-52）得：

$$U_{总}=\sum_{\mathrm{B<A}}\varepsilon_{\mathrm{AB}} \tag{5-53}$$

式中，$\varepsilon_{\mathrm{AB}}$ 为原子 A 和 B 之间的相关能（垂直键能）。

由式（5-51）和式（5-53）得：

$$\varepsilon_{\mathrm{AB}}=\sum_i\sum_{r\in A,s\in B}g_iC_{ir}C_{is}H^{3\phi\phi}+\Omega \tag{5-54}$$

下面，我们将把 $\varepsilon_{\mathrm{AB}}$ 看作反应能力指数。

图 5-15 和图 5-16 中分别是用式（5-54）计算出的共轭烃和饱和烃中 C—C 键和 C—H 键的垂直键能 $\varepsilon_{\mathrm{AB}}$。

在实际应用中，垂直键能使用更方便，因为所有键的垂直键能都可以一次计算出来。

文献[12]中的分析表明，垂直键能 $\varepsilon_{\mathrm{AB}}$ 同相应键的断裂能 $\Delta U^{\bullet}_{\mathrm{AB}}$ 线性相关。此外，对于同一级化合物的 C—H 键来说，$\varepsilon_{\mathrm{C—H}}$ 和 $\Delta U^{\bullet}_{\mathrm{C—H}}$ 的值成反比。让我们依据明确影响芳香烃分子反应能力的因素，从物理学角度对此予以解释。在芳香烃分子的加成反应和取代反应中，垂直键能 $\varepsilon_{\mathrm{C—H}}$ 最小的位置更具反应能力（更容易形成与过渡状态相对应的韦兰德结构）。$\varepsilon_{C—H}$ 的值越大，氢脱离后越容易形成稳定的自由基。这些结论同芳香烃反应能力实验测定结果是一致的[8]。

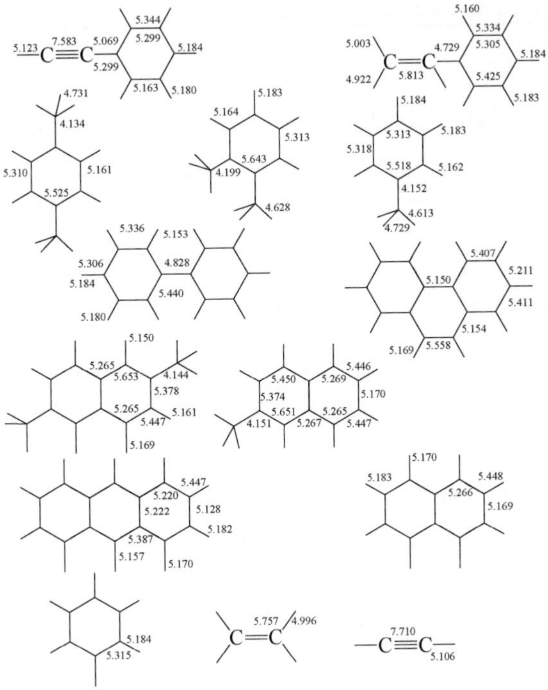

图 5-15　共轭烃中的垂直键能 ε_{AB}（eV）

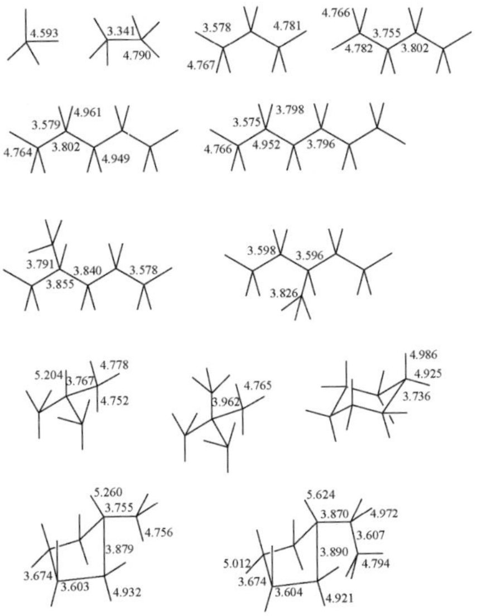

图 5-16　饱和烃中的垂直键能 ε_{AB}（eV）

5.5 芳烃的烷基衍生物的反应能力

假如加氢反应中的中间化合物具有韦兰德结构，那么可以将芳香烃结构中C—C和C—H侧键变形为一半正四面体键角（$\frac{1}{2}te$）所需的能量视为成正比的生成中间化合物反应的活化能。表5-17中是苯、甲苯、邻二甲苯、间二甲苯和对二甲苯分子中侧键变形为键角（$\frac{1}{2}te$）所需能量的计算结果，从中可以看出，C—C键的变形能$\Delta U_{C—C}$总是大于C—H键的变形能$\Delta U_{C—H}$。因此，给含有甲基取代基的碳原子加氢的反应需要较大的活化能。换句话说，被取代的碳原子的反应能力不如未被取代的碳原子。这些结论同上述分子加氢反应试验结果是一致的[36]，例如，当二甲苯发生氢化反应时，其产物中可以见到1,2-二甲基环己烷的痕迹，这说明苯环上被取代的碳原子反应能力相对较弱。

表5-17 C—C和C—H侧键从分子平面移到苯、甲苯、二甲苯分子键角所需能量

分子	r	ΔU/eV
 U=–59.270eV	1	0.80
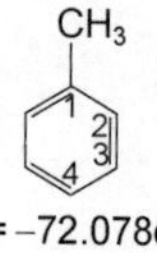 CH_3 U=–72.078eV	1 2 3 4	1.079 0.778 0.812 0.776
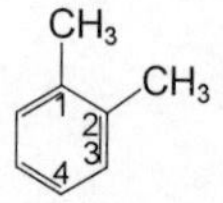 CH_3 CH_3 U=–84.810eV	1 3 4	1.053 1.022 0.810
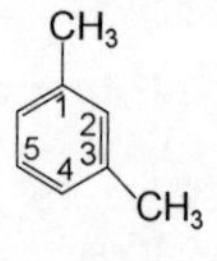 CH_3 CH_3 U=–84.782eV	1 2 4 5	0.994 0.654 0.685 0.724
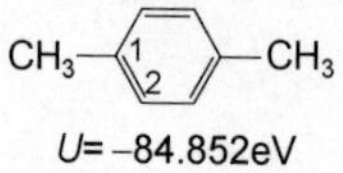 CH_3 CH_3 U=–84.852eV	1 2	0.939 0.777

图 5-17 显示的是苯的甲基衍生物加氢反应相对速率对数与苯环 C—H 键从分子平面移到键角（$\frac{1}{2}te$）所需最小能量$\Delta U_{\text{C—H}}$的关系。

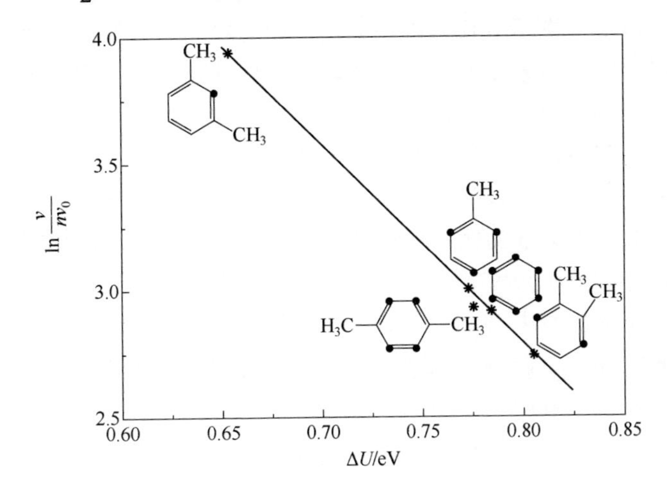

图 5-17　$\ln\frac{v}{nv_0}$ 与 C—H 键从分子平面移到键角所需最小能量（据表 5-17）的关系

v_0—苯的加氢反应速率；n—反应能力较强的位置数

它们之间的线性关系证明，形成中间韦兰德结构所用的能量是氢化反应速率的抑制因素。甲基团即使会产生屏蔽作用，也不会很大。

我们参照氢化反应中基元反应的热效应来比较一下苯和甲苯的反应能力。相应反应的热效应为：

苯 + H_2 ⟶ 1,4-二氢苯　ΔU_p=92.3 kJ/mol

苯 + H_2 ⟶ 1,2-二氢苯　ΔU_p=104.3 kJ/mol

甲苯 + H_2 ⟶ 1-甲基-1,4-二氢苯　ΔU_p=116.6 kJ/mol

甲苯 + H_2 ⟶ 1-甲基-1,2-二氢苯　ΔU_p=128.4 kJ/mol

从上述情况看，生成二氢化甲苯的反应比生成二氢化苯的反应更加吸热。因此，含有三级碳原子二氢化甲苯稳定性更差，这同文献[37]中的结论是一致的。

该文献指出，无论是侧烷基链的数量，还是其形状，都不会对镍基催化剂辅助下的苯环加氢反应速率有什么实质性影响。影响这些芳香烃氢化反应速率的决定性因素是苯核的取代度。芳香环被取代得越多，越难以发生加氢反应。

该文献还指出，烷基取代芳香环的反应能力较弱，其原因是烷基团造成了位阻[36,37]。可理论研究结果表明，在芳香烃发生烷基化时，芳香环上的碳原子得到烷基取代基后就会稳定下来，同时该碳原子对氢的亲和性也随之下降。因此，得到的烷基取代基越多，芳香环的反应能力越弱。

我们再来看看烷基取代基是怎样影响芳香烃中非取代环的氢化反应速率的。在文献[38,39]中以甲基萘为例，通过试验研究了甲基团数量和位置对芳香环氢化反应速率的影响。反应条件为：6.7mol 萘和甲基萘溶液，在 5MPa 压力和 220℃温度下，按照 1mol 萘对 25mol 氢的比例，以线性速率加入混合反应物中。使用的催化剂为 PdS (0.5% Pd-γ-Al_2O_3)。氢化反应的主要产物是相应甲基萘的四氢衍生物，还有少量甲基萘烷。

试验结果表明，甲基萘的氢化速率不仅取决于甲基团的数量，还取决于其在芳香环上的位置。在图 5-18 上对比了甲基萘非取代环的氢化反应速率（相对于萘）常数测定值和碳原子最小稳定能 minε_r❶，后者是用 π 电子近似法借助有效哈密顿函数 $H^{有效}$［式（5-18）］计算出来的。从该图可以看出，非取代环的氢化反应速率同碳原子最小稳定能 ε_r 线性相关。非取代环上碳原子稳定能越低，越容易被氢化。由此可以得到如下结论：首先，甲基萘非取代环的相对氢化反应速率常数主

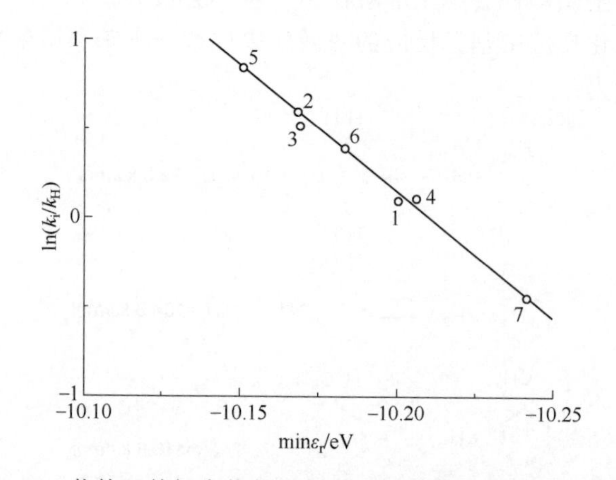

图 5-18　萘的甲基衍生物相对氢化反应速率常数对数 ln(k_i/k_H)
与碳原子最小稳定能 minε_r 的关系

1—萘；2—1-甲基萘；3—2-甲基萘；4—1,2-二甲基萘；5—1,3-二甲基萘；
6—1,4-二甲基萘；7—2,3-二甲基萘

❶ $\varepsilon_r = 2\sum_{i=1}^{m} C_{ir}\tilde{C}_{ir}\lambda_i$ 中，$C_{ir}, \tilde{C}_{ir}$ 为分解系数；λ_i 为第 i 个被占分子轨道能量；m 为被占分子轨道数量[12]。

要取决于其 π 电子结构，而不是甲基团造成的“位阻效应”；其次，甲基萘非取代环的相对氢化反应速率同碳原子最小稳定能 ε_r 的相关性说明，加氢基元反应才是氢化反应速率的抑制因素。

5.6 煤炭有机质平均组成单位模型化合物的量子化学特点

从理论观点看，某些结构片段对煤炭有机质平均组成单位模型化合物理化性质的影响是很值得研究的。图 5-19 上是煤炭有机质平均组成单位的模型化合物，可以反映出煤炭有机质的结构特点。

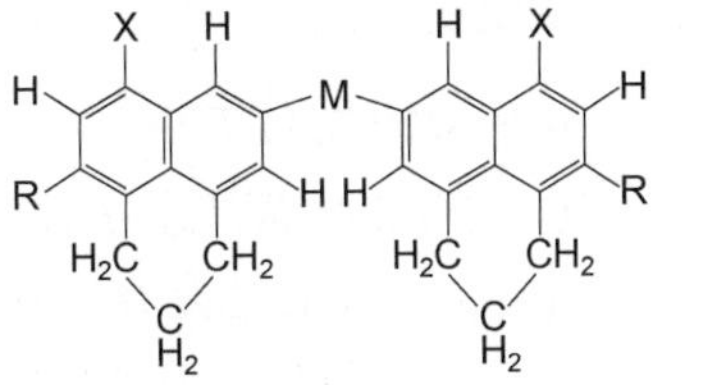

图 5-19 煤炭有机质平均组成单元

M=$-(CH_2)_n-$，被视为桥键，n=1, 2, 3；

X=—OH 和—COOH，被视为官能团；

R=—CH_3 和—CH_2—CH_3，被视为芳香环上的甲基取代基

我们用 MINDO/3 和 AM1 这两种标准的量子化学法[40,41]计算了代表性分子的电子结构。分子最高被占轨道能量 ε_m、最低空轨道能量 ε_{m+1} 和生成热$\Delta H_{生成}$的计算结果参见表 5-18。

表 5-18 煤炭有机质平均组成单位模型化合物的量子化学特征

M	X	R	MINDO/3			AM1		
			ε_m/eV	ε_{m+1}/eV	$\Delta H^{298}_{生成}$/(kJ/mol)	ε_m/eV	ε_{m+1}/eV	$\Delta H^{298}_{生成}$/(kJ/mol)
—CH_2—	H	H	−8.05	0.24	395	−8.38	−0.27	201
—CH_2—CH_2—	H	H	−8.04	0.24	372	−8.35	−0.21	176
—CH_2—CH_2—CH_2—	H	H	−8.05	0.25	350	−8.39	−0.23	149
—CH_2—	—OH	H	−7.69	0.33	−80	−8.19	−0.33	−159
—CH_2—CH_2—	—OH	H	−7.69	0.33	−103	−8.16	−0.28	−185
—CH_2—CH_2—CH_2—	—OH	H	−7.70	0.34	−124	−8.17	−0.27	−210
—CH_2—	—COOH	H	−8.30	−0.16	−420	−8.65	−0.75	−527
—CH_2—CH_2—	—COOH	H	−8.30	−0.16	−442	−8.65	−0.81	−556
—CH_2—CH_2—CH_2—	—COOH	H	−8.34	−0.17	−460	−8.66	−0.76	−575
—CH_2—	H	—CH_3	−8.05	0.26	430	−8.41	−0.27	173
—CH_2—CH_2—	H	—CH_3	−8.01	0.16	352	−8.26	−0.19	119
—CH_2—CH_2—CH_2—	H	—CH_3	−8.03	0.18	331	−8.30	−0.20	93
—CH_2—	—OH	—CH_3	−7.68	0.25	−97	−8.13	−0.30	−214
—CH_2—CH_2—	—OH	—CH_3	−7.65	0.31	−129	−8.06	−0.20	−249
—CH_2—CH_2—CH_2—	—OH	—CH_3	−7.68	0.26	−119	−8.09	−0.25	−239
—CH_2—	—COOH	—CH_3	−8.30	−0.27	−410	−8.65	−0.79	−562
—CH_2—CH_2—	—COOH	—CH_3	−8.27	−0.23	−460	−8.52	−0.77	−619
—CH_2—CH_2—CH_2—	—COOH	—CH_3	−8.20	−0.19	−479	−8.46	−0.66	−637
—CH_2—	H	—CH_2—CH_3	−8.03	0.16	336	−8.30	−0.23	101
—CH_2—CH_2—	H	—CH_2—CH_3	−8.01	0.16	320	−8.25	−0.20	80

续表

M	X	R	MINDO/3			AM1		
			ε_m/eV	ε_{m+1} /eV	$\Delta H^{298}_{生成}$ /(kJ/mol)	ε_m/eV	ε_{m+1} /eV	$\Delta H^{298}_{生成}$ /(kJ/mol)
—CH₂—CH₂—CH₂—	H	—CH₂—CH₃	−8.05	0.17	296	−8.28	−0.16	52
—CH₂—	—OH	—CH₂—CH₃	−7.69	0.31	−140	−8.06	−0.18	−261
—CH₂—CH₂—	—OH	—CH₂—CH₃	−7.71	0.26	−156	−8.07	−0.21	−283
—CH₂—CH₂—CH₂—	—OH	—CH₂—CH₃	−7.74	0.23	−174	−8.18	−0.34	−303
—CH₂—	—COOH	—CH₂—CH₃	−8.26	−0.16	−476	−8.56	−0.81	−630
—CH₂—CH₂—	—COOH	—CH₂—CH₃	−8.26	−0.21	−497	−8.54	−0.75	−656
—CH₂—CH₂—CH₂—	—COOH	—CH₂—CH₃	−8.25	−0.19	−525	−8.60	−0.69	−682

由表 5-18 可以看出：

① 实际上电离电势 I (I=$-\varepsilon_m$)与甲基取代基 R 及桥键 M 无关，而与官能团 X 的性质有关，而且总是存在这样的不等式：I (X=COOH) > I (X=H) > I (X=OH)。

② 生成热$\Delta H_{生成}$随着桥键中亚甲基—CH_2—的增加而减小，而且总是存在这样的不等式：$\Delta H_{生成}$ (X=CH_3) > $\Delta H_{生成}$(X=H) > $\Delta H_{生成}$ (X=OH) >$\Delta H_{生成}$(X=COOH)。

5.7 模型化合物的酸碱性质

根据布朗斯特-路易斯酸碱理论，凡是可以释放质子的物质为酸，凡是能接受质子的为碱。

为了定量评价有机化合物释放和接受质子的性质，通常要用到相应的质子释出和注入反应平衡常数。越强的酸，越容易发生释出质子的反应

$$AH \rightleftharpoons A^- + H^+ \tag{5-55}$$

它的反应平衡常数 K_a 表示为：

$$K_a = \frac{[A^-][H^+]}{[AH]} \tag{5-56}$$

在实践中为了方便，通常用 pK_a 代替 K_a❶，其关系为：

$$pK_a = -\lg K_a \tag{5-57}$$

如果酸完全分解，那么按照式（5-56），K_a=∞，相应地 pK_a=−∞。对于强酸来说，pK_a 的值为负，对于弱酸来说则为正（参见表 5-19）[8,43,44]。

❶ 通过测量蒸气压力、基元电动势等，根据溶液的电导率在实验中测定 pK_a 的值[43]。

表 5-19　温度为 25℃时有机酸和醇的酸性参数 pK_a

化合物	pK_a
苯甲酸	4.19
乙酸	4.75
丙酸	4.87
苯酚	9.96
1-萘酚	9.85
2-萘酚	9.93
氨基苯酚	9.8
2,5-二甲基苯酚	10.28
百里酚	10.49

可以用类似方法根据以下反应来评价化合物的碱性：

$$B+H^+ \Longrightarrow BH^+ \tag{5-58}$$

平衡常数 K_b 等于：

$$K_b = \frac{[BH^+]}{[B][H^+]} \tag{5-59}$$

相应地有：

$$pK_b=-\lg K_b \tag{5-60}$$

pK_b 的值越小，碱性越强（参见表 5-20）[42]。

表 5-20　模型化合物的碱性参数 pK_b

化合物	pK_b（0℃）	化合物	pK_b（0℃）
苯	9.2	菲	3.5
甲苯 $-CH_3$	6.3	并二萘	1.7
邻二甲苯 CH_3 CH_3	5.3	苯并蒽	−2.3
间二甲苯 H_3C CH_3	3.2	芘	−2.1
对二甲苯 H_3C- $-CH_3$	5.7	二萘嵌苯	−4.4

续表

化合物	pK_b（0℃）	化合物	pK_b（0℃）
1,2,4-三甲苯 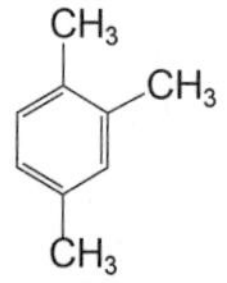	2.9	苯并芘 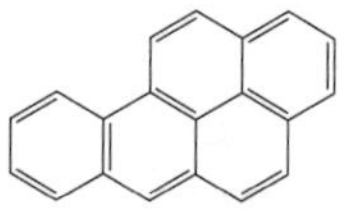	−6.5
五甲苯 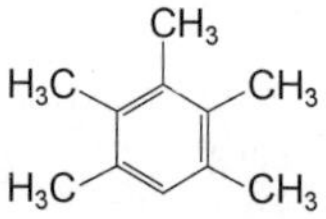	−0.8	1-甲基萘 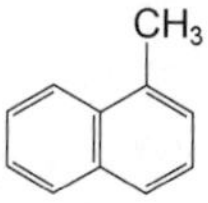	1.4
六乙基苯 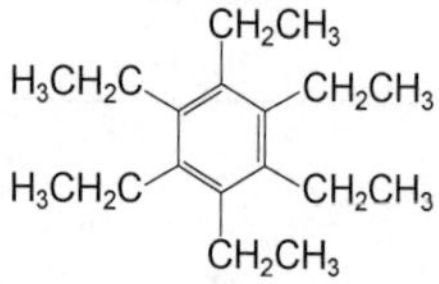	−2.0	9-甲基蒽 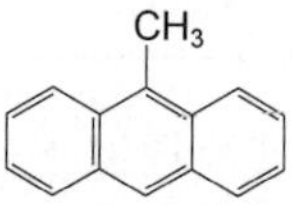	−5.7
萘 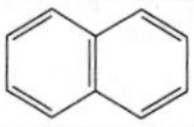	4.0	苯胺 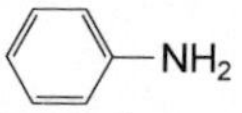	9.37
蒽 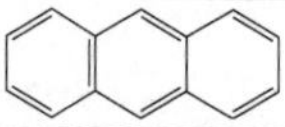	−3.8	吡啶 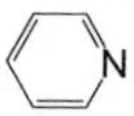	8.75
并四苯 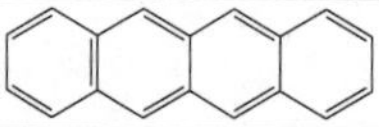	−5.8	甲胺 $H_3C—NH_2$	3.43
并五苯 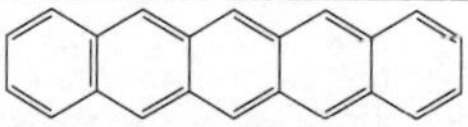	−7.6	二甲胺 $(CH_3)_2NH$	3.27

应该指出，除了布朗斯特-劳里酸碱理论外，另一个比较普遍的酸碱理论是路易斯创立的。根据路易斯的理论，凡可以接受来自其他原子或原子团的未共享电子对共价键的物质为酸，凡可以提供未共享电子对的物质为碱。路易斯理论的特点是，它包含的酸碱范围很广。例如，大家都知道 BF 是电子受体，因此，它应该可以作为催化剂推动喜欢酸性环境的反应。

5.8 模型化合物的热化学性质

5.8.1 烷烃

脂族结构在煤炭有机质及其工业加工产物的超分子结构中起着重要作用，这就要求我们全面系统地分析该结构特点对其典型代表——直链烷烃和支链烷烃理化性质的影响。此外，还需要弄清烷烃结构与决定分子间相互作用程度的热化学参数——任意结构烷烃的相变热之间的关系。我们知道，分子间的相互作用会随着温度的升高而减弱。与此同时，物质从固态变为气态时，热焓值的改变量取决于相变热和相变区间热容积分 $\int c_p(T)\mathrm{d}T$ 的总和。

（1）熔化热

固态烷烃在温度由 T_0=0K 升至熔点 T_m 的过程中会发生一系列固相变化（当温度分别为 T_1、T_2、…、T_r 时）。例如，正二十七碳烷 $C_{27}H_{56}$ 在达到熔化热 $\Delta H_{熔}$=59.1kJ/mol 的熔点 T_m=332K 之前，会发生两次固相变化：当温度 T_1=319K 和 T_2=325K 时，其相变热 ΔH_i 分别等于 7.1kJ/mol 和 8.8kJ/mol[49]。因此，根据结构数据推导烷烃熔化热的计算公式时，需要用到热焓的总变量：

$$\Delta H_{有效熔}=\Delta H_{熔}+\sum_i^r \Delta H_i \tag{5-61}$$

有效熔化热的计算公式为：

$$\Delta H_{有效熔}=T_m\Delta S_{有效熔} \tag{5-62}$$

式中，$\Delta S_{有效熔}$为固相变化和熔化时熵值的有效变量，它的值可由加成公式得出：

$$\Delta S_{有效熔}=\sum_j^q m_j C_j \Delta S_j \tag{5-63}$$

式中 m_j——j 型结构群的数量；

C_j——结构群的系数；

ΔS_j——结构群对有效熔化熵值的贡献量。

烷烃可划分出四类结构群，其碳原子类型分别为伯碳（CH_3—）、仲碳（—CH_2—）、叔碳（—CH<）和季碳（>C<）。表 5-21 中列出了 j 型结构群的参数 C_j 及 ΔS_j 值[49]。

表 5-21 计算熔化熵用的烷烃结构群参数

j 型结构群	C_j	ΔS_j/(J/mol)
CH_3—	1	17.6
—CH_2—	1.31	7.1
—CH<	0.60	−16.4
>C<	0.66	−34.8

表 5-22 中列出了利用式（5-61）和式（5-62）得出的正烷烃有效熔化热 $\Delta H_{有效熔}$ 及其实验测定值，供对比分析[50]。

表 5-22 正烷烃的熔化参数

化合物	T_m/K[50]	$\Delta S_{熔}$/(J/mol·K)	$\Delta H_{有效溶}$/(kJ/mol)	
			计算值	测定值[50]
乙烷 C_2H_6	89.5	35.2	3.15	2.80
丙烷 C_3H_8	88.5	42.3	3.62	3.52

续表

化合物	T_m/K[50]	$\Delta S_{熔}$/(J/mol·K)	$\Delta H_{有效溶}$/(kJ/mol)	
			计算值	测定值[50]
丁烷 C_4H_{10}	134.8	49.4	6.66	6.69
戊烷 C_5H_{12}	143.5	63.1	9.06	8.41
己烷 C_6H_{14}	177.8	72.4	12.87	12.55
庚烷 C_7H_{16}	182.6	81.7	14.92	14.06
辛烷 C_8H_{18}	216.4	91.0	19.69	20.75
壬烷 C_9H_{20}	219.7	100.3	22.04	21.76
癸烷 $C_{10}H_{22}$	243.1	109.6	26.65	28.70
十一碳烷 $C_{11}H_{24}$	247.2	118.9	29.39	28.87
十二碳烷 $C_{12}H_{26}$	263.6	128.2	33.80	36.82
十六烷 $C_{16}H_{34}$	291.3	165.4	48.18	53.55
正二十七碳烷 $C_{27}H_{56}$	332.0	267.7	88.89	87.70

由表 5-22 可以看出，用加成公式计算出的正烷烃有效熔化热值与其实验测定数值完全吻合。但需要注意的是，该参数化方法并不适用于计算烷烃多支链同分异构体的$\Delta H_{熔}$。以戊烷的同分异构体为例：

	正戊烷	2-甲基丁烷	2,2-二甲基丙烷
T_m[27]/K	143.4	113.3	256.6
$\Delta S_{熔,算}$	63.1	52.3	47.9
$\Delta H_{熔,测}$	8.4	5.2	3.3
$\Delta H_{熔,算}$	9.1	5.9	12.3

从中可以看出，2.2-二甲基丙烷的熔化热$\Delta H_{熔}$计算值与其实验测定值相差很大。

熔点、熵值和热焓值都会随着脂肪链长度的增加而升高。因此，用第一种近似法可以根据熔点 T_m 判断出固体有机化合物中分子间的相互作用程度。对于煤来说，则可以根据软化点温度或流动温度进行判断，这些温度可用热机械分析法得出[51]。其中，软化温度还可根据化学结构数据用加成法计算得出（详见 4.3.6 节）。

（2）蒸发热

饱和烃的蒸发热ΔH_v是一项重要的物理化学指标，能反映出温度达到沸点 T_b 时分子间的相互作用能 U[51]：

$$U=\Delta H_v-RT_b \tag{5-64}$$

饱和烃的蒸发热ΔH_v 与其结构参数间的相互关系需要分阶段研究。对于正烷烃来说，存在非常准确的关系式

$$\Delta H_v=a+b\sqrt{n} \tag{5-65}$$

式中　n——正烷烃分子中的碳原子数量；

a, b——常量。

图 5-20 显示的是利用实验数据[51]得出的正烷烃的式（5-65）关系曲线。

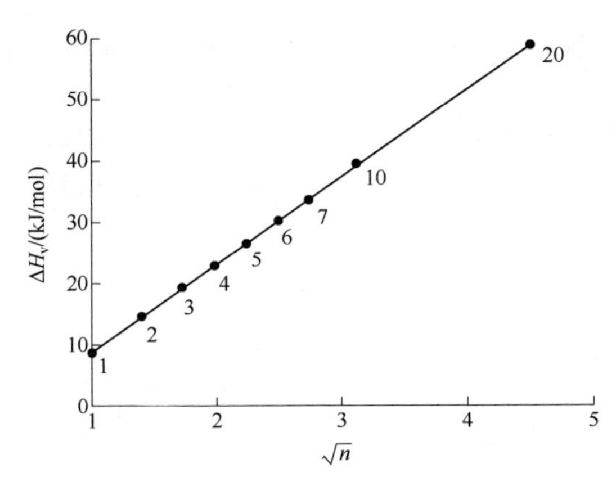

图 5-20　温度达沸点 T_b 时正烷烃蒸发热ΔH_v与碳原子数的关系

实验数据表明，支链烷烃蒸发热ΔH_v 的值要比正烷烃同分异构体的小，并且同其结构有关。

文献[51]提出了异构烷烃蒸发热ΔH_v的计算方法，下面介绍一下它的原理。对于每组同分异构体的碳原子数为 n 的烷烃 i，结构参数 f_i 计算如下：

$$f_i = \frac{1}{n_{C—C}}\sqrt{\sum_{j=1}^{n_{C—C}} |\Delta n_{H_j}|^2} \tag{5-66}$$

式中　Δn_{H_j}——构成第 j 个 C—C 键的两个相邻碳原子上的氢原子数之差；

$n_{C—C}$——C—C 键的总数。

例如，五种己烷同分异构体的结构参数 f_i 的计算结果如下：

化合物	结构式	f
正己烷	$H_3C\overset{1}{—}\overset{H_2}{C}\overset{0}{—}\overset{H_2}{C}\overset{0}{—}\overset{H_2}{C}\overset{0}{—}\overset{H_2}{C}\overset{1}{—}CH_3$	0.2828
2-甲基戊烷	$H_3C\overset{4}{—}\overset{H}{C}(\overset{4}{—}CH_3)\overset{1}{—}\overset{H_2}{C}\overset{0}{—}\overset{H_2}{C}\overset{1}{—}CH_3$	0.6324
3-甲基戊烷	$H_3C\overset{1}{—}\overset{H_2}{C}\overset{1}{—}\overset{H}{C}(\overset{2}{—}CH_3)\overset{1}{—}\overset{H_2}{C}\overset{1}{—}CH_3$	0.5656
2,2-二甲基丁烷	$H_3C\overset{9}{—}C(\overset{9}{—}CH_3)_2\overset{4}{—}\overset{H_2}{C}\overset{1}{—}CH_3$	1.1314

2,3-二甲基丁烷	$H_3C\overset{4}{—}\underset{\underset{CH_3}{|4}}{\overset{H}{C}}\overset{0}{—}\underset{\underset{CH_3}{|4}}{\overset{H}{C}}\overset{4}{—}CH_3$	0.8

每个键上的数字为公式（5-66）中 Δn_{H_j} 值的平方。

图 5-21 上显示的是己烷和庚烷同分异构体的蒸发热ΔH_v与结构参数 f 之间的线性关系。由该图可以看出：第一，蒸发热ΔH_v与结构参数 f 高度相关（己烷的相关系数 r=0.9997，庚烷的相关系数 r=0.9998）；第二，己烷和庚烷的蒸发热ΔH_v与结构参数 f 的关系线相互平行，这说明相应的变化梯度相同。

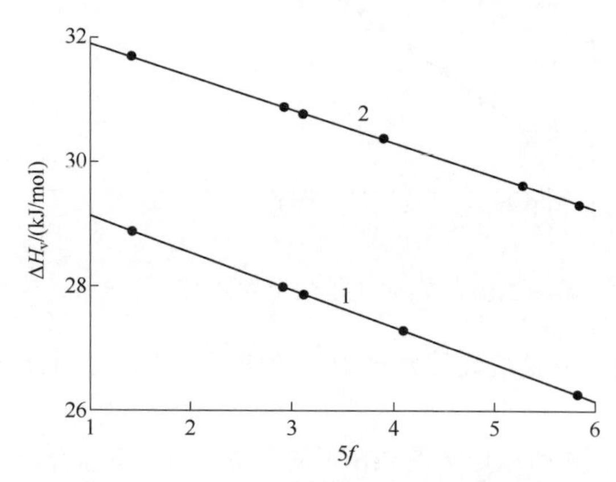

图 5-21　己烷（1）和庚烷（2）同分异构体的蒸发热ΔH_v与结构参数 f 的关系

由此，烷烃蒸发热ΔH_v与结构参数 f 的关系通式为：

$$\Delta H_v=a+b\sqrt{n}+c(f_H-f_i) \qquad (5\text{-}67)$$

式中　f_H——碳原子数为 n 的正烷烃的指标；

f_i——第 i 个同分异构体的指标；

a, b, c——常数。

用式（5-67）对 82 种烷烃的实验数据进行了统计处理，最终得出[52]：

$$\Delta H_v=-5.5277+14.1477\sqrt{n}+3.7504(f_H-f_i) \qquad (5\text{-}68)$$

在多重相关系数 r=0.9985 的情况下，用式（5-68）计算蒸发热ΔH_v时的均方差 σ=0.39kJ/mol。数据定义的费舍尔标准 F 等于 13566。

文献[52]中还指出，沸点计算方程为

$$\Delta T_b=-2.1285+140.4401\sqrt{n}+22.0027(f_H-f_i) \qquad (5\text{-}69)$$

式（5-69）中数据定义的数学统计参数分别为：σ=4.2K；r=0.9982；F=10745。

在图 5-22 中，(a) 图是 $\Delta H_{v,测}$ 和 $\Delta H_{v,算}$ 的对比，(b) 图是烷烃沸点计算值和测定值的对比。由该图可以看出，无论是蒸发热ΔH_v，还是沸点 T_b，其计算值和测定值都基本吻合。

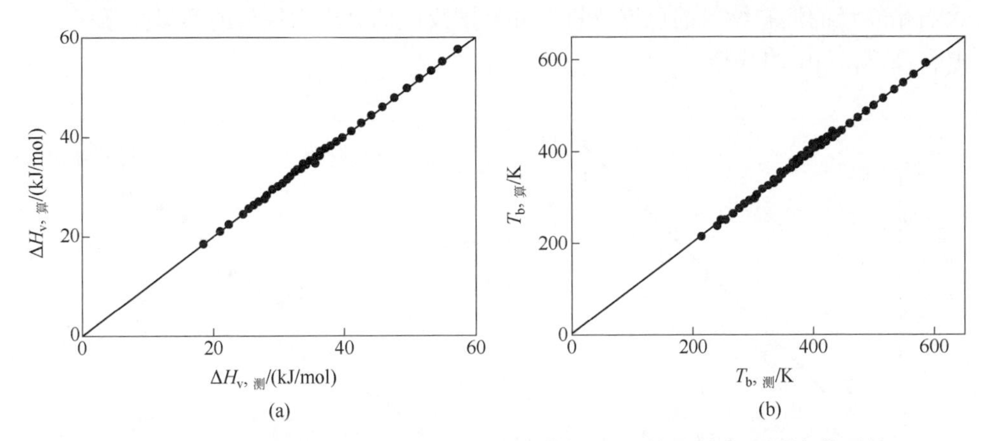

图 5-22　任意结构烷烃的蒸发热（a）和沸点（b）的计算值和测定值对比

那么，式（5-68）是否适用于环烷烃呢？表 5-23 中是一些环烷烃蒸发热ΔH_v的测定值和用式（5-68）得出的计算值的对比。由该表中的数据可以看出，蒸发热的计算值平均比测定值低 1.16kJ/mol。

表 5-23　环烷烃蒸发热ΔH_v的计算值与测定值

化合物	$\Delta H_{v,测}$	$\Delta H_{v,算}$	Δ
环丙烷	20.054	18.979	1.075
环戊烷	27.296	26.108	1.188
环丁烷	24.187	22.769	1.418
环己烷	30.003	29.129	0.954

蒸发热ΔH_v 作为衡量液相分子间相互作用程度的指标，还可以用来确定同分子间作用相关的其他物理化学特性。在图 5-23 中，（a）图显示的是烷烃的蒸发热

ΔH_v同其在热熔硅胶中保持时间 τ 的关系（τ 值参见文献[53]），这种硅胶往往用于含石蜡族烃的液态燃料的色谱分析。（b）图反映的是十六烷值的类似关系，该值取自文献[54]中的数据。

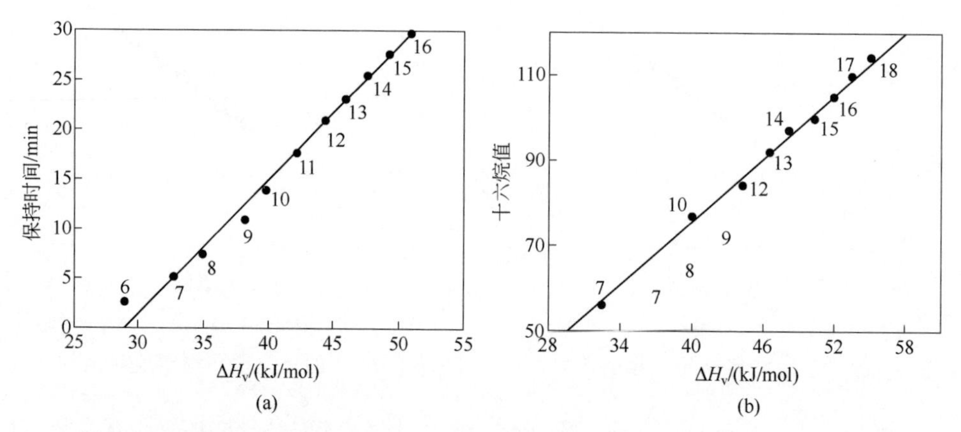

图 5-23　正烷烃蒸发热与热熔硅胶中保持时间（a）、十六烷值（b）的关系

图上黑点旁的数字表示碳原子的数量

5.8.2　烷烃衍生物

文献[45-47]中的研究成果显示，能够比较有效地再现烷烃衍生物的蒸发热和沸点的是线性分式函数：

$$\Phi(n) = a + \frac{b}{(c+n)} \tag{5-70}$$

式中　$\Phi(n)=\Delta H_v(n)$或 $T_b(n)$；

n——分子烷基片段中烃原子数量；

a, b, c——常数，是在计算数据和实验数据非常吻合的条件下利用函数（5-70）的导数 $d\Phi/dn$ 和 $d^2\Phi/dn^2$ 通过迭代程序计算出的。

利用表 5-22 中的正烷烃数据得出：

$$\Delta H_v(n) = 120.21 - \frac{2818.72}{24.87+n} \tag{5-71}$$

$$T_b(n) = 1107.41 - \frac{19168.98}{19.036+n} \tag{5-72}$$

表 5-24 中列出了用式（5-71）和式（5-72）得出的蒸发热ΔH_v和沸点 T_b 计算值及其实验测定值，经过对比可以看出它们是很接近的。

表 5-24 温度达到沸点 T_b 时烷烃及其衍生物的蒸发热ΔH_v

化合物	ΔH_v/(kJ/mol)		T_b/K	
	测定值	计算值	测定值	计算值
正烷烃				
CH_4	8.17	11.26	111.42	150.69
$CH_3—CH_3$	14.72	15.31	184.52	196.17
$CH_3—CH_2—CH_3$	18.77	19.08	231.08	237.52
$CH_3—(CH_2)_2—CH_3$	22.39	22.58	272.65	275.28
$CH_3—(CH_2)_3—CH_3$	25.77	25.85	309.22	309.90
$CH_3—(CH_2)_4—CH_3$	28.85	28.91	341.89	341.76
$CH_3—(CH_2)_5—CH_3$	31.69	31.77	371.58	371.17
$CH_3—(CH_2)_6—CH_3$	34.41	34.46	398.81	398.40
$CH_3—(CH_2)_7—CH_3$	37.78	37.00	423.95	423.69
$CH_3—(CH_2)_8—CH_3$	39.28	39.38	447.27	447.24
$CH_3—(CH_2)_9—CH_3$	41.51	41.63	470.04	469.22
$CH_3—(CH_2)_{10}—CH_3$	43.64	43.76	489.43	489.78
$CH_3—(CH_2)_{11}—CH_3$	45.65	45.78	508.58	509.06
$CH_3—(CH_2)_{12}—CH_3$	47.61	47.70	526.66	527.17
$CH_3—(CH_2)_{13}—CH_3$	49.45	49.52	543.76	544.22
$CH_3—(CH_2)_{14}—CH_3$	51.21	51.25	559.94	560.29
$CH_3—(CH_2)_{15}—CH_3$	52.89	52.89	575.30	575.48
$CH_3—(CH_2)_{16}—CH_3$	54.48	54.46	589.86	589.84
$CH_3—(CH_2)_{17}—CH_3$	56.02	55.96	603.75	603.44
$CH_3—(CH_2)_{18}—CH_3$	57.49	57.40	616.95	616.36
$C_nH_{(2n+1)}Ph$				
C_6H_6	33.19	33.25	353.25	358.04
CH_3Ph	33.23	—	383.77	386.24
$CH_3—CH_2—Ph$	35.98	35.85	409.34	412.39
$CH_3—(CH_2)_2—Ph$	38.24	38.31	432.37	436.71
$CH_3—(CH_2)_3—Ph$	—	—	456.42	459.38
$CH_3—(CH_2)_4—Ph$	—	—	478.61	480.57
$CH_3—(CH_2)_5—Ph$	—	—	499.25	500.57
$CH_3—(CH_2)_6—Ph$	—	—	519.25	519.05
$CH_3—(CH_2)_7—Ph$	—	—	537.55	536.57
$CH_3—(CH_2)_8—Ph$	—	—	555.15	553.08
$CH_3—(CH_2)_9—Ph$	—	—	571.04	568.66
$CH_3—(CH_2)_{10}—Ph$	—	—	586.35	583.39
$CH_3—(CH_2)_{11}—Ph$	—	—	600.75	597.33
$CH_3—(CH_2)_{12}—Ph$	—	—	614.45	610.55
$CH_3—(CH_2)_{13}—Ph$	—	—	327.00	623.11
$CH_3—(CH_2)_{14}—Ph$	—	—	639.00	635.04
$CH_3—(CH_2)_{15}—Ph$	—	—	651.00	646.40
—OH				
CH_3OH	35.27	36.00	337.90	315.56
$CH_3—CH_2—OH$	38.58	38.44	351.70	346.97
$CH_3—(CH_2)_2—OH$	41.22	40.75	370.35	375.99
$CH_3—(CH_2)_3—OH$	43.14	42.93	390.88	402.87
$CH_3—(CH_2)_4—OH$	—	—	411.00	427.85

续表

化合物	ΔH_v/(kJ/mol)		T_b/K	
	测定值	计算值	测定值	计算值
—NO_3				
CH_3NO_3	31.55	30.86	337.80	331.50
CH_3—CH_2—NO_3	33.14	33.61	360.80	361.68
CH_3—$(CH_2)_2$—NO_3	35.90	36.19	383.20	389.61
—NO_2				
CH_3NO_2	33.97	32.45	374.34	358.55
CH_3—CH_2—NO_2	35.15	35.10	387.22	386.71
CH_3—$(CH_2)_2$—NO_2	36.82	37.60	404.33	412.82
CH_3—$(CH_2)_3$—NO_2	38.91	39.95	425.92	437.11
—$CH=CH_2$				
$CH_3CH=CH_2$	18.42	18.38	225.45	228.15
$CH_3CH_2CH=CH_2$	21.92	21.93	266.89	266.72
$CH_3(CH_2)_2CH=CH_2$	35.20	25.24	303.12	302.04
$CH_3(CH_2)_3CH=CH_2$	—	—	336.63	334.51
—SH				
CH_3SH	24.57	23.68	279.11	281.45
CH_3CH_2SH	26.78	26.88	308.15	315.57
$CH_3(CH_2)_2SH$	29.53	29.87	340.87	346.98
$CH_3(CH_2)_3SH$	32.33	32.68	371.61	376.00
$CH_3(CH_2)_4SH$	35.15	35.31	399.79	402.88
$CH_3(CH_2)_5SH$	—	—	425.75	427.86
$CH_3(CH_2)_6SH$	—	—	449.40	451.12
$CH_3(CH_2)_7SH$	—	—	472.20	472.85
$CH_3(CH_2)_8SH$	—	—	493.40	493.18
$CH_3(CH_2)_9SH$	—	—	513.80	512.25
$CH_3(CH_2)_{10}SH$	—	—	532.60	530.18
$CH_3(CH_2)_{11}SH$	—	—	550.40	547.05
$CH_3(CH_2)_{12}SH$	—	—	567.20	562.96
$CH_3(CH_2)_{13}SH$	—	—	583.00	578.00
$CH_3(CH_2)_{14}SH$	—	—	598.00	592.23
$CH_3(CH_2)_{15}SH$	—	—	612.00	605.71
$CH_3(CH_2)_{16}SH$	—	—	626.00	618.51
$CH_3(CH_2)_{17}SH$	—	—	639.00	630.67
$CH_3(CH_2)_{18}SH$	—	—	651.00	642.24
$CH_3(CH_2)_{19}SH$	—	—	662.00	653.26

图 5-24 是烷烃衍生物 C_nH_{2n+1}—X（X=—Ph, —OH, —SH, —NO_2）蒸发热ΔH_v与烷烃本身蒸发热ΔH_v之间的关系曲线，可以看出它们之间存在线性关系。因此，可以利用式（5-71）和式（5-72）计算出烷烃衍生物的蒸发热ΔH_v和沸点 T_b，不过需要修正数字 n（$n'=n+\delta_x$）。参数 δ_x 的值参见表 5-25，用表 5-24 中的数据得出的计算结果同相应的实验数据进行对比。

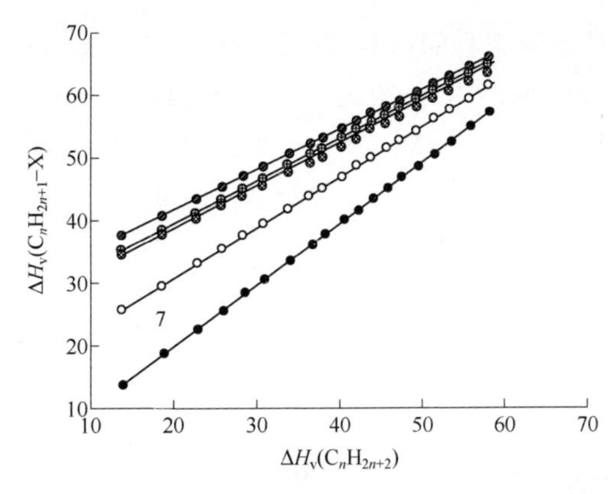

图 5-24　正烷烃衍生物蒸发热与烷烃本身蒸发热之间的关系

● X=H; ○ X=SH; ⊗ X=NO_2; ⊕ X=Ph; ⊗ X=OH

表 5-25　计算正烷烃衍生物蒸发热ΔH_v和沸点用 T_b 的参数 δ_x 的值

X	参数值 δ_x	
	用于计算ΔH_v	用于计算 T_b
	6.54	6.54
—OH	7.60	4.17
—NO_3	5.67	4.67
—NO_2	6.25	5.56
—CH=CH_2	1.81	1.76
—SH	3.33	3.17

需要指出的是，利用式（5-71）和式（5-72）还可以计算出苯的衍生物的蒸发热ΔH_v（分子为计算值，分母为实验值）和沸点 T_b，例如：

结构式	ΔH_v (计算值/测定值) /(kJ/mol)	T_b/K
	45.95/45.66	510.7/528.1
H_3C CH_3	35.86/36.11	409.3/411.5
CH_3 H_3C CH_3	35.31/39.29	436.7/442.5

同系物蒸发热和沸点的近似计算：同系物蒸发热ΔH_v和沸点 T_b 可用下列近似公式计算：

$$\Delta H_v(n+m)=\frac{1}{2}[\Delta H_v(n)+\Delta H_v(m)]+\Delta_v \tag{5-73}$$

$$T_b(n+m)=\frac{1}{2}[T_b(n)+\Delta H_v(m)]+\Delta_T \tag{5-74}$$

式中，Δ_v和Δ_T是该同系物的常数。以正烷烃为例，Δ_v=18kJ/mol；Δ_T=169.7K。根据表 5-22 中的烷烃数据，当 n=20 时：ΔH_v=57.49 kJ/mol，T_b=616.95K。

在不同情况（Ⅰ～Ⅲ）下用式（5-73）和式（5-74）计算出的三组数据如下：

	Ⅰ	Ⅱ	Ⅲ
n	10	8	9
m	10	12	11
ΔH_v	57.28	57.03	57.64
T_b	617.3	616.7	613.8

5.8.3 芳香族化合物及其衍生物

表 5-26 中列出了一些芳香族化合物的蒸发热ΔH_v、熔点 T_m、沸点 T_b 以及分子量 M。

表 5-26 一些芳香族化合物的物理常数[55,57,61,62]

化合物	ΔH_v/(kJ/mol)	T_m/K	T_b/K	M
苯 	33.85	278.7	353.12	78.12
萘 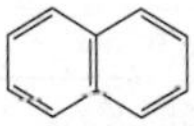	升华	353.4	491.1	128.17
蒽 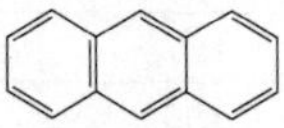	—	489.7	624	178.84
菲 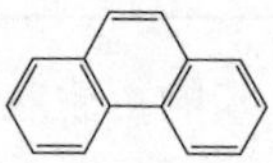	52.97	374	613.2	178.24
1,2-苯并蒽 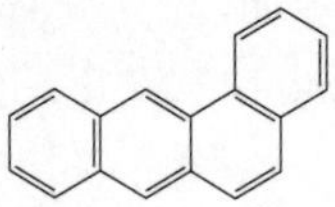	—	433.5	710.7	228.29
芴 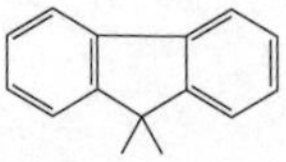	—	389	566	166.22
芘 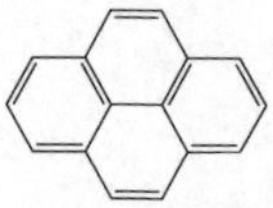	—	约 422	665	202.26
吖啶 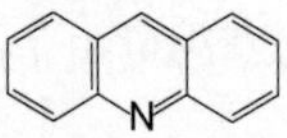 N	—	384	约 618	179.22
吡啶 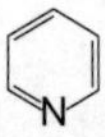 N	35.54	231.3	388.4	79.11
吡咯 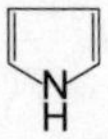 N H	—	254.6	403.2	67.09

续表

化合物	ΔH_v/(kJ/mol)	T_m/K	T_b/K	M
呋喃	—	187.5	305	68.07
噻吩	32.47	234.8	357.3	84.14

由表 5-26 中的数据可以看出，同烷烃相比，芳香族化合物的蒸发热ΔH_v、熔点 T_m 和沸点 T_b 很大程度上取决于芳香环的聚合方式及杂原子在共轭系统中的位置类型。需要指出的是，目前的文献中还没有较为合适的计算芳香族化合物蒸发热ΔH_v、熔点 T_m 和沸点 T_b 的方法。

表 5-27 中是含有不同桥键 M 的模型化合物的分解温度[55]。通过比较 Ph—M_x—Ph 型结构可以发现，不同桥键的耐热度从高到低依次为：

$$M_{—O—} > M_{—CO—} > M_{—CH_2—}$$

此外，随着桥键数量的增加，化合物的分解温度（耐热度）逐渐降低。

表 5-27　含桥键有机化合物的分解温度

化合物	分解温度/℃
苯	593
联苯	543
二苯醚	538
三苯胺	500
对四联苯	494
二苯甲酮	481
二苯甲烷	455
4,4-对四苯醚	440

5.9　模型化合物热力学函数的加成计算法

本书第 6 章将详细论述用热力学方法研究煤化学过程的理论。本节主要介绍如何用模型化合物热力学函数加成计算法研究其反应能力。

若要从热力学角度研究模型化合物在较宽温区内的反应，必须掌握其热力学函数值，包括热容量、熵、焓和吉布斯自由能等。可是，并不总是能在文献中找到相应的实验数据，所以研究人员花费了很多精力研究其理论计算法[23,45]。文献[56]中就介绍了其中一种计算法。

这是一种加成计算法。为了计算任意结构烃的热力学函数的温度关系，需要确定一组必要参数，后者同碳原子杂化状态及通过化学键与其相连的氢原子数量有关。我们要用到符号 C_i^j，其中的 C 为位于第 i 种杂化状态（i=1, 2, 3）的碳原子，j 为通过化学键与碳原子相连的氢原子数量（j=0, 1, 2, 3）。任意结构的烃是由以下 9 种结构群构成的：

在 C_{sp} 中，有 H—C≡（C_1^1），—C≡（C_1^0）；

在 C_{sp^2} 中，有 H_2C=（C_2^2），HC≡（C_2^1），=C=（C_2^0）；

在 C_{sp^3} 中，有 H_3C —（C_3^3），H_2C—（C_3^2），HC—（C_3^1），—C—（C_3^0）。

同时，杂原子被视为官能团。

根据加成计算法，分子 M 的热力学函数 Φ_M 可写成：

$$\Phi_M = \sum{}_{\mu} f_{\mu} \tag{5-75}$$

式中，f_{μ} 为 μ 型结构群的 Φ 特性值。

用于计算烃及其他有机分子热力学函数的一系列原子团参见表 5-28。对于每个原子团来说，$C_p(T)$、ΔH_{298}、S_{298} 的值都是用模型分子的相应数据计算出来的。

表 5-28　当 T=298K 时结构群热容量、熵、焓的温度关系系数

序号	片段	C_p/[J/(mol·K)]			ΔH_{298}/(kJ/mol)	S_{298}/[kJ/(mol·K)]
		a	b	$C\times10^5$		
1	C_3^3	2.33505	0.087404	−2.8326	−42.34	114.64
2	C_3^2	0.15874	0.087195	−3.5689	−20.50	44.77
3	C_3^1	−1.52904	0.088282	−4.3932	−5.02	−52.93
4	C_3^0	−12.5073	0.113805	−6.6442	4.33	−145.10
5	AC_2^1	−3.52577	0.685101	−2.8326	13.82	44.85
6	AC_2^0	1.01998	0.042668	−2.0083	20.21	−9.20
7	OH	8.24834	0.031673	−1.1799	−171.96	123.18
8	NH_2	11.6273	0.045229	−6.9169	20.17	127.95
9	COOH	12.4009	0.109663	−5.1882	−392.50	167.86
10	SH	17.2213	0.024978	−0.7489	16.74	137.53
11	(Al)—O—(Al)	11.7089	0.007364	−0.0418	−99.37	37.78
12	(Al)—S—(Al)	20.2752	0.008619	−0.4477	47.15	56.57
13	(Al)—NH—(Al)	−0.16159	0.068032	−3.1254	70.04	43.68

相关参数的计算程序介绍如下。分子 M 在设定温度的热力学函数 $\Phi_M(T)$等于相应结构群的数值 $f_i(T)$之和：

$$\Phi_M(T)=\sum x_i f_i(T) \quad (5\text{-}76)$$

式中，x_i为 i 结构群的数量。

然后，针对模型化合物建立矩阵方程：

$$\| \Phi_i(T) \| = \| x_{ij} \| \| f_i(T) \| \quad (5\text{-}77)$$

式中，i=1, 2,…, M；j=1, 2, …, n（M 为模型分子的数量；n 为所研究的结构群的总数）。

由方程（5-77）得到参数 $f_i(T)$的值：

$$\| f_i(T) \| = \{\| x_{ij} \|^T \| x_{ij} \|\}^{-1} \{\| x_{ij} \|^T \| \Phi_i(T) \|\} \quad (5\text{-}78)$$

式中，$\|x_{ij}\|^T$为 $\|x_{ij}\|$ 的转置矩阵。

利用式（5-78）得到的 T=298K 时原子团的熵值 S 和焓值ΔH 参见表 5-28。计算所研究片段的温度关系 C_p 用到了二次函数：

$$C_p(C_i^j)=a+bT+cT^2 \quad (5\text{-}79)$$

式中，a、b、c 为系数，参见表 5-28。

然后，用式（5-75）计算出分子在设定温度的$\Delta C_{p,M}(T)$和$\Delta S_M(T)$值：

$$\begin{aligned} \Delta C_{p,M}(T) &= C_{p,M}(T)-\sum_A C_{p,A}(T) \\ \Delta S_M(T) &= S_M(T)-\sum_A S_A(T) \end{aligned} \quad (5\text{-}80)$$

式中，$C_{p,A}$ 和 S_A 分别是构成分子 M 的原子的热容量和熵，是用式（5-79）计算出来的。H、C、N、O、S 原子的$\Delta C_{p,A}$ 和 S_A 的系数 a、b、c 的值参见表 5-29。

表 5-29　式（5-79）中热容量 C_p 和熵 S 的温度关系系数

序号	原子	参数	a	b	$c\times10^5$	相关系数
1	H	$C_{p,A}$	14.40463	0.00008	0.05858	0.98143
		S_A	52.26849	0.05067	−2.00623	0.99937
2	C	$C_{p,A}$	−3.07871	0.04602	−2.15476	0.99985
		S_A	−4.36546	0.03548	−0.66107	0.99997
3	N	$C_{p,A}$	14.30112	0.00008	0.20125	0.99500
		S_A	82.81768	0.04999	−1.90037	0.99940
4	O	$C_{p,A}$	12.87312	0.00628	−0.17071	0.99730
		S_A	89.18824	0.05125	−1.88447	0.99960
5	S	$C_{p,A}$	4.04028	0.07347	−6.18814	0.82660
		S_A	5.361378	0.01799	5.04967	0.94420

分子的焓和熵随温度发生的变化量分别用ΔH_M和ΔS_M表示，其计算公式为：

$$\Delta H_M(TT)=\Delta H_{298}+\int_{298}^{T}\Delta C_{p,M}(T)$$

$$\Delta S_{\mathrm{M}}(T)=\Delta S_{298}+\Delta T_{298}+\int_{298}^{T}\Delta C_{p,\mathrm{M}}(T)\mathrm{d}(\ln T) \tag{5-81}$$

另据式（5-79），由式（5-81）得：

$$\begin{aligned}\Delta H(T)&=\Delta H_{298}+\alpha(T-298)+\frac{\beta}{2}[T^2-298^2]+\frac{\gamma}{3}[T^3-298^3]\\ \Delta S(T)&=\Delta S_{298}+\alpha\ln\frac{T}{298}+\beta(T-298)+\frac{\gamma}{2}[T^2-298^2]\end{aligned} \tag{5-82}$$

式中，$\alpha=\sum_{\mu}a_{\mu}$，$\beta=\sum_{\mu}b_{\mu}$；$\gamma=\sum_{\mu}c_{\mu}$。

吉布斯自由能ΔG的计算公式为：

$$\Delta G(T)=\Delta H(T)-T\Delta S(T) \tag{5-83}$$

用一些具体模型对该方法验证后发现，计算值和测定值的最大差距出现在温度很高时，约为4%[56]。表5-30中是以甲苯和二甲胺为例列出的其热力学函数计算值和测定值。

表5-30　甲苯和二甲胺的热力学函数计算值和测定值

T/K	C_p/[J/(mol·K)]		ΔH/(kJ/mol)		S/[J/(mol·K)]		ΔG/(kJ/mol)	
	计算值	测定值	计算值	测定值	测定值	计算值	测定值	计算值
甲苯								
300	25.67	24.94	11.19	11.22	78.97	76.80	28.02	29.27
400	33.56	33.48	9.65	10.34	87.46	85.17	33.56	35.30
500	40.54	40.98	8.36	9.05	95.71	93.47	39.70	41.70
600	46.63	47.20	7.31	8.02	103.66	101.51	46.26	48.32
700	51.80	52.33	6.46	7.24	111.24	109.18	53.03	55.11
800	56.08	56.61	5.80	6.65	118.45	116.45	59.82	61.98
900	59.45	60.23	5.32	6.24	125.26	123.33	66.46	68.93
1000	61.92	63.32	4.98	6.01	131.66	129.85	72.74	75.91
二甲胺								
300	69.45	69.37	−18.95	−18.95	273.42	273.42	69.16	68.53
400	87.57	87.40	−24.77	−24.81	295.93	295.85	97.86	98.62
500	103.97	104.31	−29.54	−29.54	317.27	317.23	129.16	130.04
600	118.57	118.87	−33.22	−33.30	337.52	337.56	162.13	162.29
700	131.42	131.46	−36.06	−36.11	356.81	356.85	195.94	195.14
800	142.51	142.01	−38.19	−38.16	375.09	375.09	229.70	228.32
900	151.88	151.63	−39.54	−39.54	392.42	392.42	262.59	261.71
1000	159.45	159.79	−40.29	−40.29	408.86	408.82	293.68	295.26

5.10　对脱除杂原子N、O、S反应的热力学研究

沸点达 450℃的煤液化馏分的加氢精制是将煤炭加氢液化后制成发动机燃料和化学产品的重要环节，产品的质量同杂原子和不饱和化合物的脱除率密切相关。而杂原子和不饱和化合物的脱除率又同反应过程中使用的催化剂性质（动力学特

性）和温度、压力等工艺参数（热力学特性）有关[58]。

由于煤液化馏分的成分复杂，研究脱除杂原子反应的热力学特性时只能借助模型化合物。图 5-25 上是我们采用的一些模型化合物。在选择这些模型化合物时，我们认真考虑了煤液化馏分成分的实验测定数据和煤炭有机质的广义结构模型。我们研究了结构片段的杂原子处于以下位置的情况：

① 作为芳香环的官能团（图 5-25 中的 1）；

② 作为通过亚甲基团与芳香环连接的官能团（图 5-25 中的 2）；

③ 在桥键上（图 5-25 中的 3）；

④ 在五元共轭环中（图 5-25 中的 4）。

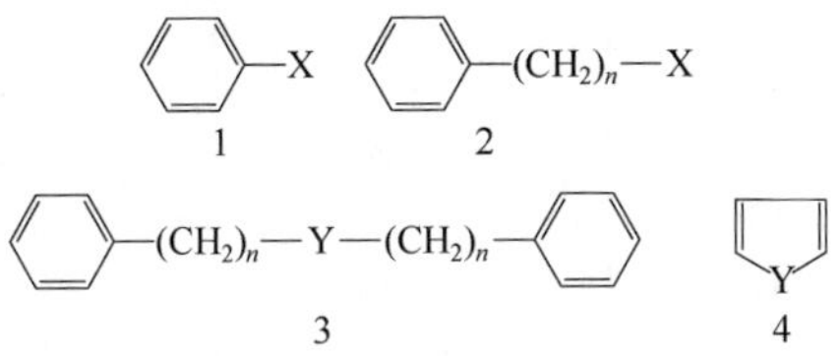

C_6H_5—X（1）　C_6H_5—$(CH_2)_n$—X（2）

C_6H_5—$(CH_2)_n$—Y—$(CH_2)_n$—C_6H_5（3）　（4）

式中　X= —OH, —SH, —COOH, —NH_2

Y= —O—, —S—, —NH—

n=1, 2

图 5-25　含有杂原子 N、O、S 的煤液化产物片段的模型化合物

借助图 5-25 中的模型化合物，研究了经过以下三个阶段的反应的热力学特性：脱除杂原子，芳香环氢化成环烷烃(CA)，同时进行的芳香环氢化和杂原子脱除。

我们来研究以下四种类型的反应。

① 苯环旁的杂原子：

$$\text{Ar–X+H}_2 \longrightarrow \text{ArH+HX} \tag{5-84}$$

$$\text{Ar–X+}a\text{H}_2 \longrightarrow \text{CA–X} \tag{5-85}$$

$$\text{Ar–X+}a\text{H}_2 \longrightarrow \text{CA–H+HX} \tag{5-86}$$

② 亚甲基团旁的杂原子：

$$\text{Ar–CH}_2\text{–X+H}_2 \longrightarrow \text{ArCH}_3\text{+HX} \tag{5-87}$$

$$\text{Ar–CH}_2\text{–X+}a\text{H}_2 \longrightarrow \text{CA–CH}_2\text{X} \tag{5-88}$$

$$\text{Ar–CH}_2\text{–X+}a\text{H}_2 \longrightarrow \text{CA–CH}_3\text{+HX} \tag{5-89}$$

③ 桥键上的杂原子：

$$\text{Ar–(CH}_2)_n\text{–Y–(CH}_2)_n\text{–Ar} \xrightarrow{\text{H}_2}$$

$$\begin{cases} \xrightarrow{a} 2\text{Ar(CH}_2)_{n-1}\text{CH}_3 + \text{YH}_2 \\ \xrightarrow{b} \text{Ar(CH}_2)_n\text{YH} + \text{Ar(CH}_2)_{n-1} - \text{CH}_3 \\ \xrightarrow{c} \text{ArH} + \text{CH}_3(\text{CH}_2)_{n-1} - \text{Y} - (\text{CH}_2)_n - \text{Ar} \end{cases} \tag{5-90}$$

④ 五元环中的杂原子：

$$\text{Y} + 4H_2 \longrightarrow C_2H_{10} + YH_2 \tag{5-91}$$

$$\text{Y} + 2H_2 \longrightarrow \text{Y} \tag{5-92}$$

模型化合物吉布斯自由能ΔG 温度关系的计算值参见表 5-31。从该表中的数据可以看出，在我们所研究的情况下，若根据ΔG 的值判断，则含 N、O 及 S 的化合物在 300K≤T≤1000K 区间的热运动稳定性不等式为：N < S < O。

表 5-31 模型化合物吉布斯自由能的温度关系 单位：kJ/mol

分子	温度/K			
	300	500	700	900
$PhNH_2$	182.34	233.43	291.96	352.13
PhOH	−25.19	15.06	61.67	109.29
PhSH	133.18	152.93	183.05	222.59
$PhCH_2NH_2$	189.41	259.16	337.90	418.02
$PhCH_2OH$	−18.07	40.79	107.57	175.18
$PhCH_2SH$	140.25	178.64	228.95	288.53
$Ph(CH_2)_2NH_2$	196.52	284.93	383.80	483.96
$Ph(CH_2)_2OH$	−11.00	66.57	153.51	241.12
$Ph(CH_2)_2SH$	147.36	204.43	274.85	334.43
$(Ph)_2NH$	367.73	452.46	546.22	639.69
$(Ph)_2O$	186.61	260.54	342.75	424.97
$(Ph)_2S$	301.21	334.01	419.82	497.44
$(PhCH_2)_2NH$	381.91	503.96	638.06	771.53
$(PhCH_2)_2O$	200.79	312.06	434.59	556.81
$(PhCH_2)_2S$	315.39	405.51	511.66	626.76
NH	186.11	233.89	284.26	334.34
O	6.99	41.97	80.79	119.62
S	121.59	135.44	157.86	189.58

对于反应（5-84）～反应（5-92），计算出了其在 300K≤T≤1000K 温区的吉布斯自由能$\Delta G_p(T)$、平衡常数 $K_p(T)\{K_p(T)=\exp[-\Delta G/(RT)]\}$ 和平衡混合物中的产物物质的量 x。

（1）不发生芳香环氢化作用的脱除杂原子反应 ［反应（5-84）、反应（5-87）、反应（5-90）］

ΔG_p、K_p 及 x 的值同 Ar 中的缩聚环数及亚甲基团—CH_2—的数量无关，而同官能团 X 的性质有关。计算表明，生成 CH_3X 的反应比生成 HX 的反应更容易发生。平衡混合物中的产物物质的量 x 的计算公式为：

$$x=\frac{K_p \pm \sqrt{K_p}}{K_p - 1} \tag{5-93}$$

由式（5-93）可知，x 的值同总压力 p 无关。当 X=—OH、—NH_2、—SH 时，x 的值同温度的关系参见图 5-26。从该图可以看出，当 $T<500K$ 时，所发生的完全是脱除杂原子的反应。随着温度的升高，反应产物的产出率随之下降，形成了这样的不等式：

$$x_{—OH} > x_{—NH_2} > x_{—SH}$$

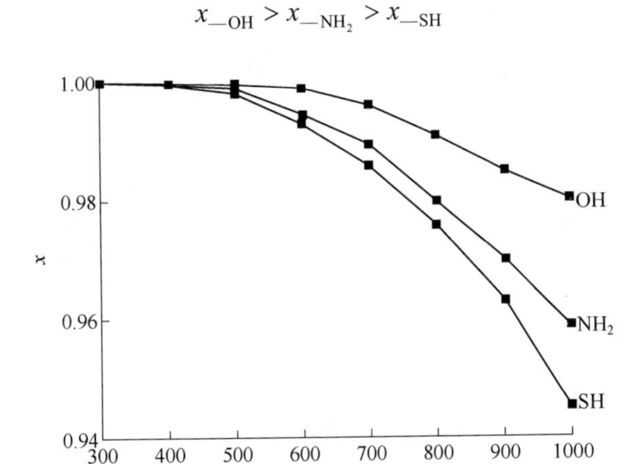

图 5-26 在反应（5-84）中 $X=$—OH、—NH_2、—SH 时平衡混合物中产物物质的量 x 的温度关系

（2）不发生杂原子脱除的芳香环氢化反应［反应（5-85）、反应（5-88）、反应（5-93）］

反应的ΔG_p、K_p 及 x 值同官能团 X 的性质及亚甲基团—CH_2—的数量无关，而同 Ar 中的缩聚环数有关。随着温度升高，ΔG_p 的值增加，而 K_p 随之减小。

如果反应在较大的氢气压力（$p_{总} \approx p_{H_2}$）下进行，则产物物质的量 x 的近似值计算公式为：

$$x \approx \frac{K_p p^3}{K_p p^3 + 1} \tag{5-94}$$

我们得到 p=10MPa 时 K_p 和 x 的值同温度的关系：

T/K	K_p	x
300	2.62×10^{11}	1
500	5.23×10^{-3}	1
700	3.79×10^{-9}	0
900	1.77×10^{-12}	0

（3）发生芳香环氢化作用的脱除杂原子反应［反应（5-86）、反应（5-89）、反应（5-91）］

ΔG_p、K_p及 x 的值不仅同 Ar 中的缩聚环数及亚甲基—CH_2—的数量有关，而且同官能团 X 的性质也有关。在各种反应中，随着温度的升高，ΔG_p的值增加，而 K_p的值随之减小。图 5-27 上显示的是反应产物物质的量 x 同温度的关系（当 X=—OH、—NH_2及—SH 时）。

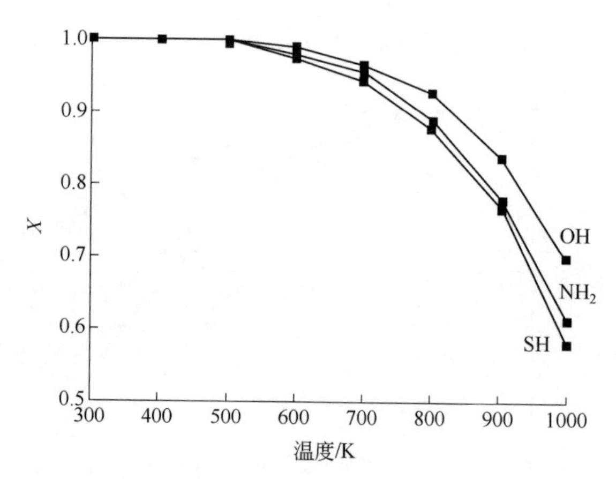

图 5-27　在反应（5-86）中 X= —OH、—NH_2、—SH 时平衡混合物中产物物质的量 x 的温度关系

比较图 5-26 和图 5-27 中的数据后发现，当芳香环发生氢化时，杂原子脱除率的排序不变。通过比较还得出了这样的结论：当温度较低时，会先发生伴有杂原子脱除的芳香环氢化反应；当温度较高时，会先发生脱除杂原子的反应，而芳香环保留。这一结论得到一些文献资料的证实[58,60]。

如果反应在较大的氢气压力下进行，则 x 的值约等于：

$$x = \frac{1}{2}\left(-AK_p p^3 \pm \sqrt{AK_p p^3 (AK_p p^3 + 4)}\right) \tag{5-95}$$

式中，A 为常量，等于反应之初 H_2与 ArX 的摩尔比。

当 X=—COOH 时，我们研究的所有反应中会出现这样的情况：—COOH 基团会变成产物 H_2O 和 CO_2，然后，当 T < 553K 时，芳香环发生氢化，而温度较高时芳香环保持不变。

对于反应（5-90）来说，杂原子团 Y=—O—、—NH—和—S—的反应能力顺序不变。例如，当发生反应：

$$PhCH_2—X—CH_2Ph \xrightleftharpoons{H_2} PhCH_3+PhCH_2X$$

温度关系 K_p 如下：

T/K	X=—O—	X=—NH—	X=—S—
500	1.00×10^{2}	1.71×10^{8}	3.09×10^{2}
700	7.55×10^{7}	7.50×10^{3}	26.7
900	1.15×10^{6}	2.70×10^{4}	6.43

亚甲基—CH_2—数量的增加对 K_p 值的影响不大。因此，在这种情况下

$$K_p\,(\text{—O—}) > K_p\,(\text{—NH—}) > K_p\,(\text{—S—})$$

在五元环发生氢化反应［反应（5-91）、反应（5-92）］时，也存在这样的不等式。此外，还需要强调以下情况。图 5-28 是苯酚氢化反应ΔG_p的温度关系曲线，从中可以看出：在第 1 种情况下，ΔG_p与温度没有关系；在第 2 种和第 3 种情况下，随着温度的升高，从动力学角度来看相应的反应变得可能性很小，在第 3 种情况下尤为明显。为了做出合理解释，图 5-29 给出了苯和环己烷氢化反应

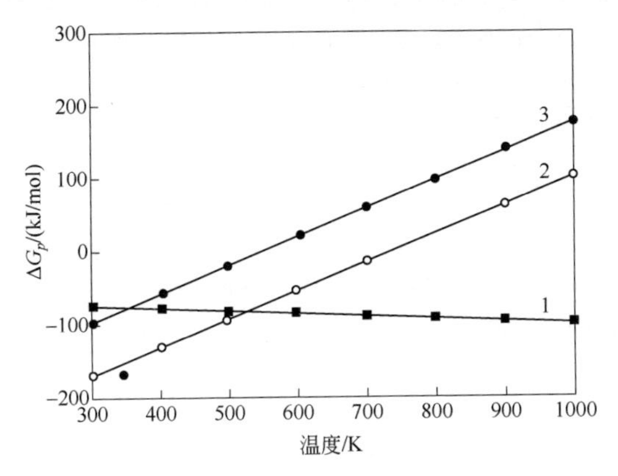

图 5-28 苯酚氢化反应ΔG_p的温度关系

1—有脱氧反应但没有苯环氢化；2—同时有苯环氢化和脱氧反应；3—有苯环氢化但没有脱氧反应

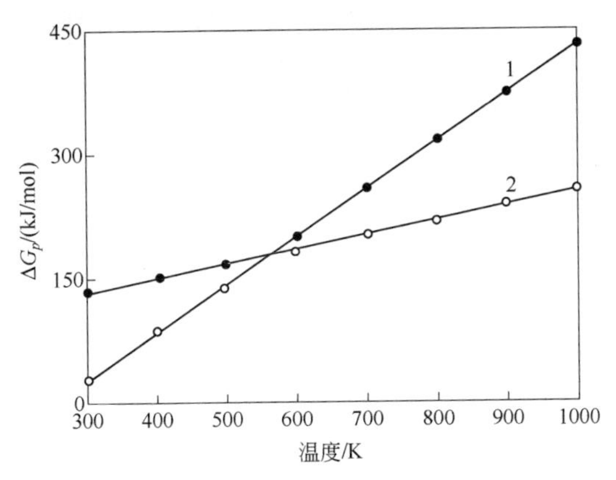

图 5-29 苯和环己烷氢化反应ΔG的温度关系

1—苯；2—环己烷

ΔG的温度关系曲线。显然，这两条关系线都是直线，并且相交于温度553K对应的点。这一温度可以视为氢化反应优先方向的变化点：低于该温度，更容易发生苯环氢化反应和脱氧反应；高于该温度，更容易发生脱氧反应且不发生苯环氢化。

参考文献

[1] Калечиц И.В. Моделирование ожижения угля. М.: изд. ИВТАН РАН,1999: 229.

[2] Джонсон К. Уравнение Гаммета. М.: Мир , 1977: 240.

[3] Хигаси К., Баба Х. Рембаум. Квантовая органическая химия. М.: Мир ,1967: 379.

[4] Базилевский М.В. Метод молекулярных орбит и реакционная способность органических молекул. М.: Химия, 1969: 302.

[5] Травень В.Ф. Электронная структура и свойства органических молекул. М.: Химия, 1989: 384.

[6] Маррел Дж., Кеттл С., Теддер Дж. Теория валентности. М.: Мир,1968: 519.

[7] Флайгер У. Строение и динамика молекул. Т. 2. М.: Мир, 1982: 871.

[8] Стрейтвизер Э. Теория молекулярных орбит. М.: Мир, 1965: 435.

[9] Заградник Р., Полак Р. Основы квантовой химии. М.: Мир, 1979: 504.

[10] Гюльмалиев А.М. // Журнал физической химии, 1981,55(9): 2330.

[11] Rao C.N.R., Basu P.K., Hegde M.S. // App. Spec. Rev., 1979, 15(1): 1-193.

[12] Гюльмалиев А.М. Электронная структура и реакционная способность углеводородов в реакциях деструктивной гидрогенизации: Дисс. на соис. учен, степ, д-ра хим. наук. М.: МХТИ им. Д. И. Менделеева, 1991: 311.

[13] Гюльмалиев А.М. // Журн ал физической химии, 1984, 58(2): 405.

[14] Гюльмалиев А.М. // Журнал физической химии, 1984, 58(2): 409.

[15] Bredas J. L., Elsenbaumer R.L., Chance R.R., Sibbey R. // J. Chem. Phys, 1983, 78(9): 5656.

[16] Клар Э. Полицнклическсие углеводороды. Т. I. М.: Химия, 1971: 456.

[17] Гиллем А., Штерн Е. Электронны е спектры поглощения органических соединений. М.: ИЛ, 1957: 386.

[18] Вилков Л.В.Ю Мастрюков В.С., Садова Н.Н. Определение геометрического строения свободных молекул. Л.: Химия, 1978: 224.

[19] Nagayoshi H., Nakao K., Uemura Y. II J. Ph ys. Soc., 1976, 41(5): 1480.

[20] Ukrainskii I.I. // Theoret. Chim. Acta., 1971(38): 139.

[21] Дьюар М., Догерти Р. Теория возмущений молекулярных орбиталей в ор-ганической химии. М.: Мир, 1977.

[22] Татевский В.М. Строение молекул. М.: Химия, 1977: 511.

[23] Бенсон С. Термохимическая кинетика. М.: Мир, 1971: 306.

[24] Гюльмалиев А.М., Гагарин С.Г., Кричко А.А. // Химия твердого топлива, 1982(5): 47.

[25] Kao J., Allinger N.L. // J. Am. Chem. Soc., 1977, 81(18): 1716.

[26] Syaw R., Golden D.M., Benson S. W. // J. Phys. Chem., 1977, 81(18): 1716.

[27] Сталл Д., Вестрам Э.Ю Зинке Г. Химическая термодинамика органических соединений. М.: Мир,

1971: 807.

[28] Krichko A.A., Gagarin S.G. // Coal Sci. Pit tsburg: Intern. Energy Agency, 1983: 216.

[29] Siang H., King H., Stock L.M. // Fuel, 1981, 60(8): 748.

[30] Бровенко А.Л., Гюльмалиев А.М. // Труды ИГИ, 1985: 35.

[31] Гюльмалиев А.М. // Журнал структурной химии, 1986, 27(3): 156.

[32] Surratt G. T., Goddard W.A. // Chem. Phys., 1977, 23(1): 39.

[33] Эмели Дж., Финей Дж., Сатклиф Л. Спектроскопия ЯМР высокого разрешения. Т. 1. М.: Мир, 1968: 630.

[34] Реутов О.А. Теоретические основы органической химии. М.: Изд-в о МГУ, 1964. 698.

[35] Моррисон Р., Бойд Р. Органическая химия. М.: Мир, 1974: 1132.

[36] Калечиц И.В. Химия гидрогенизационных процессов в переработке топлив. М.: Химия, 1973: 335.

[37] Лазовой А.В. // Труды ИГИ, 1954, 3: 124.

[38] Кричко А.А., Воль-Эпштейн А.Б., Гагарин С.Г., Гамбург Е.Я., Гюльмалиев А.М. // Нефтехимия, 1977, 17(6): 820.

[39] Кричко А.А., Юлин М.К., Гюльмалиев А.М., Кручинин А.В. // Химия твердого топлива, 1991(5): 96.

[40] Bingham R.C., Dewar M.J.S.. Lo D.H. // J. Am. Chem. Soc., 1975, 97: 1285.

[41] Kavassalis T., Winnik F.M. Quantum Chemitry Program Exchange. N. 455 (Version 6.0) Manuscript in preparation.

[42] Перкампус Г.Г. Новые проблемы физической органической химии. М.: Мир, 1969: 257.

[43] Фичини Ж., Ламборозо-Бадер Н., Депезе Ж.К. Основы физической химии. М.: Мир, 1972: 307.

[44] Темникова Т.И. Курс теоретических основ органической химии. Л.: Госхимиздат, 1962: 948.

[45] Татевский В.М. Химическое строение углеводородов и закономерности в их физико-химических свойствах. М.: Изд-во МГУ, 1953: 319.

[46] Татевский В.М., Бендерский В.А., Яровой С.С. Методы расчета физико-химических свойств парафиновых углеводородов. М.: Гостоптехиздат, 1960: 125.

[47] Айвазов Б.В., Петров С.М., Хайруллина В.Р., Япринцева В.Г. Физико-химические константы сероорганических соединений. М.: Химия, 1964: 279.

[48] Wiener H. //JACS, 1974, 69: 17, 2636.

[49] Chickos J.S., Acree W.E., Jr., Liebman J.F. // Computational Thermochemistry: Prediction and Estimation of Molecular Thermodynamics. Washington, DC: Amer. Chem. Soc, 1988: 63-91.

[50] Chickos J. S., Hesse D.G., Liebman J.F. // J. Org. Chem., 1989, 55(12): 3833.

[51] Krichko A.A., Gyulmaliev A.M., Gladun T.G., Gagarin S.G. // Fuel, 1992, 71(3): 303 -310.

[52] Гпадун Т.Г., Гюльмалиев А.М., Гагарин С.Г. // Химия твердого топлива, 1999(3): 100.

[53] Boocock D.G.B., Konar S.K., Mackay A. et. al. // Fuel, 1992, 71(2): 1291.

[54] O'Connor C.T., Forrester R.D., Scurrell M.S. // Fuel, 1992, 71(11): 1323.

[55] Коршак В.В. Химическое строение и температурные характеристики полимеров. М.: Наука, 1970, 418.

[56] Gyulmaliev A.M., Popova V.P., Pomantsova I.I., Krichko A.A. // Fuel, 1992, 71: 1329.

[57] Общая органическая химия / Под общ. ред. Д. Бартота, У.Д. Оллик а. — Т.1. — М.: Химия, 1981: 736.

[58] Малолетнее А.С, Кричко А.А., Гаркуша А.А. Получение синтетичского жидкого топлива

гидрогенизацией угля. М.: Недра, 1992: 128.
[59] Лимонченко Ю.Г., Гюльмалиев А.М., Гагарин С.Г., Кричко А.А. // Химия твердого топлива, 1988(2): 82.
[60] Попова В.П. Термодинамическое моделирование реакций, протекающих при гидроочистке угольных дистиллятов: Дисс. на соис. учен. степ. канд. хим.наук. М.: ИГИ, 1994: 105.
[61] Методы расчета теплофизических свойств газов и жидкостей: Справочник. М.: Химия, 1974: 248.
[62] Рабинович В.А., Хавин З.Я. Краткий химический справочник. М.: Химия, 1977: 376.

第6章 煤的化学转化

6.1 煤化学的热力学研究方法

化学热力学方法是研究煤化学过程的有效工具，可以对研究对象进行定量评价[1,2]。如今，随着计算机技术和软件的发展，煤化学研究中越来越多地用到各种先进计算法，包括对复杂体系的热力学计算。这种计算往往需要用到迭代程序。

本章将着重介绍化学热力学方法的实际应用，以帮助解决煤化学过程中的一些问题。

6.1.1 平衡常数表达式

为了对化学反应进行热力学研究，必须要用到热力学函数间的各种关系。我们就以其中一些关系为例，看看是如何利用它们完成热力学计算的。

将基础温度选为 T_0（通常选择 T_0=0K 或 298K），则在任意温度下单体化合物热焓的变化量 $H_T^{\ominus}$ 可以表示为[3]：

$$H_T^{\ominus} = H_{T_0}^{\ominus} + (H_T^{\ominus} - H_{T_0}^{\ominus}) \tag{6-1}$$

那么，类似的对于化学反应[❶]有：

$$\Delta H_T^{\ominus} = \Delta H_{T_0}^{\ominus} + \sum^{\text{产物}} (H_T^{\ominus} - \Delta H_{T_0}^{\ominus}) \sum^{\text{反应物}} (H_T^{\ominus} - \Delta H_{T_0}^{\ominus}) \tag{6-2}$$

按照公式（6-2），利用反应物组分 $H_T^{\ominus} - \Delta H_{T_0}^{\ominus}$ 之差的列表数据，可以计算出任意给定温度下反应的热焓。如果知道反应物组分热容量的温度关系，则公式（6-2）可改为：

$$\Delta H_T^{\ominus} = \Delta H_{T_0}^{\ominus} + \int_{T_0}^{T} \Delta C_p(T)\,\mathrm{d}T \tag{6-3}$$

式中，ΔC_p 为反应物组分热容量的代数和（产物热容量之和减去反应物热容量之和）。

如果在从 T 到 T_0 温区内 ΔC_p 的值变化不大，则可以近似地写成：

$$\Delta H_T^{\ominus} = \Delta H_{T_0}^{\ominus} + \Delta \bar{C}_p (T - T_0) \tag{6-4}$$

❶ 需要提醒的是，符号Δ表示的是化学反应时热动力函数的变化量；$\Delta H_T(CH_4)$为单质在温度 T 下生成甲烷反应的热焓变化量，反应式为：$C_{石墨} + 2H_2 \rightarrow CH_4$。

如果某个化学反应处于热力平衡状态，那么可以用化学热力学方法计算出其所有组分的浓度。热力平衡的物理意义在于，整个反应系统的参数（温度、压力、组分浓度）在该系统的任一点上都是一样的，它们的值不随时间改变。还有一点很重要，化学反应平衡是动态的，即在平衡状态化学反应过程也不会停止，但在每个时间点上同一组分的分解速率等于其生成速率。

在热力学平衡状态，反应系统所有组分的总吉布斯自由能为最小，

$$G_{\Sigma}(T,p,n_i)=H_{\Sigma}(T,p,n_i)-TS_{\Sigma}(T,p,n_i) \tag{6-5}$$

系统的平衡常数计算式为[4]：

$$RT\ln K_p(T)=-\Delta G_p(T) \tag{6-6}$$

式中，$\Delta G_p(T)$为温度为 T 时化学反应的吉布斯自由能。

我们再来看看利用热力学函数列表数据计算 K_p 时需要掌握的一些关系。

将基础温度选为 T=0K 或 T=298K，则有[3]：

$$G_T^{\ominus}=H_0^{\ominus}+(H_T^{\ominus}-H_0^{\ominus})-TS^{\ominus} \tag{6-7}$$

$$G_T^{\ominus}=H_{298}^{\ominus}+(H_T^{\ominus}-H_{298}^{\ominus})-TS^{\ominus} \tag{6-8}$$

计算 K_p 时经常用到所谓的电势值：

$$\varPhi_T^{*}=-\frac{G_T^{\ominus}-H_0^{\ominus}}{T}=S_T^{\ominus}-\frac{(H_T^{\ominus}-H_0^{\ominus})}{T} \tag{6-9}$$

$$\varPhi_T''=-\frac{G_T^{\ominus}-H_{298}^{\ominus}}{T}=S_T^{\ominus}-\frac{(H_T^{\ominus}-H_{298}^{\ominus})}{T} \tag{6-10}$$

由式（6-9）和式（6-10）得：

$$\varPhi''-\varPhi^{*}=\frac{(H_{298}-H_0^{\ominus})}{T}$$

对于化学反应，相应地有：

$$\Delta G_T^{\ominus}=\Delta H_0^{\ominus}+\Delta(H_T^{\ominus}-H_0^{\ominus})-T\Delta S^{\ominus} \tag{6-11}$$

$$\Delta G_T^{\ominus}=\Delta H_{298}^{\ominus}+\Delta(H_T^{\ominus}-H_{298}^{\ominus})-T\Delta S^{\ominus} \tag{6-12}$$

$$\varPhi_T^{*}=S_T^{\ominus}-\frac{(H_T^{\ominus}-H_0^{\ominus})}{T} \tag{6-13}$$

$$\varPhi_T''=S_T^{\ominus}-\frac{(H_T^{\ominus}-H_{298}^{\ominus})}{T} \tag{6-14}$$

因此，可以用以下公式计算平衡常数 K_p：

$$R\ln K_p=-\frac{\Delta G_T^{\ominus}}{T} \tag{6-15}$$

$$R\ln K_p = \Delta \Phi_T'' - \frac{\Delta H_{298}^{\ominus}}{T} \tag{6-16}$$

$$R\ln K_p = \Delta \Phi_T^* - \frac{\Delta H_{298}^{\ominus}}{T} \tag{6-17}$$

在含有物质热力学数据的不同文献中，选取的是函数ΔG、$\Delta \Phi''$和$\Delta \Phi^*$中[3,5,6]某一个的列表数值。

6.1.2 普通化学反应系统平衡组分计算

我们来看看一般情况下以下反应系统平衡组分的计算程序[7,8]：

$$a\mathrm{A} + b\mathrm{B} \underset{v_2}{\overset{v_1}{\rightleftharpoons}} c\mathrm{C} + d\mathrm{D} \tag{6-18}$$

式（6-18）表示的是：a 摩尔的物质 A 与 b 摩尔的物质 B 发生反应，生成 c 摩尔的物质 C 和 d 摩尔的物质 D。系数 a、b、c、d 被称作化学计算系数，反映出化学反应的物质平衡；v_1 和 v_2 分别是正反应速率和逆反应速率。系统达到平衡（条件是 $v_1=v_2$）后，物质 A、B、C 和 D 的物质的量就可确定。

假设 A_0, B_0, C_0 和 D_0 是反应组分的起始浓度，通过 x 来表示反应的化学变量，则平衡状态下组分的物质的量可以用以下方法确定：

$$n_\mathrm{A}=A_0-ax；\ n_\mathrm{B}=B_0-bx；\ n_\mathrm{C}=C_0+cx；\ n_\mathrm{D}=D_0+dx$$

根据质量作用定律，反应（6-18）的平衡常数 K_n 等于：

$$K_n = \frac{n_\mathrm{C}^c n_\mathrm{D}^d}{n_\mathrm{A}^a n_\mathrm{B}^b} = \frac{(C_0+cx)^c (D_0+dx)^d}{(A_0-ax)^a (B_0-bx)^b} \tag{6-19}$$

确定 K_n、A_0、B_0、C_0、D_0 的值，由方程（6-19）可得 x 的值并计算出组分的平衡物质的量 n_A、n_B、n_C 和 n_D。

我们曾研究过所有反应组分均为凝析相的情况。不过，即使有一种反应组分为气相，也最好通过分压来表现质量作用定律，以便分析压力对平衡状态的影响。

假如四种组分都是气相，那么：

$$K_p = \frac{p_\mathrm{C}^c p_\mathrm{D}^d}{p_\mathrm{A}^a p_\mathrm{B}^b} \tag{6-20}$$

式中，p_C、p_D、p_A 及 p_B 分别是组分 C、D、A 和 B 的分压。

考虑到

$$p_\mathrm{A}+p_\mathrm{B}+p_\mathrm{C}+p_\mathrm{D}=p$$

且

$$p_i = \frac{n_i}{\sum_i n_i} p$$

由式（6-20）得：

$$K_p = \frac{n_C^c n_D^d}{n_A^a n_B^b} = \left(\frac{p}{\sum_i n_i} \right)^{c+d-(a+b)} \tag{6-21}$$

比较式（6-19）和式（6-21）后可得：

$$K_p = K_n \left(\frac{p}{\sum_i n_i} \right)^{c+d-(a+b)} \tag{6-22}$$

按照理想气体近似法，对于混合气体有：

$$pV = \sum_i n_i RT \tag{6-23}$$

式中，V 为气相的体积。

那么，式（6-22）可以写成：

$$K_p = K_n \left(\frac{RT}{V} \right)^{c+d-(a+b)} \tag{6-24}$$

式（6-22）和式（6-24）显示，只要掌握系统总压力 p 或总体积 V（亦即在恒定压力或恒定体积条件下），就可以确定气相反应的平衡组分。

K_p 的值可以用式（6-15）～式（6-17）中的一个计算出来，例如，可以通过反应的吉布斯自由能ΔG_p来计算：

$$K_p = \exp\left(-\frac{\Delta G_p}{RT} \right) \tag{6-25}$$

式中，$\Delta G_p = c\Delta G_C + d\Delta G_D - a\Delta G_A - b\Delta G_B$ 。

我们的研究以氮气和氢气合成氨的气相反应为例：

$$N_2(g)+3H_2(g) \rightleftharpoons 2NH_3(g) \tag{6-26}$$

该反应在煤的转化中很有意思，煤的气化过程中会生成氢气，而大量氮气是以吹入空气的组成分进入反应系统的。那就产生了这样的问题：反应系统中会产生氨吗？如果会产生，其产生条件是什么？能产生多少？

我们将 N_2 和 H_2 的起始物质的量分别用 $n_{N_2}^0$ 和 $n_{H_2}^0$ 表示，比较式（6-26）和式（6-18）后，可得：

$$a = 1, b = 3, c = 2, d = 0$$

$$n_{\mathrm{A}} = n_{\mathrm{N_2}}^0 - x, n_{\mathrm{B}} = n_{\mathrm{H_2}}^0 - 3x, n_{\mathrm{C}} = 2x$$

$$\sum_i n_i = n_{\mathrm{N_2}}^0 + n_{\mathrm{H_2}}^0 - 2x$$

然后，根据式（6-21）得：

$$K_p(T) = \frac{4x^2}{(n_{\mathrm{N_2}}^{\ominus} - x)(n_{\mathrm{H_2}}^{\ominus} - 3x)^2}\left[\frac{n_{\mathrm{N_2}}^0 + n_{\mathrm{H_2}}^0 - 2x}{p}\right]^2$$

确定 T、P、$n_{\mathrm{N_2}}^0$ 和 $n_{\mathrm{H_2}}^0$ 的值后，该方程可解，x 的取值区间为 $0 < x <$（$n_{\mathrm{N_2}}^0$，$\frac{1}{3}n_{\mathrm{H_2}}^0$）。然后，利用上述若干方程，可以确定平衡物质的量。$n_{\mathrm{N_2}}^0$，$n_{\mathrm{H_2}}^0$ 和 $n_{\mathrm{NN_3}}^0$。当 $n_{\mathrm{N_2}}^0$ =1 及 $n_{\mathrm{H_2}}^0$ =1 时，利用文献[5]中的数据得到的计算结果参见图 6-1。由该图可以

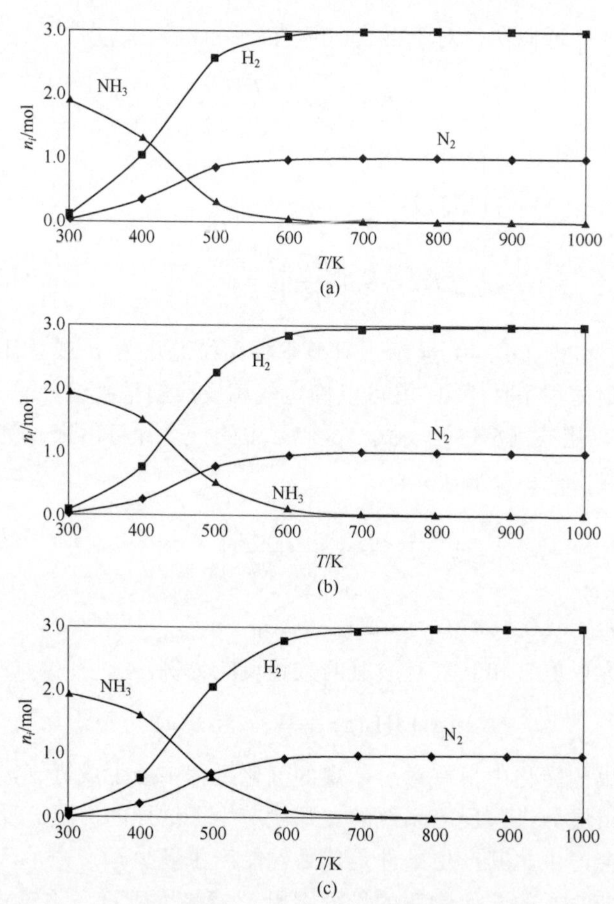

图 6-1　不同压力下合成氨反应中不同组分平衡物质的量与温度的关系

（a）10MPa；（b）20MPa；（c）30MPa

看出，反应式（6-26）的产量在 T=300K 时达到最大，然后随着温度的继续升高，$n^0_{NN_3}$ 的值不断减小。

压力对反应产量有积极影响，但影响不大：

p/MPa	T/K	$n^0_{NH_3}$/mol
0.1	300	1.93
0.2	300	1.95
0.3	300	1.96
0.1	600	0.05
0.2	600	0.10
0.3	600	0.14

这些数据表明，在煤气化反应条件下（p≈0.1MPa，t=800～1100℃），实际上不会产生氨。

6.1.3 用统计力学法确定热力学函数的平移、旋转和振荡分量

在计算中通常要用到各种状态下的以下总量（参见第3章）。

① 各种状态下的平移总量：

$$Q_c = \frac{kTeg\left(2\pi \frac{M}{N_A} kT\right)^{3/2}}{h^3 p} \tag{6-27}$$

式中 k——玻尔兹曼常数；
　　e——自然对数的底数；
　　g——电子基态的重数；
　　p——压力，MPa；
　　T——热力学温度；
　　h——普朗克常数；
　　M——分子量；
　　N_A——阿伏伽德罗常数。

② 各种状态下的旋转总量：

a. 对于线性分子，有：

$$Q_r = \frac{1}{\pi\sigma} \times \frac{8\pi^2 IkT}{h} \tag{6-28}$$

式中 σ——对称数量；
　　I——惯性矩。

b．对于非线性分子（如三个原子的），有：

$$Q_r = \frac{1}{\pi\sigma} \times \left[\frac{8\pi^3 (I_A I_B I_C)^{1/3}}{h^2} \right]^{3/2} \tag{6-29}$$

③ 各种状态下的振荡总量：

$$Q_v = \prod_{i=1}^{3N-3-n} \left(1 - e^{-\frac{hc\omega_i}{kT}} \right) \tag{6-30}$$

式中 ω_i——基础振荡频率；

c——光速；

N——分子中的原子数；

n——转动自由度数（对于线性分子 n=2，对于非线性分子 n=3）。

利用各种状态下的这些总量，按照式（6-31）～式（6-33）可以计算出热力学函数：

a．熵：

$$S = R\left[\ln Q + T\left(\frac{\mathrm{d}\ln Q}{\mathrm{d}T} \right)_v \right] \tag{6-31}$$

b．焓：

$$H_T - H_0 = RT^2 \left(\frac{\partial \ln Q}{\partial T} \right)_v + RT \tag{6-32}$$

c．热容量：

$$C_p = \frac{\partial}{\partial T}\left[RT^2 \left(\frac{\partial Q}{\partial T} \right) \right]_v \tag{6-33}$$

d．换算电势：

$$\Phi^* = R\ln Q \tag{6-34}$$

根据文献[8]介绍的计算方法，用算法语言编写了用于计算熵的计算机软件ΦOPTPAH。模拟程序中包括热容量、焓、换算电势等的计算。

下面以 H_2O 和 CO_2 分子为例进行研究。

（1）H_2O 分子

计算用的原始数据：压力 p=0.1MPa；对称因素 σ=2；重数 g=1 的电子基态统计权重；三个（$3N-6=3$）基础振荡频率（cm^{-1}）：3835.37、1647.59、3938.74；原子质量——O、$H_{(1)}$、$H_{(2)}$（原子质量单位）；利用实验数据值∠HOH=104.52°和 r_{O-H}=0.9572Å[9]计算出的原子笛卡尔 X、Y 及 Z 坐标（Å）：

原子	O	$H_{(1)}$	$H_{(2)}$
质量	16.000	1.008	1.008
X	0	−0.7569	0.7569
Y	0	−0.5859	−0.5859
Z	0	0	0

温度 T=298K 及 T=1000K 时的计算结果参见表 6-1。从中可以看出，对于 H_2O 分子，不同运动方式对热力学函数的贡献从大到小为：

$$平移 > 旋转 > 振荡$$

表 6-1　H_2O 分子热容量 C_p、熵 S、焓 H_T-H_0 及换算电势 Φ^* 的平移、旋转和振荡分量

T/K	运动方式	C_p/[J/(mol·K)]	S/[J/(mol·K)]	H_T-H_0/(J/mol)	Φ^*/(J/mol)
298	平移	20.79	144.80	6194.45	121.01
	旋转	8.31	43.70	3716.67	31.23
	振荡	7.90	0.03	6.92	0.00
	合计	37.00	188.53	9918.04	155.24
1000	平移	20.79	169.96	20786.74	149.17
	旋转	12.47	58.80	12472.04	46.33
	振荡	7.26	3.26	2379.53	0.88
	合计	40.52	232.02	35638.31	196.38

（2）CO_2 分子

计算用的原始数据：压力 p=0.1MPa；对称因素 σ=2；重数 g=1 的电子基态统计权重；四个（$3N-5=4$）基础振荡频率（cm^{-1}）：1354.94、673.02、673.02、2396.4；原子质量——C、$O_{(1)}$、$O_{(2)}$(原子质量单位)；利用实验数据值∠HOH=180°和 r_{C-O}=1.1621Å[9]计算出的原子笛卡尔 X、Y 及 Z 坐标（Å）：

原子	C	$O_{(1)}$	$O_{(2)}$
质量	12.0120	16.000	16.000
X	0	−1.1621	1.1621
Y	0	0	0
Z	0	0	0

温度 T=298K 及 T=1000K 时的计算结果参见表 6-2。从该表可以看出，对于 CO_2 分子，在室温下振荡和旋转对热容量的贡献是一样的，随着温度逐渐升至 1000K，振荡运动的贡献大约为旋转的三倍。

表 6-2　CO_2 分子热容量 C_p、熵 S、焓 H_T-H_0 及换算电势 Φ^* 的平移、旋转和振荡分量

T/K	运动方式	C_p/[J/(mol·K)]	S/[J/(mol·K)]	H_T-H_0/(J/mol)	Φ^*/(J/mol)
298	平移	20.79	155.94	6194.45	135.15
	旋转	8.31	54.72	2477.78	0.00
	振荡	7.90	2.93	673.55	0.67
	合计	37.00	213.59	9345.78	135.85

续表

T/K	运动方式	C_p/[J/(mol·K)]	S/[J/(mol·K)]	H_T-H_0/(J/mol)	Φ^*/(J/mol)
1000	平移	20.79	181.10	20786.74	160.31
	旋转	8.31	64.79	8314.69	0.00
	振荡	24.86	22.98	13489.43	9.49
	合计	53.96	268.87	42590.86	169.80

6.1.4 氢分子热分解反应

氢分子热分解成原子的反应在煤转化过程中具有重要意义。本节将从统计热力学角度研究该反应。

考虑到 $H_2 \rightleftharpoons 2H$ 反应的化学计算系数，平衡常数 K_p 可通过反应组分的统计和表示为以下方程[4]：

$$K_p = \frac{Q_H^2}{Q_{H_2}} kT \tag{6-35}$$

式中　k——玻尔兹曼常数；

T——热力学温度。

H 原子的统计和（Q_H）仅考虑到了平移运动，因为不存在面内转动自由度（$3N-3=0$）。

氢分子的统计和等于：

$$Q_{H_2} = Q_t Q_r Q_v \tag{6-36}$$

利用氢原子和氢分子的统计和表达式，由式（6-35）得：

$$K_p = \frac{g_H^2}{g_{H_2}} \times \frac{(\pi m_H kT)^{3/2}}{4\pi^2 Ih} \times \left(1-e^{-\frac{hc\omega_e}{kT}}\right) e^{-\frac{D_0}{kT}} \tag{6-37}$$

式中　g_H，g_{H_2}——H 和 H_2 电子基态的统计权重，已考虑到其重数（简并度）（$g_H = g_{H_2} = 1$）；

m_H——H 原子质量；

I——H_2 分子的惯性矩（转矩）；

h——普朗克常数；

c——光速；

D_0——热力学温度 T=0K 时 H_2 的分解能；

ω_e——H_2 分子基础振荡频率。

通常认为，在 H_2 分子中原子间距 r_e=0.7412Å[9]，且 ω_e=4401cm^{-1}[10]，D_0=

432.07kJ/mol[4]。

考虑到常数值：

$$m_{\mathrm{H}}=\frac{A_{\mathrm{H}}}{N_{\mathrm{A}}}=1.6735\times10^{-24}\mathrm{g}$$

$$I_{\mathrm{H}_2}=\frac{1}{2}A_{\mathrm{H}}r_{\mathrm{e}}^2=0.4597\times10^{-40}\mathrm{g\cdot cm^2}$$

$$\frac{D_0}{k}=51964\mathrm{K}$$

$$\frac{hc\omega_e}{k}=6331.63\mathrm{K}$$

由式（6-37）得：

$$K_p=1.60195T^{3/2}\left[1-\exp\left(-\frac{6331.8}{T}\right)\right]\exp\left(-\frac{51964.5}{T}\right) \tag{6-38}$$

在不同的温度 T 下，用式（6-38）计算出的反应的平衡常数 K_p 等于：

T/K	K_p	T/K	K_p
600	5.74×10^{-34}	900	3.63×10^{-21}
700	1.71×10^{-28}	1000	1.37×10^{-18}
800	2.23×10^{-24}	2000	7.14×10^{-7}

下面来看看当 T=700K 和 p=10MPa 时 H_2 的分解反应。$p=p_{\mathrm{H}}+p_{\mathrm{H}_2}=10\mathrm{MPa}$，

而

$$K_p=\frac{p_{\mathrm{H}}^2}{p_{\mathrm{H}_2}}=\frac{p_{\mathrm{H}}^2}{100-p_{\mathrm{H}}}$$

也就是说，对于 H 原子分压来说存在二次方程：

$$p_{\mathrm{H}}^2+K_p p_{\mathrm{H}}-100K_p=0$$

解方程后得 $p_{\mathrm{H}}=1.31\times10^{-14}\mathrm{MPa}$。

因此，当 T=700K 和 p=10MPa 时，氢分子实际上不会发生热分解。

6.1.5 两相多组分系统平衡组分的计算方法

我们将参照文献[11]介绍该计算方法的主要内容。

先来看看基本方程的导出。主要符号注释：T——热力学温度，K；p——压力，MPa；R——通用气体常数，J/(mol·K)；ΔG——吉布斯自由能，kJ/mol；

n_j——气相中 j 组分的物质的量；n_i——凝析相中 i 组分的物质的量；n——气相中的总物质的量；$\hat{n}$——凝析相中的总物质的量；$K_{p,i}$——反应 i 的平衡常数；M——气相和凝析相中的组分总数；m——基础成分（“单质”[1]）的数量；b_j——基础成分 j 的初始物质的量；f_i——组分 i 的相符号（气相、液相、固相）。

假定系统是由气相和凝析相构成的，且含有 M 个组分，其中 $M-m$——化合物 D_j（j=1, 2, ⋯, $M-m$）的数量，m——单质 d_l（l=1, 2, ⋯, m）的数量，且组分中含有 m 个类型 σ_l（l=1, 2, ⋯, m）个等级的原子。则所有组分总表达式与其组成原子间的关系可以用矩阵方程表示：

$$\begin{bmatrix} D_1 \\ D_2 \\ \vdots \\ D_{M-m} \\ D_{M-m+1} \\ D_{M-m+2} \\ \vdots \\ D_M \end{bmatrix} = \begin{bmatrix} a'_{11} & a'_{12} & \cdots & a'_{1m} \\ a'_{21} & a'_{22} & \cdots & a'_{2m} \\ \vdots & \vdots & \cdots & \vdots \\ a'_{M-m,1} & a'_{M-m,2} & \cdots & a'_{M-m,m} \\ a'_{M-m+1,1} & a'_{M-m+1,2} & \cdots & a'_{M-m+1,m} \\ a'_{M-m+2,1} & a'_{M-m+2,2} & \cdots & a'_{M-m+2,m} \\ \vdots & \vdots & \cdots & \vdots \\ a'_{M,1} & a'_{M,2} & \cdots & a'_{M,m} \end{bmatrix} \begin{bmatrix} \sigma_1 \\ \sigma_2 \\ \vdots \\ \sigma_m \end{bmatrix} \tag{6-39}$$

式中 $D=\|D_j\|$——组分矢量；

$\sigma=\|\sigma_j\|$——原子等级矢量；

$A'=\|a'_{ji}\|$——直角矩阵 $M\times m$，以下称“原子矩阵”；

$d=\|d_j\|$——单质矢量。

总体而言，借助原子矩阵，组分矢量 $D=\|D_j\|$ 可用其他基底表示，比如，用单质 d_i 基底：

$$\begin{bmatrix} D_1 \\ D_2 \\ \vdots \\ D_{M-m} \\ d_{M-m+1} \\ d_{M-m+2} \\ \vdots \\ d_M \end{bmatrix} = \begin{bmatrix} a_{11} & a_{12} & \cdots & a_{1m} \\ a_{21} & a_{22} & \cdots & a_{2m} \\ \vdots & \vdots & \cdots & \vdots \\ a_{M-m,1} & a_{M-m,2} & \cdots & a_{M-m,m} \\ 1 & 0 & \cdots & 0 \\ 0 & 1 & \cdots & 0 \\ \vdots & \vdots & \cdots & \vdots \\ 0 & 0 & \cdots & 1 \end{bmatrix} \begin{bmatrix} d_1 \\ d_2 \\ \vdots \\ d_m \end{bmatrix} \tag{6-40}$$

同时，矩阵 $A=\|a_{ji}\|$ 的元素将用相应的基础成分 d_i 生成化合物 D_j 反应的化学计算系数表示：

[1] “单质”指元素达到热力稳定（标准）状态，例如，氢——H_2，碳——$C_{石墨}$，氮——N_2，氧——O_2，硫——S_8，等等。

$$a_{j1}d_1 + a_{j2}d_2 + K + a_{jm}d_m = D_j \tag{6-41}$$

如果某个组分 D 为气相，那么根据质量作用定律，式（6-41）的平衡常数 K_p 将用下式计算：

$$K_p = \frac{\dfrac{n_{\mathrm{D}}}{n}p}{\prod_{i=1}\left(\dfrac{n_i}{n}p\right)^{a_i}} \times \frac{1}{\prod_{j=1}\left(\dfrac{\hat{n}_j}{\hat{n}}\right)^{\hat{a}_j}} \tag{6-42}$$

如果组分 D 为凝析相，则：

$$K_p = \frac{\dfrac{n_{\mathrm{D}}}{n}}{\prod_{i=1}\left(\dfrac{\hat{n}_j}{\hat{n}}p\right)^{\hat{a}_j}} \times \frac{1}{\prod_{j=1}\left(\dfrac{n_i}{n}p\right)^{a_i}} \tag{6-43}$$

式中，$n = \sum_{i=1} n_i$，$\hat{n} = \sum_{j=1} \hat{n}_j$。

由式（6-42）和式（6-43）得：

$$n_{\mathrm{D}} = K_p p^{\sum a_i - 1} n^{1-\sum a_i} \hat{n}^{-\sum \hat{a}_j} \prod_{l}^{m} (n_l)^{a_l} \tag{6-44}$$

$$\hat{n}_{\mathrm{D}} = K_p p^{\sum a_i} n^{-\sum a_i} \hat{n}^{1-\sum \hat{a}_j} \prod_{l}^{m} (n_l)^{a_l} \tag{6-45}$$

为了用统一公式计算 n_{D} 和 $\hat{n}_{\mathrm{D}}$，我们引入符号 f_q，它表示组分 q 的相（气相或凝析相）。

我们取：

$$f_q = \begin{cases} 1, & \text{组分为气相} \\ 0, & \text{组分为凝析相} \end{cases}$$

采用表达式

$$\alpha_q = \sum_{i=1}^{m} a_{iq} f_i - f_q \tag{6-46}$$

和

$$\beta_q = \sum_{i=1}^{m} a_{iq}(1 - f_i) + f_q - 1 \tag{6-47}$$

则得到总方程式：

$$n_q = K_p p^{a_q} n^{-a_q} \hat{n}^{-\beta_q} \prod_{l}^{m} (n_l)^{a_l} \tag{6-48}$$

由于

$$K_p = \exp\left(-\frac{\Delta G_p}{RT}\right) \tag{6-49}$$

按照式（6-48），在给定温度 T 和压力 p 下，如果知道基础成分的物质的量 n_l（l=1, 2, …, m），就可以计算出复杂组分的物质的量 n_q（q=1, 2, …, $M-m$）。

若为两相 M 组分系统，根据式（6-48），有 M+2 个未知数。其中的 $M-m$ 个未知数是复杂组分的物质的量，m 个未知数是基础成分的物质的量，还有两个未知数 n 和 $\hat{n}$ 分别为气相组分和凝析相组分的总物质的量。那么，为了确定系统中所有 M 个组分的物质的量，必须有 M+2 个方程，而 $M-m$ 个方程是关系式（6-48）的形式。此外，m 个方程反映的是保持基础成分物质平衡的条件

$$\sum_{i=1}^{M} a_{il} n_i = b_l \quad (l=1,\ 2,\ \cdots,\ m) \tag{6-50}$$

还有 2 个方程由标定条件得出：

$$\sum_{i=1}^{M} n_i f_i = n \tag{6-51}$$

$$\sum_{i=1}^{M} n_i (1-f_i) = \hat{n} \tag{6-52}$$

这样，我们就得到一个由 M+2 个非线性方程组成的方程组，它由 $M-m$ 个方程式（6-48）、m 个方程（6-50）和方程（6-51）及方程（6-52）组成。该方程组有 M+2 个未知数：n_j（j=1, 2, …, M），n，$\hat{n}$。

下面，我们再看看如何解非线性方程组。为了解方程式（6-48）及方程式（6-50）～方程式（6-52），最好将方程式（6-48）写成对数形式：

$$\ln(n_q) = \ln(K_p) + \alpha_q \ln(P) - \alpha_q \ln(n) - \beta_q \ln(n) + \sum_{i=1}^{m} a_{iq} \ln(n_i) \tag{6-53}$$

式中，q=1, 2, …, $M-m$。

然后，应将函数 $\ln(n_j)$、$\ln(n)$及 $\ln(\hat{n})$线性化，再用牛顿-拉夫森法[7]把它们靠近原点 n_i、n、$\hat{n}^0$ 展开成泰勒级数：

$$\left.\begin{aligned} \ln(n_i) &\approx \ln(n_i^0) + \frac{n_i - n_i^0}{n_i^0} \\ \ln(n) &\approx \ln(n) + \frac{n_i - n^0}{n} \\ \ln(\hat{n}) &\approx \ln(\hat{n}^0) + \frac{\hat{n} - \hat{n}^0}{\hat{n}^0} \end{aligned}\right\} \tag{6-54}$$

由此得：

$$\left.\begin{aligned} n_i &= n_i^0 \Delta\ln(n_i) + n_i^0 \ (i=1,\ 2,\cdots,M) \\ n &= n^0 \Delta\ln(n) + n^0 \\ \hat{n} &= \hat{n}\Delta\ln(\hat{n}) + \hat{n}^0 \end{aligned}\right\} \quad (6\text{-}55)$$

将 n_i、n、$\hat{n}$ 代入方程式（6-53），得：

$$\Delta\ln(n_i) = -\alpha_i \Delta\ln(n_i) - \beta_i \Delta\ln(\hat{n}) + \sum_{j=1}^{m} a_{ij} \Delta\ln(n_j) \quad (6\text{-}56)$$

相应地由方程（6-50）～方程（6-52）得：

$$\sum_{i=1}^{M}\sum_{l=1}^{m} a_{il} a_{ij} n_i^0 \Delta\ln(n_i) - \sum_{i=1}^{M} a_{ij} n_i^0 \alpha_i \Delta\ln(n) - \sum_{i=1}^{M} a_{ij} n_i^0 \beta_i \Delta\ln(\hat{n}) = b_j - \sum_{i=1}^{M} a_{ij} n_i^0$$

式中，j=1, 2, ⋯, m。

$$\sum_{i=1}^{M} n_i^0 f_i \sum_{j=1}^{m} a_{ij} \Delta\ln(n_j) - \left(\sum_{i=1}^{M} n_i^0 \alpha_i f_i + n^0\right) \Delta\ln(n) - \sum_{i=1}^{M} n_i^0 \beta_i f_i \Delta\ln(\hat{n})$$

$$= n^0 - \sum_{i=1}^{M} n_i f_i \sum_{i=1}^{M} n_i^0 (1-f_i) \sum_{j=1}^{m} a_{ij} \Delta\ln(n_j) - \sum_{i=1}^{M} n_i^0 \alpha_i (1-f_i) \Delta\ln(n) -$$

$$\left(\sum_{i=1}^{M} n_i^0 \beta_i (1-f_i) + \hat{n}^0\right) \Delta\ln(\hat{n}) = \hat{n}^0 - \sum_{i=1}^{M} n_i^0 (1-f_i) \quad (6\text{-}57)$$

所得到的由 m+2 个线性方程组成的方程组（6-57）对于对数修正值$\Delta\ln(n_j)$（j=1, 2, ⋯, m）、$\Delta\ln(n)$及$\Delta\ln(\hat{n})$可解。

方程组（6-57）可写成便于编程的矩阵形式：

$$\begin{bmatrix} W_{11} & W_{12} & \cdots & W_{1m} & W_{1,m+1} & W_{1,m+2} \\ W_{21} & W_{22} & \cdots & W_{2m} & W_{2,m+1} & W_{2,m+2} \\ \vdots & \vdots & \cdots & \vdots & \vdots & \vdots \\ W_{m1} & W_{m2} & \cdots & W_{m,m} & W_{m,m+1} & W_{m,m+2} \\ W_{m+1,1} & W_{m+1,2} & \cdots & W_{m+1,m} & W_{m+1,m+1} & W_{m+1,m+2} \\ W_{m+2,1} & W_{m+2,2} & \cdots & W_{m+2,m} & W_{m+2,m+1} & W_{m+2,m+2} \end{bmatrix} \begin{bmatrix} \Delta\ln(n_1) \\ \Delta\ln(n_2) \\ \vdots \\ \Delta\ln(n_m) \\ \Delta\ln(n) \\ \Delta\ln(\hat{n}) \end{bmatrix} = \begin{bmatrix} V_1 \\ V_2 \\ \vdots \\ V_m \\ V_{m+1} \\ V_{m+2} \end{bmatrix} \quad (6\text{-}58)$$

矩阵 $\boldsymbol{W}=\|W_{ij}\|$的元素等于：

$$W_{l,k} = \sum_{i=1}^{M} a_{il} a_{ik} n_i^0, \ (l,k=1,2,\cdots,m)$$

$$W_{m+1,l} = \sum_{i=1}^{M} a_{il} n_i^0 f_i, \ W_{m+2,l} = \sum_{i=1}^{M} a_{il} n_i^0 (1-f_i)$$

$$W_{l,m+1}=-\sum_{i=1}^{M}a_{il}n_i^0\alpha_i,\ W_{l,m+2}=-\sum_{i=1}^{M}a_{il}n_i^0\beta_i$$

$$W_{m+1,m+1}=-\sum_{i=1}^{M}n_i^0 f_i\alpha_i-n^0,\ W_{m+1,m+2}=-\sum_{i=1}^{M}n_i^0 f_i\beta_i$$

$$W_{m+2,m+1}=-\sum_{i=1}^{M}n_i^0(1-f_i)\alpha_i,\ W_{m+2,m+2}=-\sum_{i=1}^{M}n_i^0(1-f_i)\beta_i-\hat{n}^0$$

矢量 $\boldsymbol{V}=\|V_i\|$ 的元素相应地等于：

$$V_j=b_j-\sum_{i=1}^{M}a_{il}n_i^0,\ (j=1,2,\cdots,m)$$

$$V_{m+1}=n^0-\sum_{i=1}^{M}n_i^0 f_i$$

$$V_{m+2}=\hat{n}^0-\sum_{i=1}^{M}n_i^0(1-f_i)$$

将未知数矢量表示为 $\boldsymbol{X}$，由矩阵方程（6-58）得：

$$\boldsymbol{X}=\boldsymbol{W}^{-1}\boldsymbol{V} \tag{6-59}$$

利用找到的对数修正值，计算出新的变量值：

$$\ln(n_j^{k+1})=\ln(n_j^k)+\Delta\ln(n_j^k)$$

$$\ln(n^{k+1})=\ln(n^k)+\Delta\ln(n^k)$$

$$\ln(\hat{n}^{k+1})=\ln(\hat{n}^k)+\Delta\ln(\hat{n}^k)$$

式中，k 为迭代序号。

每次迭代都要计算：

$$n_j=\exp\left\{-\frac{\Delta G_j}{RT}+\alpha_j\ln p-\alpha_j\ln(n)-\beta_j\ln(\hat{n})+\sum_{l=1}^{m}a_{jl}\ln(n_l)\right\}$$

$$n=\exp[\ln(n)] \tag{6-60}$$

$$\hat{n}=\exp[\ln(\hat{n})]$$

然后，建立函数 Z：

$$Z=\sum_{j=1}^{m}\left(\sum_{i=1}^{M}a_{ij}n_i-b_i\right)^2+\left(\sum_{i=1}^{M}n_i f_i-n\right)^2+\left(\sum_{i=1}^{M}n_i(1-f_i)-\hat{n}\right)^2 \tag{6-61}$$

一直重复迭代，直到满足条件：

$$Z(n_1,n_2\cdots,n_m,n,\hat{n})\leqslant\xi \tag{6-62}$$

式中，ξ 为所要求的计算准确度。

这样，上述方法的计算过程可归纳如下：

① 设定原始数据：温度 T、压力 p、原子矩阵 $A=||a_{ij}||$、ΔG_i 和所有组分的 f_i、m 基础成分的初始物质的量 b_j。

② 选取初始近似值❶：

$$\ln(n_j^0)=\ln(b_j);\ln(n^0)=\ln\left(\sum_{i=1}^{m}b_if_i\right);\ \ln(\hat{n}^0)=\ln\left[\sum_{i=1}^{m}b_i(1-f_i)_i\right]$$

③ 迭代过程要一直进行到满足条件（6-62）时为止。

④ 计算结果是所有组分的物质的量 n_i（i=1,2,⋯,M）、n 和 $\hat{n}$ 的值。

还有两种可计算平衡状态下组分物质的量的方法。

第一种：求函数 Z 的无条件最小值，例如，用 Hooke-Jeeves 算法[12]。在这种情况下，该方法的计算过程极其简单，足以建立函数 Z 并利用 Hooke-Jeeves 算法[12] 简化程序。计算所需的时间比牛顿-拉夫森法稍多一点。

第二种：牛顿-拉夫森法的改进法。用函数 Z［方程式（6-61）］中的被加数编成由 m+2 个方程组成的方程组：

$$F_k(n_1,n_2,\cdots,n_m,n,\hat{n})=0,\quad k=1,2,\cdots,m+2$$

然后再编成矩阵方程：

$$\begin{pmatrix}\dfrac{\partial F_1}{\partial n_1} & \dfrac{\partial F_1}{\partial n_2} & \cdots & \dfrac{\partial F_1}{\partial n_{m+2}}\\ \dfrac{\partial F_2}{\partial n_1} & \dfrac{\partial F_2}{\partial n_2} & \cdots & \dfrac{\partial F_2}{\partial n_{m+2}}\\ \vdots & \vdots & \cdots & \vdots\\ \dfrac{\partial F_{m+2}}{\partial n_1} & \dfrac{\partial F_{m+2}}{\partial n_2} & \cdots & \dfrac{\partial F_{m+2}}{\partial n_{m+2}}\end{pmatrix}\begin{pmatrix}\Delta n_1\\ \Delta n_2\\ \vdots\\ \Delta n_{m+2}\end{pmatrix}=\begin{pmatrix}-F_1^0\\ -F_2^0\\ \vdots\\ -F_{m+2}^0\end{pmatrix} \tag{6-63}$$

式中，$F_k^0=F_k(n_1^0,n_2^0,\cdots,n_m^0,n^0,\hat{n}^0)$，$\Delta n_j=n_j-n_1$。

偏导数 $\partial F_k/\partial n_i$ 的计算式为：

$$\frac{\partial F_k}{\partial n_i}=\frac{F_k\left(n_1,n_2,K,(n_i+\delta),K,n_{m+2}\right)-F_k(n_1,n_2,K,n_{m+2})}{\delta} \tag{6-64}$$

式中，δ 为变元的小增量（例如，δ=0.0001）。

n_j 的新值用公式 $n_j=n_j^0+\Delta n_j$ 计算，迭代过程要一直持续到满足条件［式（6-62）］时为止。该方法的特点是不需要利用对数，而且整个计算过程比较简单。

让我们用上述计算方法做个验算。假设系统是由 6 种组分（M=6）构成的：

❶ 缺一相（气相或凝析相）时应考虑绕过零的对数。

H_2O、CO_2、CO、C、H_2、O_2。其中的三种（C、H_2 和 O_2）是基础成分，即基质（m=3）。计算用的原始数据见表 6-3。利用表 6-3 中所列的原子矩阵 $\boldsymbol{A}'$建立矩阵 $\boldsymbol{A}$（用相应列中的元素除以单质中的原子数），后者使我们能得到以 m 个单质为基底的组分 M 矢量：

$$\begin{bmatrix} H_2O \\ CO_2 \\ CO \\ C \\ H_2 \\ O_2 \end{bmatrix} = \begin{bmatrix} 0 & 1 & 1/2 \\ 1 & 0 & 1 \\ 1 & 0 & 1/2 \\ 1 & 0 & 0 \\ 0 & 1 & 0 \\ 0 & 0 & 1 \end{bmatrix} \begin{bmatrix} C \\ H_2 \\ O_2 \end{bmatrix} \tag{6-65}$$

表 6-3　计算用的原始数据（T=1000K，p=0.1MPa）

序号	组分	原子矩阵 6×3	相符号 f_i	ΔG_{1000}/(kJ/mol)[5]	起始物质的量	计算结果 n_i
1	H_2O	0　2　1	1	−192.63	0	0.461
2	CO_2	1　0　2	1	−395.85	0	0.539
3	CO	1　0　1	1	−200.62	0	0.461
4	C	1　0　0	0	0	1	0
5	H_2	0　2　0	1	0	1	0.539
6	O_2	0　0　2	1	0	1	0

然后进行 $\boldsymbol{A}$ 矩阵计算。使用牛顿-拉夫森法时，当 $\xi=10^{-10}$，要经过 53 次迭代才能满足条件（6-62）。

第 1 次迭代❶后 Z=136 且

$$\boldsymbol{W} = \begin{bmatrix} 5 & 0 & 3 & 1 & -4 \\ 0 & 3 & 1 & -1 & 0 \\ 3 & 1 & 4 & 0 & -3 \\ 4 & 3 & 5 & -2 & -4 \\ 1 & 0 & 0 & 0 & -1 \end{bmatrix},\quad \boldsymbol{V} = \begin{bmatrix} -4 \\ -2 \\ -4 \\ -6 \\ 0 \end{bmatrix},\quad \boldsymbol{X} = \begin{bmatrix} -1.4667 \\ -0.2667 \\ -0.9333 \\ 0.2667 \\ -1.4667 \end{bmatrix}$$

53 次迭代后 $Z=4.5102\times10^{-15}$，n_i 的值见表 6-3，n=2 且 $\hat{n}$=0。计算结果的可信度很容易检验。当 $b_C = b_{H_2} = b_{O_2} = 1$时，我们针对以下反应进行验算：

$$\begin{matrix} H_2O & + & CO & = & CO_2 & + & H_2 \\ (1-x) & & (1-x) & & x & & x \end{matrix} \tag{6-66}$$

式中，x 为平衡状态下反应物的物质的量。

根据质量作用定律，

❶ 如果矢量 $\boldsymbol{X}$ 的第 i 个元素在迭代过程中带负号，那么取 $X_i=\xi$，因为 X_i 的计算值不可能为负。

$$K_p = \frac{x^2}{(1-x)^2}$$

由此，取 $K_p = \exp\left(-\frac{\Delta G}{RT}\right)$，得：

$$x = \frac{\sqrt{K_p}}{1+\sqrt{K_p}} = 0.539; \quad 1-x = 0.461$$

在此还要指出一点，计算过程中可以选择 m 个任意复合质来代替 m 个单质作为基础成分。这样做的物理意义在于：当系统由 M 个组分构成，且其中包括 m 个单质，那么，根据计算，就会有 $M-m$ 个由单质形成复合组分的独立反应；换成新的基底意味着找到了 $M-m$ 个新的独立反应。

6.2 萃取

煤的超分子结构决定着煤的特性，其中包括煤在不同溶剂中的溶解性。不同类型和变质程度的煤在相对较低的温度下也会出现溶胀现象，可以从中提取很多产物。

从煤本身的性质看，煤的溶胀度和溶解度是很接近的。可以说，溶胀是溶剂在煤中“溶解”的结果。实验证明，煤的溶胀过程是可逆的[13]。这说明溶胀是在溶剂和煤炭有机质的分子间相互作用下发生的。

溶剂沸点萃取技术早已用于生产贵重化学产品，包括用褐煤、木质褐煤和泥炭提取石蜡[14-16]的生产。这需要把煤磨成细小的颗粒（0.5～6mm），再同溶剂混合（煤溶质量比为 1∶5），然后在温度达到溶剂沸点 T_b 和设定压力为 p（假如系统中有气相）的条件下对萃取过程进行动力学研究，即建立萃取物产率与时间 t（通常在 2h 内）的关系函数。

众所周知，即使在比较温和的条件下，也能从煤中萃取出百分之几十的有机物[17]。例如，据文献[18]记载，从挥发分产率为 42%的煤中可以萃取出 24%的有机物。

萃取物的数量和成分不仅取决于煤的结构-化学指标，还取决于所用溶剂的物理-化学性质。文献[19]介绍的研究工作中，共试用了 40 种溶剂。研究结果显示：用蒽油（溶解芳烃）作溶剂时萃取物产率最大，其次是喹啉（溶解杂环化合物）作溶剂时，再次是石蜡（溶解脂肪族和脂环族组分）作溶剂时。

煤炭不同煤岩组分的萃取物成分各不相同。例如，文献[20]中的研究表明，惰性组的萃取物主要是二苯并呋喃衍生物，镜质组和惰性组的萃取物主要是联苯和苊的衍生物。

6.2.1 溶剂的理化性质和煤的溶解度

如上所述，在其他条件不变的情况下，煤的溶解度取决于其本身的结构特点及溶剂的理化性质。

溶解是一个自发的过程，依靠“溶解物+溶剂”整个系统的能量。在溶解的过程中，系统的吉布斯自由能 G 持续减少（熵 S 在增加，因为无序度增强），直到系统达到热力学平衡为止。

实验证明，极性物质在极性溶剂里溶解得更好，而非极性物质在非极性溶剂里溶解得更好，这是因为极性分子和非极性分子间的相互作用能是不同的。在所有的分子系统中，分子间存在着很弱的范德华力：取向力 $W_{取}$、诱导力 $W_{诱}$和色散力 $W_{色}$（参见第 3 章）。不过，对于极性物质来说，还必须考虑偶极-偶极作用力和氢键力。从物理角度看，当溶解物和溶剂的分子间作用力接近时，溶解物才能溶于溶剂。那么可以这样推测，随着极性溶剂的温度升高，氢键力和偶极-偶极作用力将减弱，极性溶剂也就能溶解非极性物质了。

假设物质 A 溶解于溶剂 B，A 分子间作用能为 U_{AA}，B 分子间作用能为 U_{BB}，不同分子间的作用能为 U_{AB}。当 $U_{AB}=U_{AA}=U_{BB}$ 时，溶液为理想溶液，并且符合拉乌尔定律。此时，系统的相互作用能

$$\Delta U=U_{AB}-\frac{1}{2}(U_{AA}+U_{BB}) \tag{6-67}$$

保持不变（$\Delta U=0$），自发进行的溶解依靠的是混合熵的增长，当熵达到最大时，系统达到热力学平衡。当$\Delta U\neq0$ 时，溶解过程会伴随有热效应：$\Delta U<0$ 时放热（放热过程），$\Delta U>0$ 时吸热（吸热过程）。

目前，文献中介绍了有关溶解理论的不同半经验法[4,21]。不过，在煤化学中，由于煤炭有机质结构较为复杂，很少用到萃取物产率与溶剂溶解能力指标的相关方程，而是采用其他参数，包括介电常数 ε、折射率 n、偶极矩 μ、供体数和受体数、希尔布莱德溶解度参数 δ 等[17,22]。

我们来仔细研究一下这些参数。由于煤是高孔隙度分散系统，在溶剂与煤炭有机质的相互作用中，溶剂分子的大小是非常关键的。

（1）分子有效半径的计算

假设化合物 M 的分子由 n 个质量为 m_i 的原子构成，则该化合物的分子质量 m_M 等于：

$$m_{\mathrm{M}}=\sum_{i=1}^{n}m_i$$

质量中心坐标 $\sigma(x_0, y_0, z_0)$的计算值等于[4]：

$$x_0=\frac{\sum_{i=1}^{n}m_i x_i}{m_{\mathrm{M}}};\quad y_0=\frac{\sum_{i=1}^{n}m_i y_i}{m_{\mathrm{M}}};\quad z_0=\frac{\sum_{i=1}^{n}m_i z_i}{m_{\mathrm{M}}} \tag{6-68}$$

质量中心 $\sigma(x_0, y_0, z_0)$到 i 原子的距离 r_{0i} 用以下公式计算：

$$r_{0i}=\sqrt{(x_0-x_i)^2+(y_0-y_i)^2+(z_0-z_i)^2}$$

当分子围绕质量中心旋转时，会形成一个半径为 $\max\{r_{0i}\}$的圆形。这个值还得加上原子的范德华半径 r_{wi}，则：

$$r_{0i}\geqslant\max\{r_{0i}\}+r_{wi} \tag{6-69}$$

（2）介电常数

两个带电荷粒子间的吸引力或排斥力用以下公式计算：

$$F=\frac{q_1q_2}{\varepsilon r^2} \tag{6-70}$$

式中　q_1，q_2——粒子的电荷；

r——粒子间的距离；

ε——介质的介电常数（对于真空 ε=1）。

由式（6-70）可知，随着 ε 的增加，两个粒子间的吸引力减小。因此，两个带电荷粒子间的相互作用力将取决于溶剂的介电常数，而且它的值越大，越容易将两个带电荷粒子分离。

按照克劳修斯-莫索提公式，分子的总摩尔极化率 P（$\mathrm{cm^3/mol}$）同介电常数 ε 及摩尔体积 V_{M}（$V_{\mathrm{M}}=M/d$。式中，M 为分子质量；d 为密度）有关，具体表现为[4]：

$$P=\frac{\varepsilon-1}{\varepsilon+2}V_{\mathrm{M}}=\frac{4}{3}\pi N_{\mathrm{A}}(\alpha_{电}+\alpha_{原}) \tag{6-71}$$

式中　$\alpha_{电}$——分子中电子密度在背景场作用下位移的参数；

$\alpha_{原}$——带电荷原子和原子团位移的参数。

由于溶解过程是在溶剂沸点下进行的，那么 C—X 型极性键有不同的离解可能性，会形成碳正离子（R^+）、碳负离子（R^-）或自由基（$R^\bullet$）：

$$R-X\Rightarrow\begin{cases}\text{正碳离子} & R^+ + X^-\\ \text{负碳离子} & R^- + X^+\\ \text{自由基} & R^\bullet + X^\bullet\end{cases}$$

在前两种情况下，ε 值较大的强极性溶剂的分子与溶解物分离产物间会发生溶剂离解作用，因此，溶解是在离子层面上进行的。

根据朗之万-德拜极化理论，总极化率 $P_{总}$与分子偶极矩 μ 有关[4]：

$$P_{总}=\frac{4}{3}\pi N_{\mathrm{A}}\left\{\alpha_0+\frac{1}{3}\frac{\mu^2}{kT}\right\}=\alpha+\frac{b}{T} \tag{6-72}$$

由此可得：

$$\alpha_0=\frac{3}{2}\left(\frac{k}{\pi N_{\mathrm{A}}}\right)^{1/2}b^{1/2}=1.2810\times10^{-20}b^{1/2}$$

（3）折射系数 n

如果交变电场的频率达到微波和红外频域，那么，按照麦克斯韦尔方程，$\varepsilon=n^2$，其中 n 为物质的折射率❶。根据洛伦兹-劳伦斯公式，物质的分子折射率 R_{M}（$\mathrm{cm^3/mol}$）同 n 值及摩尔体积 V_{M} 有关：

$$R=\frac{n^2-1}{n^2+2}V_{\mathrm{M}}=\frac{4}{3}\pi N_{\mathrm{A}}\alpha_{电} \tag{6-73}$$

用式（6-71）除以式（6-73）得：

$$\frac{P}{R_{\mathrm{M}}}=\frac{\varepsilon-1}{\varepsilon+2}\times\frac{n^2+2}{n^2-1}=1+\frac{\alpha_{原}}{\alpha_{电}}$$

因此，如果化合物$\alpha_{原}$的值接近零，则 $P\approx R$。

为了计算烷烃的分子折射率 R_{M}和摩尔体积 V_{M}，可以用塔切夫斯基加和法[24]：

$$R_{\mathrm{M}}=\sum_j n_{(\mathrm{C}_m-\mathrm{C}_n),j}\overline{R}_{(\mathrm{C}_m-\mathrm{C}_n),j} \tag{6-74}$$

$$V_{\mathrm{M}}=\sum_j n_{(\mathrm{C}_m-\mathrm{C}_n),j}\overline{V}_{(\mathrm{C}_m-\mathrm{C}_n),j} \tag{6-75}$$

式中　$n_{(\mathrm{C}_m-\mathrm{C}_n)}$——数字；

$\overline{R}_{(\mathrm{C}_m-\mathrm{C}_n)}$，$\overline{V}_{(\mathrm{C}_m-\mathrm{C}_n)}$——（$\mathrm{C}_m$—$\mathrm{C}_n$）型键的相应增量，其数值参见表 6-4。

对于正烷烃有（C 为分子中的碳原子数）：

$$R_{\mathrm{M}}=2\overline{R}_{(\mathrm{C}_1-\mathrm{C}_2)}+(C-3)\overline{R}_{(\mathrm{C}_2-\mathrm{C}_2)}$$

$$V_{\mathrm{M}}=2\overline{V}_{(\mathrm{C}_1-\mathrm{C}_2)}+(C-3)\overline{V}_{(\mathrm{C}_2-\mathrm{C}_2)}$$

利用表 6-4 中的数据得：

---

❶ 在计算中，$n=c/v$。式中，c 为真空中的光速；v 为所研究物质介质中的光速。n 值用 Na 单色 D-线法确定，符号为 n_{D}。

$$R_M=2.053+4.643C \tag{6-76}$$

$$V_M=35.06+15.96C \tag{6-77}$$

表 6-4　烷烃中 C—C 键的 $\overline{R}_M$ 和 $\overline{V}_M$ 值[24]

C—C 键类型	表达式①	$\overline{R}_M$ /(cm³/mol)	$\overline{V}_M$ /(cm³/mol)
C—C—	$C_1—C_2$	7.991	41.47
C—C<	$C_1—C_3$	6.938	33.96
C—C≤	$C_1—C_4$	6.391	30.00
—C—C—	$C_2—C_2$	4.643	15.96
—C—C<	$C_2—C_3$	3.439	6.65
—C—C≤	$C_2—C_4$	2.791	0.98
>C—C<	$C_3—C_3$	2.102	−5.40
>C—C≤	$C_3—C_4$	1.39	−13.20
≥C—C≤	$C_4—C_4$	0.493	−22.90

① 表示同该碳原子相连的碳原子数。

由于正烷烃的分子量为

$$m_M(C)=2.016+14.027C$$

则其密度 $d(C)$为：

$$d(C)=\frac{2.016+14.027C}{35.06+15.96C}\text{g}/\text{cm}^3 \tag{6-78}$$

式（6-74）和式（6-75）可以很准确地再现相应的实验数据。例如，利用表 6-4 中的数据计算得：

① 对于正戊烷

$$V_M=2\overline{V}_{(C_1—C_2)}+2\overline{V}_{(C_2—C_2)}=114.86\text{cm}^3/\text{mol}$$

② 对于 2-甲基丁烷

$$V_M=2\overline{V}_{(C_1—C_3)}+\overline{V}_{(C_1—C_2)}+\overline{V}_{(C_2—C_3)}=116.04\text{cm}^3/\text{mol}$$

而它们的 V_M 实验测定值分别等于 115.21cm³/mol 和 116.43cm³/mol[24]。

还要指出的是，式（6-74）和式（6-75）还可以用于计算烷烃衍生物的相应值。例如，我们可以利用乙基苯的 V_M 实验测定值来计算正烷烃苯基衍生物的Δ值，方法是：

$$\Delta=V_M(\text{乙基苯})-[V_M(\text{正乙烷})+V_M(\text{苯})]$$

对于所有同系物则有：

$$V_M(\text{R-Ph}) = V_M(\text{RH})+V_M(\text{苯})+\varDelta \tag{6-79}$$

（4）偶极矩 μ

溶剂的另一个重要指标是其分子的偶极矩：

$$\mu = eqr \tag{6-80}$$

式中 e——电子电荷，在静电单位制中等于 4.803×10^{-10}esu；

q——偶极子一个末端上的电子密度；

r——偶极子电荷中心间的距离。

当 q=1 及 r=1Å=10^{-8}cm 时，由式（6-80）得（德拜单位）：

$$\mu = 4.803\times10^{-10}\times10^{-8}\text{esu·cm} = 4.803\text{D}$$

μ 的值也可以通过实验测定，利用的是式（6-72）中极化率 P 与温度的关系。

根据介电常数 ε 和折射率 n 的值近似估算 μ 值所用的经验公式大家都知道，其中包括：

① 昂萨格公式[25]

$$\frac{4\pi N_A}{3V_M}\times\frac{\mu^2}{3\varepsilon_0 RT}=\frac{(\varepsilon-n^2)(2\varepsilon+n^2)}{\varepsilon(n^2+2)^2} \tag{6-81}$$

式中，ε_0 为真空介电常数（ε_0 = 1）。

② 雅·基·希尔金公式[26]

$$\frac{\dfrac{\varepsilon-1}{\varepsilon+2}V_M-R_M}{1+\left(\dfrac{\varepsilon-1}{\varepsilon+2}\right)^2}=\frac{4}{3}\pi N_A\frac{\mu^2}{3kT} \tag{6-82}$$

③ 奥·阿·奥西波夫公式[26,27]

$$\left[\frac{(\varepsilon-1)(\varepsilon+2)}{8\varepsilon}-\frac{(n^2-1)(n^2+2)}{8n^2}\right]V_M=\frac{4}{3}\pi N_A\frac{\mu_0^2}{3kT} \tag{6-83}$$

分子的偶极矩取决于原子上的电子密度分布。首先，可以利用量子化学法计算出原子的电荷，然后再计算出偶极矩的值和方向。

在三维空间半径矢量 $\boldsymbol{r}$ 表示为：

$$\boldsymbol{r} = x\boldsymbol{i}+y\boldsymbol{j}+z\boldsymbol{k} \tag{6-84}$$

式中 x, y 和 z——点的笛卡尔坐标值；

$\boldsymbol{i}, \boldsymbol{j}, \boldsymbol{k}$——单位矢量。

两个矢量的差为：

$$\boldsymbol{r}_1-\boldsymbol{r}_2=(x_1-x_2)\boldsymbol{i}+(y_1-y_2)\boldsymbol{j}+(z_1-z_2)\boldsymbol{k}$$

中心点 1 和 2 之间的距离等于：

$$r_{12}=|\boldsymbol{r}_1-\boldsymbol{r}_2|=\sqrt{(x_1-x_2)^2+(y_1-y_2)^2+(z_1-z_2)^2}$$

原子系统 i[❶]的偶极矩矢量$\boldsymbol{\mu}$为：

$$\boldsymbol{\mu}=e\sum_i q_i\boldsymbol{r}_i \tag{6-85}$$

那么，根据式（6-84）得

$$\boldsymbol{\mu}=e\left[\left(\sum_i q_i x_i\right)\boldsymbol{i}+\left(\sum_i q_i y_i\right)\boldsymbol{j}+\left(\sum_i q_i z_i\right)\boldsymbol{k}\right] \tag{6-86}$$

我们以 H_2O 分子为例（图 6-2）进行计算。取电子电荷 e=−1，相当于 4.802×10^{-10}esu，借助由式（6-86）所得数据及 6.1.3 节中 O、$H_{(1)}$、$H_{(2)}$的数据，得：

$$\boldsymbol{\mu}_{H_2O}=0\times\boldsymbol{i}+0\times\boldsymbol{j}+1.84\times10^{-18}\boldsymbol{k}$$

因此，偶极矩矢量朝向 y 轴，其值 μ=1.84D。

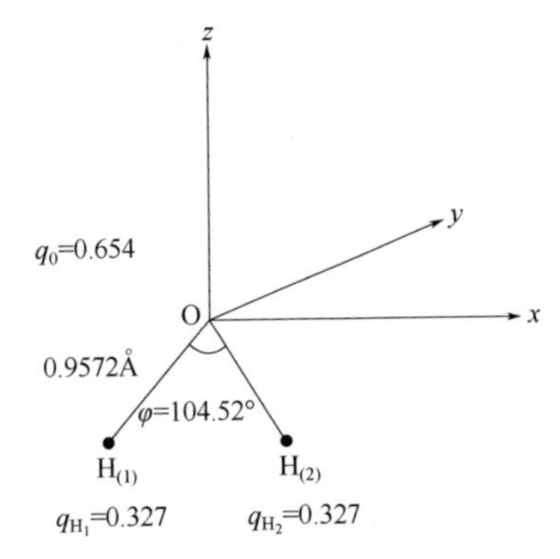

图 6-2 H_2O 的原子电荷及坐标系选择

（5）溶剂的量子化学特性

用量子化学法研究溶解度是很成功的，因为借助这些使用越来越广泛的方法（如 MINDO/2、MINDO/3、AM1 等）可以相对较快地计算出溶剂分子的一些重要特性，其中包括电子密度分布、最高已占分子轨道能量 ε_m、最低未占分子轨道能量 ε_{m+1}、偶极矩 μ、生成热ΔH 等。量子化学计算还有助于模拟高效溶剂的分子结构，挑选不同的结构碎片、原子和官能团。

表 6-5 中是用 AM1 法对一系列溶剂分子电子结构的计算结果。从中可以看出五元环中苯环和杂原子上的不同取代基对 ε_m、ε_{m+1}、ΔH 及 μ 值的影响，而这些值都可以反映出溶剂的反应能力。

（6）供体数和受体数

在一些文献[17,29]中，评价溶剂时常用到供体数这一指标。该指标是根据溶剂与 $SbCl_5$ 酸在 1,2-二氯乙烷稀溶液中加合物生成反应的热效应测定出来的，它反映的是溶剂向受体贡献电子对的能力。

溶剂的受体数是根据该溶剂中$(CH_3CH_2)_3PO$ 核磁共振波谱中磷的化学位移值确定的。它反映的是溶剂分子能接受多少未共享电子对[29]。

---

❶ 由于原子间的距离同坐标系起点无关，所以坐标系起点是任意选取的。

表 6-5　一些溶剂的量子化学特性——ε_m(eV)、ε_{m+1}(eV)、ΔH(kJ/mol)及 μ(D)

分子与原子电荷	参数	参数值
苯	ε_m	−9.65
−0.130	ε_{m+1}	0.55
	ΔH	91.50
	μ	0
甲苯	ε_m	−9.33
−0.126 −0.132	ε_{m+1}	0.52
−0.070 CH_3 −0.070	ΔH	59.50
	μ	0.264
乙苯	ε_m	−9.30
0.127 −0.135	ε_{m+1}	0.54
−0.135 $C(H_2)$—CH_3 0.065	ΔH	37.15
	μ	0.321
苯酚	ε_m	−9.11
−0.092 −0.213	ε_{m+1}	0.40
−0.166 OH 0.078	ΔH	−93.76
	μ	1.233
苯胺	ε_m	−8.21
−0.080 −0.219	ε_{m+1}	0.76
−0.193 NH_2 0.122	ΔH	89.16
	μ	1.583
苯硫酚（巯基苯）	ε_m	−8.43
−0.112 0.145	ε_{m+1}	0.21
−0.137 SH −0.211	ΔH	106.98
	μ	1.21
吡啶	ε_m	−8.46
−0.066 0.136	ε_{m+1}	1.26
0.072 N −0.165	ΔH	143.93
	μ	1.307
苯甲酸	ε_m	−10.08
−0.149 −0.068 O −0.365	ε_{m+1}	
0.352 −0.094 C −0.117 −0.317	ΔH	−285.06
−0.147 −0.070 OH	μ	2.418
呋喃	ε_m	−9.32
−0.199	ε_{m+1}	0.72
−0.097	ΔH	13.79
O −0.107	μ	0.492
吡咯	ε_m	−8.66
−0.196	ε_{m+1}	1.38
−0.146	ΔH	166.31
NH −0.181	μ	1.951
噻吩	ε_m	−9.22
−0.151	ε_{m+1}	0.24
−0.439	ΔH	114.31
S 0.548	μ	0.344

（7）希尔布莱德溶解度参数 δ

根据希尔布莱德溶解度理论，当物质的内聚能密度或内聚能压力接近时，它们是相互可溶的[30,31]。

希尔布莱德溶解度参数 δ 的计算公式为：

$$\delta = \sqrt{\frac{\Delta H_{\mathrm{v}}^{0}}{V_{\mathrm{M}}}}(\mathrm{J}^{\frac{1}{2}} / \mathrm{cm}^{\frac{3}{2}}) \tag{6-87}$$

式中　$\Delta H_{\mathrm{v}}^{0}$——物质在沸点 T_{b} 的蒸发热（内聚能）减去气体膨胀耗费的能量，即 $\Delta H_{\mathrm{v}}^{0}=\Delta H_{\mathrm{v}}-RT_{\mathrm{b}}$；

$\Delta H_{\mathrm{v}}^{0}/V_{\mathrm{M}}$——单位体积液体的蒸发能或内聚能密度。$V_{\mathrm{M}}$ 表示摩尔体积。

按照希尔布莱德溶解度理论，溶剂 A 溶解物质 B 的条件是其溶解度参数 δ 的值很接近，即：

$$\delta_{\mathrm{A}}-\delta_{\mathrm{B}} \approx 0$$

图 6-3 上是有机化学和煤化学中常用的一些溶剂的结构式。表 6-6 中是这些溶剂折射率 n_{D}、介电常数 ε、沸点 T_{b} 及沸点蒸发热 ΔH_{V} 的测定值[5,32,33]，以及

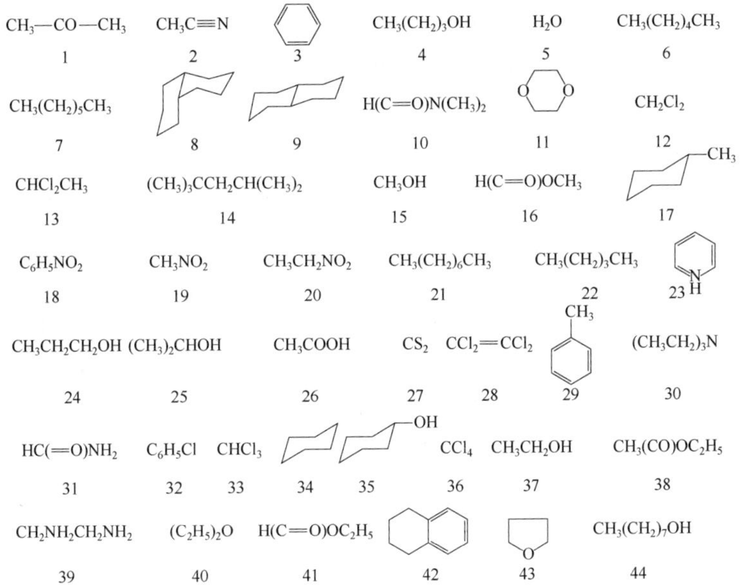

图 6-3　常用溶剂的结构式

1—丙酮；2—乙腈；3—苯；4—1-丁醇；5—水；6—正己烷；7—正庚烷；8—萘烷（顺式）；9—萘烷（反式）；10—*N*,*N*-二甲基甲酰胺；11—1,4-二氧杂环己环；12—二氯甲烷；13—1,1-二氯乙烷；14—异辛烷；15—甲醇；16—甲酸甲酯；17—甲基环己烷；18—硝基苯；19—硝基甲烷；20—硝基乙烷；21—辛烷；22—戊烷；23—吡啶；24—1-丙醇；25—2-丙醇；26—乙酸；27—二硫化碳；28—四氯乙烯；29—甲苯；30—三乙胺；31—甲酰胺；32—氯苯；33—三氯甲烷；34—环己烷；35—环己醇；36—四氯化碳；37—乙醇；38—乙酸乙酯；39—乙二胺；40—乙醚；41—甲酸乙酯；42—萘满；43—四氢呋喃；44—1-辛醇

表 6-6 常用溶剂的理化参数值

溶剂序号	δ /(J/cm^3)	n_D^{20}	R /(cm^3/mol)	ε	P /(cm^3/mol)	M	V_M /(cm^3/mol)	T_b/K	ΔH_v /(kJ/mol)
1	16.3	1.3591	16.16	20.74	63.72	58.08	73.4	324.28	21.51
2	22.9	1.3437	11.11	37.4	48.50	41.05	52.5	354.7	30.54
3	17.7	1.5011	26.20	2.275	26.51	78.11	88.9	353.3	30.76
4	20.9	1.3993	22.15	17.7	77.57	74.12	91.5	390.4	43.14
5	45.6	1.333	3.71	78.3	17.35	18.02	18.02	373.1	40.66
6	14.1	1.3750	29.92	1.90	30.16	86.18	130.7	341.9	28.85
7	14.0	1.3876	34.54	1.927	34.58	100.21	146.5	371.6	31.69
8	15.6	1.4804	44.26	2.22	45.01	138.26	155.7	468.8	41.59
9	14.8	1.4697	44.53	2.18	45.08	138.26	159.7	460.4	38.74
10	—	1.4204	19.60	37.6	71.54	73.09	77.4	426.1	—
11	19.3	1.4223	21.66	2.21	24.49	88.10	85.2	374.5	34.73
12	19.9	1.4237	16.35	8.93	46.51	84.93	64.1	131.2	27.99
13	19.2	1.4443	20.92	10.36	59.60	98.97	78.7	330.4	32.01
14	13.9	1.3916	38.49	1.943	38.70	114.23	161.8	372.4	34.41
15	28.3	1.3286	8.21	32.65	38.90	32.04	40.4	337.7	35.27
16	20.4	1.344	13.07	8.50	44.07	60.05	61.7	304.6	28.24
17	14.0	1.4231	32.52	2.02	32.40	98.18	127.7	374.1	31.71
18	40.4	1.5524	32.71	34.75	93.95	123.12	102.3	484.0	170.66
19	24.0	1.3820	12.47	38.57	49.64	61.04	53.6	374.3	33.97
20	21.1	1.3901	16.95	28.06	64.36	75.07	71.5	387.2	35.15
21	13.8	1.3977	39.19	1.946	38.96	114.23	162.5	398.8	34.41
22	14.2	1.3577	25.28	1.843	25.27	72.15	115.2	309.2	25.77
23	19.9	1.5102	24.11	12.3	63.69	79.11	80.6	388.4	35.11
24	22.6	1.3854	17.52	19.7	64.37	60.09	74.7	370.3	41.22
25	23.6	1.3776	17.62	18.3	65.19	60.09	76.5	355.2	45.56
26	42.6	1.6277	21.39	2.625	21.19	76.13	60.3	319.4	112.05
27	17.5	1.5055	30.40	2.30	30.96	165.82	102.4	394.3	34.73
28	16.8	1.4969	31.10	2.378	33.46	92.14	106.3	383.8	33.19
29	15.1	1.4010	33.77	2.42	44.66	101.2	139.0	362.2	34.68
30	18.9	1.3715	12.98	6.19	36.25	60.05	57.2	391.2	23.69
31	—	1.4472	10.61	109.5	38.63	45.04	39.7	483.8	—
32	18.1	1.5248	31.16	5.61	61.61	112.56	101.7	405.1	36.53
33	18.8	1.4456	21.37	4.724	44.42	119.38	80.2	334.3	31.13
34	15.8	1.4263	27.71	2.02	27.43	84.16	108.1	354.5	30.08
35	21.9	1.461	28.56	16.8	87.49	100.16	104.1	434.2	53.64
36	16.7	1.4603	26.42	2.238	28.16	153.82	96.4	349.9	29.96
37	24.7	1.3613	12.93	25.2	51.96	46.07	58.4	351.5	38.58
38	17.3	1.3728	22.27	6.02	61.22	88.10	97.8	350.3	32.30
39	—	1.454	18.12	14.2	54.51	60.10	66.9	390.1	—
40	15.2	1.3528	22.52	4.22	53.79	74.12	103.9	308.7	26.69
41	—	1.3597	17.82	7.16	54.34	74.08	80.8	327.6	—
42	17.1	1.5414	—	—	—	132.20	136.26	480.6	43.85
43	19.1	1.4050	—	7.6	—	72.1	81.1	338.6	32.01
44	20.4	1.4295	—	10.34	—	130.22	157.9	468.4	68.12

希尔布莱德溶解度参数 δ、分子折射率 R、极化率 P、分子量 M 和摩尔体积 V_M 的计算值。溶剂的供体数和受体数见表 6-7。

表 6-7　一些常用溶剂的供体数和受体数

溶剂	供体数	受体数
丙酮	17.0	12.5
乙腈	14.1	18.9
苯	0	8.2
水	18	54.8
N,N-二甲基乙酰胺	27.8	13.6
二乙胺	≥50	9.4
乙醚	19.2	3.9
甲醇	约 19	41.3
正丁醇	≥20	36.8
正丙醇	≥20	37.3
吡啶	33.1	14.2
四氢呋喃	20.0	8.0
乙醇	约 20	37.1
乙二胺	55	20.9

6.2.2　镜质组的分子间作用能和希尔布莱德溶解度参数

若要解释不同变质程度的煤的溶解度特性，必须对其镜质组的分子间作用能 ΔE_{MMB} 和希尔布莱德溶解度参数 δ 进行评价。不过，对这些参数的值进行定量评价是很复杂的，因为煤炭有机质是大小不同、结构不明且不规则的大分子附聚物。在 4.3.6 节计算镜质组温度特性时研究了镜质组的模拟结构，为的是用加和法获得定性评价结果[35]。我们将用同样的方法计算 ΔE_{MMB} 和 δ^2 的值。

根据文献[35]，有：

$$\Delta E_{MMB} = \sum_i \Delta E_i \tag{6-88}$$

式中，ΔE_i 为每个 i 型原子对分子间作用能 ΔE_{MMB} 的贡献值，相应地溶解度参数的平方：

$$\delta^2 = \frac{\Delta E_{MMB}}{N_A \sum_i \Delta V_i} \tag{6-89}$$

式中　N_A——阿伏伽德罗常数；

ΔV_i——i 型原子的范德华体积[21]。

i 原子的 ΔE_i 值（J/mol）：ΔE_C=2304.1，ΔE_H=199.6，ΔE_O=596.6，ΔE_N=5044.2，

ΔE_S=7322.0。芳环的贡献值ΔE_A=2938γcal/mol，其中的 γ 为芳环的数量：

$$\gamma = \frac{1}{2}(x_{C_{AR}} - x_{H_{AR}} - x_{OH} - x_{COOH})$$

氢键的贡献值（cal/mol）等于：

$$\Delta E_H = 3929(x_{OH} + x_{COOH})$$

最终ΔE 的计算公式为：

$$\Delta E = \sum_i^{\text{所有原子}} \Delta E_i + \Delta E_A + \Delta E_H$$

再来看看镜质组 δ 值的计算方法。首先，将物质的单位蒸发热表示为：

$$L = \frac{\Delta H_{298}^{(T)} - \Delta H_{298}^{(F)}}{M} \tag{6-90}$$

式中 $\Delta H_{298}^{(T)}$——用理想气体近似法确定的温度为 298K 时物质的摩尔生成热；

$\Delta H_{298}^{(F)}$——聚集态（液态和固态）的上述值；

M——分子量。

在第一种近似法中可以将 L 的值取作分子间能（$L \approx \Delta E_{MMB}$），我们将它表示为组成该物质的原子的质量分数 x_i 的线性组合：

$$L = \sum l_i x_i \tag{6-91}$$

式中，l_i 为 i 型原子对 L 的贡献值。

l_i 的值是根据检测分子的 L 测定值用最小平方法计算出的，为此要建立矩阵方程：

$$\begin{pmatrix} L_1 \\ L_2 \\ L_3 \\ \vdots \\ L_m \end{pmatrix} = \begin{pmatrix} L_{11} & L_{12} & L_{13} & \cdots & L_{1n} \\ L_{21} & L_{22} & L_{23} & \cdots & L_{2n} \\ L_{31} & L_{32} & L_{33} & \cdots & L_{3n} \\ \vdots & \vdots & \vdots & \vdots & \vdots \\ L_{m1} & L_{m2} & L_{m3} & \cdots & L_{mn} \end{pmatrix} \begin{pmatrix} x_1 \\ x_2 \\ x_3 \\ \vdots \\ x_n \end{pmatrix} \tag{6-92}$$

式中 m——检测分子的数量；

n——检测分子中原子的类型数（$m \geqslant n$）。

表 6-8 中是 12 种检测分子的 E_{MMB} 和 x_i 值。用最小平方法计算后得：

$$E_{MMB} = 610.146x_C - 971.887x_H + 1332.702x_N + 1655.197x_O \quad (r=0.94;\ \sigma=55.45) \tag{6-93}$$

式中 r——相关系数；

σ——相对误差。

表 6-8　检测分子的原子对蒸发热的贡献值[5]

序号	分子	相态	E_{MMB}/(J/g)	原子的质量分数			
				x_C	x_H	x_N	x_O
1	萘满 $C_{10}H_{12}$	液	398.8	0.9085	0.0915	0	0
2	萘 $C_{10}H_8$	固	568.7	0.9371	0.0629	0	0
3	苯 C_6H_6	液	433.9	0.9226	0.0774	0	0
4	苯胺 C_6H_7N	液	598.9	0.7738	0.0758	0.1504	0
5	苯酚 C_6H_6O	固	729.6	0.7657	0.0643	0	0.1700
6	苯甲酸 $C_7H_6O_2$	固	777.4	0.6885	0.0495	0	0.2620
7	蒽 $C_{14}H_{10}$	固	570.5	0.9435	0.0565	0	0
8	环己烷 C_6H_{12}	液	393.3	0.8563	0.1437	0	0
9	正己烷 C_6H_{14}	液	367.1	0.8363	0.1637	0	0
10	癸烷 $C_{10}H_{22}$	液	361.1	0.8442	0.1558	0	0
11	荧蒽 $C_{16}H_{10}$	固	504.8	0.9502	0.0498	0	0
12	吡啶 C_5H_5N	液	507.8	0.7910	0.1553	0.1553	0

图 6-4 显示的是检测分子的 E_{MMB} 与碳原子质量百分比含量的关系。从该图可以看出，函数 $E_{MMB}=f(C)$的最小值落在 $C\approx85\%$区间，这与不同变质程度的煤的溶解度参数值是相符的。

镜质组的溶解度参数 δ 可以用以下公式计算：

$$\delta=\sqrt{E_{MMB}d} \tag{6-94}$$

式中，d 为镜质组的密度，g/cm³。

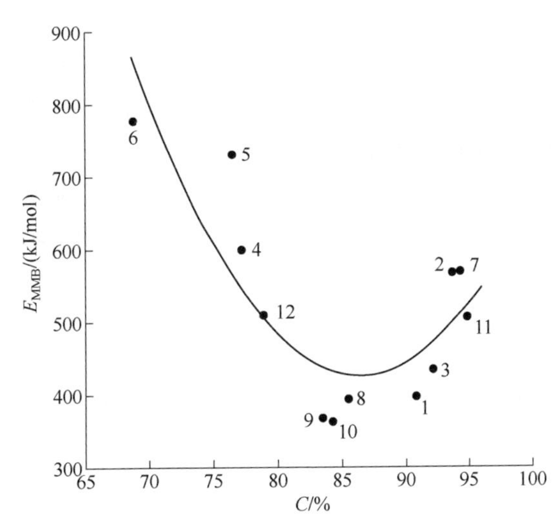

图 6-4　检测分子（序号同表 6-8）的分子间作用能与碳原子含量的关系

同表 6-8 中的数据；拟合曲线是按照用式（6-93）计算的结果

表 6-9 中是用式（6-89）和式（6-94）计算出的镜质组希尔布莱德溶解度参数 δ 的值。尽管用两种方法得到的参数 δ 的值有所差异（两种方法都是半经验法），可在煤的各个变质阶段该参数的总变化进程却是一致的。两种方法都表明，当 C=90%时函数 $\delta=f(C)$的值最小。

表 6-9　镜质组的分子间作用能 E_{MMB} 和希尔布莱德溶解度参数 δ 的计算值

C/%	d/(g/cm^3)	E_{MMB}/(J/g)	δ/(J$^{1/2}$/cm$^{3/2}$)	
			用式（6-94）	用式（6-89）
70.5	1.425	773.5	33.2	25.4
75.5	1.385	722.2	31.6	23.5
81.5	1.320	650.9	29.3	23.5
85.0	1.283	609.0	28.0	22.6
87.0	1.282	586.4	27.4	22.0
89.0	1.296	569.6	27.2	21.6
90.0	1.319	523.3	26.3	21.5
91.2	1.352	561.7	27.6	21.7
92.5	1.400	567.4	28.2	21.9
93.4	1.452	569.6	28.8	22.3
94.2	1.511	572.6	29.4	22.9
95.0	1.587	579.4	30.3	23.7
96.0	1.698	583.3	31.5	24.7

6.2.3　煤的溶胀度和萃取物产率与溶剂理化参数的关系

正如在本章开头所指出的那样，确定煤的溶胀度和萃取法时应看具体要解决什么问题。如果要研究不同变质程度的煤炭有机质的结构特点，那么自然要找几种变质参数（R_O、C 等）不同的煤作为研究对象；如果要研究如何从煤中提取出更多的化学产品，则需要选择几种理化参数不同的溶剂作为研究对象。

溶剂的什么参数（或哪组参数）能更好地反映出煤的溶胀性和溶解性，现有文献或是根据试验结果或是根据研究者的直观意见给予了回答。

让我们来分析一下文献中有关煤的溶胀性和溶解性的实验数据。文献[34]介绍了英国阿涅斯利煤在图 6-5 所列溶剂中溶解后所得萃取物产率的实验数据。对这种煤的技术分析结果为：W=1.8%，A=6.3%，V=37.9%，C=84.5%，H=5.4%，O=8.0%，N=1.9%，S=0.7%。萃取条件为：煤溶比为 1∶4，反应温度为 400～440℃，实验持续时间为 60min。萃取物产率（%）的计算公式为：

$$\text{萃取物总产率}=\frac{\text{煤干燥残渣的质量}}{\text{初始可燃物质}}\times 100\%$$

计算结果见表 6-10。为了继续研究，我们将表 6-10 中数据间的关系用图来表示（图 6-6 和图 6-7）。

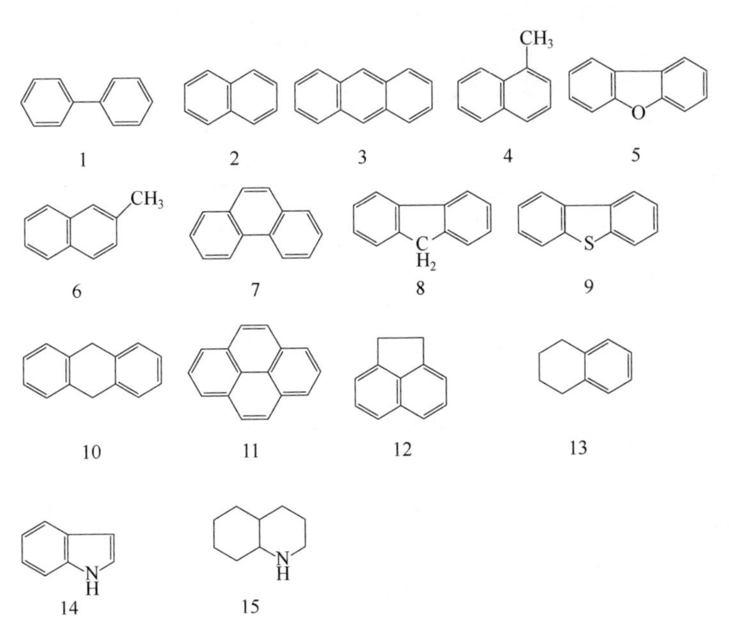

图 6-5　煤萃取过程中常用的溶剂

1—联苯；2—萘；3—蒽；4—1-甲基萘；5—二苯并呋喃；6—2-甲基萘；7—菲；8—芴；9—二苯并噻吩；10—9,10-二氢蒽；11—芘；12—苊；13—萘满；14—吲哚；15—1,2,3,4-四氢化喹啉

表 6-10　溶剂的量子化学参数与英国阿涅斯利煤的萃取物产率

溶剂	μ/D	ε_m/eV	ε_{m+1}/eV	η/eV	χ/eV	萃取物产率/%[34]
1	0	−8.788	−0.240	4.274	4.514	13
2	0	−8.711	−0.265	4.223	4.488	14
3	0	−8.123	−0.840	3.641	4.481	32
4	0.274	−8.584	−0.267	4.159	4.426	48
5	1.104	−8.942	−0.402	4.270	4.672	51
6	0.304	−8.620	−0.246	4.127	4.433	51
7	0.020	−8.617	−0.408	4.104	4.513	55
8	0.367	−8.711	−0.219	4.246	4.465	66
9	0.522	−8.202	−0.400	3.901	4.301	66
10	0.273	−9.062	0.427	4.744	4.317	77
11	0	−8.132	−0.888	3.622	4.510	83
12	0.557	−8.495	−0.213	4.141	4.354	85
13	0.458	−9.138	0.560	4.849	4.289	86
14	1.883	−8.403	0.300	4.351	4.051	95
15	1.606	−8.336	0.633	4.484	3.851	95

注：溶剂的序号同图 6-5。ε_m 为最高已占分子轨道能量；ε_{m+1} 为最低未占分子轨道能量；χ 为电负性，$\chi=-(\varepsilon_m+\varepsilon_{m+1})/2$；$\eta$ 为化学硬度，$\eta=-(\varepsilon_m-\varepsilon_{m+1})/2$。

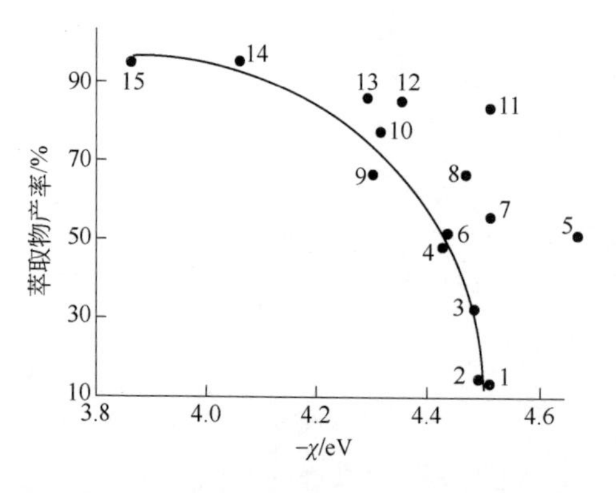

图 6-6　萃取物产率与溶剂（序号同图 6-5）电负性的关系

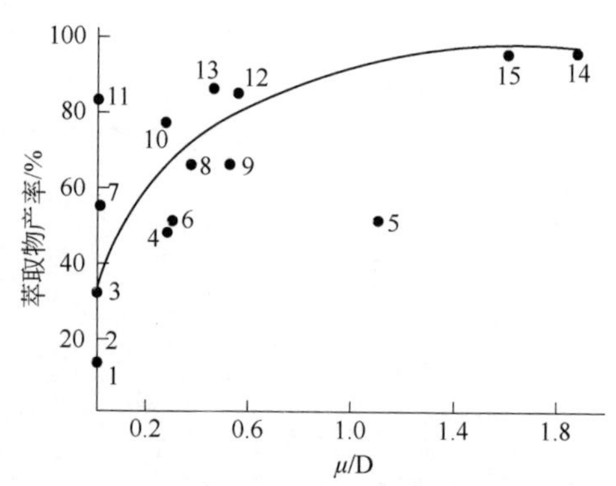

图 6-7　萃取物产率与溶剂（序号同图 6-5）偶极矩的关系

通过分析这些材料，可以得出这样的结论：

① 随着溶剂电负性 χ 减小，萃取物产率以平方关系增加（见图 6-6）；

② 随着溶剂偶极矩 μ 增加，萃取物产率增加；

③ 当 μ=0 且 $\chi\approx4.5$ 时，使用不同溶剂的萃取物产率从高到低为（溶剂序号同图 6-5）：11>7>3>2≈1，这说明还有其他因素影响着溶剂的效果。

未发现萃取物产率与溶剂的 ε_m、ε_{m+1} 和 η 值之间有相关性。

表 6-11 中是用不同溶剂对沥青煤和木质煤的萃取结果，从中可以看出，这两种煤在相同溶剂中的溶解度差别很大。图 6-8 上是表 6-11 中的萃取物产率数据与各种溶剂希尔布莱德溶解度参数 δ 值（表 6-6）的对比结果。显然，每种煤的关系曲线都呈“Δ”形，这意味着哪种溶剂的溶解度参数与煤的溶解度参数差别最小，哪种溶剂就是最好的。

表 6-11　沥青煤和木质煤在不同溶剂中的溶解度[38]

序号	溶剂	萃取物产率（质量分数）/%	
		沥青煤	木质煤
1	萘满	24.7	65.9
2	甲苯	22.3	19.5
3	苯	19.3	17.8
4	丙酮	13.1	21.2
5	正己烷	7.2	8.6
6	异辛烷	8.2	15.5
7	丁醇	19.5	46.2
8	甲醇	12.1	20.2
9	乙酸	15.5	12.2
10	丙醇	15.0	25.9

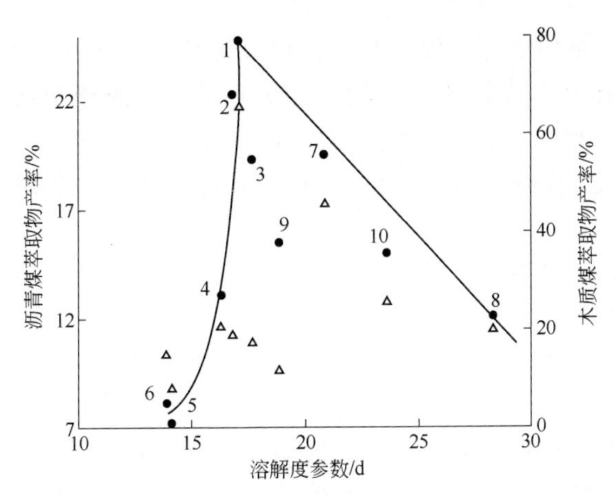

图 6-8 沥青煤（●）和木质煤（▵）萃取物产率与溶剂希尔布莱德溶解度参数 δ 的关系（溶剂序号同表 6-11）

文献[17]研究了沥青煤溶胀度与溶剂供体数的关系。煤的技术参数为：V=39.5%，C=80.7%，H=5.6%，N=1.9%，S=0.9%。图 6-9 显示的是沥青煤溶胀度 Q 与溶剂供体数的关系，可以看出，随着供体数的增加并突破一定范围后，溶胀度急剧增长。

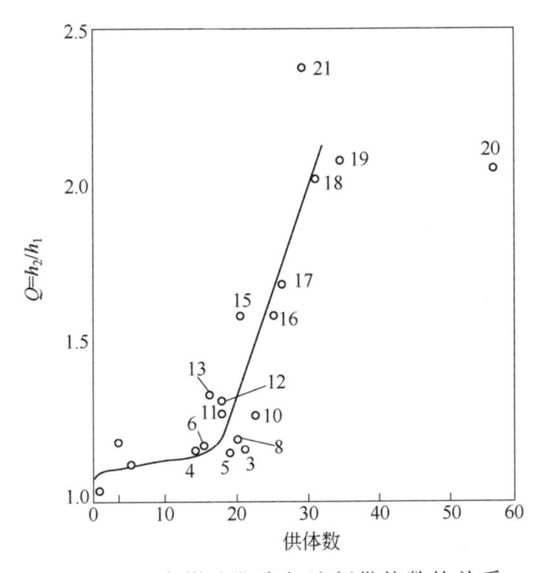

图 6-9 沥青煤溶胀度与溶剂供体数的关系

1—苯；2—硝基苯；3—异丙醇；4—乙腈；5—乙醚；6—二氧杂环己环；7—硝基甲烷；8—甲醇；9—丙醇；10—乙醇；11—乙酸乙酯；12—丙酮；13—乙酸甲酯；14—甲基乙基甲酮；15—四氢呋喃；16—1,2-二甲氧基乙烷；17—N,N-二甲基甲酰胺；18—二甲亚砜；19—吡啶；20—乙二胺；21—1-甲基甲基吡咯烷酮

溶剂 9 和 14 对应的点不存在，因为未确定其供体数；溶剂 9 和 14 的溶胀度 Q 分别等于 10.2 和 9.45；$Q=h_2/h_1$（h_1 为溶胀前的数值，h_2 为溶胀后的数值）；溶剂 1,2,7 有对应的点，但原著图中未给出

相关文献关于温和条件下煤的溶胀度和溶解度[39]的研究结果，为解释不同变质阶段的煤的超分子形成特性[38]做出了巨大贡献。根据萃取物产率与溶剂供体数的关系，以及核磁共振波谱反映出的氢原子迁移率差异，一些研究者[39]提出了煤炭有机质双相假说：固定相为聚合构架，流动相则由相对较低的低分子化合物构成。

该假说的正确性被许多实验数据[40,41]所证实，甚至从结构化学指数看流动相和固定相也没什么差异。

煤的溶胀和溶解不仅取决于煤自身的性质，还取决于所用溶剂的性质。煤炭有机质的基元成分和物质成分决定了其超分子构造和生成能，后者对于溶解过程是很重要的。煤炭有机质大分子的柔性取决于其结构和分子间相互作用能。柔性较好的大分子更易发生内旋转（构象变化），提高溶胀和溶解倾向。因此，可以根据煤炭有机质的元素、碎片和物质成分变化来研究不同变质程度的煤的溶胀和溶解。我们知道，在煤的变质过程中，煤的大部分特性会在碳含量大于 80%且小于 87%的区间出现极值（最大值或最小值）。正如文献[43]所指出的，不同变质程度的煤在吡啶中的溶解度也是在该区间出现了最大值（见图 6-10）。而有意思的是，煤的密度在这一区间却是最小的。所以说，煤炭有机质的密度越小，其结构越“疏松”，也就越容易被溶剂分子渗透。

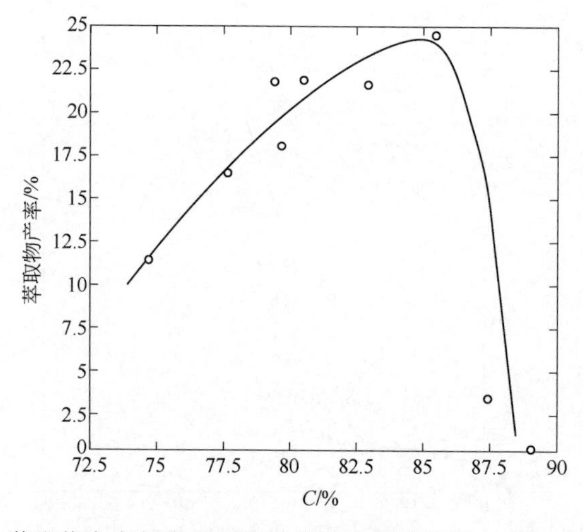

图 6-10　萃取物产率与煤炭有机质中碳含量的关系（溶剂为吡啶）[43]

基元成分相似的煤萃取物产率却不同，这同其煤岩组分有关[38]。实验数据表明，煤的不同煤岩组分的萃取物成分也不同。文献[20]曾提到，惰性组萃取物含有二苯并呋喃衍生物，而壳质组和镜质组萃取物含有联苯和苊的衍生物。所研究的煤的壳质组挥发分产率为 64.9%，镜质组挥发分产率为 42.8%，惰性组的只有

37.4%。壳质组中主要是脂肪族结构，惰性组中则是芳香族结构，这说明煤的不同煤岩组分的结构和性质差别较大，包括反应能力也各不相同。

本章开头部分曾提到，对萃取产率影响较大的另一个重要因素是温度。不过还要指出一点，低温萃取原理和高温萃取（t=400～450℃）是不同的。假设低温萃取时溶剂溶解的是依靠分子间作用力固定在坚硬构架里的那部分煤炭有机质，那么就会出现这样的问题：为什么在同样的溶剂里中等变质程度的煤的萃取物产率都达到了最大（见图 6-10）？这或许是由于煤在地下因依次发生的分解和缩合反应而出现了结构变化，而中等变质程度的煤居于中间阶段，即在分解过程已经结束而分解产物还未缩聚之时。在这个阶段会形成大量相对较小的分子，它们依靠分子间作用力固定在煤炭有机质中，这样，煤炭有机质就会变得非常疏松（密度降低）。

在高温萃取时（此时溶剂沸点足够高，使煤炭有机质碎片分解），会发生分解反应，其产物稳定下来或是借助煤炭有机质中氢元素的歧化反应，或是借助作为供氢体的溶剂中的氢。

综上所述，作为结构和性质各不相同的化合物聚合体的煤，其溶解当然不同于单体化合物，是很复杂的。所以，根本不可能用方程来表示萃取物产率与溶剂一系列理化参数的关系[44]，也无法给予严格的理论解释。

6.3　煤的热加工过程

6.3.1　煤热分解的一般特性

煤的热加工产物不仅有燃料，还有非燃料，其成分和性质取决于煤自身的结构-化学指数、各种化学添加剂的性质、温度与加热方式（慢速、快速）、气体介质的成分及压力等。

褐煤干馏产物包括气体、氨水、焦油和焦炭（见图 6-11）[45]。低温（T=500～550℃）干馏焦油（初级焦油或初溚）与高温（T=900～1100℃）干馏焦油不同[48]。褐煤焦油含有大约 20%的石蜡和 3%～6%的沥青质。煤焦油通常用于制造汽油、柴油、润滑油、石蜡和化工原料（例如，煤焦油中含有约 35%的苯酚）。

煤热解过程中会发生平行-顺序反应，主要表现为氢元素的歧化（见图 6-12）。对这些反应结果进行分析后可以推断，供氢体应该能促进初级焦油的产出。早在 20 世纪 30～60 年代已经发现，用甲酸钠（HCOONa）作供氢体时，褐煤的初级焦油产率从 4.6%增加到了 15.6%[49]。

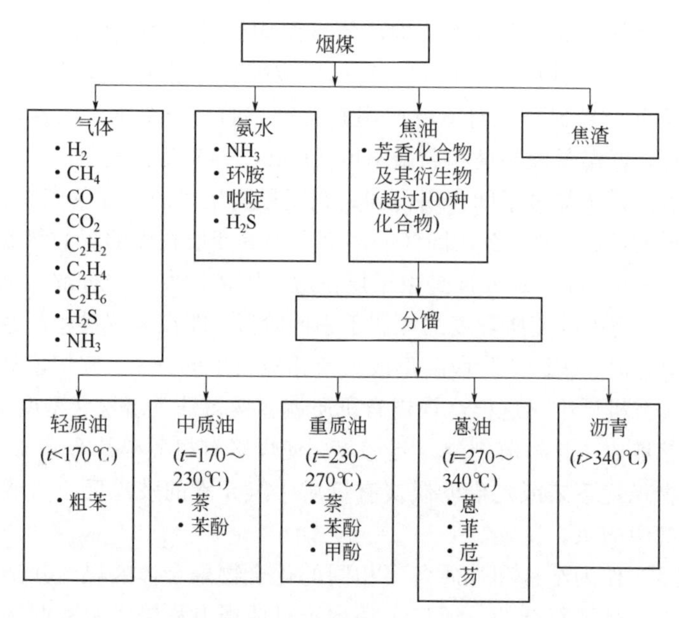

图 6-11　烟煤在温度为 1100～1200℃条件下的干馏产物

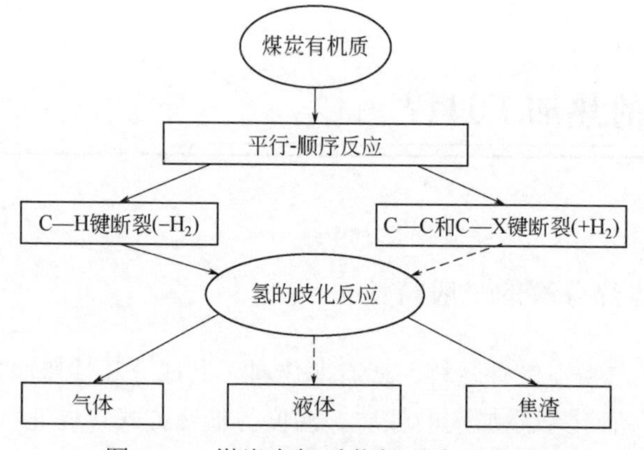

图 6-12　煤炭有机质热解反应示意图

实验数据表明，在氢分子的参与下碳氢化合物的热解速率会显著提高[50]。与氢分子发生反应的有机自由基会生成氢原子，例如：

$$CH_3^{\cdot} + H_2 \longrightarrow CH_4 + H^{\cdot} \qquad \Delta H_p = -1.2\text{kJ/mol}$$

$$C_6H_5\text{—}CH_2^{\cdot} + H_2 \longrightarrow C_6H_5\text{—}CH_3 + H^{\cdot} \qquad \Delta H_p = 77.6\text{kJ/mol}$$

氢原子会降低缩聚反应的产率，从而增加液态产品的产率。

文献[52]介绍了许多有关煤热解过程的研究工作，热解过程中使用了不同的化学添加剂，或是作为供氢体，或是作为催化剂。

文献[51]则研究了 1Б、Д 和 1Г 牌号的煤在添加了 H_2O、HCl、KOH 及石灰后的热解过程，并在研究中对比了在中性、酸性和碱性介质中热解气相产物的成分（见表 6-12）。从表 6-12 中的数据可以看出，煤在碱性介质中热解时混合气体的产率（L/kg 有机质）最大。气相组分的比率既与煤炭牌号有关，也与添加剂性质有关。

表 6-12 煤炭加热至 900℃时热解气相产物的产率

煤的牌号	添加剂	混合气体产率/(L/kg 有机质)	不同气体产率/(L/kg 有机质)					
			H_2	CO	CO_2	CH_4	C_2H_6	C_3H_8
1Б	原煤（无溶剂）	274	45	32	144	41	9	3
	H_2O	312	60	46	143	50	9	4
	HCl	315	58	47	143	52	10	5
	KOH	353	77	50	160	50	11	5
	石灰	341	82	65	131	44	14	5
Д	原煤（无溶剂）	218	66	38	42	58	12	2
	H_2O	235	72	38	44	66	12	3
	HCl	244	75	42	36	76	12	3
	KOH	293	83	49	53	90	14	4
1Г	原煤(无溶剂)	203	53	15	19	92	19	5
	H_2O	230	71	17	22	95	20	5
	HCl	240	75	15	19	100	25	6
	KOH	270	76	17	20	120	30	7
	石灰	260	74	17	20	116	27	6

热解温度对不同气体产率的影响见图 6-13。从该图可以看出，比起原煤的热解，用 KOH 溶液处理过的煤热解后所得混合气体中的二氧化碳气体更多。随着

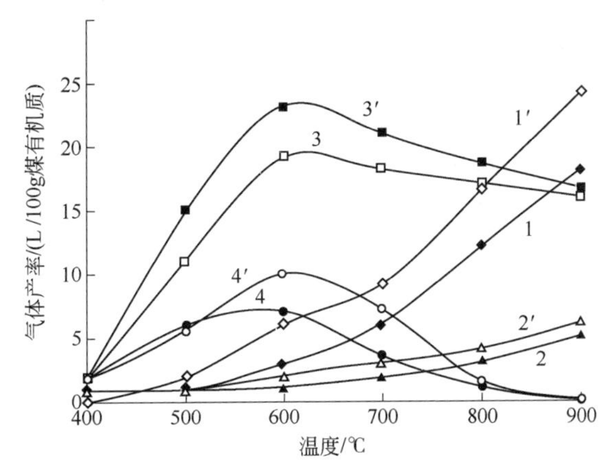

图 6-13 不同气体产率与气煤热解温度的关系

1,1′—H_2；2,2′—CO；3,3′—CO_2；4,4′—CH_4；

无撇的数字—原煤；带撇的数字—用 1mol KOH 溶液处理过的煤

温度的升高，混合气体中所含的氢气不断增加，而且在温度超过 700℃后 H_2 的产率明显增加。

6.3.2 煤的还原指数

在煤化学中，为了反映煤的工艺适用性，常常用到“煤的还原指数”这个概念。例如，在文献[53]中就用煤炭有机质中的 H/O 原子比值来表示还原指数。可以确定的是，H/O 原子比值越大，煤的黏结性越好（烟煤是这样）。

在有机化学中，化合物还原就是加氢，伴有复键饱和、环破裂和杂原子脱除。例如，苯加氢后会变成环己烷，在这一反应中苯被还原了。碳氢化合物中含的氢越多，它们越易被还原。按照这一定义，烷烃分子会被彻底还原。那么，可以根据以下反应来确定煤炭有机质的还原指数：

$$C_mH_nO_kN_lS_t+\alpha H \longrightarrow C_mH_{2m+2}+kH_2O+lNH_3+tH_2S \tag{6-95}$$

式中　$C_mH_nO_kN_lS_t$——煤炭有机质的分子式；

C_mH_{2m+2}——利用氢使复键饱和、环破裂和杂原子脱除后可能形成的最为还原的结构（煤炭有机质近似于一个大分子）。

我们往往用化学计算方程来确定煤的还原指数。我们先写出氢的物质平衡方程：

$$n+\alpha=2m+2+2k+3l+2t$$

由此得：

$$\alpha=n_H-(2n_C+2+2n_O+3n_N+2n_S)$$

我们得出，对于甲烷 CH_4 来说 $\alpha=0$，而对于石墨来说 $\alpha=-(2n_C+2)=-4$。

由于饱和氢的化合物（烷烃）中 $n_{H_{max}}=2n_C+2$ 且计算还原度指数 $\tilde{B}$ 的公式为：

$$\tilde{B}=\frac{n_H+\alpha}{n_{H_{max}}}\times 100\%=\left(1+\frac{\alpha}{2n_C+2}\right)\times 100\%$$

那么对于煤炭则有：

$$\tilde{B}=\frac{[n_H-(2n_O+3n_N+2n_S)]}{n_C+1} \tag{6-96}$$

据式（6-96），饱和碳氢化合物（烷烃）的还原指数等于 100，而石墨的还原指数等于 0。

表 6-13 中是利用文献[54]中的基元成分数据按照式（6-96）计算出的镜煤和丝炭的还原指数参数值。

表 6-13 镜煤和丝炭的还原指数参数值

镜质组空气中反射率，$10R^a$	C^{daf}	H^{daf}	$(O+N+S)^{daf}$	$C^{daf}/12$	$(O+N+S)^{daf}/16$	$\tilde{B}$
镜煤						
62	71.61	5.1	23.29	5.97	1.46	15.71
63	75.78	5.47	18.66	6.32	1.17	21.44
75	77.63	5.22	17.15	6.47	1.07	20.59
78	82.63	5.8	11.57	6.88	0.72	27.60
81	84.6	6.06	9.34	7.05	0.58	30.39
91	86.91	5.63	7.46	7.24	0.47	28.50
87	87.02	5.63	7.35	7.25	0.46	28.55
90	88.07	5.69	6.24	7.34	0.39	29.44
100	89.01	5.2	5.79	7.42	0.36	26.59
101	88.92	4.88	6.2	7.41	0.39	24.41
104	89.57	4.76	5.67	7.46	0.35	23.93
105	89.55	4.41	6.04	7.46	0.38	21.60
125～150	94.75	2.71	2.54	7.90	0.16	13.45
125～149	94.33	2.59	3.08	7.86	0.19	12.44
115～153	95.48	2.66	1.86	7.96	0.12	13.55
丝炭						
62	80.21	4.38	15.41	6.68	0.27	24.94
63	82.38	4.17	13.45	6.86	0.26	23.20
75	84.06	3.96	11.98	7.01	0.25	21.64
78	87.4	3.3	9.3	7.28	0.21	17.43
81	88.72	4.61	6.67	7.39	0.29	24.03
87	89.06	4.48	6.46	7.42	0.28	23.27
100	90.49	4.42	5.09	7.54	0.28	22.64
101	91.56	3.96	4.48	7.63	0.25	20.08
104	91.56	3.86	4.58	7.63	0.24	19.57
125～149	96.59	2.52	0.89	8.05	0.16	12.18
115～153	95.45	2.23	2.32	7.95	0.14	10.90

图 6-14 是镜煤和丝炭的 $\tilde{B}$ 值与碳含量的关系。从该图可以看出，当镜煤中碳含量（C）为 87%时，其还原指数达到最高。这是因为，当 $C<87\%$时，还原指数会因为杂原子的影响而降低；当 $C>87\%$时，还原指数又会因为结构中芳香族碎片的增加而下降。在镜煤还原指数达到最高的区域，丝炭的还原指数却出现“突降”，这是受到其基元成分的影响所致。

6.3.3 煤热解的动力学模型

由于变质程度不同、煤岩组分不同，甚至所用添加剂不同的煤热解时，其气相、液相和固相产物的产率各不相同，那么，若要使反应过程朝着获取某种相态

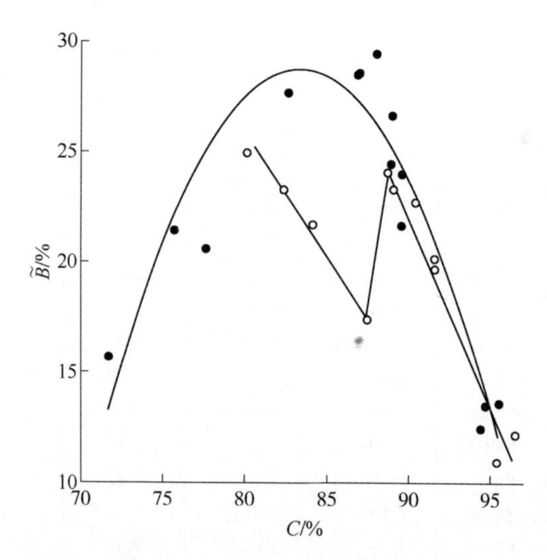

图 6-14　镜煤（•）和丝炭（○）的还原指数参数与碳含量的关系

产物产率最大化的方向进行，就必须确定反应过程的相关参数及其影响因素。用反应动力学方法可以解决这个问题。在文献[55]中建立了煤热分解过程的动力学方程，依据的动力学流程图参见图 6-15。

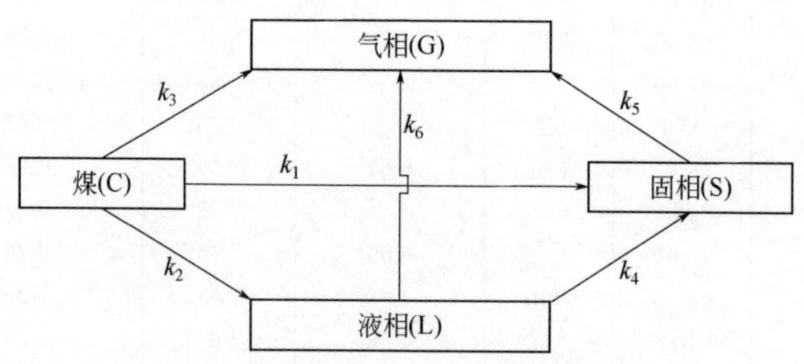

图 6-15　煤热转化过程的动力学流程图

k_i—第 i 种转化的速率常数

据图 6-15，可以写成：

$$
\begin{cases}
\dfrac{\mathrm{d}C}{\mathrm{d}t} = -(k_1 + k_2 + k_3)C \\
\dfrac{\mathrm{d}L}{\mathrm{d}t} = k_2 C - (k_4 + k_6)L \\
\dfrac{\mathrm{d}S}{\mathrm{d}t} = k_1 C + k_4 L - k_5 S \\
\dfrac{\mathrm{d}G}{\mathrm{d}t} = k_3 C + k_5 S + k_6 G
\end{cases}
\tag{6-97}
$$

式中　C, L, S, G——相应元素的质量分数（$C+L+S+G=1$）；

t——时间。

若初始条件为 $t=0$，$C=C_0=1$，$G=L=S=0$，将微分方程组积分后得：

$$C(t)=C_0\mathrm{e}^{-k_\Sigma t};\ k_\Sigma=k_1+k_2+k_3 \tag{6-98}$$

$$L(t)=A\left[\mathrm{e}^{-k_\Sigma t}-\mathrm{e}^{-(k_4+k_6)t}\right] \tag{6-99}$$

$$A=\frac{k_2C_0}{k_4+k_6-k_\Sigma}$$

$$S(t)=k_4A\left[\frac{1}{k_5-k_\Sigma}\mathrm{e}^{-k_\Sigma t}-\frac{1}{k_5-k_4-k_6}\right]\mathrm{e}^{-(k_4+k_6)t}+$$
$$\left[\frac{k_1C_0}{k_\Sigma}-k_4A\left(\frac{1}{k_5-k_\Sigma}-\frac{1}{k_5-k_4-k_6}\right)\right]\mathrm{e}^{-k_5 t}-\frac{k_1C_0}{k_\Sigma}\mathrm{e}^{-(k_4+k_6)t} \tag{6-100}$$

$$G(t)=C_0-C(t)-L(t)-S(t) \tag{6-101}$$

所列方程反映出煤热解产物的产率与时间的复杂关系。

我们确定液态产物最大产率时遵循的条件：

$$\frac{\mathrm{d}L}{\mathrm{d}t}=0$$

那么由方程式（6-97）得：

$$k_2C=(k_4+k_6)L$$

或

$$L=\frac{k_2C_0\mathrm{e}^{-k_5 t}}{k_4+k_6}$$

6.3.4　快速加热

煤的热处理结果显示，产物的成分同加热速度 $\mathrm{d}T/\mathrm{d}t$ 有很大关系[56]。图 6-16 显示的是莫斯科附近的煤热解过程中慢速加热和快速加热时固体残渣中 C、H、O 和 N 元素含量的变化[57]。从该图可以看出，随着温度的升高，快速加热时 H、N 及 O 原子比慢速加热时脱离得更快。图 6-17 显示的是快速加热对煤中挥发分和焦油产率的影响[59]。

我们来看看快速加热对化学反应动力特性的影响。所选择的某一组分的化学反应速率 v 等于该组分的浓度在单位时间 t 和单位体积 V 内的变化量：

$$v=\frac{1}{V}\times\frac{\mathrm{d}n}{\mathrm{d}t} \tag{6-102}$$

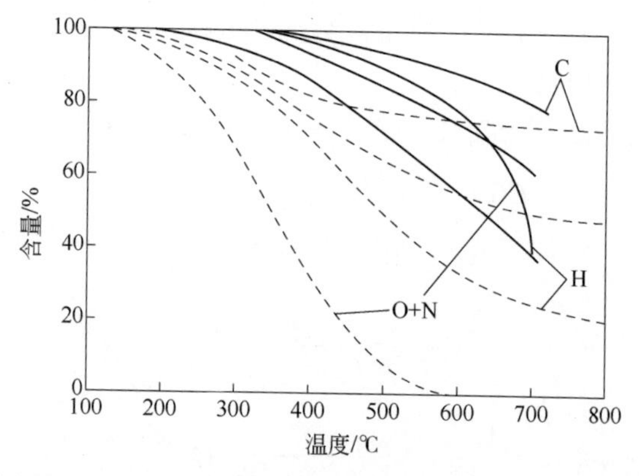

图 6-16　煤热解过程中慢速加热（实线）和快速加热（虚线，v=1500K/s）时固体残渣中元素含量的变化

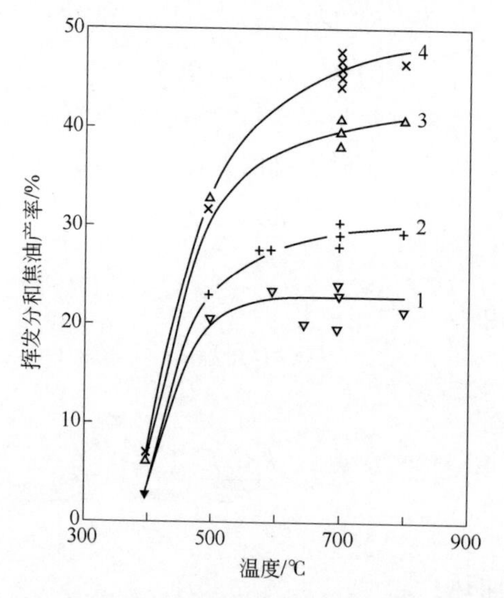

图 6-17　加热速度对煤中挥发分和焦油产率温度关系的影响

焦油产率：1—1K/s；2—1000K/s。挥发分产率：3—1K/s；4—1000K/s

当体积不变时：

$$v = \frac{\mathrm{d}}{\mathrm{d}t}\left(\frac{n}{V}\right) = \frac{\mathrm{d}C}{\mathrm{d}t} \tag{6-103}$$

式中，C 为物质的当前浓度。

煤炭有机质的转化速率通常可以表示为：

$$v = \frac{\mathrm{d}C}{\mathrm{d}t} = -kC^n \tag{6-104}$$

式中　k——反应速率常数；

　　n——反应级数。

根据阿伦尼乌斯方程，

$$k = k_0 \exp\left(-\frac{E}{RT}\right) \tag{6-105}$$

式中　T——热力学温度；

　　k_0——指数前因子；

　　E——活化能。

假设反应物的浓度与温度无关，反应速率也存在类似的关系[58]：

$$v = v_0 \exp\left(-\frac{E}{RT}\right) \tag{6-106}$$

式中，v_0为经验参数。

将式（6-106）取对数后得：

$$\ln v = \ln v_0 - \frac{E}{RT} \tag{6-107}$$

根据温度求函数［式（6-107）］的微分，得到反应速率的相对增加值：

$$\frac{\mathrm{d}\ln v}{\mathrm{d}T} = \frac{\mathrm{d}v}{v\mathrm{d}T} = \frac{E}{RT^2} \tag{6-108}$$

按照方程式（6-108），反应活化能E和温度越高，反应的相对速率增加越快。这一重要结论揭示了煤热加工过程中快速加热的实际意义：加热越快，活化能E较高的反应进行得越快。结果，快速加热的热解产物同慢速加热时的产物有很大差别。根据阿伦尼乌斯方程，当温度不变（恒温反应）时，速度最快的是活化能最低的反应，即煤炭有机质的热分解反应是根据键能有选择性地进行的。键越弱，断键反应过程越快。快速加热时，（活化能较高的）牢固键断裂的可能性随着温度的升高而加大，这对于焦化过程尤其重要（参见图 6-16）。

据文献[60]，对煤炭快速加热的实验数据进行分析后可以得出以下结论：

① 快速加热时，随着煤中挥发分产率的增加，固体残渣的产率直线下降；

②快速半焦化过程中初级焦油的产率与挥发分产率成正比；

③ 随着加热速度的提高，起始的和最终的气体释出温度都会升高。

我们再看看加热速度的动力方程计算问题。根据实验数据，煤的热转化反应为初级反应[61]。因此，反应过程的动力方程可以表示为：

$$\frac{\mathrm{d}C}{\mathrm{d}t} = k(C_0 - C) \tag{6-109}$$

式中　C——煤的当前浓度；

C_0——煤的最终浓度（固体残渣）。

采用新的变量 T，则：

$$\frac{\mathrm{d}C}{\mathrm{d}t}=\frac{\mathrm{d}C}{\mathrm{d}T}\times\frac{\mathrm{d}T}{\mathrm{d}t}$$

由式（6-109）得：

$$\frac{\mathrm{d}C}{\mathrm{d}T}=\frac{k}{\beta}(C_0-C) \tag{6-110}$$

式中，$\beta=\frac{\mathrm{d}T}{\mathrm{d}t}$，为加热速度，K/s。

参考阿伦尼乌斯方程（6-105），由式（6-110）得：

$$\frac{\mathrm{d}C}{\mathrm{d}T}=\frac{k_0}{\beta}(C_0-C)\mathrm{e}^{-\frac{E}{RT}} \tag{6-111}$$

利用式（6-111）可以计算出初级反应中随温度变化的浓度梯度：β 值越大，$\mathrm{d}C/\mathrm{d}T$ 的值越小。

6.3.5　利用热解重量分析数据计算煤的热分解动力参数

利用热解重量分析法，依据煤样质量在加热速度不变条件下与温度的函数关系，可以计算出煤样的质量损失[62,63]，并确定热分解反应的一系列参数值，包括反应级数、速率常数和活化能[64,65]。

计算方法依据的是以下分解流程：

$$\underset{\text{原煤}}{\mathrm{A}}\longrightarrow\underset{\text{挥发组分}}{\mathrm{B}}+\underset{\text{固体残渣}}{\mathrm{A}} \tag{6-112}$$

分解反应速率表示为：

$$-\frac{\mathrm{d}C}{\mathrm{d}t}=kC^n \tag{6-113}$$

式中　k——反应速率常数；

n——反应级数；

C——原煤浓度；

t——时间。

$$C=\frac{W-W_{\mathrm{k}}}{W_0-W_{\mathrm{k}}}=1-\frac{V_{T_{\mathrm{in}}}}{V_{\mathrm{k}}} \tag{6-114}$$

式中　W——当前时刻煤的质量；

W_k——固体残渣的质量；

W_0——初始质量；

$V_{T_{in}}$ ——温度为 T_{in} 时的挥发分损失；

V_k——温度为 850℃时的挥发分损失；

T_{in}——最大质量损失速率对应的温度。

速率常数与温度的关系用阿伦尼乌斯方程 $k = Ze^{-\frac{E}{RT}}$ 来描述。式中，Z 为指数前因子，E 为活化能，R 为气体常数，T 为热力学温度。

为了求得参数 n、Z 及 E，必须建立三个方程组成的方程组。当加热速度 $\frac{dT}{dt}=\beta(T=T_0+\beta t)$不变时，由式（6-113）可得第一个方程：

$$\left(\frac{dC}{dT}\right)_{T=T_{in}} = \frac{Z}{\beta}e^{-\frac{E}{RT_{in}}}C_{in}^n \tag{6-115}$$

由于在拐点 $\left(\frac{d^2C}{dt^2}\right)_{T=T_{in}}=0$，则由式（6-115）得第二个方程：

$$E = -\frac{nRT_{in}^2}{C_{in}}\left(\frac{dC}{dT}\right)_{T=T_{in}} \tag{6-116}$$

第三个方程由式（6-115）可得：

先除去变量，然后在从 1 到 T_{in} 和从 T_0 到 T_{in} 范围内积分：

$$\int_1^{C_{in}}\frac{dC}{C^n} = -\frac{Z}{\beta}\int_{T_0}^{T_{in}}e^{-\frac{E}{RT_{in}}}dT \tag{6-117}$$

经过一系列转换可得[64,65]：

$$\int_1^{C_{in}}\frac{dC}{C^n} = -\frac{1}{nC_{in}^{n-1}}\left(x - x^2e^x\int_0^{\infty}\frac{e^{-u}}{u}du\right) \tag{6-118}$$

并由式（6-116）导出：

$$\frac{e^{-x}}{x^2} = \frac{R\beta}{EnZC_{in}^{n-1}}$$

式中，$x=E/RT$。

由式（6-118）得：

① 当 n=1 时：

$$\ln C_{\text{in}} = -1 + P(x) \tag{6-119}$$

② 当 $n \neq 1$ 时：

$$nC_{\text{in}}^{n-1} = 1 + (n-1)P(x) \tag{6-120}$$

式中，$P(x) = 1 - x + x^2 e^x \int_x^{\infty} \frac{e^{-u}}{u} du$。

为了计算函数 $P(x)$，利用定积分[67] $E_i(x) = \int_{\delta}^{\infty} \frac{e^{-u}}{u} du$ 的列表数值，可以得到区间 1≤x≤80 内的相关方程：

$$P(x) = 0.0096 + \frac{1.576}{x} - \frac{0.9896}{x^2} \quad (r = 0.99995) \tag{6-121}$$

这样，当 $n \neq 1$ 时，可以用迭代法解方程（6-115）、方程（6-116）和方程（6-120）组成的方程组求得参数 E、n、k 及 Z 的值。迭代过程如下：

① 给出原始数据：C_{in}、T_{in}、$\left(\frac{dC}{dT}\right)_{T=T_{\text{in}}}$、$\beta$。

② 作为初始逼近取的是：n=1.01，迭代步长 h=0.01。

③ 计算以下函数：

$$\left.\begin{array}{l} E = -\dfrac{nRT_{\text{in}}^2}{C_{\text{in}}}\left(\dfrac{dC}{dT}\right)_{T=T_{\text{in}}}; \ x = \dfrac{E}{RT_{\text{in}}} \\ P(x) = 0.0096 + \dfrac{1.576}{x} - \dfrac{0.9896}{x^2}; \ Z = \dfrac{x^2 R\beta}{nEe^{-x}C_{\text{in}}^{n-1}} \\ y = 1 + (n-1)P(x) - nC_{\text{in}}^{n-1}; \ k = Ze^{-\frac{E}{RT}} \end{array}\right\} \tag{6-122}$$

当 y^2≤0.01（计算精度）时，迭代结束。计算结果便是 n、E、Z、k 的值。

在式（6-122）中，T_{in} 为拐点温度，K；β 为加热速率，K/s；E 为活化能，kJ/mol；R 为气体常数（R=8.314×10^{-3}kJ/mol）；C_{in} 为拐点处未分解物质的分率；$\left(\frac{dC}{dT}\right)_{T=T_{\text{in}}}$ 为拐点处的分解速度；n 为反应过程指数（无因次量）；Z 为指数前因子，s^{-1}；k 为反应速率常数，s^{-1}。

用式（6-122）计算出的气煤热分解动力参数如下：

原始数据[65]	计算结果
C_{in}=0.566	n=2.13
T_{in}=443K	E=63.20kJ/mol

$$\left(\frac{\mathrm{d}C}{\mathrm{d}T}\right)_{T=T_{\text{in}}}=-0.013\text{g/K} \qquad Z=1.65\times10^{4}\text{s}^{-1}$$

$$\beta=\frac{1}{6}\text{K/s} \qquad k=5.8\times10^{-3}\text{s}^{-1}$$

按照式（6-114）计算 $T_{\mathrm{H}}\sim T_{\mathrm{k}}$ 温度区间的质量损失 V_T:

$$V_T=V_{\mathrm{k}}\,(1-C_T)$$

C_T 的值利用方程式（6-118）求得:

$$C_T=\exp\left(\frac{1}{1-n}\ln\left\{1-\frac{ZE}{R\beta}\times\frac{(1-n)[1-P(x)]}{\mathrm{e}^2x^2}\right\}\right)$$

式中，$x=E/(RT)$。

图 6-18 是气煤的热解重量分析曲线（借助参数 E、n 及 Z 建立的计算曲线和实验曲线）。实验值和计算值非常吻合。

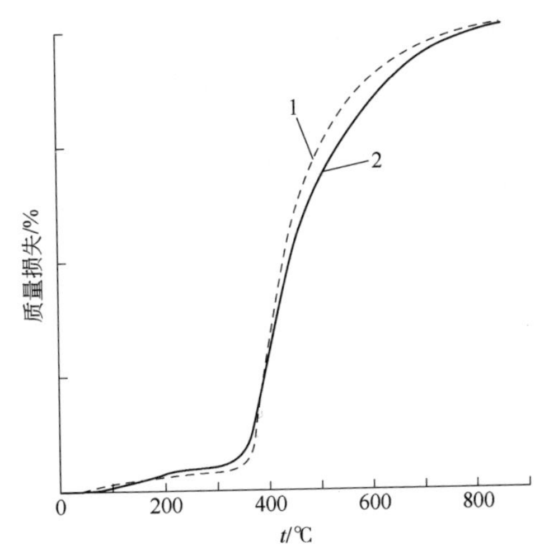

图 6-18 气煤的热解重量分析曲线

1—计算曲线；2—实验曲线

还需要指出的是，由于煤是非常复杂的体系，应将热力参数视为反应动力学的“有效参数”。

6.3.6 煤气化过程中平衡气相组分的热力学计算

煤气化过程实际上是它与汽化剂的相互作用过程，具体是与氧气、水蒸气、氢气及各种化学添加剂的相互作用过程。气化的结果是一部分煤炭有机质转化成可燃气体产物，主要包括 CO、H_2 和 CH_4。

气体的成分取决于气化反应参数、汽化剂和煤自身的结构-化学指数。气化产物的主要用途：

① 低热值（Q=3.8～7.6MJ/m^3）气体用作燃料；

② 中热值（Q=10～16MJ/m^3）气体用作化学工业中的合成气；

③ 高热值（Q>21MJ/m^3）气体用于替代天然气。

文献[68]介绍了几种煤气化法。

① 鲁奇法　蒸汽和氧气在压力 p=2～3MPa 及温度 T=950～1100℃条件下通过缓慢移动的煤层使其气化。

② 温克勒法　在压力 $p \approx$ 0.4MPa 及温度 T=800～1100℃条件下使流化床层中的煤发生气化，煤粒直径 $d \approx$ 10 mm。

③ 考伯斯-托茨克法（K-T 炉法）　主要用于粉煤气化，对质量没有特别要求。反应过程中氢气为微正压，温度 T=1500～1600℃，水蒸气输入量为 0.05～0.5kg/kg。

在已知反应温度、压力、原料基元成分（包括煤、水分、矿物成分、空气成分）的情况下，用化学热力学方法可以计算出煤气化产物的平衡组分。计算结果与试验测定数值完全吻合，证明这些方法有重要的实际意义，可以借助计算机模拟反应过程，并确定实现目标产物产率最大化的条件。

在结合空气成分研究定温和定压条件下煤气化过程的平衡组分时，应该基于以下反应：

$$\alpha_1[\text{煤}]+\alpha_2[H_2O]+\alpha_3[\text{空气}]\xrightarrow{T,p}[\text{产物}] \tag{6-123}$$

式中　[煤]——由水、矿物成分、有机质组成的原煤；

$\alpha_1, \alpha_2, \alpha_3$——煤、水和空气的质量，g。

为了简便，我们只研究煤中的有机质。那么，式（6-123）就可以改写成：

$$\begin{matrix}\alpha_1[\text{有机质}]\\ +\alpha_2[H_2O]\\ +\alpha_3[\text{空气}]\end{matrix}\xrightarrow{T,p}\begin{bmatrix}C;H_2;N_2;S_2;CO;CO_2;CH_4;NO;NO_2;\\ N_2O;N_2O_5;H_2O;CS_2;COS;SO_3;SO_2;NH_3\end{bmatrix} \tag{6-124}$$

作为原始数据的单质（基础成分）物质的量用以下公式计算：

$$n_C^0=\alpha_1\frac{C}{100m_C}$$

$$n_{H_2}^0=\frac{1}{2}\left(\frac{\alpha_1 H}{100m_H}+\frac{2\alpha_2}{2m_H+m_C}\right)$$

$$n_{O_2}^0=\frac{1}{2}\left(\frac{\alpha_1 O}{100m_O}+\frac{\alpha_2}{2m_H+m_C}+\frac{\alpha_3}{m_O+3.762m_N}\right)$$

$$n_{N_2}^0=\frac{1}{2}\left(\frac{\alpha_1 N}{100m_N}+\frac{3.762\alpha_3}{m_O+3.762m_N}\right)$$

$$n_{S_2}^0=\frac{1}{2}\left(\frac{\alpha_1 S}{100m_S}\right)$$

式中　　m_i——原子 i 的原子质量；

H, C, O, N, S——煤炭有机质中相应原子的含量，%。

假设煤炭有机质中各种原子的总含量等于 100%，在确定了平衡组分物质的量 n_i 后，要计算两个能反映转化过程效率的参数：

① 气相组分的燃烧热

$$Q_{燃烧}(T)=\sum_{i=1}^{M}n_i f_i q_i(T) \tag{6-125}$$

式中，q_i 为组分 i 的燃烧热。

② 气化过程的热效应

$$Q_{过程}(T)=\sum_{i=1}n_{n_i}^{等量}\Delta H_i(T)-\sum_{j=1}n_j^0\Delta H_j(T) \tag{6-126}$$

式中　n_j^0——反应物（煤炭有机质、水和空气）的物质的量；

ΔH_j——反应物的生成热；

n_i 和 ΔH_i——产物的对应值。

文献[69]中列出了俄罗斯博洛津煤矿褐煤在 T=991K 及 p=1MPa 条件下的流化床气化结果。这种煤的成分（质量分数，%）为：W_t^r=19.9；A^d=13.3；C^{daf}=72.78；H^{daf}=5.42；N^{daf}=1.00；O^{daf}=20.06；S_t^d=0.74。

使 1kg 煤气化需要消耗 1.64m^3 空气和 0.72kg 水蒸气。这种煤的灰分为：

$$A_t^r=A^d\frac{100-W_t^r}{100}$$

假设

$$[有机质]+W_t^r+A_t^r=100$$

那么，当空气密度 ρ=1.293kg/m^3 时，100g 原料煤加上其他反应物等于：

$$\underset{69.7}{[有机质]}+\underset{19.9}{W_t^r}+\underset{10.4}{A_t^r}+\underset{212}{[空气]}+\underset{72}{[蒸汽]}=384g$$

如果忽略灰分对气相组分的影响，则有：

$$\alpha_1[\text{有机质}]+\alpha_2[H_2O]+\alpha_3[\text{空气}]=373.6\text{g}$$

式中，α_1=69.7；α_2=91.9；α_3=212。

利用式（6-124）计算反应系统平衡组分时，我们得到的原始单质物质的量 n_i^0 为：n_C^0=4.23；$n_{H_2}^0$=6.99；$n_{O_2}^0$=4.53；$n_{N_2}^0$=5.83；$n_{S_2}^0$=0.01。

计算中用到的各组分吉布斯自由能取自文献[5]中的数据。计算用的是理想气体近似法。干燥气体各组分含量 L_i（体积%）是用以下公式计算的：

$$L_i=\frac{100y_i}{1-y_{H_2O}}$$

式中，y_i 为组分 i 的摩尔分数。

显然：

$$\sum_i L_i=100;\quad \sum_i y_i=1$$

我们来对比一下干燥气体组分（体积分数，%）的实验测定值（分子）和按照热动力平衡条件得到的计算值（分母）：

H_2	11.5/25.1
CO	9.8/12.9
CH_4	2.7/2.7
O_2	0.7/0
CO_2	15.1/15.3
H_2S	—/0.1

这些数据表明，尽管还有一定偏差，计算值和测定值还是很接近的。

可以说，上述计算方法和计算机程序在煤化学过程的热动力学研究中有望得到广泛应用。

6.3.7 燃烧过程中产生烟气的理论温度计算

燃烧过程中产生烟气的理论燃烧温度是空气系数 α=1 时的最高燃烧温度 T_{max}：

$$T_{max}=\frac{\sum_{i=1} x_i Q_i(T_0)}{\sum_{j=1} x_i C_{p,j}(T_0)}+T_0 \tag{6-127}$$

式中 x_i——组分的摩尔分数[1]；

$Q_i(T_0)$——温度为 T_0 时的燃烧热；

---

[1] $x_i=\frac{n_i}{\sum n_i}=\frac{V_i}{\sum V_i}$。式中，$n_i$ 为组分 i 的物质的量；而 V_i 为组分 i 的分体积。

$C_{p,j}$——燃烧过程中产生烟气 j 组分的热容量；

T_0——混合气体的基础温度。

燃烧过程中产生烟气的组分有 CO_2、O_2、CO、CH_4、C_2H_6、H_2、H_2S、N_2。混合气体完全燃烧反应的化学计算方程及其燃烧热 Q（Q_p=$-\Delta H_p$）为：

$$CO+\frac{1}{2}O_2 = CO_2;\quad Q_{CO}(T)=\Delta H_{CO}(T)-\Delta H_{CO_2}(T)$$

$$CH_4+2O_2 = CO_2+2H_2O;\quad Q_{CH_4}(T)=\Delta H_{CH_4}(T)-\Delta H_{CO_2}(T)-2\Delta H_{H_2O}(T)$$

$$C_2H_6+\frac{7}{2}O_2 = 2CO_2+3H_2O;\quad Q_{C_2H_6}(T)=\Delta H_{C_2H_6}(T)-2\Delta H_{CO_2}(T)-3\Delta H_{H_2O}(T)$$

$$H_2+\frac{1}{2}O_2 = H_2O;\quad Q_{H_2}(T)=-\Delta H_{H_2O}(T)$$

$$H_2S+\frac{3}{2}O_2 = SO_2+H_2O;\quad Q_{H_2S}(T)=\Delta H_{H_2S}(T)-\Delta H_{SO_2}(T)-\Delta H_{H_2O}(T)$$

由此，对于燃烧热可得：

$$Q(T_0)=x_{CO}Q_{CO}(T_0)+x_{CH_4}Q_{CH_4}(T_0)+x_{C_2H_6}Q_{C_2H_6}(T_0)+x_{H_2}Q_{H_2}(T_0)+x_{H_2S}Q_{H_2S}(T_0) \quad (6\text{-}128)$$

而对于燃烧产物（CO_2、H_2O、N_2）热容量：

$$\begin{aligned}C_p(T_0)=&(x_{CO}+x_{CH_4}+2x_{C_2H_6}+x_{CO_2})C_{p,CO_2}(T_0)+\\&(2x_{CH_4}+3x_{C_2H_6}+x_{H_2}+x_{H_2S})C_{p,H_2O}(T_0)+(x_{N_2}+A)C_{p,N_2}(T_0)\end{aligned} \quad (6\text{-}129)$$

式中，A 为空气中 N_2 的摩尔分数。

我们将空气成分的摩尔比例取为 O_2+3.76N_2，那么，当空气系数 α=1 时，氮气的摩尔分数将等于：

$$A=3.76\left(\frac{1}{2}x_{CO_2}+\frac{3}{2}x_{CH_4}+\frac{7}{2}x_{C_2H_6}+\frac{1}{2}x_{H_2}+\frac{3}{2}x_{H_2S}\right)$$

或

$$A=1.88(x_{CO_2}+3x_{CH_4}+7x_{C_2H_6}+x_{H_2}+3x_{H_2S})$$

作为我们研究范例的燃烧过程中产生烟气的相关参数参见表 6-14。利用该表中的数据，按照式（6-127）计算得到 T_{max}=2137℃。

表 6-14　基础温度 T=800K 时气相组分的相关参数

气体组分	x_i	Q_i/(kJ/mol)	$C_{p,j}$/[kJ/(mol·K)]
CO_2	0.073	0	51.42
O_2	0	0	33.74
CO	0.234	283.26	31.88
CH_4	0.012	800.06	63.51

续表

气体组分	x_i	Q_i/(kJ/mol)	$C_{p,j}$/[kJ/(mol·K)]
C_2H_6	0	1425.20	108.07
H_2	0.087	246.48	29.61
H_2S	0.0003	519.78	42.59
N_2	0.5937	0	31.43

6.3.8 煤的结构特点与结焦性

煤的焦化过程实际上是其在隔绝空气条件下的热分解过程，分为低温焦化（半焦化）（T=450～700℃）和高温焦化（T≥900℃）。

低温焦化的目的是获得清洁能源和化工原料，产物中的低温焦油多用于生产液体燃料和化学产品，半焦则用作无烟燃料或冶金焦炭生产配料。

文献[70-72]从理论和实践角度对低温焦化过程进行了详细论述。低温焦化可以使用各种烟煤和褐煤，但比较好的是挥发分产率高（32%～48%）、黏结性差、水分和灰分含量小的低阶烟煤。

一些中阶煤（肥煤、主焦煤、贫黏结煤和气煤）受热后会形成液相，并在很窄的温度区间内变成塑态。这时会形成相对均匀的物质，即发生黏结。

现在大家普遍认为，煤或混合煤若要发生黏结，必须先形成液相[76,77]。煤的黏结恰好发生于低温焦化温区（T=500～550℃），会形成机械强度较大的固体残渣——半焦。

文献中有时也会将煤的塑态与液晶（中间相）做类比[73,74]，这是因为，无论煤还是液晶的塑态都存在于很窄的温度区间。分子在液晶中的排列比在液体中更整齐，但不如在晶体中有序。随着温度的升高，液晶会变成液体；而随着温度的降低，液晶会具有晶体形态[75]。煤经过中间阶段（中间相）向石墨的形态转变过程参见图 6-19。

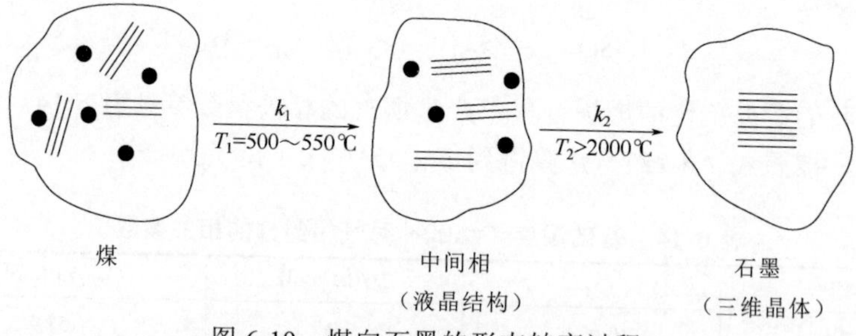

图 6-19　煤向石墨的形态转变过程

煤受热后液相（中间相）的形成机理类似于煤的溶解机理（见图 6-10），即萃取物产率最大的煤受热后形成的液态产物也最多。那么，自然可以这样推测：

无论是萃取时，还是加热时，首先分离出的是煤炭有机质中分子间作用力较弱的化合物分子；温度升高后（T=500～550℃），分离出的是弱化学键断裂后被氢（来自煤炭有机质本身或供氢体）稳定住的分解产物分子。因此，煤炭有机质中所含的氢越多，即其还原性越高，则液相产率应该越大。此外，氧的数量应该对液相的形成起负面影响，因为它会消耗氢形成热解水。

据文献[77]中的数据，煤的塑态流动性越大，其固体残渣的有序性越好。图6-20显示的是煤炭胶质体的流动性与碳含量的关系。比较图6-20和图6-10后可以看出，萃取物产率最大的煤，其胶质体流动性也很大。

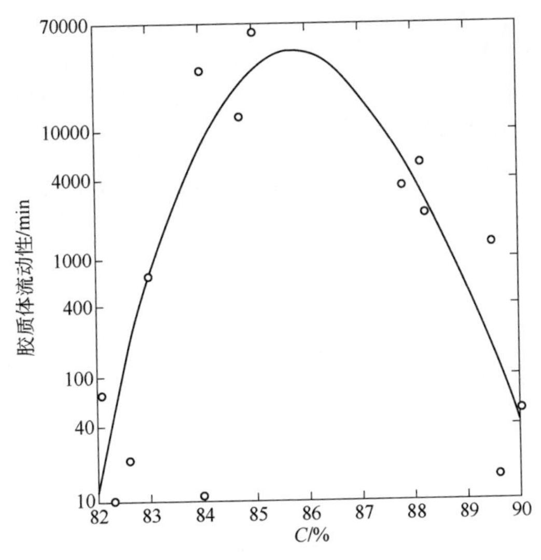

图 6-20　煤的变质程度对胶质体流动性的影响

煤焦油沥青通常用作制造阳极材料和石墨化产品的黏结料，也可用来生产沥青焦[79]。

高温焦化的目的是生产冶金焦炭，使用的煤黏结性高（罗加黏结性指数为50～85），挥发分产率达18%～30%，并且煤岩成分也很合适。水分和矿物成分对焦炭的强度往往有不利影响。

在炼焦炉内将煤在 T=900～1100℃温度条件下加热，就会形成固体物质——碳含量约98%的焦炭。当挥发分大量析出，固体颗粒内会产生较高的气压，导致其破裂并在焦炭中形成孔隙。

由于焦炭内原子团和官能团中含有氢、氧和氮（H=0.75%，N=1.0%，O=0.85%[80]），就无法形成类似石墨的整齐有序的三维结构。只有温度达到1200～1500℃，几乎所有的氢都脱离后，才会出现规整结构。

原料性质和焦化条件等会使焦渣出现较大差别，主要表现在碳层的状态（各种杂质的类型和浓度、结构缺陷)、碳层相互间的位置、孔隙度、表层性质、不同价态(sp、sp^2 及 sp^3)碳原子的比值等方面。因此，即使在同样的工艺条件下，用不同煤炭生产的焦炭质量也不同。对焦炭质量影响较大的是煤炭有机质的基元成分和碎片成分、矿物杂质的数量和成分等。

根据 X 射线衍射分析，焦炭是层间距为 3.48～3.50Å 的不规则晶体的烧结块[81]。随着温度的升高，其三维有序性会增加。若继续进行热加工，原则上讲几乎所有的焦渣都会转变成石墨。把煤加热后制成焦炭继而制成石墨从热力学角度看是可行的，因为随着系统中缩合环数的增加，每个碳原子上的吉布斯自由能会减小，在石墨中它接近于零。

图 6-21 显示的是石墨化碳的结晶度参数(层间距 d_{002}、晶面尺寸 L_a、锥晶层厚度 L_c、晶体密度 d)随着加热温度升高所发生的变化，可以看出，当温度达到 1800℃左右时会发生显著的结构变化[82]。将煤焦油沥青焦炭加热后，也会出现这样的变化(见图 6-22[83])。文献[83]的作者认为，在温度达到 1800℃之前，发生的是炭化作用(脱除 H、N 及 O 原子)，而超过 1800℃后发生的是石墨化作用。

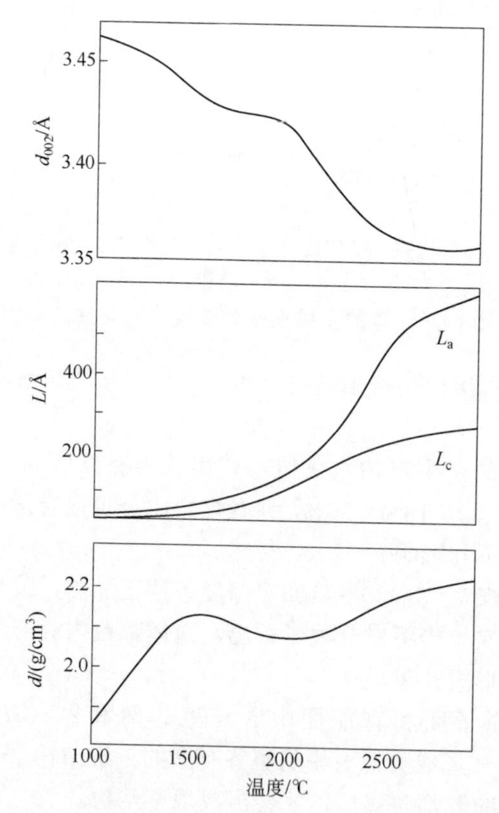

图 6-21 石墨化碳的结晶度参数与热加工温度的关系

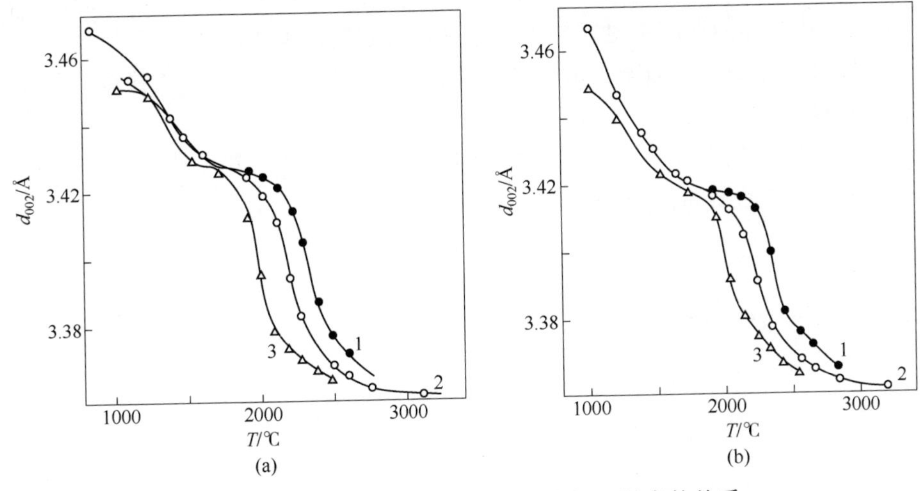

图 6-22　石墨化碳层间距 d_{002} 与热加工温度的关系

（a）煤焦油沥青焦炭；（b）石油热解焦炭

1—0min；2—30min；3—480min

据电子顺磁共振分析数据，温度为 600～700℃时热加工含碳材料样品的顺磁性达到最大值。图 6-23 显示的是石油沥青的顺磁性与加工温度的关系[84]，可以看出，当温度 T≈500℃时顺磁中心浓度 N_s 达到最大，当 T>2000℃时逐渐降至零。

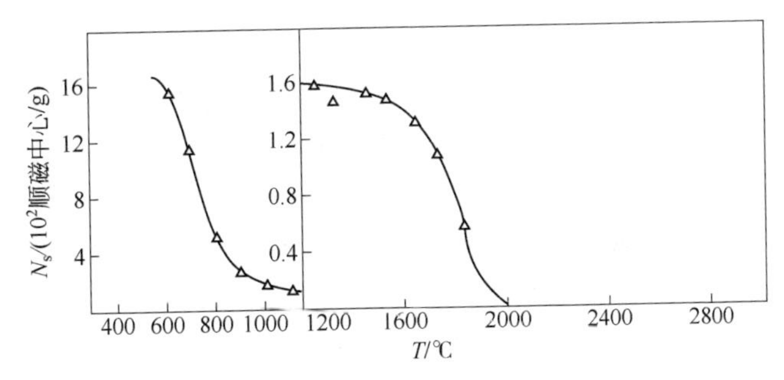

图 6-23　石油沥青顺磁中心 N_s 与热加工温度的关系

这些数据证明，在温度达到 2000℃之前，焦炭结构在受热条件下一直在分解重组，然后随着温度升高介稳状态消失，焦炭转变为从热解动力学角度看较为稳定的碳形态——石墨。不过，必须指出的是，热解动力学上所谓的稳定形态并不是机械强度较大的，而冶金焦炭却需要有较大的机械强度。因此，就出现了以下问题：

① 焦炭的强度性质同其化学结构有什么样的关联；

② 是否能利用化学作用增加冶金焦炭的机械强度；

③ 在什么样的温度下进行热加工可使焦炭强度最大化。

焦炭具有介稳（热力学上非平衡）结构，由三维不规则石墨簇构成，其孔隙内含有灰粒。

在相对较低的温度下，可能会形成不同的含碳结构，其中的碳原子处于 sp 和 sp^2 价态（参见图 6-24 和图 6-25）[85]。

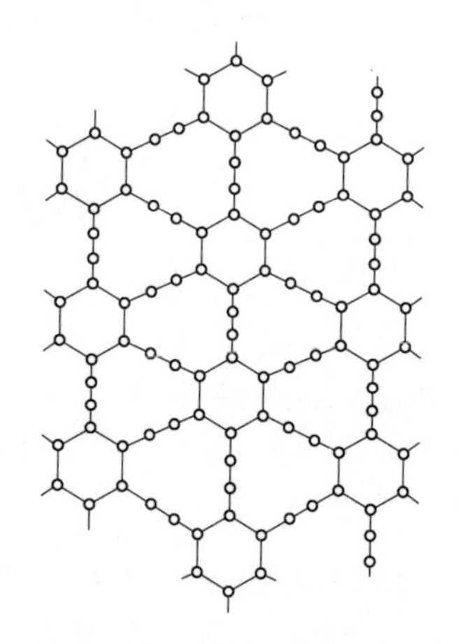

图 6-24 sp 和 sp^2 价态碳原子组成的平面碳网

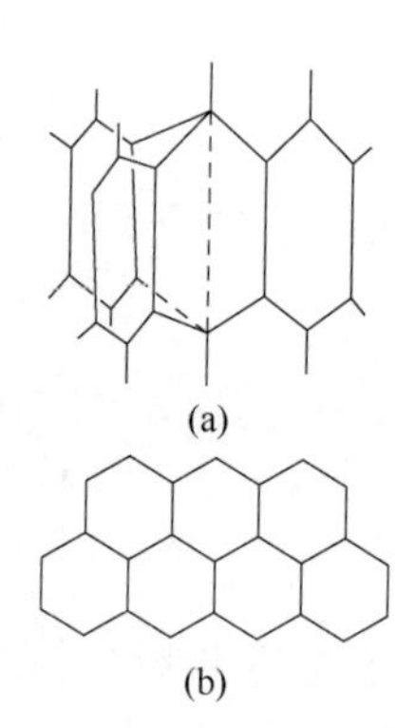

图 6-25 碳的晶型变态局部图
（a）sp 和 sp^2 价态碳原子组成的；（b）在平面 z=0 上的投影

sp^2 价态碳原子组成的并通过 sp^3 价态碳原子由价键相连的碳簇的机械强度应该比石墨的强度大几倍，因为在石墨中含六元环的晶面是靠较弱的范德华力维持的。在图 6-26 上的结构中，两个蒽分子在 9 位和 10 位被亚甲基连接。每个分子都是参照 AM1 法以最佳几何形状绘出的[28]。图 6-27 上是两个芘分子在不同位置被不同烃基连接后形成的几何形状最佳的结构空间图像[86]。这些结构的特点表现在其强度和孔隙度。

根据这些推论可以得出这样的结论：除了其他因素外，冶金焦炭的机械强度应该主要取决于结构中 sp^2 和 sp^3 价态碳原子的含量。

下面，我们再举例说明，如何借助与两种价态碳原子数量相关的函数 $F(C_{sp^2,sp^3})$ 来表示碳原子和氢原子组成的物质的生成热和密度。

将处于 sp^2 和 sp^3 杂化状态的碳原子的百分含量表示为 $x=C_{sp^2}$ 和 $y=C_{sp^3}$，将反映系统特点的函数 $z(x,y)$ 表示为：

$$z(x,y)=a_0+a_1x+a_2y+a_3xy+a_4x^2+a_5y^2 \qquad (6\text{-}130)$$

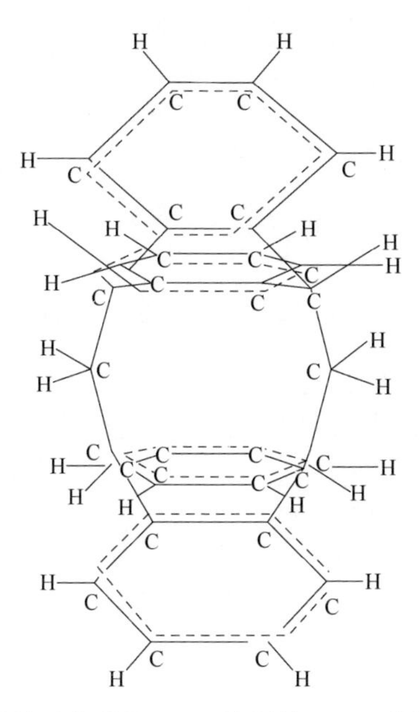

图 6-26　用量子化学法 AM1 绘制的(9,10)-蒽的最佳结构

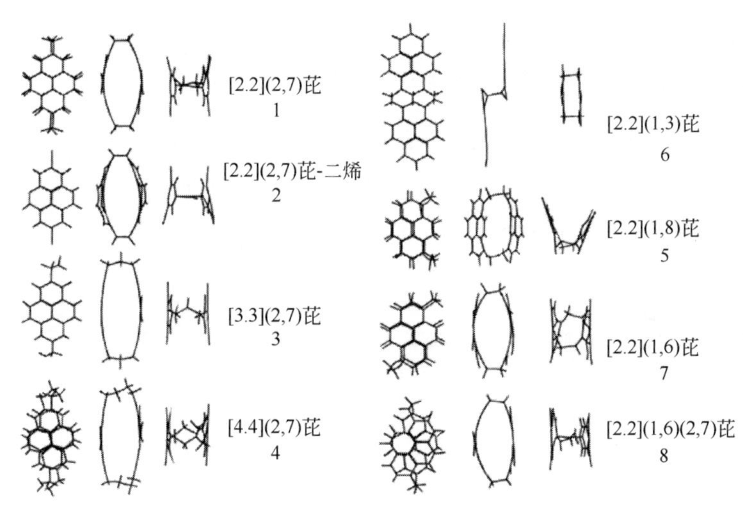

图 6-27　用 AM1 法绘制的芘的最佳结构

方括号[ ]中的数字表示连接片段中的碳原子数；圆括号( )中的数字表示芘分子中的连接位置

式（6-130）无条件极值点的坐标用以下方程组解得：

$$\frac{\partial x}{\partial y} = a_1 + a_3 y_0 + 2a_4 x_0 = 0$$

$$\frac{\partial z}{\partial y} = a_2 + a_3 x_0 + 2a_5 y_0 = 0$$

由此得：

$$x_0 = -\frac{a_1}{2a_4} - \frac{a_3}{2a_4} y_0$$

$$y_0 = \frac{2a_2 a_4 - a_1 a_3}{a_3^2 - 4a_4 a_5}$$

式（6-130）的函数极值（最大值和最小值）性质借助以下行列式Δ来确定：

$$\Delta = \begin{vmatrix} \dfrac{\partial^2 z}{\partial x^2} & \dfrac{\partial^2 z}{\partial x \partial y} \\ \dfrac{\partial^2 z}{\partial x \partial y} & \dfrac{\partial^2 z}{\partial y^2} \end{vmatrix} = \frac{\partial^2 z}{\partial x^2} \times \frac{\partial^2 z}{\partial y^2} - \left(\frac{\partial^2 z}{\partial x \partial y} \right)^2$$

由于 $\dfrac{\partial^2 z}{\partial x^2} = 2a_4$，$\dfrac{\partial^2 z}{\partial y^2} = 2a_5$，$\dfrac{\partial^2 z}{\partial x \partial y} = a_3$，得：

$$\Delta = 4a_4 a_5 - a_3^2$$

如果Δ<0，则式（6-130）在拐点 M（x_o,y_o）的值最大；如果Δ>0，则它在拐点的值最小。

为了建立式（6-130），使用表 6-15 中的检测化合物分子。

表 6-15 检测化合物的基元组分（x, y）、生成热和密度 d

化合物分子	分子质量 m/AEM	x/%	y/%	$\dfrac{100\Delta H_{298}}{m}$ /(kJ/g)[5]	d/(g/cm^3)[32]
石墨 C_{sp^2}	12.011	100	0	0	2.25
苯 C_6H_6	78.108	92.26	0	106.19	0.879
甲苯 C_7H_8	92.134	78.21	13.63	54.27	0.8669
环己烷 C_6H_{12}	84.156	0	85.63	146.31	0.7785
金刚石 C_{sp^2}	12.011	0	100	18.45	3.515
萘 $C_{10}H_8$	128.164	93.71	0	117.78	1.168
萘烷 $C_{10}H_{18}$	138.244	0	86.87	122.21	0.8699
乙基苯 C_8H_{10}	106.160	67.88	22.63	28.07	0.8670

得到了生成焓的计算公式

$$100\frac{\Delta H_{298}}{m} = 3.9458x - 2.9952y - 0.018xy - 0.0394x^2 + 0.0304y^2 \quad (r = 0.9952) \qquad (6\text{-}131)$$

当 x_0=36.36%及 y_0=60.03%（x_0+y_0=C=96.39%）时，函数（6-131）的值最大。

得到的密度 d 的计算公式为：

$$d=-0.1438x-0.1504y+0.0035xy+0.0017x^2+0.0018y^2 \quad (r=0.9987) \qquad (6\text{-}132)$$

当 y=100 及 x=0（对应的是金刚石）时，式（6-132）的函数值最大。

还要指出的是，可以把焦炭的强度特性值用到式（6-130）中。焦炭中的碳原子数可以用 ^{13}C 核磁共振法确定。

6.3.9 焦炭反应能力指数

冶金焦炭的反应能力是根据焦炭中的碳与 CO_2 在高温（950～1100℃）下发生的反应测定的，被视作高炉冶金生产用焦炭的主要技术指标之一。提高焦炭的反应能力一方面将增加以下反应中焦炭的消耗量：

$$C+CO_2 \longrightarrow 2CO \qquad (6\text{-}133)$$

另一方面会降低它在高炉中的强度，这会导致料块变碎，并降低炉料的透气性。因此，提高焦炭的反应能力会伴随高炉生产效率下降和单位钢材产品的焦炭消耗量增加。

焦炭对 CO_2 的反应能力不仅取决于配合煤的煤岩组分，还取决于原煤的变质程度[87]。反应能力较低的焦炭是反射率 R_0=1.2%～1.4%的镜煤焦化形成的，具有粗马赛克结构。各种变质阶段煤炭的惰性组会形成丝炭类的多孔焦炭碎片，而混合料中若有低阶煤（R_0≤0.8%）则会形成反应能力较高的各向同性结构的焦炭。

在不久前，通用的反映焦炭反应能力的还是指标 K_m，它是按照俄罗斯国家标准 ГОСТ 10089—89（以前用 ГОСТ 10089—62 和 ГОСТ 10089—73）测定的。测定时温度保持在 1000℃，保持时间为 15min，加料量为 10g 焦炭（粒度为 4～5mm），CO_2 输送速度为 3L/h。使用这种方法时，反应能力指标 K_m 的计算公式为：

$$K_m = vTR/(m_0T_1) \qquad (6\text{-}134)$$

式中 v——CO_2 输送速度，cm^3/s；

T——试验温度，K（通常为 1273K）；

R——反应气体转化度；

m_0——试样中碳的质量，g；

T_1——输入反应器的气体温度，K。

反应气体转化度的计算公式为：

$$R = 2\ln[1/(1-r)]-r \qquad (6\text{-}135)$$

式中，r 为反应式（6-133）气体产物中各组分的浓度比：

$$r=[CO]/([CO]+2[CO_2]) \qquad (6\text{-}136)$$

对于 CO_2 与焦炭中碳的总反应，其一级速率常数表示为：

$$k = \tau^{-1} \ln[m_0 / (m_0 - \Delta m)] \tag{6-137}$$

式中　τ——反应时间，s；

m_0——试验用焦炭样本中碳的质量，g；

Δm——反应后焦炭中碳的质量损失，g。

按照俄罗斯国家标准 ГОСТ 10089—89，m_0 的值是通过焦炭装料量（g）、灰分 A^{d}（%）及其碳含量 C^{daf}（%）求得的：

$$m_0 = 10^{-4} g(100 - A^{\text{d}})C^{\text{daf}} \tag{6-138}$$

而发生了反应的碳的数量（质量损失Δm）等于：

$$\Delta m = 12.011 v r \tau / 22400 \tag{6-139}$$

式中　12.011 ——碳的原子质量；

22400——形成的 CO 的摩尔体积，cm^3；

v——CO_2 输送速度，（按照 ГОСТ 10089—89）v=3cm^3/s；

τ——反应时间 900s（15min）。

这样，在计算关系式（6-135）时，式（6-137）中的速率常数 k 和式（6-134）中的 K_{m} 便通过指标 r（气体产物中 CO 的比率）相互联系起来。在一次近似法中，可以利用指数展开式 exp(r)估算 r 的值。将式（6-135）变成

$$\exp(-R) = \exp(r)(1-r)^2$$

并利用保留至 r^2 项的展开式 exp(r)，得到二次方程：

$$r^2 + 2r + 2\exp(-R) - 2 = 0$$

其正根即是所求的气体产物中 CO 的比率：

$$r = [3 - 2\exp(-R)]^{0.5} - 1 \tag{6-140}$$

近些年，国际上评价焦炭反应能力时广泛使用焦炭反应性指数 CRI（coke reactivity index），它是按照 Nippon Steel 公司法使焦炭在 1100℃高温下与 CO_2 发生反应 2h 后测定的[88]。CO_2 的输送速度为 5L/min。与上述指标 K_{m} 测定程序不同的是，此时焦炭的用量增加了（200g），且粒度更大（20mm）。此外，这样可以更准确地模拟焦炭在高炉中的反应条件，与 CO_2 发生反应后的焦炭数量也足够用于强度测试。将转鼓后大于 10mm 粒级焦炭占反应后残余焦炭的质量百分数确定为焦炭反应后强度 CSR（coke strength after reaction）指标。

CRI 和 CSR 指标的测定方法在 1997 年起执行的全苏国家标准 ГОСТ Р 50921—96 中也有规定。俄罗斯一些冶金企业[89,90]配置了国产的或进口的焦炭反应后强度检测装置，其使用经验为制定 ГОСТ Р 50921—96 提供了相关依据[91]。

根据文献[92]中的平均数据，得到了反应能力不同的焦炭的 K_{m} 值与用 Nippon

Steel 公司法测定的焦炭反应性指数 CRI 之间的关系：

$$CRI = 22.852 + 48.564K_m + 0.08348K_m^2 \tag{6-141}$$

许多科学家的研究成果表明，焦炭高温反应性指数 CRI 的值越大，与 CO_2 反应后所剩焦渣的强度越小，即 CRI 与 CSR 负相关。的确，如果 CRI 的值很大，这意味着焦炭中很大一部分碳处于相互联系很弱的状态（C 原子间化学键强度小）。这些碳原子与 CO_2 相互作用并在反应（6-133）中脱离后，会使 C—C 键更弱并导致焦炭结构松动。很大的 CRI 值还意味着焦炭中的矿物质作为催化剂加快了气化反应[92]。在反应（6-133）中，当焦炭中的碳在与矿物质相邻位置快速脱离后，焦炭与矿物质颗粒的黏结度下降，使焦炭反应后强度 CSR 更低。

6.4 煤的加氢反应

6.4.1 概况

在未来的能源产业和石油化学工业中，用煤为原料生产液体燃料和化学产品前景广阔[93-96]。

将固体燃料转变成液体燃料是非常复杂的技术过程，需要使反应物含氢量达到 5%～6%（煤中的含量）到 8%～12%（最终产物中的含量）不等。要达到这个目的，通常会使用以下三种传统方法之一：①直接加氢法（在高压下将氢直接加入煤中）；②热解法，伴随着氢在液态产物和炭化固体残渣间的重新分配；③气化法，然后将获得的混合气体合成为液态产物[97]。

比较通用的是煤直接加氢液化法，即在高温高压下利用液态产品（溶剂）和催化剂使氢分子直接作用于煤炭。在加氢过程中，煤质被分解并与氢结合（氢化），生成液态（可溶于苯的）混合产物，其馏分和化学成分类似天然石油，只是芳香烃和杂原子化合物含量较高。在氢化反应中，约 90%的煤转化成液态产品和气体，而且高沸点（300～350℃）馏分循环反应，最终产物是沸点达 300～350℃的馏出油（即粗汽油、煤油、柴油混合物），其产率约占煤炭有机质的 60%～65%[93]。

褐煤加氢液化产物的总成分类似重质石油，不同的是含氧化合物（特别是酚类）含量较高，还含有不稳定的不饱和烃和含硫化合物[98]。

通常选用反应能力较强的且挥发分产率不低于 35%的煤（木质煤、褐煤、半沥青煤）进行液化。煤炭有机质中所含的大量氧和氢有利于增加其转化率，它还同煤岩组分密切相关。

镜质组和壳质组这两种显微组分的破坏性加氢效果最好。沥青煤所含的镜质组约为 70%～80%，所以很适宜液化。其他显微组分的反应能力较差，实际上反应后会进入残渣[54]。

现在研究物质结构时采用的精准理化方法（带傅里叶变换的核磁共振、红外光谱和质谱技术等），使我们可以得到有关各种原子和原子团在煤的不同结构内分布情况的定量数据[38]。

在文献[99]中，作者以 7 种沥青煤和亚沥青煤为例，测定了各种原子在不同显微组分（壳质组、镜质组和惰性组）中的分布情况：

	壳质组	镜质组	惰性组
H/C	0.94～1.19	0.76～0.87	0.70～0.79
H_{Ar}	0.7～0.9	1.8～2.9	1.7～2.0
H_{Al}	5.6～7.2	2.8～4.0	2.0～3.2
V^{daf}/%	64.9	42.8	37.4

显微组分的密度从大到小为：

$$d_{惰性组} > d_{镜质组} > d_{壳质组}$$

按照上述资料，惰性组里主要是芳香族结构，壳质组里则是脂肪族结构。

俄罗斯科学院可燃矿物研究所开发的煤加氢液化法的技术参数为：T=425℃，压力为 10MPa，使用石油溶剂，油煤浆中含 50%的坎斯克-阿钦斯克煤田博洛津矿褐煤（参见表 6-16）。在高压釜中等温反应时间持续 2h 和连续装置输送油煤浆的体积速度为 τ^{-1}（混合反应物在反应釜中保留的时间 τ 为 1h）的情况下，液化效果最好。所用褐煤的镜质组含量为 80%，水分为 1%，灰分 5%～10%。用粒度为 100μm 的煤粉与溶剂混合制成油煤浆，煤油质量比为 1∶1.2。反应物中加有相应的催化剂和有机添加剂（供氢体），反应在温度 t=425～450℃和氢气压力达 10MPa 的条件下进行。煤炭有机质的转化率为 83%～88%[100]。

液化产物包括重质合成油和轻质合成油。煤的矿物组分对液化反应速度有影响，不过基本上不发生变化并最终和煤炭有机质未反应的部分一起被脱除（用沉淀法、离心法或蒸馏法）。

目前，煤液化的主要目的是生产发动机燃料，今后还可能成为化工原料的重要来源之一。当然，能否将煤液化产物用作化工原料还取决于煤、石油和天然气的价格。

煤液化产物的最佳用途暂时还处于探索阶段。煤液化中有许多复杂的技术和工程问题需要解决，这将是科研人员今后努力的方向。

表 6-16　俄罗斯坎斯克-阿钦斯克煤田所产煤炭的理化特性[101]

煤矿，煤层，采区	牌号，等级	技术分析结果					干燥无灰基					Q_i^r / (MJ / kg)
		W_r^t / %	W/%	A^d/%	S_t^d / %	V^{daf}/%	S_p^{daf} / %	S_0^{daf} / %	C^{daf}/%	H^{daf}/%	N^{daf}/%	
伊尔莎-博洛津露天煤矿	Б2Р	33.0	12.0	11.0	0.3	47.0	0.3		71.5	5.0	1.0	15.28
11 号博洛津煤层	Б2Р	33.0	12.0	15.0	0.3	47.0	0.4		71.5	5.0	1.0	14.44
纳扎罗夫露天煤矿：	Б2Р	39.0	13.0	13.0	0.7	47.0	0.8		70.0	4.8	1.0	12.85
2 号采区	Б2Р	38.7	13.0	12.0	1.1	45.7	0.9	0.3	71.4	4.8	1.0	13.44
9 号采区	Б2Р	37.5	12.0	19.6	0.9	47.7	1.0		69.3	4.5	1.0	11.97
3 号采区	Б2Р	39.7	12.0	20.0	0.5	47.0	0.6		70.0	4.8	1.0	11.57
别列佐夫露天煤矿	Б2Р	33.0	12.0	7.0	0.3	48.0	0.3		71.0	4.9	0.7	15.66
西乌柳普采区	Б2Р	33.0	12.0	7.0	0.3	48.0	0.3		71.0	4.9	0.7	15.66
巴朗达特煤矿：												
中等煤	Б2	37.0	11.5	7.0	0.3	48.0	0.3		71.5	4.9	0.7	14.82
低灰煤	Б2	37.0	12.0	4.0	0.3	48.0	0.3		71.5	4.9	0.7	15.32
伊塔特煤矿	Б1	40.5	13.0	11.5	0.7	48.0	0.8		69.5	4.9	0.7	12.81
博格托利煤矿	Б1	44.0	13.5	12.0	0.9	48.0	1.0		69.5	4.9	0.7	11.81
阿班煤矿	Б2	33.5	12.0	12.0	0.5	48.0	0.6		71.0	4.9	1.0	14.74
布尔什瑟尔煤矿	Б3	24.0	11.5	8.0	0.2	44.0	0.3		74.0	5.2	0.8	19.05

煤液化产物通常分为以下假定组分：

	可溶于	不溶于
沥青质	苯（δ=17.7）[1]	正己烷（δ=14.2） 戊烷（δ=14.1） 石油醚[2]
前沥青质	吡啶（δ=19.9） 四氢呋喃（δ=19.08）	苯（δ=17.7）
油品	正己烷（δ=14.2）	—
焦渣（炭青质）	—	任何溶剂

煤液化的物质平衡：在计算煤液化过程的物质平衡之前，让我们先看看图6-28上的液化产物生成流程。

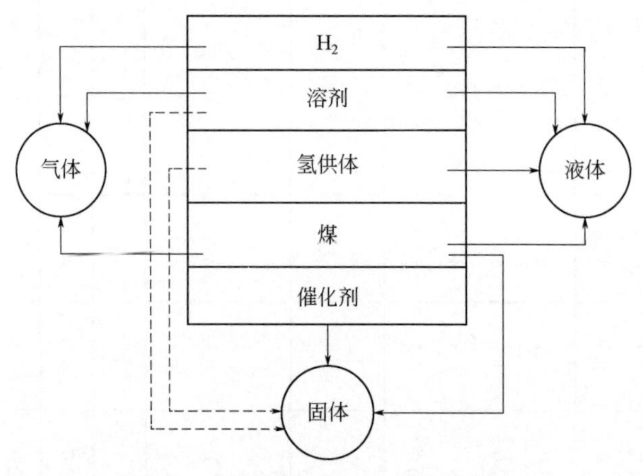

图 6-28　煤加氢液化产物生成流程

我们将各种反应物的原始数量分别表示为：m_C^0——煤炭有机质的，m_M^0——矿物杂质的，m_{PS}^0——溶剂的，m_D^0——供氢体的，m_K^0——催化剂的，m_H^0——氢分子的。计算时还用到了这些反应物中C、H、N、O、S原子含量的实验测定值（表6-17）。

煤加氢反应的物质平衡既可以用总质量来表示（见表6-17）：

$$M^0=M_{\text{有机质}} \tag{6-142}$$

也可以将每种原子分开来单独表示：

① 碳原子的为：

$$m_C^0C_C^0+m_{PS}^0C_S^0+m_D^0C_D^0=m_GC_G+m_LC_L+m_SC_S \tag{6-143}$$

---

[1] δ为希尔德布兰溶解度参数（参见表6-6）。

[2] 石油醚指沸程为20～90℃的石油组分。

表 6-17　煤加氢液化反应过程物质平衡计算用的原始数据

物质	组分质量/g	原子含量/%				
原始反应物						
煤炭有机质（COM）	m_C^0	C_C^0	H_C^0	N_C^0	O_C^0	S_C^0
矿物质（MM）	m_M^0	—	—	—	—	—
溶剂（PS）	m_{PS}^0	C_S^0	H_S^0	N_S^0	O_S^0	S_S^0
供氢体（HD）	m_D^0	C_D^0	H_D^0	N_D^0	O_D^0	S_D^0
H_2	m_H^0	—	100	—	—	—
催化剂（K）	m_K^0	—	—	—	—	—
合计	M^0	—	—	—	—	—
产物						
气体（G）	m_G	C_G	H_G	N_G	O_G	S_G
液体（L）	m_L	C_L	H_L	N_L	O_L	S_L
固体（S）	m_S	C_S	H_S	N_S	O_S	S_S
合计	M_P	—	—	—	—	—

注：计算时假设煤炭有机质和矿物杂质之间不发生原子交换（碳酸盐分解、结晶水脱离），矿物杂质全部转入固体残渣中，并且忽略煤炭有机质的吸湿水分。

② 氢原子的为：

$$m_C^0 H_C^0 + m_{PS}^0 H_S^0 + m_D^0 H_D^0 + 100 m_H^0 = m_G H_G + m_L H_L + m_S H_S \tag{6-144}$$

③ 氮原子的为：

$$m_C^0 N_C^0 + m_{PS}^0 N_S^0 + m_D^0 N_D^0 = m_G N_G + m_L N_L + m_S N_S \tag{6-145}$$

④ 氧原子的为：

$$m_C^0 O_C^0 + m_{PS}^0 O_S^0 + m_D^0 O_D^0 = m_G O_G + m_L O_L + m_S O_S \tag{6-146}$$

⑤ 硫原子的为：

$$m_C^0 S_C^0 + m_{PS}^0 S_S^0 + m_D^0 S_D^0 = m_G S_G + m_L S_L + m_S S_S \tag{6-147}$$

原子 A_i (i=C,H,N,O,S) 在各相 j (j=G,L,S) 之间的质量分布（%）用以下公式计算：

$$A_i = \frac{1}{100} m_j A_i \tag{6-148}$$

利用上述公式及式 $M^0=m_G+m_L+m_S$，可以将总原料转化率（%）表示为：

$$\alpha_C = \frac{(M^0 - m_S)}{M^0} 100 \tag{6-149}$$

而煤的液化率为：

$$\alpha_L = \frac{[M^0 - (m_S + m_G)]}{M^0}100 \quad (6\text{-}150)$$

要计算煤炭有机质的转化率，必须在无煤炭有机质的氢化反应条件下进行“空试”：

$$\underset{m^0_{P,S}\ m^0_D\ \ m^0_H\ \ m^0_K}{PS + HD + H_2 + K} \xrightarrow{p.\ t} \begin{cases} G,\ m_{P,G}(H_2,\ m_\alpha) \\ L,\ m_{P,L} \\ S,\ m_{P,S} \end{cases} \quad (6\text{-}151)$$

式中，m_α为气相中氢分子的质量。

参与反应的氢等于$\Delta_1 = m_H - m_\alpha$。

而用煤进行的试验的类似反应式为：

$$\underset{m^0_C\quad m^0_M\quad m^0_{PS}\ m^0_D\ \ m^0_H\ \ m^0_K}{COM + MM + PS + HD + H_2 + K} \xrightarrow{p.\ t} \begin{cases} G,\ m_G(H_2,\ m_\beta) \\ L,\ m_L \\ S,\ m_S \end{cases} \quad (6\text{-}152)$$

然后，计算参与反应的氢$\Delta_2 = m^0_H - m_\beta$。式中，$m_\beta$为气相中氢分子的质量。

用化学计算方程（6-152）逐项解方程式（6-151），得：

$$\underset{m^0_C\quad m^0_M\quad m_\alpha - m_\beta}{COM + MM + H_2} \xrightarrow{p.\ t} \begin{cases} G,\ m_G - m_{P,G} \\ L,\ m_L - m_{P,L} \\ S,\ m_S - m_{P,S} \end{cases} \quad (6\text{-}153)$$

因此，煤炭有机质的转化率等于：

$$\alpha = \frac{m^0_C + m^0_M + m_\alpha + m_\beta - (m_S - m_{P,S})}{m^0_C + m^0_M + m_\alpha - m_\beta} \times 100\% \quad (6\text{-}154)$$

6.4.2 主要加氢反应的热力学特性

根据煤有机质平均结构单元的广义模型（图 4-4），其破坏性加氢过程的主要反应包括：

① C_{Al}—C_{Al}键断裂（饱和烃碎片分解反应）

$$R^1—R^2 \underset{-H_2}{\overset{+H_2}{\rightleftharpoons}} R^1H + R^2H \quad (6\text{-}155)$$

② C_{Al}—C_{Ar}键断裂（脱烃基反应）

$$R—Ar \underset{-H_2}{\overset{+H_2}{\rightleftharpoons}} RH + ArH \quad (6\text{-}156)$$

③ π型C_{Ar}┅C_{Ar}键断裂（芳香环氢化反应）

$$ArH \underset{-nH_2}{\overset{+nH_2}{\rightleftharpoons}} CA \quad (6\text{-}157)$$

式中，CA 为环烷族烃。

④ C_{Al}—H 键断裂（饱和烃脱氢反应）

$$RH \underset{+H_2}{\overset{-H_2}{\rightleftharpoons}} R'—CH═CH_2 \tag{6-158}$$

⑤ C_{Ar}—H 键断裂（芳香烃结构缩合反应）

$$Ar^1H—Ar^2H \underset{+H_2}{\overset{-H_2}{\rightleftharpoons}} Ar^1—Ar^2 \tag{6-159}$$

⑥ C—X 键断裂（脱杂原子反应）

$$\geqslant C_{Ar(Al)}—X \underset{-H_2}{\overset{+H_2}{\rightleftharpoons}} \geqslant C_{Ar(Al)}—H + XH \tag{6-160}$$

式中，X=—OH, —COOH, —NH_2, —SH, —CO—R,…。

为了研究加氢过程主要反应的热力学特性，我们要用到平衡常数对数与温度的关系：

$$\ln K_p = a + \frac{b}{T} \tag{6-161}$$

式中，a 和 b 为常数；$K_p = \exp\left(-\frac{\Delta G_p}{RT}\right)$ [$\ln K_p = -\Delta G_p/(RT)$，因此，如果$\Delta G_p < 0$，则 $\ln K_p > 0$]。

下面，我们就以苯（1）、萘（2,3）和甲苯（4）分子为例，来研究一下芳香族化合物的加氢反应。

1: 苯 + H_2 ⇌ 环己烷

2: 萘 + $2H_2$ ⇌ 四氢萘

3: 萘 + $5H_2$ ⇌ 十氢萘

4: 甲苯（CH_3）+ $3H_2$ ⇌ 甲基环己烷（CH_3）

图 6-29 中显示的是按照文献[5]中有关这些反应的数据得到的关系 $\ln K_p = f(1/T)$，可以看出，当 $\ln K_p = 0$ 时各种烃对应的直线都在同一点通过横坐标 $1/T$[❶]。交汇点对应的温度是 T=543K（270℃），在该温度下氢化反应（向右进行的反应）和脱氢反应（向左进行的反应）的速率是相等的。当温度低于 270℃时，进行的是氢化反应；当温度高于 270℃时，进行的是脱氢反应。

---

❶ 由图 6-29 可知，这一位置只适用于烃类。例如，对于反应苯酚 ⇌ 环己醇，函数 $\ln K_p = f(1/T)$ 在另一点通过横坐标。

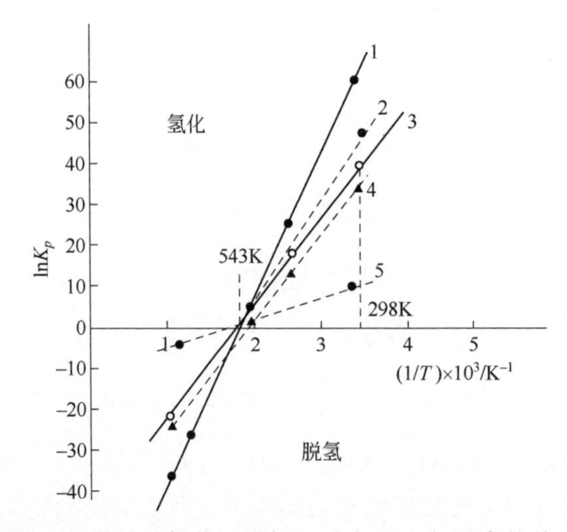

图 6-29 芳香环氢化（脱氢）反应 $\ln K_p$ 与温度的关系

1—萘→十氢萘；2—甲苯→甲基环己烷；3—苯→环己烷；4—苯酚→环己醇；5—萘→四氢萘

图 6-29 的数据还有一点值得关注：在除了 T=298K 外其他测定数据都不具备的情况下，若知道一个点的坐标，如点 M_1（$\ln K_{p,298}$，1/298），再给定另一个点的坐标，如点 M_2（0，1/543），就可以为芳香族化合物及其烷基衍生物氢化反应建立 $\ln K_p$ 及ΔG_p 与温度的直线关系。用到的相应公式有：

$$\ln K_p(T) = -2.0707\times\Delta G_{p,298}\left(\frac{543}{T}-1\right) \tag{6-162}$$

$$\Delta G_p(T) = 4.115\times10^{-3}\times\Delta G_{p,298}(543-T) \tag{6-163}$$

（1）芳香环烷化（脱烃）反应

用文献[5]中的数据计算出的不同温度下烷化（脱烃）反应的吉布斯自由能ΔG_p 的值参见表 6-18。根据这些数据，ΔG_p 的值不仅取决于分子中烷链的长度，还取决于缩合环的数量，并且对于烷基苯来说存在以下不等式：

$$\Delta G_p(\text{Ph}-/-\text{CH}_3) < \Delta G_p(\text{Ph}-/-\text{CH}_2\,\text{CH}_3) < \Delta G_p(\text{Ph}-/-\text{CH}_2\,\text{CH}_2\text{CH}_3)$$

表 6-18 芳香环脱烃反应的吉布斯自由能ΔG_p 与温度的关系

T/K	ΔG_p/(kcal/mol)			
	Ph–/–CH_3	Ph–/–CH_2CH_3	Ph–/–$CH_2CH_2CH_3$	Nt–/–CH_3
	1	2	3	4
300	−10.32	−7.98	−7.43	−10.77
400	−10.36	−8.18	−7.53	−10.99
500	−10.31	−8.15	−7.48	−11.11
600	−10.17	−8.01	−7.33	−11.14
700	−9.96	−7.80	−7.12	−11.08

续表

T/K	ΔG_p/(kcal/mol)			
	Ph-/-CH_3	Ph-/-CH_2CH_3	Ph-/-$CH_2CH_2CH_3$	Nt-/-CH_3
	1	2	3	4
800	−9.7	−7.54	−6.85	−10.97
900	−9.41	−7.24	−6.55	−10.82
1000	−9.06	−6.90	−6.19	−10.63

注：Ph 为苯基；Nt 为萘基；1～4——用于表 6-18～表 6-20 中的该反应代码也用于图 6-30～图 6-32；“-/-”号表示键被断开（表 6-19 也同样）。

因此，在 T=300～1000K，烷基链越长，从热力学角度看脱烃反应越难进行。随着温度的升高，ΔG_p 的值不断增长，即脱烃反应在比较低的温度下进行得很顺利，图 6-30 中显示的 $\lg K_p$ 与温度的关系也能证明这一点。

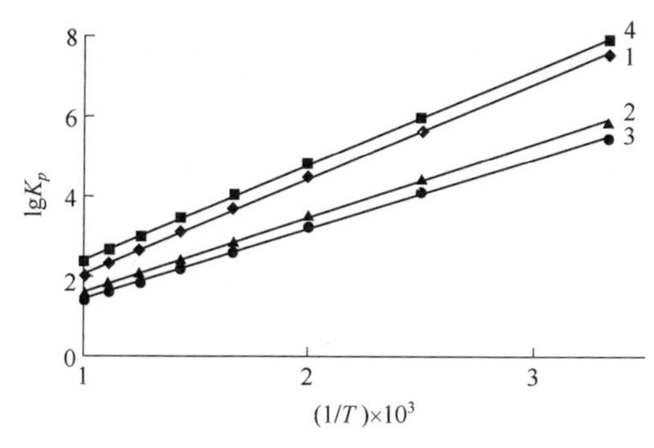

图 6-30　芳香环烷化（脱烃）反应 $\lg K_p$ 与温度的关系（反应代码同表 6-18）

（2）烷烃分解反应

根据表 6-19 中的数据，直链烷烃脱甲基反应的吉布斯自由能ΔG_p实际上与温度无关，而与分子链长有关，且与链长成正比。如图 6-31 所示，当逆温值下降时，脱甲基反应的 $\lg K_p$ 值直线减小。

表 6-19　直链烷烃破坏性氢化反应的吉布斯自由能与温度的关系

T/K	ΔG_p/(kcal/mol)			
	Ph-/-CH_3	Ph-/-CH_2CH_3	Ph-/-$CH_2CH_2CH_3$	Nt-/-CH_3
	1	2	3	4
300	−16.43	−14.4	−13.67	−11.64
400	−16.69	−14.71	−13.98	−12.00
500	−16.86	−14.92	−14.17	−13.39
600	−16.96	−15.05	−14.28	−12.35
700	−17.02	−15.09	−14.32	−12.39
800	−17.03	−15.50	−14.32	−12.39
900	−17.02	−15.06	−14.29	−12.33
1000	−16.97	−15.00	−13.71	−12.24

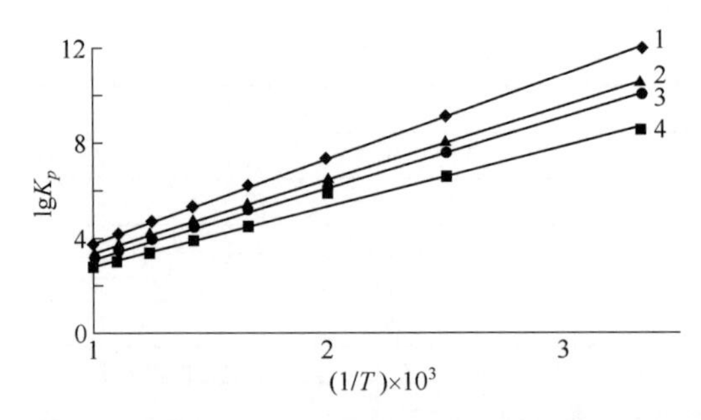

图 6-31　烷烃分解反应 $\lg K_p$ 与温度的关系（反应代码同表 6-19）

（3）烷烃脱氢反应

随着温度升高，烷烃脱氢反应的吉布斯自由能逐渐减小（参见表 6-20），而 $\lg K_p$ 值逐渐增加（图 6-32）。

表 6-20　烷烃脱氢反应的吉布斯自由能与温度的关系

T/K	ΔG_p/(kcal/mol)			
	$C_2H_6 \xrightarrow{-H_2} C_2H_4$	$C_3H_8 \xrightarrow{-H_2} C_3H_6$	n-$C_4H_{10} \xrightarrow{-H_2} C_2H_5CH{=}CH_2$	n-$C_2H_6 \xrightarrow{-H_2} C_2H_3CH{=}CHCH_3$
	1	2	3	4
300	24.1	20.55	21.08	19.10
400	21.14	17.43	18.00	16.23
500	18.09	14.22	14.84	13.28
600	14.96	10.96	11.64	10.29
700	11.78	6.76	8.39	7.27
800	8.58	4.37	5.13	4.24
900	5.35	1.09	1.86	1.19
1000	2.12	−2.28	−1.42	−1.85

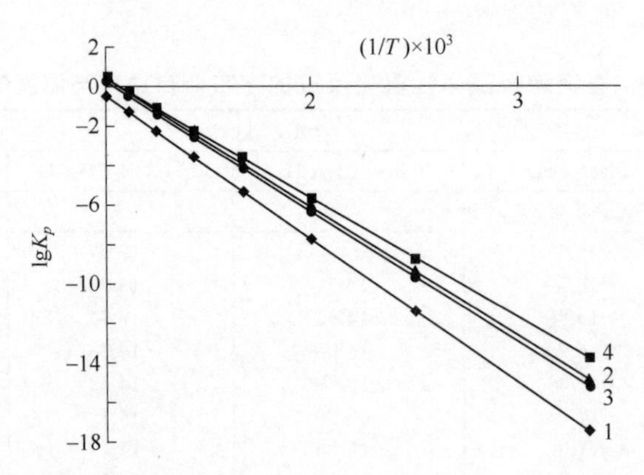

图 6-32　烷烃变为烯烃的反应 $\lg K_p$ 与温度的关系（反应代码同表 6-20）

（4）芳香环缩合反应

图 6-33 显示的是两个苯分子形成一个联苯分子反应的 $\lg K_p$ 与温度的关系，可以看出，芳香环缩合反应在高温下进行得较顺利。

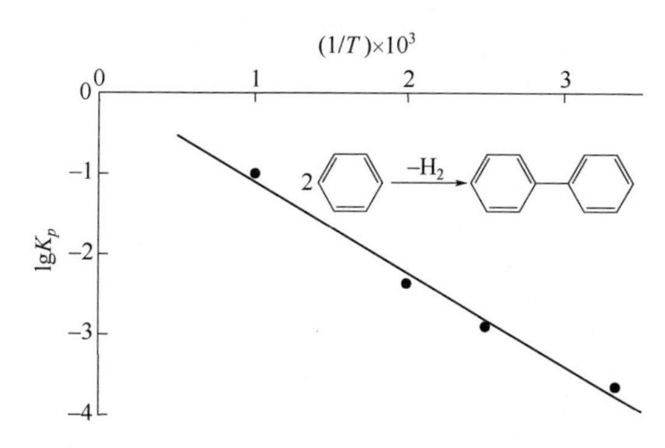

图 6-33　芳香环缩合反应 $\lg K_p$ 与温度的关系

（5）脱杂原子反应

$$C_6H_5-OH + H_2 \longrightarrow C_6H_6 + H_2O \qquad (Ⅰ)$$

$$C_6H_5-NH_2 + H_2 \longrightarrow C_6H_6 + NH_3 \qquad (Ⅱ)$$

$$C_6H_5-SH + H_2 \longrightarrow C_6H_6 + H_2S \qquad (Ⅲ)$$

$$C_4H_4O + 3H_2 \longrightarrow C_4H_{10} + H_2O \qquad (Ⅳ)$$

$$C_4H_4O + 3H_2 \longrightarrow C_4H_{10} + H_2S \qquad (Ⅴ)$$

对于脱杂原子 N、O、S 的反应，其 $\lg K_p$ 与温度的关系参见图 6-34。由该图可以看出，脱杂原子反应在温度较低的条件下进行得较顺利，氧比氮及硫更易脱除，杂原子从五元环比从六元环更易脱除。

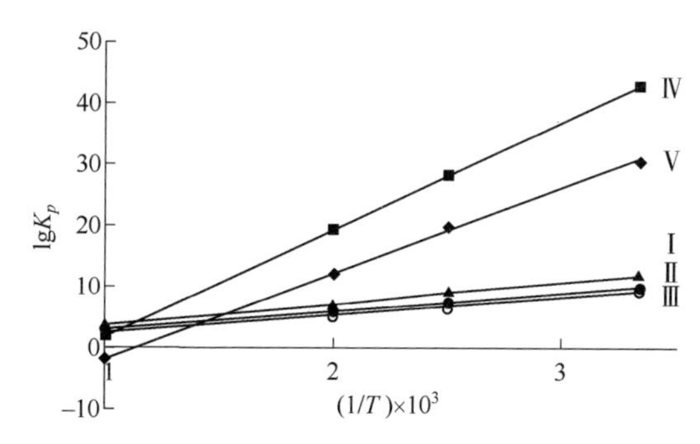

图 6-34　脱杂原子反应 $\lg K_p$ 与温度的关系

Ⅰ—苯酚；Ⅱ—苯胺；Ⅲ—苯硫酚；Ⅳ—呋喃；Ⅴ—噻吩

还要指出的是，当 T≈430℃时五元杂环按以下方式相互转变：

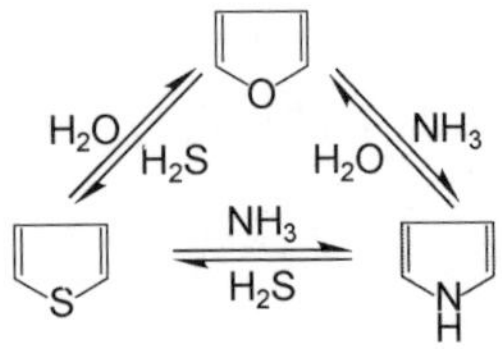

6.4.3 温度和压力的作用

煤液化过程的工艺制度是由热力学和动力学条件共同决定的。对反应过程的要求通常是以最快的速度获得最多的目标产物。用热力学方法无法确定转化过程的速度，但可以根据吉布斯自由能ΔG_p 的值预测其发展方向。转化过程的速度是由其动力学特性决定的。温度和压力是转化过程最重要的工艺参数。在破坏性氢化过程中，往往要借助温度和压力来调节主要反应的热力学和动力学条件。

煤的加氢液化过程总体是放热的，可是为了稳定分解产物并使其氢化，需要向反应器内加入氢气。根据勒夏特列原理，液化过程可在低温高压条件下进行。可是，在温度较低的条件下转化速度又不够快。

根据自由基反应机理，煤炭有机质碎片的强烈热分解主要是在 T≥420℃时开始的。同时，被自由基和催化剂活化的氢分子会加入以下不同反应：

① 作为分解产物的自由基稳定反应；

② 芳香环氢化反应；

③ 脱杂原子反应；

④ 供氢体还原反应。

众所周知，氢在有机溶剂中的溶解度随着温度升高而增加[102]，这有助于增强其反应能力。此外，当温度 T>450℃时，发生脱氢反应的可能性会增加。因此，T=420～450℃是煤液化过程的最佳温区。同时，可以这样推测：由于不同煤炭的结构是不同的，其最佳液化温度也是不同的。

实验数据表明[124,125]，在 420～450℃温区煤炭有机质的转化率随着温度的升高而增加。当温度达到 450℃时，煤炭有机质转化率与时间的关系达到极值。当反应时间 τ=3min 时，煤炭有机质转化得最多。反应时间继续增加则将导致煤炭转化率的下降，这是因为二级反应（缩聚作用）在高温下不断加强并逐渐占据主导地位（图 6-35）。

高压可提高氢的气相溶解度，促进气相氢加入煤炭有机质分解产物，抑制氢化产物中的气体生成。最高压力值取决于技术和经济因素。

还应该指出的是，在工艺中往往借助氢气来调节反应器中的温度，即在反应开始时用热氢气为热分解反应（吸热过程）输入热量，在进行放热的加氢反应时

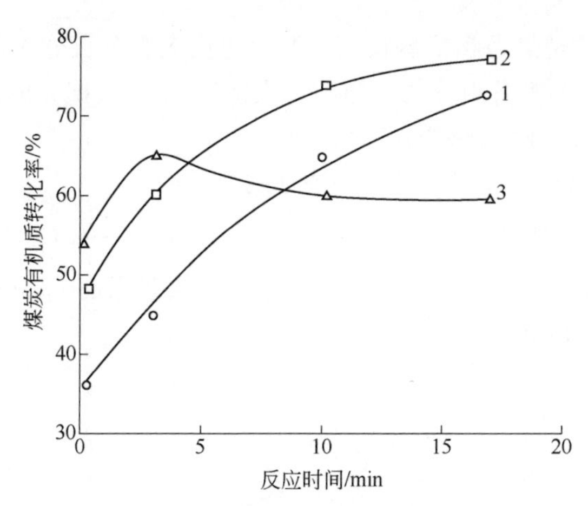

图 6-35 煤炭有机质在氢化反应中的转化率与反应时间的关系

反应温度：1—400℃；2—425℃；3—450℃

用冷氢气消耗多余的热量[102]。

现在，降低压力是优化煤加氢反应工艺的主要任务之一，目的是极大地降低投资。

文献[103]介绍了对俄罗斯坎斯克-阿钦斯克煤田别列佐夫煤矿的褐煤在高压釜内催化液化的研究成果，实验中使用的是石油溶剂，工作压力为 6MPa，反应时间为2h，使用的乳液状催化剂所含的Mo和S分别为干燥煤质量的0.05%～0.2%和 0.5%～4%。通过研究确定了最佳液化条件，从理论上证实了将褐煤氢化反应的氢气压力从 10MPa 降为 6MPa 的可能性。那些关于在大气压下进行煤液化的研究[104]引起人们极大兴趣。

还有很重要的一点，在煤液化中能提供氢的不仅是氢气，还有参与反应的其他物质。例如，一氧化碳同水发生反应后会生成氢气：

$$\begin{array}{cccc} CO + H_2O & \longrightarrow & CO_2 + H_2 \\ a-x \quad b-x & & x \qquad x \end{array}$$

式中 a, b——CO 和 H_2O 的起始物质的量；

x——CO 和 H_2O 的平衡物质的量。

根据该反应，当 $a=b=1$ 时：

$$x_{H_2} = x_{CO_2} = \frac{50\% \times \sqrt{K_p}}{1+\sqrt{K_p}}$$

且

$$x_{CO} = x_{H_2O} = \left(1 - \frac{\sqrt{K_p}}{1+\sqrt{K_p}}\right) \times 50\%$$

图 6-36 显示的是热力学平衡状态下温度与反应组分百分含量之间的关系。相应计算是利用文献[5]中各组分的吉布斯自由能（ΔG）数据完成的。从图 6-36 可以看出，随着温度的降低，氢的产率在增加。

在使用 CH_4+CO+H_2O 混合物同时进行制氢反应

$$CH_4+H_2O \longrightarrow CO+3H_2;\ CO+H_2O \longrightarrow CO_2+H_2$$

和煤炭有机质氢化反应时，一般会选用双功能催化剂。此外，通常认为这样得到的氢比氢分子更加活跃[126]。

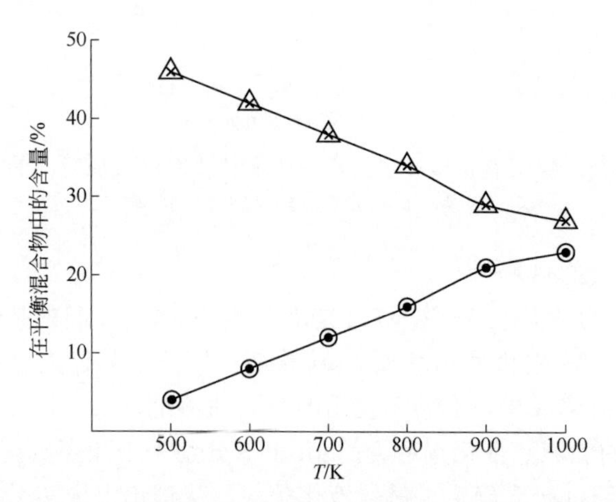

图 6-36　$CO+H_2O \rightarrow CO_2+H_2$ 反应组分在平衡混合物中的含量与温度的关系

● CO；○ H_2O；× H_2；△ CO_2

用 $AlCl_3$ 催化剂使煤发生 Friedel-Crafts 烷基化反应后会生成部分可溶产物。在酸性介质中（有硫酸或 BF_3），煤炭有机质分解主要是由于 C_{Al}—C_{Ar} 断裂（脱烃基反应）。碱金属会使煤炭大分子在较温和的条件下发生部分分解[127]。

从烷基化速度或分子内氢化物及烷基转移速度看，$AlCl_3$、$AlCl_3/SiO_2$ 和 $AlCl_3MeX/\ SiO_2$（Me=Co, Ni, Cu, Ti, Mn；$X=H^-_{Al}, SO_4^{2-}$）具有不同的催化活性[128]。

其他反应也能提供氢，例如[126]：

$$2HX \longrightarrow X_2+H_2$$

$$Zn+2H_2O \longrightarrow Zn(OH)_2+H_2$$

$$2HCOONa \longrightarrow Na_2CO_3+CO+H_2$$

图 6-37 和图 6-38 显示的是煤炭有机质在不同介质中的转化特性，从图上可以看出，无论用转化率，还是用液化产物中的 H/C 比值衡量，$CO+H_2O$ 和 $CO+H_2O+H_2$ 这两种混合介质是比较好的。

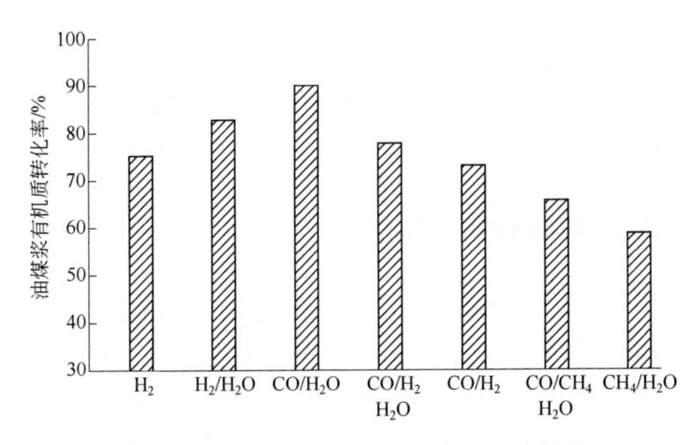

图 6-37　油煤浆有机质在不同介质中的转化率

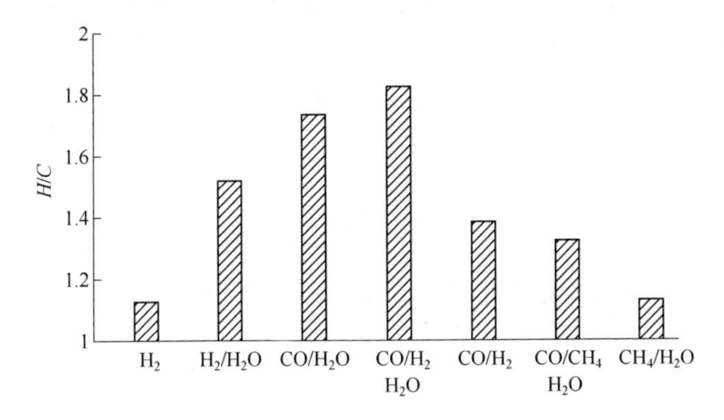

图 6-38　在不同介质中得到的氢化产物的 H/C 比值

用合成气（$CO+H_2$）取代氢气的反应过程有一个特点，即可以用未经干燥的湿煤进行氢化反应。

大家都知道，一氧化碳和氢气同含Ⅷ族金属（Co、Ni 及 Fe）的催化剂，以及同含钌并加入其他金属氧化物的催化剂相互作用后，会生成各种烃及其含氧衍生物的混合物。

在温度不超过 200℃且压力接近一个大气压或等于 1.5～2.0MPa 的相对温和条件下，在 Ni 和 Co 催化剂的作用下，会形成饱和烃混合物，主要是正构饱和烃，并混有直链烯烃、环烷和含氧化合物[129]。

离子氢化是一种前景很好的低温（250～350℃）低压（不超过 10MPa）煤液化法。在温度为 250～400℃、接触时间为 10～60min、煤：十氢萘：H_3PO_4=1：2：1 条件下进行的实验表明，液态产物的产率会随着温度从 20.4%增加到 48.4%，而其中的含油量会从 250℃时的 89.2%减少到 400℃时的 69.8%。如果用甲酸作酸性反应剂，它在低温下会发挥酸性催化剂的作用，而随着温度的升高还会变成氢气来源[130]：

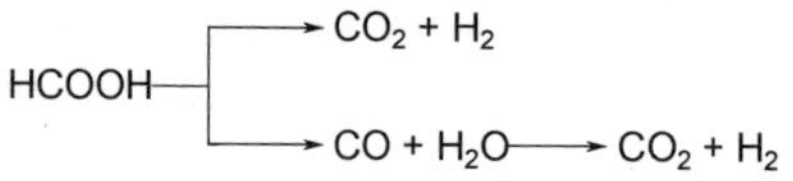

$$HCOOH \begin{cases} \rightarrow CO_2 + H_2 \\ \rightarrow CO + H_2O \rightarrow CO_2 + H_2 \end{cases}$$

人们还在积极探索氢气的其他来源：氨[131]、醇[132]和甲烷[133]。

6.4.4 供氢体和氢载体的作用

在氢化作用过程中，供氢体和氢载体对煤炭有机质转化率的影响很大。氢化反应是个还原过程，而脱氢反应是个氧化过程。如果发生反应后氢原子从一个分子转移到了另一个分子中（氢转移反应），那个贡献出氢原子的分子就是供体 D，而接受氢原子的分子就是受体 A。

我们将含 n 个氢原子的供体分子用 DH_n 表示，受体分子用 AH_n 表示，则上述氧化还原反应可以概括地表示为：

$$DH_n + A \rightleftharpoons D + AH_n \tag{6-164}$$

由式（6-164）还可得：

$$DH_n \rightleftharpoons D + \frac{n}{2} H_2 \tag{6-165}$$

这里向右的反应是消耗供体的，向左的反应是供体还原的。因此，实际上供氢体在氢化反应过程中可以发挥双重作用：第一种情况下（向右反应）发挥供体作用，第二种情况下（向左反应）发挥载体作用，即保证氢分子通过供氢体转入煤炭有机质中。

下面，让我们来看看几种可以发挥供氢体和氢载体作用的结构。

① 氢化芳香族↔芳香族

$$\text{四氢萘} \rightleftharpoons \text{萘} + 2H_2$$

$$\text{9,10-二氢蒽} \rightleftharpoons \text{蒽} + H_2$$

② 氢醌↔醌

$$\text{对苯二酚} \rightleftharpoons \text{对苯醌} + H_2$$

$$\text{苯酚} \rightleftharpoons \text{环己二烯酮自由基} + H\cdot$$

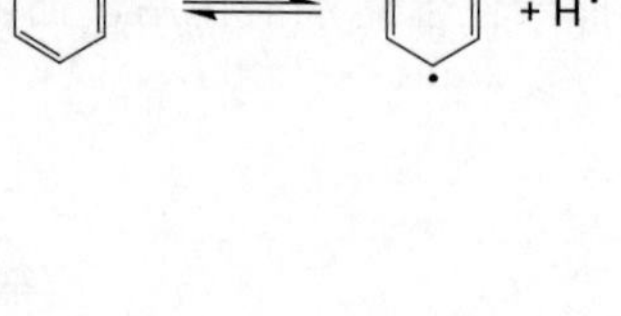

③ 异烷烃↔异烯烃

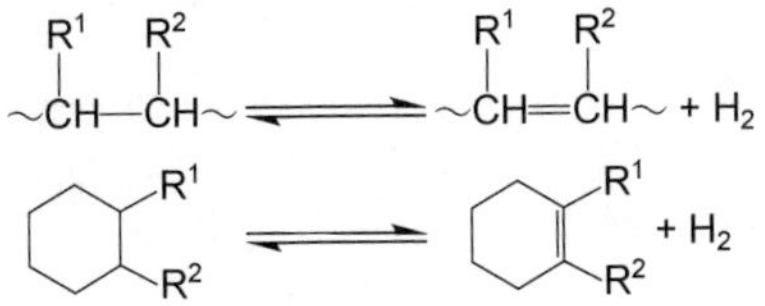

$$\sim\underset{R^1}{CH}-\underset{R^2}{CH}\sim \rightleftharpoons \sim\underset{R^1}{CH}=\underset{R^2}{CH}\sim + H_2$$

(1,2-二取代环己烷 ⇌ 1,2-二取代环己烯 + H_2)

④ 无机供体↔氢载体

$$H_2S \rightleftharpoons H_2+S$$

$$CO+H_2O \rightleftharpoons H_2+CO_2$$

供氢体的含氢量对其热力函数值有很大影响，也因此影响到其供氢能力。例如，萘（n=0）、四氢萘（n=4）和十氢萘（n=10）的生成热 $\Delta H_{298}^{\ominus}$、吉布斯自由能 $\Delta G_{298}^{\ominus}$ 和沸点 T_b 分别为：

	$\Delta H_{298}^{\ominus}$ /(kJ/mol)	$\Delta G_{298}^{\ominus}$ /(kJ/mol)	T_b/℃
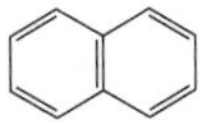 萘	150.96	223.59	217.96
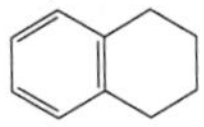 四氢萘	10.78	166.94	207.57
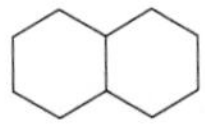 十氢萘	−182.30	73.43	195.65

根据这些数据可以得出这样的结论：供氢体的效率不取决于它所含的氢原子数量 n，而取决于它的热力学函数值。

根据量子化学计算结果（参见第 5 章），在饱和烃中氢原子更容易从三级碳原子上脱离，而氢加入芳香环的位置取决于碳原子从 sp^2 杂化状态变为 sp^3 杂化状态所需的能量。此外，对于加氢反应来说，发生过烷基取代的碳原子反应能力较差，因为改变杂化状态需要更多能量。

由此可得[109]：

① 供体氢化环中的烷基取代基应该能增强其供氢能力：

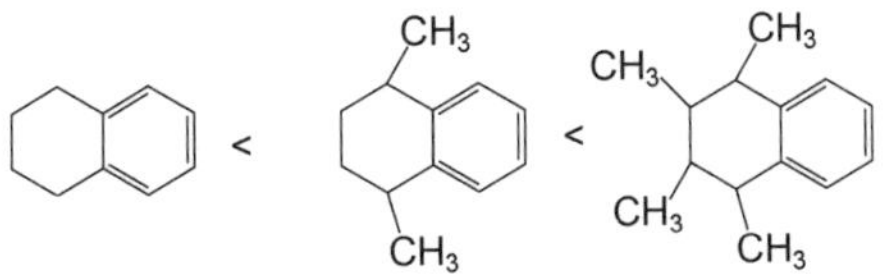

四氢萘 < 1,4-二甲基四氢萘 < 1,2,3,4-四甲基四氢萘（CH_3）

② 效率不太高的供氢体（环烷烃）可以通过在邻位加入两个烷基取代基而变成高效供氢体：

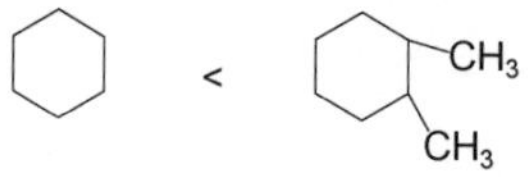

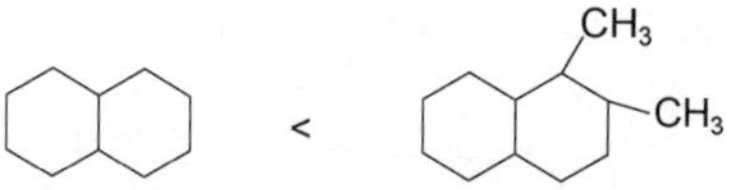

③ 无烷基取代基的芳香环应该比被烷基取代的发挥更好的氢载体作用。

可以根据氢转移反应的热力学特性来评价供氢体的效率[110-116]。

反应（6-164）的吉布斯自由能等于：

$$\Delta G_p = (\Delta G_{AH_n} - \Delta G_A) - (\Delta G_{DH_n} - \Delta G_D)$$

或

$$\Delta G_p = \Delta G_{p,A} - \Delta G_{p,D} \tag{6-166}$$

式中 $\Delta G_{p,A}$——$D+\frac{n}{2}H_2 \longrightarrow DH_n$ 的反应吉布斯自由能；

$\Delta G_{p,D}$——$A+\frac{n}{2}H_2 \longrightarrow AH_n$ 的反应吉布斯自由能。

因此，要使反应（6-164）从热力学角度更有效地进行（$\Delta G_p < 0$），必须符合条件$\Delta G_{p,D} > \Delta G_{p,A}$，即供体应“不易接受”而“容易释出”氢，受体应“容易接受”而“不易释出”氢。

还有一个问题需要考虑，在煤化学中，供氢体和氢载体常常被称作“抑制剂”，同聚合物化学中的术语类似。从定义看，抑制剂是指能降低连锁反应速率的化合物（使自由基稳定）。

例如，如果是供氢体

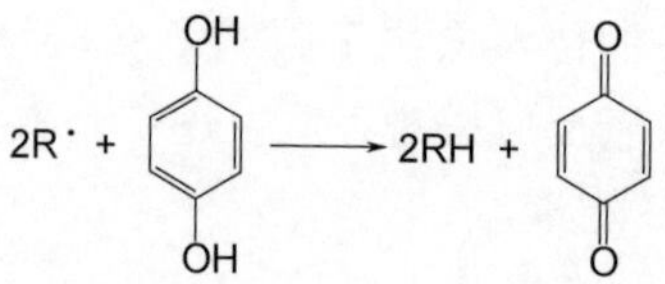

或氢载体

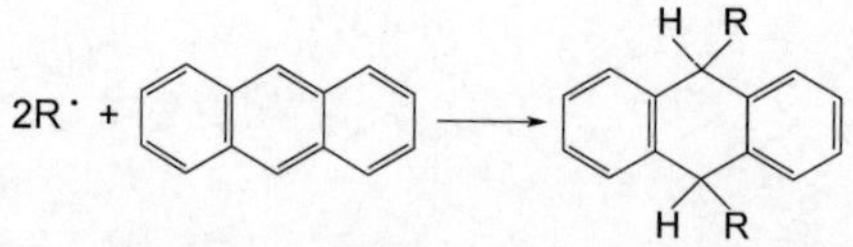

可以看出，无论是供氢体还是氢载体，发挥的都是抑制剂的作用，能使自由基稳定下来。不过，还要注意的是，氢载体使自由基稳定后生成的化合物会因反应条件的不同而发生以下三种结构变化之一，它们之间是竞争关系：

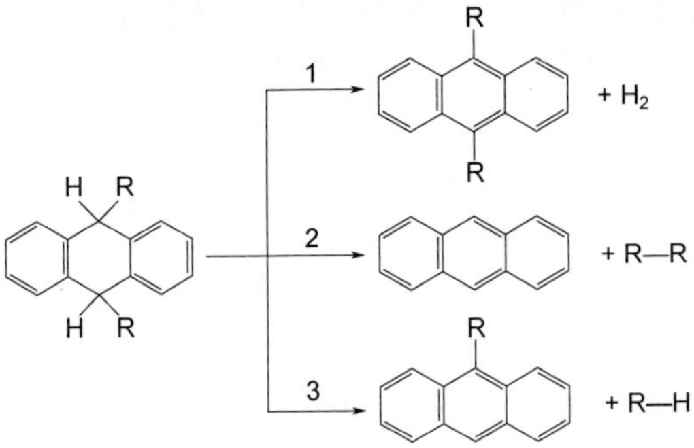

在文献[117]中，学者们研究了一些抑制剂对库兹巴斯煤田 Г6 号煤转化率的影响。实验中采用的反应条件是：温度为 425℃，压力为 10MPa，催化剂用的是 0.2%Mo^{6+}+$7Fe^{3+}$，溶剂用的是沸点为 240℃的石油产品。由表 6-21 中的实验数据可以看出，添加剂（抑制剂）含量增加会抑制煤的液化，这或许是因为形成了较高浓度的中间物质，它们通常以高分子化合物的形式保留在最终产物中。

表 6-21　添加剂含量对煤转化率的影响

添加剂/%	煤炭有机质转化率/%	添加剂/%	煤炭有机质转化率/%
无添加剂	73.7		
蒽醌		β-甲基吡啶	
0.5	73.2	1.0	86.5
1.0	84.2	2.0	87.3
3.0	84.0	10.0	88.9
5.0	80.7		
蒽		喹啉	
1.0	73.8	1.0	83.6
2.0	85.0	5.0	85.4
5.0	81.5	10.0	87.4
15.0	76.2	20.0	72.1

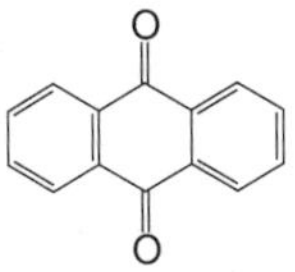

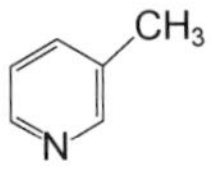

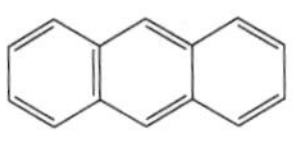

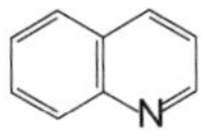

6.4.5　溶剂的作用

煤加氢液化中使用的溶剂通常为煤的液化馏分或石油产品。比较合适的溶剂应该黏度足够大，可以使煤炭颗粒比较均匀地分布于反应介质中，而且其沸点应与反应温度大致相当。此外，溶剂结构中还应含有能发挥供氢体和氢载体作用的碎片，以便有效地转移煤有机质中的氢，使热处理过程中形成的自由基稳定下来[105,106]。

文献中介绍过大量有关各种供氢体溶剂对煤转化率影响的研究工作。从理论观点看，有关供氢体溶剂对模型化合物中某些类型化学键反应能力的影响的研究是很让人感兴趣的[134]。例如，文献[107]的作者就在接近煤液化的条件下（温度为 440℃、压力为 8.5MPa），在氢气介质中用足够的溶剂进行实验，研究了供氢体溶剂对总分子式为 X—C_6H_4—O—C_6H_4—Y 的芳香族醚热解速率的影响。研究表明，热解速率随着溶剂供氢能力的增加而显著提高，供氢能力排序为：四氢萘+30%二氢蒽 > 四氢萘 > α-甲基萘。不过，所有溶剂中 X 和 Y 取代基的影响是一样的。

据文献[108]介绍，学者们还研究了大气压下、370～470℃温度区间可熔煤和不熔煤的液化，所用的催化剂是芘、烷基化芘和氢化芘。研究表明，氢化芘可提高各种煤的液化率，乙基芘的活性较大，在大气压下使不熔煤液化的关键环节在于溶剂中氢的转移。

这些研究范例证明了溶剂成分对于煤液化究竟发挥着怎样重要的作用。一方面，溶剂应含有供氢组分（氢化芳香族结构）；另一方面，氢饱和度太大不利于液化过程。

在文献[124]中，研究者以博洛津煤矿的褐煤为例，研究了煤与溶剂（沸点超过 260℃的石油产品）之比和溶剂与供氢体之比对液化指标的影响，实验结果参见表 6-22 和表 6-23。从这两个表可以看出，随着溶剂数量的增加，液态产物的产率在增长，同时液态产物的成分（油、沥青质和前沥青质的占比）也会有很大变化。溶剂中供氢体（四氢萘）的含量增加后，会对煤液化指标产生相似的影响。

表 6-22　煤与溶剂之比对褐煤加氢液化指标的影响

指标	时间/min				
	10	10	10	120	120
煤与溶剂之比/%	40：60	50：50	60：40	40：60	60：40
煤炭有机质转化率/%	74.1	71.5	71.1	96.7	80.4
产物产出率（占油煤浆有机质的百分比）/%					
液态产物	80.5	79.4	71.8	88.9	71.0
油	73.1	70.7	60.0	78.3	61.6
沥青质	4.8	4.1	3.8	6.6	6.9
前沥青质	2.6	4.6	8.0	4.0	2.5
气态产物	8.7	10.2	13.1	12.1	19.6
氢耗量（占油煤浆有机质的百分比）/%	1.2	1.3	1.6	1.8	2.0

注：$p_{初}$=5MPa；$p_{工作}$=10～12MPa；T=425℃；催化剂为占煤炭有机质 0.05%的 Mo；添加剂为占煤炭有机质 4%的 S。

表 6-23 溶剂与供氢体之比对褐煤加氢液化指标的影响

指标	时间/min						
	3	3	10	10	10	10	10[①]
溶剂中四氢萘的含量（质量分数）/%	0	50	0	10	50	90	100
煤炭有机质转化率/%	60.0	63.9	74.1	75.6	80.9	94.3	92.3
产物产出率（占油煤浆有机质的百分比）/%							
液态产物	81.1	83.3	80.5	81.7	83.9	86.5	85.8
油	75.6	78.4	73.1	75.3	76.7	79.0	76.8
沥青质	3.4	3.0	4.8	4.1	3.5	5.0	5.8
前沥青质	2.1	1.9	2.6	2.3	3.7	2.8	3.2
气态产物	4.8	4.4	8.7	8.4	8.5	10.8	10.1
H_2O 消耗量（占油煤浆有机质的百分比）/%	0.2	0.3	1.2	1.2	1.3	1.5	1.4
来自四氢萘的	—	0.2	—	0.2	0.6	1.1	1.2
来自气相的	0.2	0.1	1.2	1.0	0.7	0.4	0.2

① 无催化剂。

注：$p_{初}$=5MPa；$p_{工作}$=10～12MPa；T=425℃；催化剂为占煤炭有机质 0.05%的 Mo；添加剂为占煤炭有机质 4%的 S。

6.4.6 煤加氢液化过程的催化剂

无论对煤液化，还是对有机合成而言，催化剂的选择是个关键问题。

在有机化学中，催化是非常重要且快速发展的研究领域之一，受到理论化学家的极大关注。然而时至今日，为具体化学反应选择催化剂仍多基于实验验证或化学实验员的直观认识。

让我们从几个方面来看看催化剂在化学反应中的作用。催化剂通常是指能按照确定反应机理并靠降低反应活化能来加快反应进程（达到热力学平衡）的物质，而其本身在这一过程中没有消耗。显然，此时反应热可能变化，如果它不变化，就意味着催化剂降低的正反应和逆反应活化能是一样的，但未改变热力学平衡状态。

图 6-39 上是在有催化剂和无催化剂情况下反应

$$A+B \rightleftharpoons C+D$$

能量面的假定剖面，以及反应 i 在某些阶段的能级 U_i。

根据能级可以建立以下方程：

① 正反应活化能

$$E_1=U(A^*+B^*)-U(A+B) \tag{6-167}$$

② 逆反应活化能

$$E_2=U(C^*+D^*)-U(C+D) \tag{6-168}$$

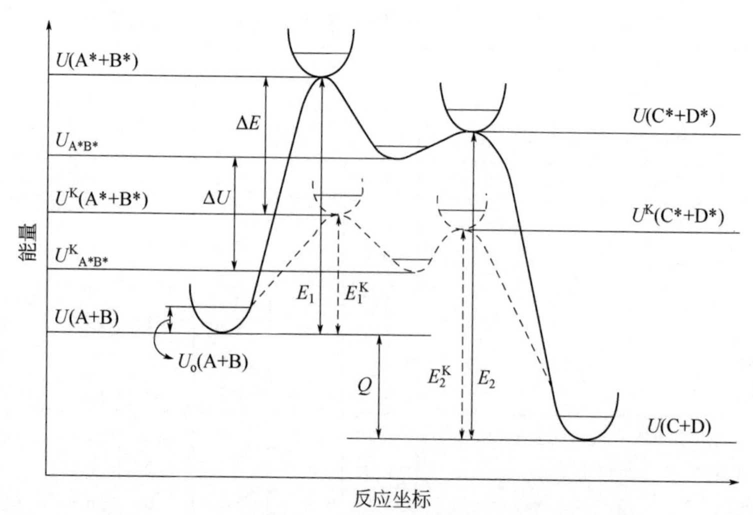

图 6-39　反应 A+B ⇌ C+D 坐标上的能量面剖面

虚线表示有催化剂情况下的，实线表示无催化剂情况下的；

U(X+Y), U(X*+Y*)—由 X 和 Y（X,Y=A,B,C,D）分子构成的系统在基态和激发态的全能量；

$U_{X^*Y^*}$，$U^{K}_{X^*Y^*}$—无催化剂和有催化剂条件下活化系统的总能量；U_0—相应系统零振荡的能量和；E_i—无催化剂时的反应活化能；E_i^K—有催化剂时的反应活化能

③ 止反应的热效应

$$Q=U(C+D)-U(A+B) \tag{6-169}$$

假定

$$U(A^*+B^*) \approx U(C^*+D^*)$$

可近似得到：

$$Q \approx E_1-E_2 \tag{6-170}$$

加入催化剂后，活化能的减少量等于：

$$\Delta E=E_1-E_K \tag{6-171}$$

活化系统与催化剂的相互作用能等于：

$$\Delta U=U^{K}_{A^*B^*}-U_{A^*B^*}$$

催化剂对反应过程的作用最终是根据催化剂与活化系统间各种相互作用能的总和确定的。目前已知的看上去比较完美的催化理论（催化剂和基体分子表面几何对应说[120]、多重催化理论[121]、电子催化理论[122,123]等）的基础都在于简化这些相互作用，目的是找出能概括催化作用实质的关键点来。尽管在许多情况下，上述每种催化理论都能定性预测某些类型催化剂的表现，然而目前还是缺少统一的普适性催化理论。

让我们对催化作用的实质进行一些定性分析。当活化系统与催化剂相互作用时，若相互作用能ΔU（参见图 6-39）的值比活化系统热运动能的值大（$\Delta U > \frac{1}{2}kT$），催化剂表面就会发生分子的物理吸附作用，而在相反的情况下分子则会脱离催化剂表面。吸附在催化剂表面的分子会形成“催化剂-分子”系统，根据其与催化剂表面的相互作用能的大小，分子的电子结构多多少少会发生一些变化。这决定着分子结构继续变化的方向，即促使其向活化能最低的方向变化。

图 6-40 显示的是“催化剂-分子”系统中边界分子轨道——最高已占分子轨道$\Psi_{高,已占}$和最低未占分子轨道$\Psi_{低,未占}$的能级图。当催化剂给分子贡献一个电子［见图 6-40（b）］或从分子上吸走一个电子［见图 6-40（c）］时，催化剂与分子间会发生无电荷转移［见图 6-40（a）］和有电荷转移的相互作用。显然，在其中的每一种情况下，分子的分解方向可能是不同的。由此我们可以得出如下结论：总体来说，催化剂对分子的作用可以通过三种方式之一进行模拟。第一种，催化剂与分子间不发生电荷转移，分子保持中性（M^{o}）；第二种，催化剂给分子贡献一个电子（M^{-1}）；第三种，催化剂从分子上吸走一个电子（M^{+1}）。然后，用量子化学法计算分子 M^{o}、M^{-1} 和 M^{+1} 的反应能力指数。将该计算值同反应产物的产出率实验测定值进行比较，就能确定该催化剂的作用机理[109]。

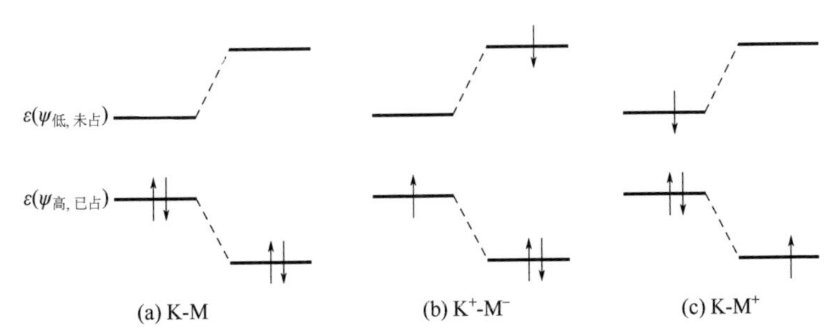

图 6-40　形成“催化剂（K）-分子（M）”系统时边界分子轨道能级图

已经确定的是，氢分子会被 Fe、Co、Cu、Ru、Rh、Pd、Ag 和 Pt 等金属的一系列无机络合物溶液活化，其中一些可以用作氢化反应的催化剂[119]。

在过渡元素的原子中，价电子分布在两个相邻的能级：在原子的一个 5 度简并的$(n-1)$d 轨道和一个 ns 轨道上（n 为轨道的主量子数）。对于第一过渡系元素 $n=4$，第二过渡系元素 $n=5$，第三过渡系元素 $n=6$。

下面是过渡元素原子的价电子层结构 $d^{p}s^{q}$（p 和 q 为相应轨道上的电子数）（*表示基态结构 $d^{p+1}s^{q-1}$；**表示基态结构 $d^{p+2}s^{q-2}$）：

	3d4s	4d5s	5d6s	$(p+q)$
d^1s^2	Sc	Y	La	3
d^2s^2	Ti	Zr	Hf	4
d^3s^2	V	Nb*	Ta	5
d^4s^2	Cr*	Mo*	W	6
d^5s^2	Mn	Tc*	Re	7
d^6s^2	Fe	Ru*	Os	8
d^7s^2	Co	Rh*	Ir	9
d^8s^2	Ni	Pd**	Pt*	10
d^9s^2	Cu*	Ag*	Au*	11
$d^{10}s^2$	Zn	Cd	Hg	12

金属催化剂经常要在载体上使用。主要由过渡元素构成的精细金属弥散体往往涂在硅酸盐、硅铝酸盐、碳等基底材料上，被称为双功能催化剂，因为基底材料本身也会对催化过程起到促进作用。在混合物的作用下，催化剂不仅会活化，还可以稳定自身结构（比如铁催化剂中的 Al_2O_3）或改变活性中心的性质（比如铁催化剂中的 K_2O）[118]。

催化剂可以使单键（较不稳固）发生两种方式的断裂：

① 生成两个自由基的均裂反应，

$$H_2 \rightleftharpoons 2H^{\cdot}，\Delta E=4.45\text{eV}^{[58]}；R^1—R^2 \rightleftharpoons R^{1\cdot}+R^{2\cdot}$$

② 生成阴离子和阳离子（氧化-还原过程）的异裂反应，

$$H_2 \rightleftharpoons H^{+}+H^{-}，\Delta E=17.3\text{eV}^{[58]}；R^1—R^2 \rightleftharpoons R^{1-}+R^{2+}$$

极性键更有可能发生异裂，即构成化学键的原子电负性差别较大时更易发生异裂反应。

表 6-24 反映的是有氢原子和氢分子转化反应的平衡常数对数与温度的关系[6]。

表 6-24　氢原子和氢分子转化反应的平衡常数对数 $\lg K_p$①与温度的关系

反应	T/K			
	300	500	700	900
$H^{\cdot} \rightleftharpoons H^{+}+e$	−228.74	−136.80	−97.28	−75.25
$H^{\cdot}+e \rightleftharpoons H^{-}$	12.36	6.74	4.11	2.7
$H_2 \rightleftharpoons H^{\cdot}+H^{\cdot}$	−70.76	−40.32	−27.20	−19.87
$H_2 \rightleftharpoons H^{+}+H^{-}$	−287.14	−170.38	−120.37	−52.68
$H_2^{+}+e \rightleftharpoons H^{\cdot}+H^{\cdot}$	187.78	114.00	82.32	64.69

① $\lg K_p=0.4343\ln K_p$。

根据表 6-24 中的数据，氢原子俘获电子形成阴离子 H^-的反应从热力学角度看更加容易（$\lg K_p>0$）。分子离子 H_2^+俘获电子后再分解成两个氢原子的反应也是如此。在我们所研究的温度条件下，实际上不会发生氢分子分解反应（$\lg K_p \ll 0$），不过，氢分子分解成两个氢原子比分解成 H^+和 H^-更加容易。

当氢原子进入与有机分子进行的反应后，可能会生成有机自由基。表 6-25 中是一些此类简单反应的动力学参数，可以看出，随着烷基链的增长，活化能 E 的值在减小，即反应会快速进行。

表 6-25 在 T=737～873K 温区氢分子作用下生成有机自由基反应的阿伦尼乌斯方程参数值

反应	$\lg A$①	E_a②/(kcal/mol)
$H^\cdot+CH_4 \longrightarrow H_2+CH_3^\cdot$	13.92	14.1
$H^\cdot+C_2H_6 \longrightarrow H_2+C_2H_5^\cdot$	13.98	11.9
$H^\cdot+C_6H_6 \longrightarrow H_2+C_6H_5^\cdot$	13.90	6.2
$H^\cdot+CH_3OH \longrightarrow H_2+C^\cdot H_2OH$	13.12	7.1
$H^\cdot+CH_3CH_2OH \longrightarrow H_2+CH_3C^\cdot HOH$	13.38	5.5

① A 为指数前因子。

② E_a 为活化能。

在化学反应过程中催化剂的单位活性 A_K 可以用以下经验公式计算：

$$A_K=\frac{\tilde{m}-m_0}{m_K} \tag{6-172}$$

式中 m_0，$\tilde{m}$——无催化剂和有催化剂条件下目标产物的产出质量；

m_K——催化剂的质量。

催化剂的活性取决于催化剂颗粒的单位体积表面积 $\overline{S}_v$ 或单位质量表面积 $\overline{S}_m$。对于球面颗粒有：

$$\overline{S}_v=4\pi r^2\Big/\left(\frac{4}{3}\pi r^3\right)=\frac{3}{r} \tag{6-173}$$

$$\overline{S}_m=4\pi r^2\Big/\left(\frac{4}{3}\pi r^3 d\right)=\frac{3}{rd} \tag{6-174}$$

式中 r——颗粒的半径；

d——颗粒的密度。

由式（6-173）和式（6-174）可知，催化剂颗粒的单位表面积与其半径及密度成反比。此外，如果将边长为 a 的立方体（表面积 $S_0=6a^2$）分成 n 个边长为 b 的立方体[$n=(a/b)^3$]，则小立方体的表面积总和（$S_\Sigma=6a^3/b$）与原立方体表面积的比值等于：

$$\frac{S_\Sigma}{S_0}=\frac{a}{b} \tag{6-175}$$

由定义可知，表面积即固相、液相和气相之间的相界。

表面能 σ 是一个重要的热力学数值，它反映的是相界上的相互作用。σ 的值等于构建表面所需消耗的自由能ΔG。由于原子在金属表面拥有的位能比内部更大（因为有不饱和键），σ 的值就可以视作剩余单位表面能（erg/cm^2）。

当自由能分解为 G_1 和 G_2 的两个相态接触时，系统的总自由能等于：

$$G=G_1+G_2+\sigma\Delta S$$

因此，

$$\sigma=\frac{G-(G_1+G_2)}{\Delta S}=\frac{\Delta G}{\Delta S} \tag{6-176}$$

σ 的值是各向异性的，对于不同的晶界各不相同。众所周知，金属的表面能与升华焓之间存在着线性关系[136]。在反应介质中，催化剂的结构及组分会发生重大变化。

例如，煤加氢液化过程中使用的高效催化剂 FeS_2[137]可能会发生以下反应：

$$FeS_2+aH_2 \longrightarrow FeS_x+bH_2S$$

S 和 H 的平衡式为：

$$S：2=x+b$$

$$H：2a=2b$$

因此，化学计算方程式为：

$$FeS_2+(2-x)H_2 \longrightarrow FeS_x+(2-x)H_2S$$

当 $x=0$ 时有：

$$FeS_2+2H_2 \longrightarrow Fe+2H_2S$$

而当 $x=1$ 时有：

$$FeS_2+H_2 \longrightarrow FeS+H_2S$$

在 $x=2$ 的情况下则会出现一个恒等式（$FeS_2 = FeS_2$）。

反应产物硫化氢也会分解❶：

$$2H_2S \rightleftharpoons 2H_2+S_2 \quad \Delta G_{298}=15.8kcal/mol$$

硫元素通过硫化氢对煤加氢反应中煤炭有机质转化的继续作用可用以下反应来表示：

❶ 硫的沸点为 444.75℃。

$$H_2S \rightleftharpoons HS^{\cdot} + H^{\cdot}$$

$$R_1{-}R_2 + H^{\cdot} \longrightarrow R^1H + R^{2\cdot}$$

$$R^{2\cdot} + HS^{\cdot} \longrightarrow R^2SH$$

$$R^2SH + H_2 \longrightarrow R^2H + H_2S$$

其他硫化物类催化剂在氢分子介质中的表现是相似的。

对 PdS-H_2 反应系统的热力学研究表明[138]，随着温度的升高 PdS 的含量会有较大幅度的下降，特别是当原始混合物中氢气压力较大时。反应达到平衡后，系统中不仅含有金属钯，还有化合物 Pd_2S，其含量随温度和比值 x=H_2/PdS 快速增加。有趣的是，当 x=5 和 T=900K 时，Pd_2S 的数量开始下降，同时金属钯的含量增加，相关反应为：

$$Pd_2S + H_2 \rightleftharpoons 2Pd + H_2S$$

此外，在这些条件下，反应

$$2PdS + H_2 \rightleftharpoons Pd_2S + H_2S$$

$$2Pd_2S + H_2 \rightleftharpoons 2PdS + H_2S$$

$$PdS + H_2 \rightleftharpoons Pd + H_2S$$

的平衡明显向右偏移。

MoS_2 是煤加氢液化反应的有效催化剂之一。它为层状结构，元素会在三明治型结构中重复出现。在这样的结构中，钼原子构成的平面六角形分布在硫原子构成的两个平面六角形之间，使每个钼原子都处在由 6 个硫原子构成的三棱柱的中心[139]。在 MoS_2、Mo_2S_5 和 MoS_3 这几种硫化钼中，MoS_2 的热稳定性最好。MoS_2 经焙烧会变成 MoO_3，用氨水萃取后可得钼酸铵：

$$MoO_3 + 2NH_4OH = (NH_4)_2MoO_4 + H_2O$$

这一反应通常用于提取煤加氢反应残渣中的贵金属钼[140]。

近来，在煤加氢液化及煤馏出物加氢处理中，往往用稀释悬浮液（悬浮型催化剂）或含有少量活性催化相的涂层系统来取代大耗量催化剂[141,142]。

文献[124]介绍了用钼和镍基双组分乳化催化剂对俄罗斯坎斯克-阿钦斯克煤田博洛津矿褐煤加氢液化反应的研究结果。这种褐煤的相关指标为：A^{d}=4.75%，V^{daf}=47.0%，S_t^{d}=0.15%；C^{daf}=72.70%，H^{daf}=5.14%，N^{daf}=1.03%，O^{daf}(各种)=21.13%；V_t=92%，S_v=5%，F=2%，L=1%；镜质组反射率 R_0=0.36。使用的溶剂是西伯利亚石油大气压下蒸馏获得的沸点超过 260℃的馏分。这种石油的元素成分为：C=85.90%，H=11.78%，S=1.99%，N=0.33%。实验结果参见表 6-26 和表 6-27。从这两个表中的数据可以看出，当催化剂中的质量比 Mo∶Ni=7∶3（见表 6-26）且催化剂中的 Mo 和 S 分别占煤炭有机质的 0.05%和 4.0%（见表 6-27）时，煤炭有机质的转化率最大。

据文献[143]，在煤的加氢反应中活性最好的催化剂所含的Mo和S分别约占煤炭有机质的0.025%～0.05%和2%。在非均质和细弥散催化剂中，活性最大的是粗孔的Al-Co-Mo和MoS_2+WS_2催化剂（见表6-28）。

表6-26 在钼和镍基双组分乳化催化剂作用下博洛津矿褐煤的加氢反应指标

催化剂中Mo：Ni之比	煤炭有机质转化率/%	产物产出率（占油煤浆有机质的百分比）/%					氢耗量（占油煤浆有机质的百分比）/%
		液体	油品	沥青质	前沥青质	气体	
100：0	89.3	87.5	78.3	6.9	2.3	10.0	1.9
70：30	90.2	87.3	79.4	7.0	0.9	11.0	2.0
50：50	82.0	85.6	78.5	5.7	1.4	9.3	1.7
0：100	77.6	83.0	76.0	5.5	1.5	10.1	1.6

注：$p_{初}$=5MPa；$p_{工作}$=10～12MPa；T=425℃；时间=120min；煤：溶剂=40：60（%）；催化剂为占煤炭有机质0.05%的Mo；添加剂为占煤炭有机质4%的S。

表6-27 催化剂对博洛津矿褐煤液化指标的影响

指标	气体介质				
	H_2	H_2	H_2	H_2	H_2
Mo的浓度（占油煤浆有机质的百分比）/%	—	0.5	—	0.05	—
S的浓度（占油煤浆有机质的百分比）/%	—	4.0	4.0	4.0	56.9
煤炭有机质的转化率/%	43.4	48.8	59.0	74.1	
产物产出率（占油煤浆有机质的百分比）/%					
液态产物	68.3	69.2	73.1	81.1	71.5
油	63.9	63.7	66.8	73.7	61.6
沥青质	3.1	3.9	4.1	4.8	5.3
前沥青质	1.3	1.6	2.2	2.6	4.6
气态产物	9.0	8.9	9.1	8.7	10.2
H_2消耗量（占油煤浆有机质的百分比）/%	0.2	0.3	0.4	1.1	—

注：$p_{初}$=5MPa；$P_{工作}$=10～11MPa；T=425℃；时间=120min；煤：溶剂=40：60。

表6-28 在不同催化剂作用下博洛津矿褐煤的加氢反应

催化剂类型	与煤接触方式	煤炭有机质转化率/%	H_2消耗量（占油煤浆有机质的百分比）/%
无催化剂	—	47.7	0.6
0.2%Mo+1%Fe^{3+}	浸泡	86.8	2.7
0.025%Mo+2%S	乳化液	92.3	1.7
4%Fe(赤泥)+2%S	与煤混合	84.5	2.3

续表

催化剂类型	与煤接触方式	煤炭有机质转化率/%	H_2消耗量（占油煤浆有机质的百分比）/%
非均质的			
粗孔 Al-Ni-Mo	固定	81.9	2.0
粗孔 Al-Co-Mo	固定	84.0	1.6
工业 Al-Co-Mo	固定	70.6	1.6
碳载体上的 Co-Mo	固定	88.2	4.9
细弥散的			
MoS_2+WS_2(1∶0.3)	与煤混合	94.0	5.0
MoS_2+WS_2(1∶0.05)	与煤混合	95.6	6.1

注：p=10MPa；T=425℃；反应时间=2h；高压反应釜。

必须指出的是，在煤液化过程中不适宜使用固定催化剂，因为未反应的煤渣及矿物质会和催化剂混合并使催化剂中毒。

应当注意的是，多金属矿渣可用作褐煤破坏氢化中的高活性催化剂。当压力为 10MPa，煤∶四氢萘=1∶2，T=430℃，体积速度=$5h^{-1}$，矿渣数量为煤炭有机质的 0.5%～1%时，转化率超过 80%。而且，沸点超过 220℃的可溶于正己烷的馏分中氢的含量达到 12%，远远高于原始煤炭有机质中的 4.98%；同时，氮的含量从 0.78%降至 0.15%，氧的含量从 23.3%降至 0.16%[144]。

在讨论煤加氢液化反应的催化剂时，必须要提到酸碱催化。

酸碱催化与质子 H^+的转移有关。这一过程中的催化剂是酸和碱的水溶液。酸 HA 和与之相对应的碱 A^-在水溶液中处于以下热力学平衡状态：

$$HA \rightleftharpoons H^+ + A^-$$

$$H^+ + H_2O \rightleftharpoons H_3O^+$$

显然，无论是第一个反应的平衡常数（$K_p=[H^+][A^-]/[HA]$），还是第二个反应的平衡常数（$K_p=[H_3O^+]\ /\ [H^+]\ [H_2O]$），都取决于温度和介质的 pH 值（介质所有组分的酸碱性）❶。在这种介质中，既可能发生酸催化（当分子俘获质子 H^+时），也可能发生碱催化（当分子失去质子 H^+时）。

正如 6.2 节中已指出的，介质的介电常数 ε_0 对酸碱催化速度有重要影响，因为酸 HA 的分解产物是两个带电粒子：H^+和 A^-。根据定义，介质的 ε_0 值应对酸碱反应速率有积极影响。

$ZnCl_2$、$CuCl_2$、$AlCl_3$ 等能接受电子对的酸性催化剂（路易斯 α-质子酸）可以在非水介质中对反应起催化作用，而在水溶液中会转化成质子酸（布朗斯特酸）[137]。

❶ 在反应 $H^+ + M \rightleftharpoons [HM]^+ \longrightarrow$ 产物中，配合物$[HM]^+$的浓度取决于介质的酸度（pH）。

例如，脱水作用的酸催化（酸性介质中的均匀催化）过程图为：

$$\sim\underset{\displaystyle OH}{CH}-CH_3 \underset{-H^+}{\overset{+H^+}{\rightleftharpoons}} \sim\underset{\displaystyle \overset{+}{O}H_2}{CH}-CH_3 \underset{+H_2O}{\overset{-H_2O}{\rightleftharpoons}} \sim\overset{+}{C}H-CH_3 \underset{+H^+}{\overset{-H^+}{\rightleftharpoons}} \sim CH{=}CH_2$$

因此，人们早就知道芳香烃溶于硫酸时会形成着色化合物[154]：

$$C_{14}H_{10}\ (\text{anthracene}) \overset{+H^+}{\rightleftharpoons} C_{14}H_{11}^{+}\ (\text{9-position } CH_2,\ \oplus)$$

利用表 6-29 中的数据，可以估算出 H_2 和 H_2O 的分解反应热，以及水合氢离子 H_3O^+的生成热：

$$H_2 = H^{\bullet}+H^{\bullet} \qquad \Delta H_p=436.0\text{kJ/mol}$$

$$H_2 = H^{+}+H^{-} \qquad \Delta H_p=1675.3\text{kJ/mol}$$

$$H_2O = H^{+}+OH^{-} \qquad \Delta H_p=1641.0\text{kJ/mol}$$

$$H^{+}+H_2O = H_3O^{+} \qquad \Delta H_p=-696.4\text{kJ/mol}$$

表 6-29 氢及氧原子（离子）构成的一些化学粒子的生成热

粒子	$\Delta H_{298}^{\ominus}$ /(kJ/mol)	粒子	$\Delta H_{298}^{\ominus}$ /(kJ/mol)
H^+	1536.2	H_2O	−241.8
$H^{\bullet}$	218.0	H_2O^+	981.6
H^-	139.0	H_3O^+	598.0
H_2	0	OH^-	−137.0

这些数据表明，从能量消耗角度看，氢分子分解成两个原子（H）比分解成两个离子（H^+和 H^-）更容易。水合氢离子 H_3O^+生成反应也比较容易（$\Delta H_p < 0$）。

为了评价金属离子 M^{n+}在反应

$$M^{n+}+\frac{n}{2}H_2 \longrightarrow M+nH^+$$

中的催化活性，可以利用氧化-还原电势值。

当金属 M 浸入含离子 M^{n+}的溶液后，金属和溶液之间会产生电势差 E_0，它的值是相对于标准电极确定的❶[145]。电势差的产生同以下氧化还原过程有关（e 为电子）：

$$M \rightleftharpoons M^{n+}+ne \tag{6-177}$$

按照反应式（6-177），如果粒子贡献出一个电子（电子供体），那么供体就被氧化并成为还原剂（这里指 M）；如果粒子接受一个电子（电子受体），那么受体

❶ 标准电极是指将镀有一层海绵状铂黑的铂片浸入到 t=25℃的含有氢离子的溶液中，不断通入压力 p=1 大气压的纯氢气，使铂黑吸附 H_2 至饱和后形成“氢电极”。氢离子的活度为 1：$Pt|H_2|H^+||M^{n+}|M$。

就被还原并成为氧化剂。

标准电极电势 E_0 同吉布斯自由能ΔG 存在以下关系[❶]：

$$\Delta G=-nF\Delta E \tag{6-178}$$

式中 n——参与反应的电子数；

F——法拉第常数（F=96485C）；

ΔE——标准电势差。

$$\Delta E = E_{0,H_2} - E_{0,M} \tag{6-179}$$

许多元素的 E_0 值都可在电势差对照表中查到，其中氢元素的电势差为零（$E_{0,H_2}=0$）。

电极电势仅针对还原反应，即

$$M^{n+}+ne \rightleftharpoons M \tag{6-180}$$

表 6-30 中是部分金属的电极反应特性。在分析这些数据时，要用到下式［来自式（6-178）］：

$$\Delta G（J）=-96.458\ n\Delta E \tag{6-181}$$

表 6-30 部分金属的电极反应特性[145]

反应	E_0/V	ΔG/J	χ①	I②
$Li^++e \rightleftharpoons Li$	−3.025	−219.9	0.98	5.39
$K^++e \rightleftharpoons K$	−2.922	−282.0	0.82	4.339
$Na^++e \rightleftharpoons Na$	−2.713	−261.8	0.93	5.138
$Zn^{2+}+2e \rightleftharpoons Zn$	−0.758	−146.3	1.65	9.391
$Fe^{2+}+2e \rightleftharpoons Fe$	−0.44	−84.9	1.83	7.90
$Ni^{2+}+2e \rightleftharpoons Ni$	−0.25	−48.2	1.91	7.633
$Co^{2+}+2e \rightleftharpoons Co$	−0.28	−54.0	1.88	7.86
$Al^{3+}+3e \rightleftharpoons Al$	−1.66	−480.6	1.61	5.984
$Cr^{3+}+3e \rightleftharpoons Cr$	−0.74	−214.2	1.66	6.673
$Sn^{2+}+2e \rightleftharpoons Sn$	−0.14	−27.0	1.96	7.3
$2H^++2e \rightleftharpoons H_2$	0	0	—	—
$Cu^{2+}+2e \rightleftharpoons Cu$	+0.344	+66.4	1.90	7.724
$Fe^{3+}+e \rightleftharpoons Fe^{2+}$	+0.771	+74.4	—	—
$Ag^++e \rightleftharpoons Ag$	+0.800	+77.2	1.93	7.574
$Co^{3+}+e \rightleftharpoons Co^{2+}$	+1.82	+175.6	—	—

① χ 为金属态原子的电负性。

② I 为金属态原子的电离电势。

如果金属 M 是比氢更强的还原剂，则其标准电极电势 $E_{0,M}<0$，而$\Delta E>0$ 且

❶ $\Delta G=W_e=-Q\Delta E$（Q 为电荷元；W_e 为电功）。

$\Delta G < 0$，即反应完全可能发生。

金属的电极电势 E_0 同其原子的 Pauling 电负性直线相关[146]（图 6-41），同原子的第一电离电势也为直线关系[146]（图 6-42）。

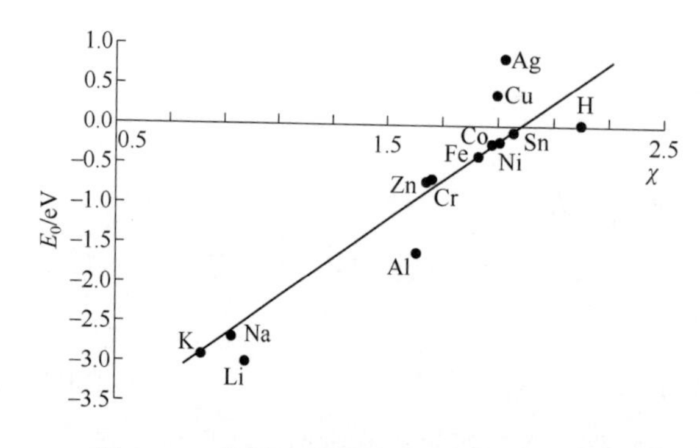

图 6-41 金属元素的标准还原电势 E_0 同其原子 Pauling 电负性的关系

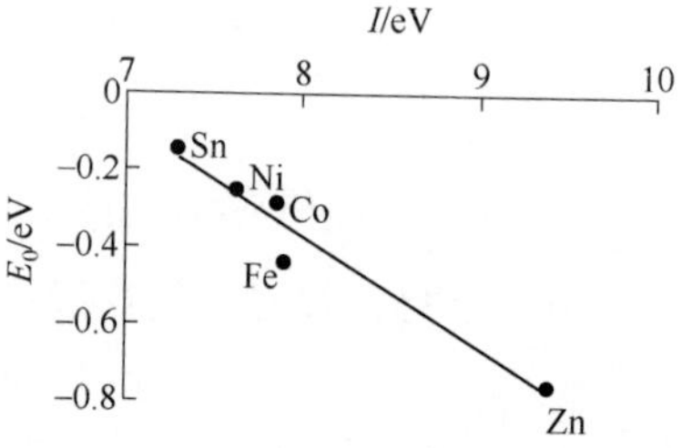

图 6-42 一些金属元素原子的第一电离电势同其还原电势的关系

下面，我们再来研究一下不同催化剂对测试分子的作用机理问题。

对饱和烃氢解反应的理论研究不仅有助于确定反应机理，还有助于解决一些实际问题，包括预测在不同催化剂作用下反应过程的发展方向并确定其选择性。解决了这个问题，就能为煤加氢液化等一系列工业加工过程选择最适宜的工艺条件，因为在煤制油精炼阶段会发生 C—C 键加氢和随后的氢解反应。

文献[147]介绍了对己烷同分异构体（正己烷、2-甲基戊烷、3-甲基戊烷、2,2-二甲基丁烷、2,3-二甲基丁烷）氢解反应的研究结果，实验中使用的双功能催化剂是 Pt/C（t=385℃）、Pt/SiO_2（t=370℃）和 Pt/Al_2O_3（t=285℃）。

图 6-43（a）反映的是使用 Pt/C 催化剂时断裂键数 $\rho_{C-C'}$（%）与分子中 C—C 键能 $\varepsilon_{C-C'}$ 相应值的关系。可见，断裂 C—C′键的百分数 $\rho_{C-C'}$ 同键能 $\varepsilon_{C-C'}$ 直线相关；C—C 键能越低，该键断裂产物的产出率越高。因此，在这种情况下，分子在催化剂作用下的分解会因 C—C 键能的不同而有选择地进行。下面，我们把催化剂的这种作用机理称作第一催化机理。

从图 6-43（a）可以看出，在第一催化机理下，分子分解后会产生大量甲烷（环键 CH_3—C 拥有的键能 $\varepsilon_{C-C'}$ 最小），这是煤加氢液化过程中不希望出现的。

图 6-43（b）上是使用 Pt/Al_2O_3 催化剂时 $\rho_{C-C'}$ 与 $\varepsilon_{C-C'}$ 的关系。可以看出，Pt/Al_2O_3 催化剂表现出的也是第一种催化机理，尽管不如 Pt/C 催化剂的效果明显。

己烷同分异构体氢解反应相关数据的测定结果表明[147]，催化剂 Ni/SiO_2、Ni/ZrO_2、Pd/SiO_2、Co/ SiO_2 和 Ir 表现出的同样是第一催化机理。

我们再来看看 Pt/SiO_2 催化剂对己烷同分异构体氢解反应的影响。这种情况下

$\rho_{C—C'}$与$\varepsilon_{C—C'}$的关系参见图6-43（c），从图上可以看出，键能$\varepsilon_{C—C'}$最大的C—C键首先断裂。我们来详细分析一下这个问题。计算结果表明，C—C′键的键能$\varepsilon_{C—C'}$越大，氢原子越容易从构成该键的碳原子上脱离。我们以正己烷为例，注出其分子中不同位置上氢原子脱离能$\Delta U_{C—H}$的值（eV）：

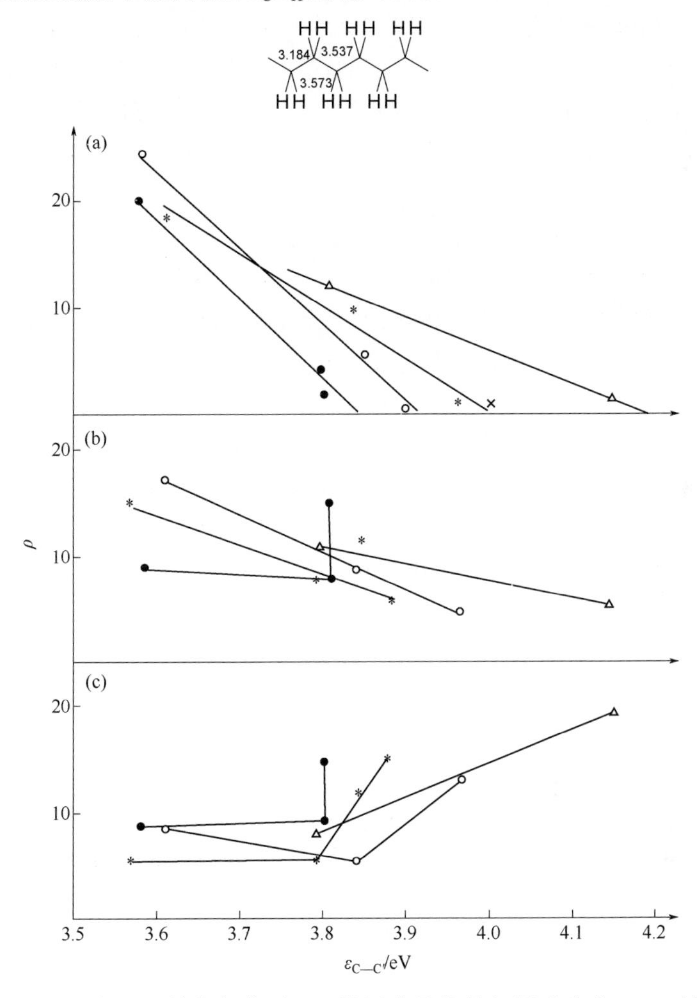

图6-43　在不同催化剂作用下己烷同分异构体氢解反应中C—C′键反应能力指数$\rho_{C—C'}$测定值与分子中键能$\varepsilon_{C—C'}$的关系

（a）Pt/C；（b）Pt/Al_2O_3；（c）Pt/SiO_2

● 正己烷；* 3-甲基戊烷；○ 2-甲基戊烷；× 2,2-二甲基丁烷；△ 2,3-二甲基丁烷

因此，氢原子更容易从二级C上脱离。根据量子化学计算结果，总体上存在着这样的不等式：

$\Delta U_{C—H}$（甲烷）> $\Delta U_{C—H}$（一级C）>$\Delta U_{C—H}$（二级C）>$\Delta U_{C—H}$（三级C）

从文献[148,149]得知，一些催化剂同分子相互作用后使氢脱离并将其吸附在表面上。然后，靠近氢脱离点的 C—C 键断裂。C 的选择性也取决于 C—H 键能 $\Delta U_{C—H}$ 的最小值。

我们就不谈反应机理的细节了，只想强调以下内容。一些催化剂会根据 C—H 键能 $\Delta U_{C—H}$ 的值有选择地起作用，可能会使断裂能 $\Delta U_{C—H}$ 最小的那个 C—H 键上的氢原子从分子上脱离。我们把催化剂的这种作用机理称作第二催化机理。

下图中用黑点标出的是已烷同分异构体分子中氢原子最易脱离的碳原子位置（据计算结果），用曲线标出的是断裂后使 $\rho_{C—C'}$ 测定值（据相应产物产出率）达到最大的 C—C 键：

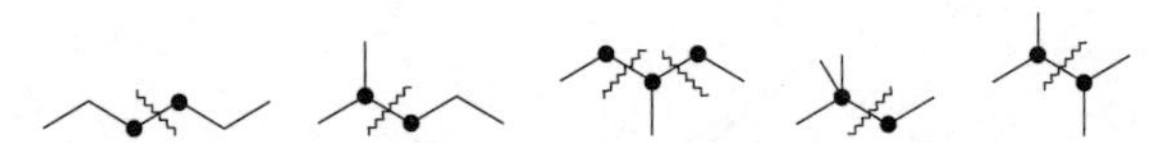

现在完全可以确信，Pt/SiO_2 催化剂对己烷同分异构体分解反应的作用属于第二催化机理。因此，选择双功能催化剂作用机理时，还要看金属、基底材料的性质和反应条件。

还要注意的是，据质谱测定资料[150]，烷烃分叉结构会使其更易分解，特别是在有三级和四级碳原子的情况下表现得更为明显。当侧链足够长时，会从分叉处断开，越长的越先断开。

如图 6-44 所示，使用 Pt/C 催化剂时，己烷同分异构体氢解反应的 C—C′键产率同相应的键能直线相关[109]。

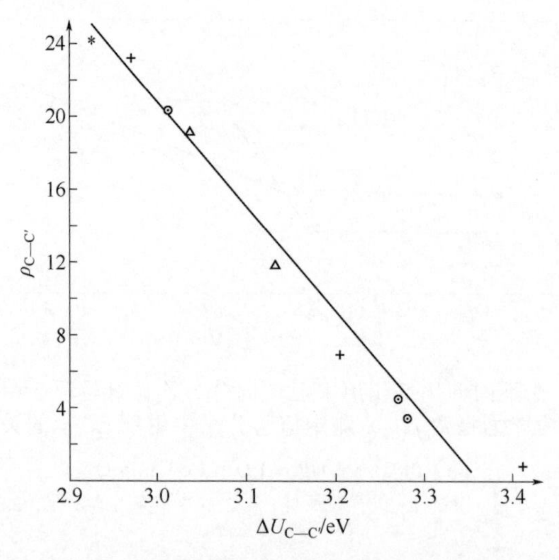

图 6-44 用 Pt/C 催化剂时己烷同分异构体氢解反应中 C—C′键反应能力指数 $\rho_{C—C'}$ 测定值与断裂能 $\Delta U_{C—C'}$ 的关系

⊙ 正己烷；△ 3-甲基戊烷；+ 2-甲基戊烷；* 2,3-二甲基丁烷

当用 X 射线光电子光谱学法研究 Pt/SiO_2 的价带时，可以看到将少量铂涂到基底上后其电子结构相对于金属状态发生了改变。弥散金属原子电子状态的变化或许是因为活性催化相的类聚性，也可能是因为它与载体的相互作用[151]。

文献[151]介绍了对 $Pt/\gamma\text{-}Al_2O_3$ 催化剂 X 射线光电子光谱的研究情况，研究成果参见图 6-45，其中的光谱分别为铂片的（a）、原始 $\gamma\text{-}Al_2O_3$ 的（b）和 0.6% $Pt/\gamma\text{-}Al_2O_3$ 催化剂的［(c)、(d)］。研究中还观察了含 1%Pt 样品的同类光谱。除了所研究各个试样的价带外（相对键能 ε_b=0~20eV），图 6-45 上还有内层 Pt $4d_{5/2}$（ε_b=315.1eV）和 Al 2s（ε_b=119.5eV）电子的对应线。Pt 4f 和 Al 2p 电子对应的另两条线通常在进行更为细致的研究时才会用到，由于它们被遮盖了，文献[151]中未对其进行研究。

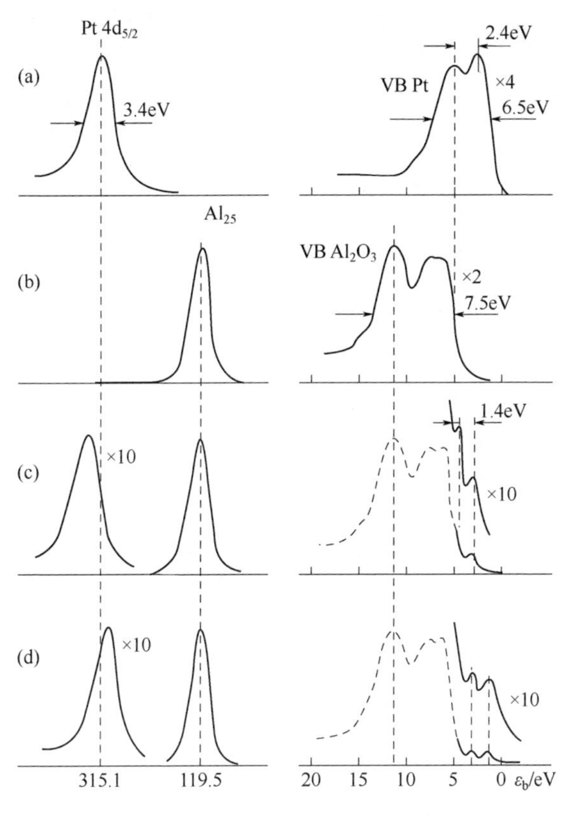

图 6-45　X 射线光电子光谱

（a）铂片；（b）$\gamma\text{-}Al_2O_3$；（c）0.6%$Pt/\gamma\text{-}Al_2O_3$；借助电子束使 Pt 带电

VB—价带

由图 6-45（c）可以看出，涂层中 Pt 的 $4d_{5/2}$ 层相对键能 ε_b 比金属 Pt 片的同层相对键能 ε_b［图 6-45（a）］增加了 1.3eV。载体上金属的内层电子结合能增加的原因是，金属的电子密度向基底材料的原子发生了一些偏移。

对环烃中的烷基环戊烷的氢解反应进行过比较细致的研究[152]。实验数据表明，带上一个烷基 R 后，环中非等价 C—C′键的氢解速率常数会有很大差别[152]。环的氢解反应中会生成以下产物：

R（环戊烷）
a → $CH_3—CH_2—CH_2—CH_2—CH_2—R$
b → $CH_3—CH(R)—CH_2—CH_2—CH_3$
c → $CH_3—CH_2—CH(R)—CH_2—CH_3$

在室温和大气压力下，加入铂-氢氯酸活化的镀铂煤，当 $R=CH_3^{\bullet}$ 时产物产出率之比为 $a:b:c$=0.1∶1.0∶0.8，而当 $R=CH_3CH_2^{\bullet}$ 时产物产出率之比为 $a:b:c$=0.3∶1.0∶0.9。

文献中对此做了不同解释[152]。例如，阿塞拜疆的化学家拉伊克教授认为这同 C—C 键的强度不同有关，而苏联有机化学家鲍·亚·卡赞斯基认为是烷基的影响导致了键的强度不同。文献［152］的作者认为，环上 C—C 键氢解反应速率的差异是烷基形成的空间位阻导致的。

图 6-46 显示的是甲基环戊烷和乙基环戊烷氢解产物的相对产率与相应键能 $\varepsilon_{C—C}$ 的关系。它们之间的直线关系表明，C—C 键氢解反应速率常数的差异是其强度不同造成的。即使烷基会造成空间位阻，也不会很大。$R=CH_3^{\bullet}$ 和 $R=CH_3CH_2^{\bullet}$ 对应的直线斜率不同或许是因为活化能不同。

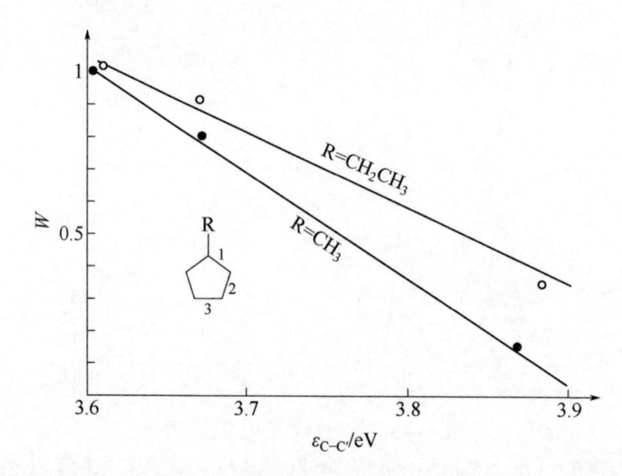

图 6-46　甲基环戊烷和乙基环戊烷氢解产物的相对产率与 C—C 键能 $\varepsilon_{C—C'}$ 的关系

我们还要强调一点，使用 Pt/C 催化剂时，在相对较低的压力和温度下 C—C 键的氢解率同其键能成正比。

据文献[153]的介绍，有的专家还研究过甲基环戊烷的环的氢解方向同混合反应物中氢气分压的关系。实验结果表明，当温度 t=350～450℃时在不同催化剂（Al_2O_3 和 SiO_2 载体上的 Pt 百分含量不同）的作用下得到的产物的比值——正己烷∶2-甲基戊烷和 3-甲基戊烷∶2-甲基戊烷，主要取决于氢气分压。随着氢气压力的增加，正己烷的产率会增长几倍，因此，与三级碳原子相连的 C—C 键断裂的可能性也随之加大。

6.4.7 煤加氢液化过程的动力学特性

在根据反应条件模拟和确定最佳工艺参数时，必须从动力学角度研究煤炭有机质的热转化和加氢转化过程。可是，研究方法还有待突破和创新。首先，要辨识那么多的单体化合物（煤炭有机质转化产物）实际上是不可能的，所以在实践中通常是根据一些设定的理化性质对其进行分类。其次，在这种情况下转化过程的反应动力学是表观的，从原煤的结构特点解释其动力学参数是很困难的。最后，不同的专家为相同的反应过程建立的动力学模型各不相同，其参数是经复杂运算确定的，这使其不具可比性，也加大了对反应过程的动力学特性进行分析归纳的难度。文献[155-162]中分析了煤加氢反应过程的一些动力学模型。我们来看看其中的几个模型。

（1）线性模型

线性模型[157]包括用煤 A 制前沥青质 C、沥青质 B 和“油+气”D 的顺序反应：

$$A \xrightarrow{k_1} C \xrightarrow{k_2} B \xrightarrow{k_3} D$$

组分浓度的变化速度可用微分方程组来表示：

$$\left.\begin{aligned} \frac{dA}{dt} &= -k_1 A \\ \frac{dB}{dt} &= k_2 C - k_3 B \\ \frac{dC}{dt} &= k_1 A - k_2 C \\ \frac{dD}{dt} &= k_3 B \end{aligned}\right\} \qquad (6\text{-}182)$$

假设，当 t=0 时组分的浓度为：A=a（a 为煤中能反映的部分），B=C=D=0，将 t 时刻未反应的煤的数量表示为 A'=1 − a+A，可得：

$$A' = 1 - a + A$$

$$B = \frac{ak_1k_2}{k_2 - k_1}\left[\frac{e^{-k_1t} - e^{-k_3t}}{k_3 - k_1} + \frac{e^{-k_3t} - e^{-k_2t}}{k_3 - k_2}\right]$$

$$C=\frac{ak_1}{k_2-k_1}\left(e^{-k_1t}-e^{-k_2t}\right)$$
$$D=1-\left(A'+B+C\right) \tag{6-183}$$

（2）分支模型

分支模型[157]可用相同的组分符号表示如下：

（6-184）

组分浓度随时间变化的速度用微分方程组表示：

$$\left.\begin{aligned}\frac{dA}{dt}&=-\left(k_1+k_2+k_3\right)A\\ \frac{dB}{dt}&=k_1A+k_6C-k_4B\\ \frac{dC}{dt}&=k_2A-\left(k_5+k_6\right)C\\ \frac{dD}{dt}&=k_3A+k_4B+k_5C\end{aligned}\right\} \tag{6-185}$$

若取 $\beta=k_1+k_2+k_3$ 及 $\gamma=k_5+k_6$，由以上方程组得：

$$\begin{aligned}A'&=1-a+ae^{-\beta t}\\ C&=\frac{k_2a}{\gamma-\beta}\left(e^{-\beta t}-e^{-\gamma t}\right)\\ B&=\frac{a}{k_4-\beta}\left(k_1+\frac{k_2k_6}{\gamma-\beta}\right)\left(e^{-\beta t}-e^{-k_4t}\right)+\frac{ak_2k_6}{(\beta-\gamma)(k_4-\gamma)}\left(e^{-\gamma t}-e^{-k_4t}\right)\\ D&=1-\left(A'+B+C\right)\end{aligned} \tag{6-186}$$

在文献[157]中按照分支模型计算了温度 t=350℃、375℃和 400℃时褐煤的动力学特性。t=400℃时的动力学曲线参见图 6-47，可以看出，不同产物产率与时间的关系是不同的。例如，在 τ=8min 时前沥青质的产率最大。

在三种温度下反应速率常数 k_i 的计算值参见表 6-31，对表中数据的分析结果表明：

当 t=400℃时，$k_2 > k_1 > k_3 > k_6 > k_4,k_5$；

当 t=375℃时，$k_2 > k_1 > k_3 > k_6 > k_5 > k_4$；

当 t=350℃时，$k_2, k_3 > k_1 > k_5 > k_4 > k_6$。

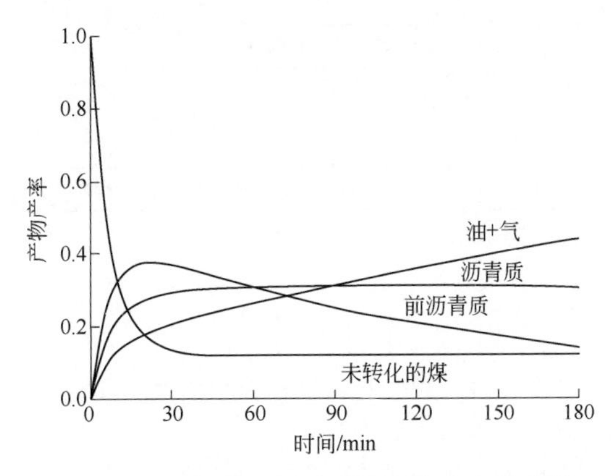

图 6-47 温度为 400℃时煤液化动力学曲线

表 6-31 按照分支模型计算的不同温度下褐煤转化速率常数 k_i 的值

k_i /h^{-1}	温度/℃		
	400	375	350
k_1	0.04546±0.00415	0.02697±0.00337	0.00789±0.00092
k_2	0.07150±0.01026	0.05202±0.0070	0.01214±0.00101
k_3	0.02646±0.01212	0.01870±0.00787	0.01214±0.0017
k_4	0.00279±0.00257	约 0.0±0.004	0.000081±0.00278
k_5	0.00284±0.00437	0.00183±0.00461	0.00269±0.00121
k_6	0.00385±0.00328	0.00225±0.00460	约 0.0±0.001

文献[55]中提出了煤液化反应的广义动力学模型流程图（图 6-48），可以用它很准确地算出反应过程的动力学参数。根据图 6-48 中的流程：

$$\left.\begin{aligned}&\frac{\mathrm{d}У}{\mathrm{d}t}=-k_{\Sigma}У\\&\frac{\mathrm{d}\varPi}{\mathrm{d}t}=k_1У-(k_5+k_7)n\\&\frac{\mathrm{d}A}{\mathrm{d}t}=k_2У+k_5\varPi-(k_6+k_8)A\\&\frac{\mathrm{d}M}{\mathrm{d}t}=k_3У+k_6A\\&\frac{\mathrm{d}C}{\mathrm{d}t}=k_7\varPi+k_8A\\&\frac{\mathrm{d}\varGamma}{\mathrm{d}t}=k_4У\end{aligned}\right\} \tag{6-187}$$

式中，$k_{\Sigma}=k_1+k_2+k_3+k_4$；$У$、$\varPi$、$A$、$M$、$C$ 和 $\varGamma$ 分别为相应组分的质量分数（$У+\varPi+A+M+C+\varGamma=1$）。

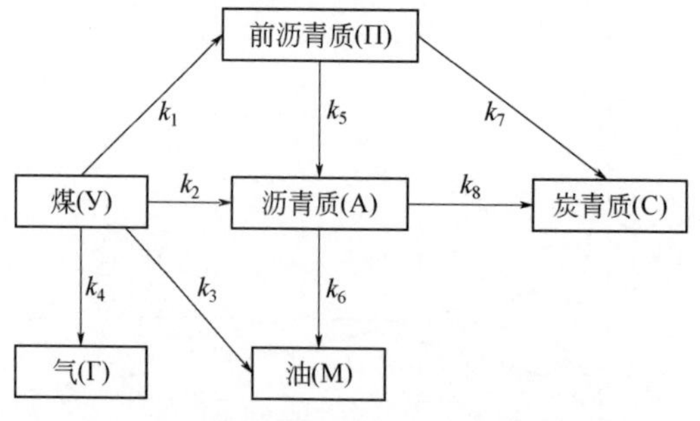

图 6-48　煤液化广义动力学模型流程图

我们按照初始条件（t=0；$У_0$=1；A=$П$=M=$Г$=C=0）求方程组（6-187）的积分：

$$У = e^{-k_\Sigma t} \tag{6-188}$$

$$n = \frac{k_1}{k_5 + k_7 - k_\Sigma}[e^{-k_\Sigma t} - e^{-(k_5+k_7)t}] \tag{6-189}$$

$$A = a e^{-k_\Sigma t} - b e^{-(k_5+k_7)t} + (b-a) e^{-(k_6+k_8)t} \tag{6-190}$$

式中，a 和 b 为常数。

$$a = \left[k_2 + \frac{k_1 k_5}{k_5 + k_7 - k_\Sigma}\right]\frac{1}{k_6 + k_8 - k_\Sigma}$$

$$b = \frac{k_1 k_5}{(k_5 + k_7 - k_\Sigma)(k_6 + k_8 - k_5 - k_7)}$$

$$M = d_1 e^{-k_\Sigma t} + d_2 e^{-(k_5+k_7)t} + d_3 e^{-(k_6+k_8)t} + d_4 \tag{6-191}$$

式中，d_1、d_2、d_3、d_4 为常数，其计算公式为：

$$d_1 = -(k_3 + a k_6)/k_\Sigma$$

$$d_2 = b k_6/(k_5 + k_7)$$

$$d_3 = k_6(a-b)/(k_6 + k_8)$$

$$d_4 = -(d_1 + d_2 + d_3)$$

$$C = p_1 e^{-k_\Sigma t} + p_2 e^{-(k_5+k_7)t} + p_3 e^{-(k_6+k_8)t} + p_4 \tag{6-192}$$

式中，p_1、p_2、p_3、p_4 为常数。

$$p_1 = -\left[\frac{k_1 k_7}{(k_5 + k_7 - k_\Sigma) k_\Sigma} + \frac{a k_8}{k_\Sigma}\right]$$

$$p_2 = \frac{k_1 k_7}{(k_5 + k_7 - k_\Sigma)(k_5 + k_7)} + \frac{b k_8}{k_5 + k_7}$$

$$p_3 = -\frac{k_8(b-a)}{k_6 + k_8}$$

$$p_4 = -(p_1 + p_2 + p_3)$$

$$\Gamma = \frac{k_4}{k_\Sigma}\left(1 - e^{-k_\Sigma t}\right) \quad (6\text{-}193)$$

利用得到的方程（6-187）～方程（6-193）可以很容易地在计算机上解决遇到的动力学问题，必要时还能调控图 6-48 上动力学流程图所需要的反应方向。此外，还可以对反应过程的某些特性进行分析。例如，根据式（6-189）前沥青质达到最大产率的条件是

$$\left.\frac{d\Pi(t)}{dt}\right|_{t=t_{max}} = 0$$

即：

$$k_\Sigma e^{-k_\Sigma t_{max}} = (k_5 + k_7) e^{-(k_5+k_7)\,t_{max}}$$

因此：

$$t_{max} = \frac{\ln\left[\dfrac{k_5 + k_7}{k_\Sigma}\right]}{k_5 + k_7 - k_\Sigma} \quad (6\text{-}194)$$

那么，由式（6-189）和式（6-194）得：

$$\Pi(t_{max}) = \frac{k_1}{k_5 + k_7 - k_\Sigma}\left[e^{-k_\Sigma t_{max}} - e^{-(k_5+k_7)t_{max}}\right]$$

为了计算煤加氢液化反应过程的动力学特性，笔者按照图 6-48 上的动力学流程图，利用方程（6-187）～方程（6-193）编写了专用计算程序。

最后，我们再来看看总速率常数与液化用煤转化率 α 的关系，这里所说的液化指以下一级反应：

$$煤 \xrightarrow{\bar{k}_\Sigma} 产物（液体+气体+残渣）$$

式中，$\bar{k}_\Sigma$ 为总速率常数的平均值。

如果用$[У_0]$表示煤的初始质量，x 表示时间 t 内已转化的煤的质量，则 t 时刻煤的质量等于$[У_0]-x$，而反应速率

$$-\frac{d[У_0]}{dt} = -\frac{d([У_0]-x)}{dt} = \frac{dx}{dt} \quad (6\text{-}195)$$

那么，对于一级反应过程

$$\frac{\mathrm{d}x}{\mathrm{d}t}=\bar{k}_{\Sigma}\left(\left[\text{У}_0\right]-x\right) \tag{6-196}$$

式（6-196）求积分后得：

$$\bar{k}_{\Sigma}=\frac{1}{t}\ln\left(\frac{\left[\text{У}_0\right]}{\left[\text{У}_0\right]-x}\right) \tag{6-197}$$

将煤的转化率表示为$\alpha=\frac{x}{\left[\text{У}_0\right]}$，由式（6-197）得：

$$\bar{k}_{\Sigma}=\frac{1}{t}\ln\left(\frac{1}{1-x}\right) \tag{6-198}$$

或

$$\alpha=1-\exp\left(-\bar{k}_{\Sigma}t\right) \tag{6-199}$$

利用方程（6-197）和方程（6-198），当已知 α 时可计算出 $\bar{k}_{\Sigma}$，而已知 $\bar{k}_{\Sigma}$ 时可计算出 α。

参考文献

[1] Введенский А.А. Термодина мическ ие расчеты процессов топливной промышленности. Л., М.: Гос. науч.-техн. изд -во нефтяной и горно-топливной литературы, Ленинградское отделение, 1949: 490.

[2] Жоров Ю.М. Термодинамика химических процессов. М.: Химия, 1985: 458.

[3] Киреев В.А. Методы практических расчетов в термодинамике химических реакций. М.: Химия, 1975-536.

[4] Мелвин-Хьюз Э.А. Физическая химия. Кн. 2. М.: ИЛ, 1962: 1148.

[5] Стали Д., Вестрам Э., Зинке Г. Химическая термодинамика органических соединений. М.: Мир, 1971: 807.

[6] Термодинамические свойства индивидуальных веществ: Справочное издние: В 4-х т./ Л.В. Гурвич, И.В. Вейц, В.А. Медведев и др. Т. 1. н. 2. —М.: Наука, 1978.

[7] Степанов Н.Ф., Ерлыкина М.Е., Филиппов Г.Г. Методы линейной алгебры в физической химии. М.: Изд-во МГУ, 1976: 360.

[8] Джонсон К. Численные методы в химии. —М.: Мир, 1983: 504.

[9] Краснов К.С., Тимошинин В.С., Данилова Т.Г., Хандожко С.В. Молекулярные постоянные неорганических соединений. Л.: Химия, 1968: 250.

[10] Радциг А.А., Смирнов Б.М. Справочник по атомной и молекулярной физике. М.:Атомиздат, 1980: 249.

[11] Гюльмалиев А.М., Гладун Т.Г, Головин Г.С. / / ХТТ, 1997(6): 25.

[12] Банди Б. Методы оптимизации. М.: Радио и связь, 1988: 197.

[13] Brenner D. // Fuel, 1984, 63: 1324.

[14] Родэ В.В. Жарова М.Н., Костюк В.А., Усачев В.Ф., Михайлова Г.С, Большакова В.Д. // ХТТ, 1974(6):

105.
[15] Родэ В В.. Папирова В.А., Сливинская И.И. // ХТТ, 1988(4): 87.
[16] Родэ В В., Новоковскии Е.М. //ХТТ, 1995(3): 43.
[17] Szeliga J. Marzec A. // Fuel, 1983, 62: 1229.
[18] Stefanova M., Simonoleit B.R. T. et al. // Fuel, 1995, 74: 768.
[19] Sharma D.K. // Fuel Sci. Technol. Inl, 1995, 74: 407.
[20] Brodski D., Abon-Aker A.A., et al. // Fuel, 1995, 74: 407.
[21] Гросбезг А.Ю., Хохлов А.Р. Физика в мире полимеров. М.: Наук а, 1989: 208.
[22] Макитра Р.Г., Пристанский Р.Е.// ХТТ, 2001(5): 3.
[23] Флайгер У. Строение и динамика молеку л. Т. 1. М.: Мир, 1982: 407.
[24] Татевский В.М. Хим ическ ое строение углев одор одов и за к ономерности вих ф изико-химических свойствах. М.: Изд-в о М ГУ, 1953: 320.
[25] Onsager // J. Am. Chem. Soc., 1936, 58: 1486.
[26] Осипов О.А. // ЖФХ, 1957, 32, 1542.
[27] Минкин В.И., Осипов О.А., Жданов Ю.А. Дипольные моменты в органической химии. Л.: Химия, 1968: 245.
[28] Kavassalis T.. Winnik F.M. // Quantum Chemistry Program Exchange № 455 (Ver s ion 6.0). //Manuscript in preparation.
[29] Gulmann V. The Donor - Acceptor Approach to Molecular Interaction. New York: Plenum Press, 1978.
[30] Гильдебранд Д. Растворимость неэлектролитов / Пер. С англ. под ред. М.Н.Темкина М.: ГОНТИ, 1938: 166.
[31] Hildebrand J.H., Prausnits I.M.. Scott R.L. Regular and Related Solutions. N.Y.: Ver lag, 1970: 228.
[32] Рабинович И.А., Хавин З.Я. Краткий химический справочник. Л.: Химия, 1977: 376.
[33] Свердлова О.В. Электронные спектры в органической химии. Л. : Химия, 1985: 248.
[34] Jarke J. W., Kimber G.M.. Rantell T.D., Shipley D.E. // Proc. Symp. of Th e Sci. and. Tech. of Coal. Ottawa. Canada : Department of Energy, Mines and Resources, 1980.
[35] Аскадский А.А. Матвеев Ю.И. Химическое строение и физические свойства полимеров. М.: Химия, 1983, 248.
[36] Majewski W. et al. // Erdol and Kohle, 1983, 36(10): 485.
[37] Штах Э., Маковски М.Т., Тейхмюллер М. и др. Петрология углей. М.: Мир, 1978: 554.
[38] Калечиц И.В.// ХТТ, 2001(3): 3.
[39] Jurkiewicz A.. Marzec A. et al // Fuel, 1981, 60: 1167.
[40] Given P H., Marzec A., Barton W.A. et al // Fuel, 1986, 65: 155.
[41] Derbyshire F., Davies A. // Fuel, 1989, 8: 1094.
[42] Тагер А.А. Физико-химия полимеров. М. : Химия, 1968: 536.
[43] Neavel R.C. Coal Plasticity Mechanism Inferances from Liquefaction Studies //Proceedings of the Coal Agglemeration and Conversion Sympos., Morgantown (W.Va.). May, 1995.
[44] Макитра Р. Г., Пристанский З.Е. Зависимость степени набухания углей от физико-химических свойств растворителей // ХТТ, 2001(5): 3.
[45] Каррер П. Курс органической химии. Л. : Госхимиздат, 1961: 1216.
[46] Гюльмалиев А.М., Гагарин С.Г. // ХТТ, 2001(3): 85.
[47] Гюльмалиев А.М., Гагарин С.Г. // ХТТ, 1998(4): 46.

[48] Тау А. Полукоксование углей. М., Л., 1948.
[49] Lazaro V.J., Suelves I., Herod A.A.. Randiyoti R. // Fuel, 2001, 80(4): 179.
[50] Anthony D.B. Howard J. B. //AICHE, 1976, 22: 625.
[51] Тамко В.А., Саранчук В.И. // ХТТ, 2001(4): 30.
[52] Miura K.// Fuel Proc. Techn, 2000, 62: 119.
[53] Грязное Н.С. Пиролиз углей и процессы коксования. М.: Металлургия, 1983: 184.
[54] Еремин И.В. Лебедев В.В., Цикарев Д.А. Петрография и физические свойства углей. М.: Недра, 1980: 263.
[55] Гюльмалиев А.М., Абакумова Л.Г., Гладун Т.Г. Головин Г.С. // ХТТ, 1996(6): 72.
[56] Агроскин А.А. Физика угля. М.: Недра, 1965: 351.
[57] Чуханов З.Ф., Кашуричев А.П., Стонас Я.Д. // ДАН СССР, 1962, 143: 162.
[58] Эмануэль Н.М., Кнорре Д.Г. Кур с химической кинетики. М.: Высшая школа, 1984: 463.
[59] Gibbins J. R., Kandiyoty R. // Fuel, 1989, 68(7): 895.
[60] Химические вещества из угля / Пер. с нем. под ред. И.В. Калечица. М.: Химия, 1980: 611.
[61] Popat Y.R., Sunavala P.D. // Indian J. Chem. Tech., 1999, 6: 247.
[62] Касаточкин В.И., Смуткина З.С // ДАН СССР, 1957, 113(6): 1314.
[63] Смуткина З.С, Касаточкин В.М. // Химия и технология топлив и масел, 1957(5): 27.
[64] Панков В.С., Слонимский Г.Л. Микротермогравиметрическнй анализ термодеструкции полимеров // ВМС, 1966, 8(1): 80.
[65] Скляр М.Г.. Шустиков В.И., Вирозуб И.В.// ХТТ, 1968(3): 22.
[66] Doyle C.D.//J..Appl. Polymer. Sci., 1961, (5): 185.
[67] Янке Е., Эмде Ф. Таблица функций. М.: Физматгиз, 1959.
[68] Зорина Г.И. Брун-Цеховой А.Р. Современное состояние технологи и гази-фикации угля за рубежом : Темат. обзор: сер. Переработка нефти. — М.: ЦНИИТЭНефтехим, 1986: 56.
[69] Захарьянц Е. О. // ХТТ, 1991(6): 83.
[70] Грязнов Н.С. Основы теории коксования. М.: Металлургия, 1976: 312.
[71] Скляр М.Г. Интенсификация коксования и качество кокса. М.: Металлургия, 1976: 258.
[72] Глущенко И.М. Прогноз качества кокса. М.: Металлургия, 1976: 200.
[73] March H. // Fuel, 1973, 52(3): 205.
[74] March H., Faster J., Herman G. // Ibid, (3): 243.
[75] Китайгородский А.И. Порядок и беспорядок в мире атомов. М.: Наука, 1984, 175.
[76] Грязное Н.С. Пиролиз углей в процессе коксования. М: Металлургия, 1983, 183.
[77] Скляр М.Г. Физико-химические основы спекания углей. М.: Металлургия, 1984: 201.
[78] Sanada Y., Honda H. // Fuel, 1966, 45: 295.
[79] Кекин Н.А., Степаненко М.А., Матусяк НИ. // ХТТ, 1968(3): 102.
[80] Гофман М.В. Прикладная химия твердого топлива. М.: Металлургиздат, 1963: 529.
[81] Касаточкин В.И. // Изв. АН СССР, отд. техн. наук, 1953, 10: 1401.
[82] Касаточкин В.И. Переходные формы углерода // Структурная химия углерода и углей. М.: Наука, 1969: 7.
[83] Скрипченко Г.Б., Касаточкин В.И. Исследование механизма гомогенной и гетерогенной графитизации // Там же: 67.
[84] Свойства конструкционных материалов на основе углерода : Справочник под ред. В.П. Соседова.

М.: Металлургия, 1975: 335.
[85] Станкевич И.В. // Координационная химия, 1995, 21(8): 631.
[86] Winnik F.M. // Chem. Rev., 1993, 93(3): 587.
[87] Еремин И.В., Броновец Т.М. Марочный состав углей и их рациональное использование. М.: Недра, 1994: 225.
[88] Савчук Н.А., Курунов И.Ф. // Новости черной металлургии за рубежом. Ч. II, прил. 5: Доменное производство на рубеж е XXI века. М.: Черметин-форм, 2000: 42.
[89] Базегский А.Е., Школлер М.Б.. Авцинов А.Ф. // Кокс и химия, 1997(11): 21.
[90] Венц В.А., Рыжков Н.Н. // Кокс и химия, 2000(9): 13.
[91] Базегский А.Е. // Кокс и химия, 2000(11-12): 15.
[92] Улучшение качества кокса // Новости черной металлургии России и зарубежных стран. Ч. II. № 1. М.: Черметинформ, 1998: 103.
[93] Кричко А.А. Гидрогенизация угля в СССР. М.: ЦНИИЭИ уголь, 1984.
[94] Кричко А.А., Лебедев В.В.. Фарберов И.Л. Нетопливное использование угля. М.: Недра, 1987.
[95] Кричко А.А., Титова ТА. // ХТТ, 1980(6): 67.
[96] Кричко А.А. // Развитие углехимии за 50 лет: Сб. науч. трудов ИГИ. М.: ИОТТ, 1984: 52.
[97] Darivakis G.S., Peter W.A.. Howard J. B. // ALChe Jornal, 1990, 36(8): 1189.
[98] Кричко А.А. Состояние и перспективы производства жидкого топлива из угля М.: ЦНИЭИуголь, 1980: 38.
[99] White A., Devies M.R., Jones S.D.// Fuel, 1989, 68: 511.
[100] Малолетнее А. С, Кричко А.А., Гаркуша А.А. Получение синтетического жидкого топлива гидрогенизации углей. М.: Недра, 1992: 128.
[101] Вдовченко В.С., Мартынова М.И., Новицкий Н.В., Юшина Г.Д. Энергетическое топливо СССР (ископаемые угли, горючие сланцы, торф, мазут и горючий природный газ): Справочник. М.: Энергоатомиздат, 1991: 184.
[102] Липович В.Г. Калабин Г.А., Калечиц И.В. и др. М.: Химия, 1988: 336.
[103] Юлин М.К., Гагарин С.Г, Кричко А.А. и др. // ХТТ, 1994(1): 66.
[104] Amendola S. // Oil and Gas Jornal, 1981, 79: 114.
[105] Четина О.В., Исагулянц Г.В. // ХТТ, 1986(1): 53.
[106] Kamiya J., Sato H., Jao T. // Fuel, 1978, 57(11): 681.
[107] Коробков В.Ю.. Григорьева Е.Н., Головин Г.С, Калечиц И.В.//ХТТ, 1995, (2): 60.
[108] Neavel R.C // Fuel, 1976, 55: 237.
[109] Гюльмалиев А.М. Электронная структура и реакционная способность углеводородов в реакциях деструктивной гидрогенизации: Дисс. на соис. учен, степ, д-ра хим. наук. М.: МХТИ им. Д. И. Менделеева, 1991: 311.
[110] Гюльмалиев А.М., Гагарин С.Г., Кричко А.А.IХТТ, 1982(5): 47.
[111] Лимонченко Ю.Г., Гюльмалиев А.М., Гагарин С.Г., Кричко А.А. // ХТТ, 1988(2): 82.
[112] Кричко А.А, Гюльмалиев А.М., Гагарин С.Г., Попова В.П. // ХТТ, 1993(1): 32.
[113] Гюльмалиев А.М.. Лимонченко Ю.Г. // ЖФХ, 1981, 55(12): 3135.
[114] Романцова И.И., Гагарин С.Г., Кричко А.А. // ХТТ, 1983(1): 103.
[115] Романцова И.И., Гагарин С.Г., Кричко А.А. // ХТТ, 1982(1): 74.
[116] Гагарин С.Г., Кричко А.А. //РХЖ, 1994(5): 36.

[117] Дембовская Е.А., Кричко А.А. // ХТТ, 1978(5): 38.
[118] Кузьминский М.Б., Багатурянц А.А. // Итоги науки и техники. Кинетика икатализ, 1980, 8: 99.
[119] Жермен Дж. Каталитические превращения углеводородов. М.: Мир, 1972: 308.
[120] Clarke J. K.A., Rooney J.J. //Adv. in Catalysis, 1976, 25: 125.
[121] Баландин А.А. Современное состояние мультиплетной теории гетерогенного катализа. М.: Наука, 1968: 202.
[122] Рогинский С.З. // ДАН СССР, 1949, 67: 97.
[123] Волькенштейн Ф.Ф. Электронная теория катализа на полупроводниках. М.: Физматгиз, 1960.
[124] Шатов С.Н. Гидрогенизация бурого угля Бородинского месторождения Канско-Ачинского бассейна в условиях высокоскоростного нагрева: Дисс. на соис. учен. степ. канд. техн. наук. Л. : ЛТИ им. Ленсовета, 1988.
[125] Кричко А.А., Соловова О.А., Шатов С.Н., Юлин М.К. // ХТТ, 1987(2): 52.
[126] Хрупов В.А., Ермагамбетов Б. Т., Байкенов М.И., Пирожков Л.Д., Лапидус А.Л. Гидрогенизация угля в среде $CO+H_2+CH_4$+вода // Мат. V совещания по химиий технологи и твердого топлива. М, изд. ХТТТ, 1988.
[127] Haenel V. W.//Fuel, 1992, 71(11): 1211.
[128] Полубенцева М.Ф. Разработка и применение метода меченых атомов для исследования механизмов реакций изомеризации алканов и алкилирования аренов: Дисс. на соис. учен. степ, д-ра хим. наук. Иркутск, 1999.
[129] Розенталь Д. А. Теоретические основы получения искусственпого жидкого топлива. Л.: 1982: 48.
[130] Липович В.Г. Превращсния угля в различных растворителях: Мат. V совещ. по химии и технологии тверд, топлива. М., 1988.
[131] Bienkowski P.R., Narayan R., Greenkorn R.A.// Lud. and Eng. Chem. Res. 1986, 26(2): 206.
[132] Патент 4298450, США.
[133] Orawo S., Kondo Y., Ocino V. // J. Jap. Petrol. Last., 1987, 30: 207.
[134] Калечиц И.В. Моделирование ожижения угля. — М.: изд. ИВТАН: 229.
[135] Кондратьев В.Н. Константы скоростей газофазных реакций: Справочник. М.: Наука, 1970.
[136] Захарьевский М.С. Кинетика и катализ. Л. : Изд-во ЛГУ, 1963: 311.
[137] Кузнецов Б.Н. Катализ химических превращений угля и биомассы. Новосибирск, Наука, 1990: 302.
[138] Гагарин С.Г., Слынко Л.Е., Петренко И.Г. Воль-Эпштейн А.Б., Григорьеа В.Н., Шапиро Е.С., Антошин Г.В.//Кинетика и катализ, 1979, 20(5): 1290.
[139] Коттон Ф., Уилкинсон Дж. Современная неорганическая химия. М.: Мир, 1969: 592.
[140] Шпирт М.Я.. Клер В.Р., Перцикоеа И.З. Неорганические компоненты твердых топлив. М.: Химия, 1990: 240.
[141] Krichko A.A., Shpirt V.Ya., Gagarin S. G. 4th Intern. Sympos. On Homogeneous Catalysis. L.: Nauka, 1984: 86.
[142] Haggin J. // Chem. Eng News, 1985, 65(16): 27.
[143] Юлин М.К. Гидрогенизация бурых углей Канско-Ачинского бассейна под невысоким давлением водорода в синтетическое топливо: Дисс. на соис. учен, степ, д-ра техн. наук. М.: МХТИ им. Д. И. Менделеева, 1990.
[144] Ермагамбетов Б.Т., Лапидус А.Л. Ожижение угля связанным водородом. Алма -Ата, изд-во «Гылым », 1990: 85.

[145] Барнард А. Теоретические основы неорганической химии. М.: Мир, 1968: 361.

[146] Грей Г. Электроны и химическая связь. М.: Мир, 1967: 234.

[147] Matsumoto H, Saito Y., Yoneda Y. //J. Catal., 1971, 22(2): 182.

[148] Механизм катализа. Новосибирск, Наука, 1984: 21.

[149] Кавтарадзе Н.Н. Сб. Механизм взаимодействия металлов с газами. М.: Наука, 1964: 36.

[150] Рид Р.И. Успехи органической химии. Т. 3. М.: Мир, 1966: 287.

[151] Гагарин С.Г., Тетерин Ю.А., Кулаков В.М.. Фальков И.Г. // Кинетика и катализ, 1981, 22(5): 1265.

[152] Брагин О. В., Либерман А.П. Превращение углеводородов на металлосодержащих катализаторах. М.: Химия, 1981: 264.

[153] Гюльмалиев А.М., Левицкий И.И., Миначев Х.М., Станкевич И.В.//.Изв. АН СССР, сер. хим., 1972(11): 2475.

[154] Brown H.C., Brady J.D.// J. Am. Chm. Soc., 1952, 74: 3570.

[155] Cranauer D C, Shan Y.T., Rulerto R.G. // Ind. Eng. Chem Proc. Des. Dev., 1978, 17(3): 281.

[156] Chiba T., Sanada Y. // J. Fuel Soc. Japan., 1978, 57(4): 259.

[157] Shalabi V.A., Baldwin R.M. et al // Ind. Eng. Chem Proc. Des. Dev., 1979, 18: 474.

[158] Angelova G., Kamenski D., Dimova N.// Fuel. 1989, 68: 1434.

[159] Curran G.P., Struck R.T, Gorin E.// Ind. Eng. Chem Proc. Des. Dev., 1967，6 (6): 166.

[160] Shaw J.M., Peters E. //Ind. Eng. Chem Proc. Des. Dev, 1989, 29: 976.

[161] Traeger R.K. // Ind. Eng. Chem Proc. Des. Dev, 1980, 19(2): 143.

[162] Гагарин С.Г., Юлин М.К., Сливинская И.И., Яшина Т.Н. // Труды ИГИ. М.: изд. ИОТТ, 1981: 13.

后　记

在本书结尾部分，让我们对书中主要内容稍做总结并预测一下煤化学的未来发展方向。

首先要指出的是，在一本书里不可能涉及煤炭工业化学的所有问题。此外，根据书中材料得出的主要结论是煤炭科学是为煤炭加工过程提供科学基础的，目的是使其能源和化学潜力得到充分利用，这必须依赖对煤炭结构和性质的基础研究。要回答什么样的煤炭适合用于什么样的加工流程或者某种煤炭适合加工成什么产品这个问题，从煤炭结构和反应能力基础研究的角度看，得先完成两个任务：一是对原料品质进行评价；二是保证加工过程的效率及目标产物的可选性。

煤化学领域的所有研究工作都是为了完成这两个任务。原料的品质取决于以下参数：元素组成、功能组分、碎片组分、显微组分、矿物杂质含量、微量元素含量、水分等结构化学参数，以及镜质组反射率、挥发分产率、燃烧热值等工艺参数。应该指出，要确定煤炭品质的化学和工艺参数，还需要完善和创新现有的方法体系，引进现代化的物质分子结构和超分子结构理化研究方法，包括光电子能谱法、原子核磁共振光谱法、红外光谱法、电子顺磁共振法和 X 射线照相法等方法。

在预测煤的反应能力等各种理化特性时，必须用到其结构化学参数。进行这样的预测是为了建立煤加工过程管理模型（数学、热力学和动力学模型），保证加工过程的效率及目标产物的可选性。由于煤质结构复杂，建模水平取决于研究者个人的专业研究能力，所建模型属于其个人的智力财产。

煤中有异常丰富的有机化合物，通过改变煤质结构制造液体产物的传统方法（直接加氢液化法、热溶解法、萃取法）还处于不断发展和完善阶段。这些方法都各有可取之处，选择什么样的加工方法最终取决于需要什么产物及经济条件。

鉴于不远的将来石油和天然气肯定会出现短缺，可以预测用煤大规模生产发动机燃料和化工原料终将被列为煤炭加工业的首要计划。这自然需要使煤炭有机质的利用率达到最大，这也决定着整个煤化学产业的发展方向。